Auto-Reparaturanleitung Band 1345

Peugot Partner

Citroën Berlingo

1,6 l VTI
1,6 l
1,6 l HDI

5-Gang-Schaltgetriebe
6-Gang-Schaltgetriebe
6-Gang-Automatisiertes Schaltgetriebe
4x4 Dangel

(B9) Modelljahr 2008 – 2018

bucheli verlag

IMPRESSUM

978-3-7168-2313-2

Auto-Reparaturanleitung
Band 1345

Text und redaktionelle Bearbeitung:
Silke und Christoph Pandikow

Bilder/Zeichnungen:
Christoph Pandikow, Silke Pandikow, PCI Diagnosetechnik GmbH & Co. KG, Hella KGaA Hueck & Co, VDO (Continental Trading GmbH), Bosch Presseabteilung, PSA (Peugeot und Citroen Presseabteilung, Manfred Müller Kördorf, Automobiles Dangel SAS, Sentheim Frankreich, De Bond Fahrzeugaufbauten, Hamm

Herstellung:
IPa, D-71665 Vaihingen/Enz

Druck und Bindung:
Graspo, CZ-76302 Zlin

Gewerbestrasse 10
CH-6330 Cham
Postadresse:
Postfach 4161
CH-6304 Zug
Telefon: ++41 (0)41 741 77 55
Telefax: ++41 (0)41 741 71 15
www.bucheli-verlag.ch
1. Auflage 2021

Inhalt

416EHS78

Inhalt

Folgende Symbole verdienen im Laufe der Arbeit besondere Beachtung:

Sichtprüfung

Teil genau ansehen; besonders beachten.

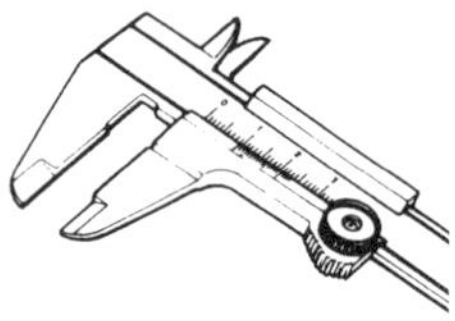

Messen

Schieblehre oder anderes Messwerkzeug nötig.

Achtung

Besondere Vorsicht geboten; Sicherheitshinweise beachten!

Tipp

Wertvoller Hinweis für einfacheres Schrauben; Erläuterung von Bauteilen und Begriffen.

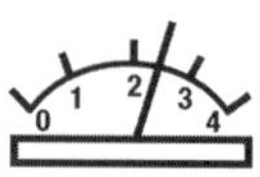

Messen mit elektr. Messgeräten

Multimeter- oder Diagnosegeräte-Einsatz erforderlich.

1 Einleitung

Arbeiten mit diesem Buch

Ein Reparaturhandbuch ist dann ein Reparaturhandbuch, wenn es bei Reparaturen zur Hand gehen kann. Es soll also helfen, Ihren Minivan wieder »in die Gänge« zu bringen. Ganz klar, als blutiger Laie werden Sie nur mit einiger Hilfe gezielt arbeiten können. Bedenken Sie, dass Ihr Fahrzeug in jedem (oder zumindest in fast jedem) Teil etwas mit Sicherheit im Straßenverkehr zu tun hat. Jede einzelne Sekunde, in der Ihr Fahrzeug in Betrieb ist. Nehmen Sie die Fehler deshalb immer ernst. Gerade Anfänger übersehen oft Kleinigkeiten, die nachher durchaus größere oder zumindest schwer aufzufindende Fehler ergeben. Bei einer Fehlersuche am eigenen Fahrzeug unterhielten sich zwei angehende Kfz-Mechatroniker: » ... was hast du denn zuletzt repariert?«, letztendlich fand sich dort dann auch der Fehler. Diese Anekdote zeigt sehr deutlich, dass zum einen die eigene Arbeit, zum anderen der Ablauf der Arbeiten, die Kenntnisse über den Funktionszusammenhang der Systeme und natürlich auch über die Informationsquellen, die zur Verfügung stehen, immer hinterfragt werden müssen. Dieses Buch eignet sich aber auch, um die Details Ihres Minivans einmal genauer unter die Lupe zu nehmen.

(Tipp) Wir haben den Aufbau so gestaltet, dass die Informationen praxisgerecht auf- und umgearbeitet wurden.

In den einzelnen Kapiteln wird der Umgang mit den Test- und Messgeräten genauer vorgestellt. Es handelt sich um getestete Übungen, die Sie problemlos nachvollziehen können. »An modernen Autos kann man gar nichts mehr selber machen!«, das ist ein typischer Satz, der weder richtig ist, noch die motivierten Schrauber unter den Lesern von der Reparatur abhalten sollte. Betrachtet man sich die Probleme genauer, die mit der Fehlerdiagnose entstehen, stellt sich ein einfaches Prinzip heraus. Grundsätzlich sind Bauteile, deren Funktionsabläufe nachvollzogen und im wahrsten Sinne des Wortes »begriffen« werden können, leicht zu prüfen.

Elektrisches Messen
Leuchtet eine Glühlampe nicht, wird sie in der Regel demontiert und der Zustand des Glühfadens gegen das Licht kontrolliert. Über die Glühlampe, beziehungsweise ihren Aufbau, ist jedem bekannt, dass sie ohne den Glühfaden nicht funktionieren kann. Könnte man in alle Bauteile hineinsehen und den Funktionsablauf und den Aufbau auf diese Art kontrollieren, würde kaum ein Mechaniker über die immer komplizierter werdende Technik schimpfen. Hier kommt die Messtechnik zum Zuge. Es ist nämlich möglich, die Funktionsabläufe und die Funktion optisch zu überprüfen. Es ist auch möglich, das Bauteil selbst zu prüfen. Auch dafür werden keine teuren Spezialgeräte gebraucht. Sie oder Ihr Mechaniker müssen sich lediglich bereit erklären, die Technik und dazugehörige Prüfmethoden anzunehmen und gelegentlich auch etwas dazuzulernen.

(Achtung) Ganz klar, gibt es Einschränkungen für Arbeiten, die aus Sicherheitsgründen nicht durchgeführt werden sollten. Dazu zählen Arbeiten z. B. an der Klimaanlage und am Airbagsystem.

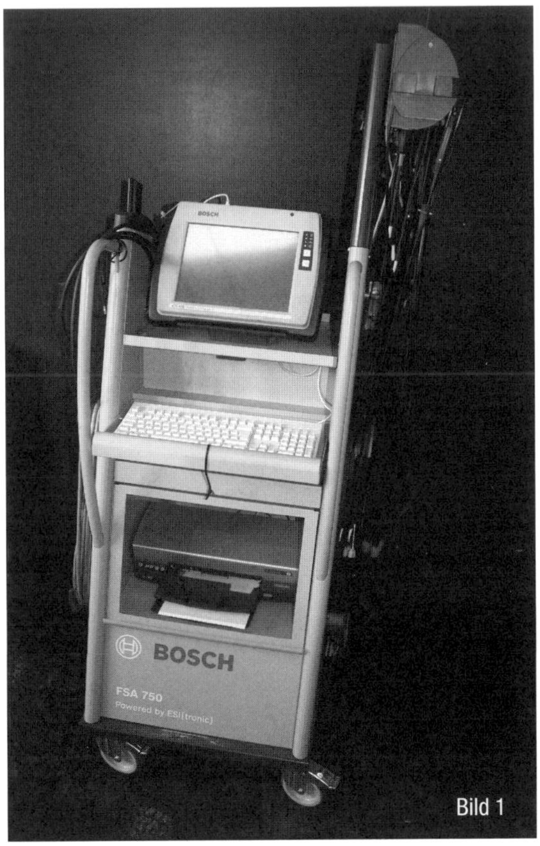

Bild 1
Bosch KTS 650/670 mit FSA 750-Modul und Abgastester.

»Die Tester kann sich keiner leisten!«, ist auch eine These, die wir widerlegen werden. Anhand der Beschreibungen der Spezialwerkzeuge und deren ungefähren Preise lassen sich hier die Kosten leicht überschauen. Die notwendige Ausrüstung ist bei den meisten Schraubern oftmals schon vorhanden. Andere Teile sind gar nicht so teuer und lassen sich sinnvoll als Geburtstagsgeschenkidee an die Lieben weitergeben.
Die Aufgabe dieses Reparaturhandbuches ist es, eine Hilfestellung für Wartungsarbeiten und Reparaturen am Citroën Berlingo zu geben.
Das Buch wendet sich an die ambitionierten Schrauber, die mit ihrer Erfahrung Reparaturen, Wartungsarbeiten und Einstellungen an ihrem Fahrzeug vornehmen wollen. Da zu allen diesen Arbeiten ein OBD-Diagnosetester dazugehört und dieser für deutlich unter 100 Euro im günstigsten Fall erhältlich ist, wird die Arbeit anhand eines »Beispiel«-Testers dargestellt. Sie halten ein Buch in der Hand, das Lernstoff, Informationsquelle und Nachschlagewerk ist. Es soll die praktische Arbeit am Fahrzeug erleichtern und Sie ermutigen sich »Know-how« anzueignen, auch als Ungeübter den ersten Schritt zu machen oder als Erfahrener sich recht tiefgehend mit der Diagnose auseinanderzusetzen.

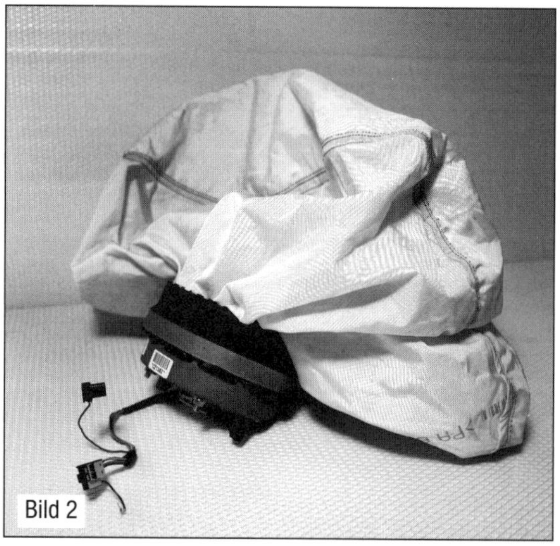

Bild 2

Bild 2 EXPLOSIV: gezündeter Airbag.

Bild 3

Bild 3 »Self-made«-Beulendoktor.

Um einen möglichst schnellen Zugriff auf die Informationen in diesem Buch zu ermöglichen, sind die technischen Daten, die zur Einstellung, Reparatur und Wartung benötigt werden, in einem separaten Kapitel zusammengefasst. Alle technischen Angaben, die speziell bei den Arbeiten benötigt werden, finden Sie natürlich auch an den entsprechenden Stellen. Die Montagearbeiten werden auf gängige Reparaturen beschränkt. Sie sollten aber immer sicherstellen, dass Sie in der Lage sind, die Reparaturen selbst durchzuführen. Ungeeignete Messgeräte oder auch fehlerhafte Handhabung eines Messgerätes können nicht nur finanzielle Folgen haben. Für die Arbeiten an Airbagsystemen ist eine spezielle Ausbildung erforderlich, die mit einem Sachkundenachweis abgeschlossen wird.

⚠ Unterlassen Sie es zu Ihrer eigenen Sicherheit, an Sitzen oder anderen Bauteilen Hand anzulegen, ohne diese spezielle Ausbildung abgeschlossen zu haben. Arbeiten an diesem System ohne Sachkunde sind GROB fahrlässig und gefährden Ihr Leben. Sollten Probleme an diesem System auftauchen, suchen Sie immer eine Werkstatt auf und erkundigen Sie sich auch darüber, inwieweit die »Airbag-Sachkunde« besteht.

⚠ In den einzelnen Airbageinheiten befinden sich zwar »kleine«, aber nicht ungefährliche Mengen an Sprengstoff. Nicht umsonst sind der Transport, der Umgang und die Lagerung gesetzlich im Sprengstoffgesetz geregelt. Die Arbeiten am Airbagsystem werden aus diesem Grunde nicht beschrieben. Es gibt aber auch so noch genügend Arbeiten, die Sie durchaus in Eigenregie angehen können.

Natürlich beschäftigt sich dieses Buch nicht nur mit Elektronik oder der reinen Montagearbeit. Auch einige Arbeiten mit den Diagnosegeräten wurden mit Praxisbezug ausgewählt und im Detail dargestellt.

Sicherheit geht immer vor

Sicherheit hat beim Heimwerken absolute Priorität. Nur Arbeiten anpacken, die man wirklich beherrscht. Handwerkliche Tätigkeiten, mit denen man in der Praxis bislang wenig oder gar keine Erfahrung hatte, sollte man niemals auf die leichte Schulter nehmen. Unsachgemäß ausgeführte Arbeiten können früher oder später fatale Folgen haben (Bilder 4-12).

Umgang mit Pyrotechnik-Bauteilen

⚠ Der Sicherheitsaspekt gilt insbesondere für pyrotechnische Bauteile. Diese enthalten einen Treibstoff, bei dessen Abbrand ein Gas erzeugt wird. In manchen Fällen steht für die Gaserzeugung noch zusätzlich in einem Druckbehälter gespeichertes Druckgas zur Verfügung. Die Zündung erfolgt über elektrische/mechanische Anzünder. Bei unsachgemäßer Handhabung von Komponenten dieser Systeme kann es zu schweren Unfällen kommen. Deshalb keine Schraub- oder gar Reparaturversuche an der Sicherheitsausstattung vornehmen, sondern bei notwendigen Instandsetzungen an eine Fachwerkstatt mit Fehler-Auslesegeräten, Diagnose-Einrichtungen und geschultem Personal wenden!

⚠ Mechaniker, die an Rückhaltesystemen arbeiten, müssen spezielle Schulungen nachweisen und bei den zuständigen Behörden gemeldet sein. Pyrotechnische Bauteile dürfen auch nur im eingebauten Zustand und mit vom Hersteller freigegebenen Diagnosesystemen geprüft werden, keinesfalls mit Prüflampe, Voltmeter oder Ohmmeter. Nach dem Berühren von gezündeten pyrotechnischen Bauteilen: Hände waschen! Bauteile, die auf eine harte Unterlage herabgefallen sind oder Beschädigungen zeigen, dürfen nicht mehr verbaut werden.

⚠ Lagerung, Transport und Entsorgung von Airbag-, Gurtstraffer- und Batterieabtrennungseinheiten (pyrotechnische Bauteile) unterliegen der jeweiligen nationalen Gesetzgebung.

Bild 4

Bild 5

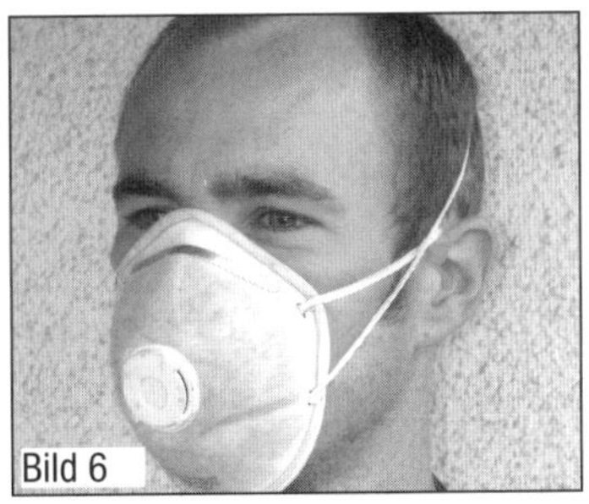
Bild 6

Bild 7

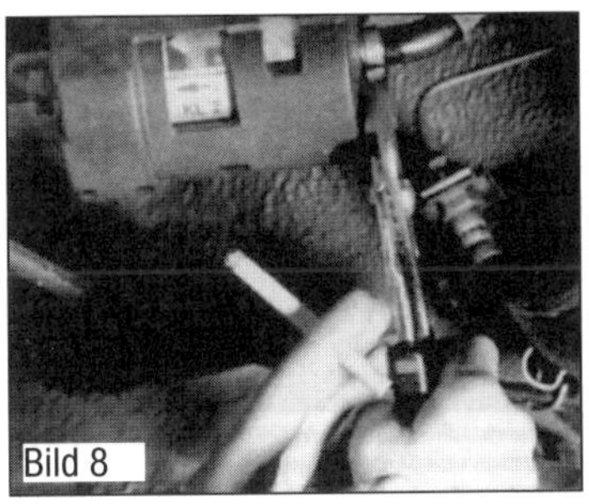
Bild 8

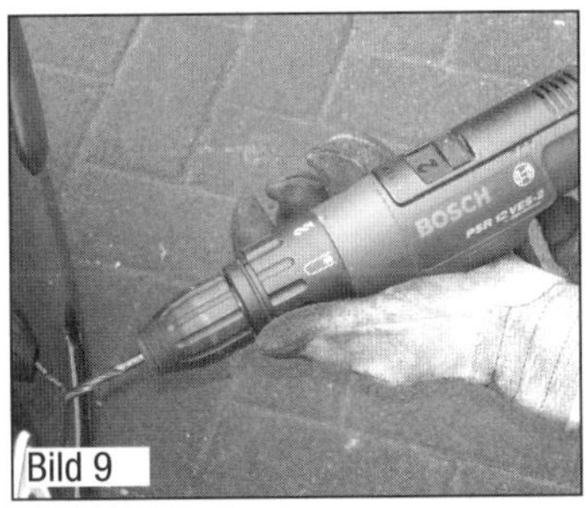
Bild 9

Bild 10

Bild 11

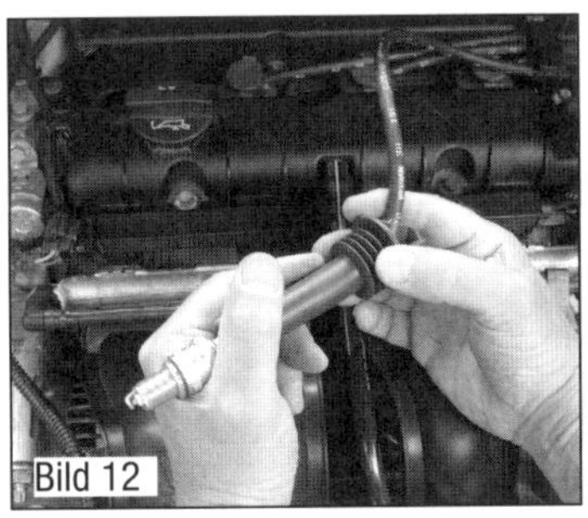
Bild 12

Bild 4
Gehörschutz: bei Blecharbeiten mit Winkelschleifer u. Ä. notwendig.

Bild 5
Schutzbrille: Besonders beim Bohren, Schleifen und Meißeln tragen.

Bild 6
Atemschutzmaske mit auswechselbaren Filterelementen: Bei Arbeiten mit atemgängigen Stäuben unerlässlich.

Bild 7
Bei Arbeiten in der Grube: Unbedingt für Frischluft sorgen.

Bild 8 Nicht rauchen:
Sollte eigentlich bei Reparaturarbeiten gerade an der Kraftstoffanlage die Regel sein.

Bild 9
Arbeitshandschuhe: Bei vielen Arbeiten angebracht, beim Umgang mit Bohrmaschinen jedoch sehr gefährlich.

Bild 10
Leere Sprühdosen, Altöl Bremsflüssigkeit u. a. als Sondermüll entsorgen.

Bild 11
Durchgebrannte Sicherungen: Niemals mit Alufolie, Büroklammern o. Ä. flicken.

Bild 12
Hochspannung: Vorsicht bei laufendem Motor oder eingeschalteter Zündung.

Umgang mit Bauteilen der Klimaanlage
Für das Kfz-Gewerbe sind z. B. auf europäischer Ebene zahlreiche relevante Gesetze erlassen worden. National ist z. B. in der BRD zusätzlich zur Präzisierung der europäischen Gesetzgebung ab dem 1. August 2008 die Chemikalien-Klimaschutzverordnung in Kraft getreten.

-Verordnung (EG) Nr. 1005/2009
-Verordnung (EG) Nr. 842/2006
-Verordnung (EG) Nr. 706/2007
-Verordnung (EG) Nr. 307/2008
-Richtlinie 2006/40/EG
-Chemikalien-Klimaschutzverordnung, Kreislaufwirtschafts- und Abfallgesetz (für die BRD)

Alle Personen, die an Kraftfahrzeug-Klimaanlagen Wartungs- und Reparaturarbeiten durchführen, müssen eine Schulung oder ein Trainingsprogramm besucht haben und die Sachkunde nachweisen (Sachkundenachweis).

⚠ Beim unkontrollierten Druckablassen besteht Gefahr durch Vereisung. Hieraus können schwerwiegende Verletzungen entstehen (Gefrierbrand ist nicht nur bei Grillfleisch unschön!). Bei nicht entleertem Kältemittelkreislauf tritt Kältemittel aus. Das Kältemittel ist vor dem Öffnen des Kältemittelkreislaufs abzusaugen. Wird der Kältemittelkreislauf nach dem Absaugen innerhalb 10 Minuten nicht geöffnet, kann durch Nachverdampfung Druck im Kältemittelkreislauf entstehen. Das Kältemittel muss dann nochmals abgesaugt werden. Alle geöffneten Bauteile des Kältemittelkreislaufs sind gegen Eintritt von Luftfeuchtigkeit mit geeigneten Verschlussstopfen zu verschließen. Es ist verboten, beim Betrieb, bei Instandsetzungsarbeiten und bei Außerbetriebnahme von Kältemittel enthaltenden Erzeugnissen entgegen dem Stand der Technik die in ihnen enthaltenen Stoffe in die Atmosphäre entweichen zu lassen.

Bild 13

Bild 13
Achtung Stromschlag! Restladungen und Induktionsspannungen können gesundheitsgefährdend sein.

Verletzungsgefahr durch automatischen Motorstart bei Fahrzeugen mit Start-Stopp-System
Bei Fahrzeugen mit aktiviertem Start-Stopp-System (erkennbar an einer Meldung im Schalttafeleinsatz) kann der Motor bei Bedarf automatisch starten.

☞ Deshalb sicherstellen, dass bei Arbeiten am Fahrzeug das Start-Stopp-System deaktiviert ist (Zündung ausschalten, bei Bedarf Zündung wieder einschalten).

Verletzungsgefahr bei Arbeiten an der elektrischen Anlage
Nicht nur die schon angesprochene Zündanlage birgt einige Überraschungen, die Sie in ungünstigen Situationen oder bei körperlichen Vorschäden leicht in Lebensgefahr bringen können. Im Gegensatz zur Hauselektrik sind keine »Personenschutzschalter« vorgesehen. Ziehen Sie grundsätzlich nicht leitende Handschuhe an, wenn Sie an Bauteilen arbeiten, deren Ladungszustand Sie nicht kennen.

Für Arbeiten an Hybridfahrzeugen oder Elektrofahrzeugen ist ein besonderer Lehrgang erforderlich. Für die zum Redaktionsschluss in diesem Buch behandelten Modelle ist ein solches Fahrzeug noch nicht lieferbar. Die derzeitige Entwicklung kann ein solches Modell aber schon in wenigen Jahren auf die Räder, die Straße und dann sicherlich auch in Ihre Werkstatt bringen.

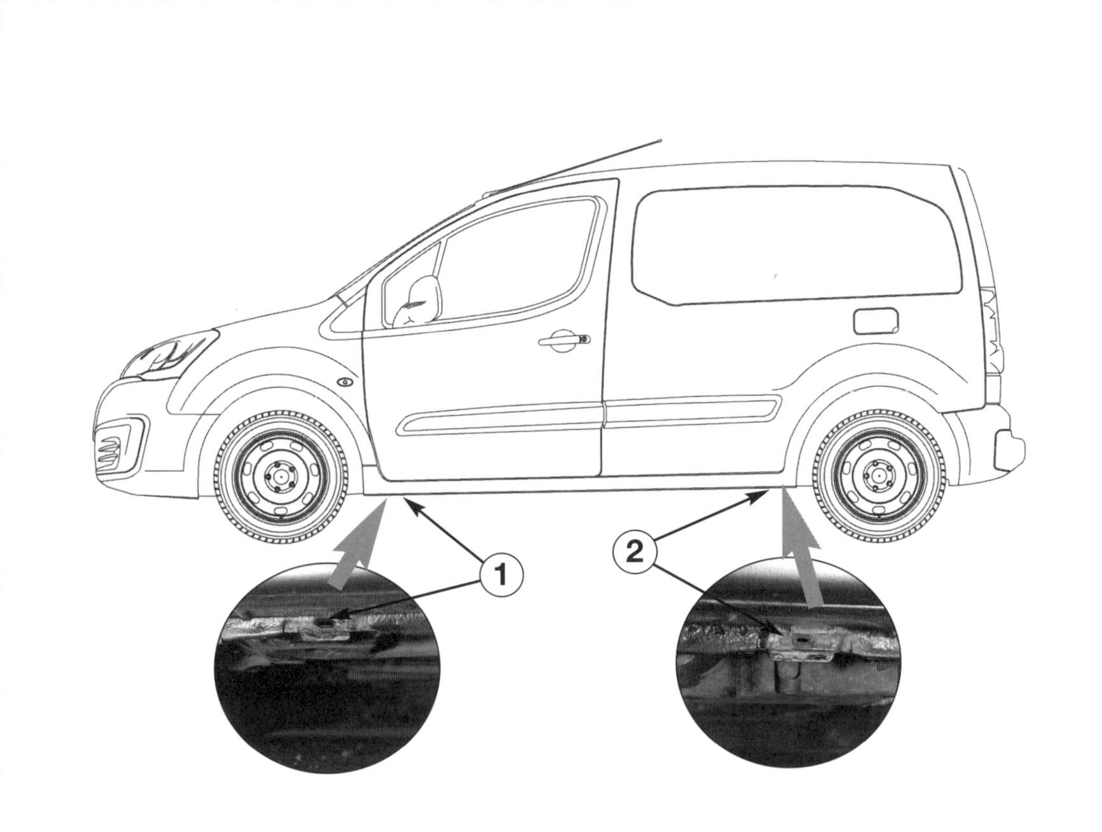

Bild 14

Bild 14
Aufnahmepunkte beim Berlingo / Partner.
1 Aufnahmepunkt vorne
2 Aufnahmepunkt hinten

Richtiges Aufbocken

Ilm Bordwerkzeug des Vans ist, wie schon bei Vorgängermodell, ein Spindelwagenheber vorhanden. Spindelwagenheber sind für das Fahrzeuggewicht ausreichend. Ob Sie nun den originalen Wagenheber oder einen Werkstattwagenheber einsetzen, es sollte grundsätzlich eine geeignete Gummi- oder Holzzwischenlage verwendet werden, um Schäden an der Karosserie oder auch am Korrosionsschutz zu vermeiden. Das Fahrzeug darf keinesfalls an der Motorölwanne, am Getriebe, an der Hinterachse, der Vorderachse oder an den Unterholmen angehoben werden, da sonst schwerwiegende Schäden eintreten können. Es darf nur an den auf den Abbildungen gezeigten Aufnahmepunkten angehoben werden. Der Schwellerbereich ist nicht in der Lage das Fahrzeuggewicht auf der Hebebühne sicher aufzunehmen.

Wichtige Grundregeln:
Aufgrund der Unfallgefahr niemals bei angehobenem Fahrzeug den Motor anlassen.

Wenn unter dem Fahrzeug gearbeitet werden soll, muss es mit geeigneten Unterstellböcken sicher abgestützt werden.

Achten Sie auf die am Unterboden verlegten Kraftstoffleitungen.

Bei Arbeiten auf der Hebebühne sollten Sie das Fahrzeug zusätzlich mit Spanngurten gegen Abrutschen sichern. Führen Sie dazu den Spanngurt durch die Öffnung in der Karosserie (Pfeil) und um den Tragarm der Hebebühne und spannen dann den Spanngurt.

Bild 15

Bild 15
Sichern des Fahrzeugs auf der Hebebühne.
1 Sicherungshaken
2 Karabinerhaken
3 Spanngurt
4 Hinterachse

⚠ Bei Fahrzeugen mit Standheizung muss auf die Einbaulage des Standheizungs-Frischluftschlauchs und des Abgasrohres geachtet werden. Der Standheizungs-Frischluftschlauch verhindert ein korrektes Positionieren des Aufnahmetellers. Beachten Sie beim Anheben des Fahrzeugs, dass der Standheizungs-Frischluftschlauch nicht beschädigt wird.

An- und Abschleppen

Bei manchen Pannen muss das Fahrzeug abgeschleppt werden. Anschleppen sollte man nur, wenn keine Möglichkeit besteht, den Motor mit Starthilfekabeln zu starten. Fahrzeuge ohne Schmiermittel im Schaltgetriebe oder Achsantrieb dürfen nur mit angehobenen Antriebsrädern abgeschleppt werden. Zum An- und Abschleppen sollten Kunstfaserseile oder Seile aus ähnlich elastischem Material verwendet werden. Sicherer ist eine Abschleppstange. Beim Abschleppen dürfen keine unzulässigen Zugkräfte und keine stoßartigen Belastungen auftreten. Seil oder Stange dürfen nur an den vorgesehenen Abschleppösen vorn oder hinten angebracht werden. Bei Schleppmanövern abseits regulärer Straßen besteht die Gefahr, dass die Befestigungsteile überlastet werden. Wird ein Abschleppseil verwendet, muss der Fahrer des ziehenden Wagens beim Anfahren und Schalten besonders weich einkuppeln. Der Fahrer des gezogenen Wagens hat darauf zu achten, dass das Seil straff gehalten wird. An beiden Fahrzeugen ist die Warnblinkanlage einzuschalten. Da der Bremskraftverstärker nur bei laufendem Motor arbeitet, muss ggf. das Bremspedal kräftiger getreten werden. Beim Anschleppen von Fahrzeugen mit Schaltgetriebe ist Folgendes zu beachten:

- Vor dem Anschleppen 2. oder 3. Gang einlegen, Kupplung halten.
- Zündung einschalten, damit das Lenkrad nicht blockiert und Blinkleuchten, Hupe sowie Wisch-Waschanlage benutzt werden können.
- Kupplungspedal loslassen, wenn beide Fahrzeuge in Bewegung sind.
- Sobald der Motor angesprungen ist, die Kupplung treten und den Gang herausnehmen, um das Auffahren auf das Zugfahrzeug zu vermeiden.

Einige Kniffe für Schrauber

Eine unlösbare Verschraubung oder eine abgerissene Schraube haben schon manchen Heimwerker von seinem Reparaturvorhaben wieder abgebracht. Unsere Hinweise sollen helfen, ungewohnte Arbeiten durchzuführen.

Verrostete Verschraubungen lösen

- Die freiliegenden Gewindegänge des Gewindebolzens von Rost und Schmutz befreien.
- Gewinde mit einer Drahtbürste säubern und anschließend mit Rostlöser besprühen.
- Bei Schnell-Rostlösern die Mutter sofort losdrehen.
- Bei anderen Rostlösern etwas warten.
- Wenn die Kanten einer Mutter bereits rund gedreht sind oder wenn Rost die Anlageflächen deformiert hat, hilft nur noch Gewalt.
- Gripzange verwenden. Damit lässt sich die Mutter fest greifen und oft losdrehen.
- Hilft das nicht weiter, wird ein scharfer Meißel angesetzt und die Mutter aufgemeißelt.
- Eine gut zugängliche Mutter kann auch entlang des Gewindes mit einer Metallsäge aufgesägt werden. Werkstätten benutzen einen Mutternsprenger.

Innensechskant- und Innenvielzahnschrauben lösen

- Das Schraubenloch muss von jeglichem Schmutz gesäubert sein, bevor das Werkzeug angesetzt wird.
- Am besten eignen sich Steckeinsätze mit langem Sechskant oder Vielzahn (Torx).
- Im Gegensatz zu Winkelschlüsseln, bei denen die Kraft schräg ansetzt, vertragen die Steckeinsätze einen Hammerschlag auf der Adapterseite mit dem Vierkant. Der Schlag lockert den Sitz der Schraube und erleichtert merklich das Lösen.

Schlitz- und Kreuzschlitzschrauben lösen

Schrauben können so fest sitzen, dass sie sich nicht mehr mit dem Schraubendreher herausdrehen lassen. Bei Kreuzschlitzschrauben dreht sich der Schraubendreher auch bei starkem Druck auf den Griff aus dem Kreuzschlitz heraus. Nach einigen erfolglosen Versuchen ist der Schlitz vermurkst, die Schraube ist praktisch unlösbar.

■ Stabilen Schraubendreher ansetzen und mit kräftigem Hammerschlag auf das Griffende versuchen, die Schraubverbindung zu lösen. Meistens bricht die mit dem Kopf fest korrodierte Schraube los. Sie lässt sich dann normal herausdrehen.
■ Hilft der kräftige Hammerschlag nichts, muss ein Schlagschrauber her. Bei jedem Schlag auf dessen Griffoberseite wird der Schraubendrehereinsatz unter Druck ein wenig weitergedreht.

Blechschrauben ausbohren
Lässt sich in einem Schraubenkopf kein Werkzeug mehr ansetzen, hilft nur noch ausbohren.
■ Erst entfernt man mit einem passenden Bohrer den Schraubenkopf. Eventuell mit einem kleineren Bohrer vorbohren.
■ Das Gewindeteil lässt sich jetzt entweder durchstoßen oder mit einer Zange von der Rückseite abnehmen.
■ Andernfalls mit einem dünnen Bohrer das Gewindeteil ausbohren. Den Bohrerdurchmesser nicht zu groß wählen, sonst hält später nur eine dickere Blechschraube.

Stehbolzen lösen und festdrehen
■ Anlagefläche für Schraubenschlüssel schaffen.
■ Auf dem freien Gewindeteil zwei Muttern fest gegeneinander drehen (kontern).
■ An den blockierten Muttern den Schraubenschlüssel ansetzen und den Bolzen lösen.

Abgerissene Schrauben ausbohren
Das Gegengewinde, in dem die abgerissene Schraube steckt, sollte möglichst wenig Schaden nehmen.
■ Körnerschlag auf Schraubenrestmitte.
■ Bis Schraubengröße M8 mit einem Kernlochbohrer arbeiten. Das ist der Durchmesser einer Schraube ohne Gewindeflanken. Faustregel: Gewindedurchmesser multipliziert mit 0,8.
■ Schrauben größer als M8 mit einem dünneren Bohrer vorbohren.

■ Wenn sich die Metallreste nicht mit einer Reißnadel aus den Gewindegängen entfernen lassen, Gewinde nachschneiden.

Gewinde schneiden
Hat das Metall noch genug Substanz, kann ein größeres Gewinde eingeschnitten werden. Andernfalls muss eine Gewindebuchse eingesetzt werden. Das Nach- oder Neuschneiden von Gewinden geht in drei Stufen vor sich. Die entsprechenden Gewindeschneider heißen Vorschneider (mit einem Ring am Schaft gekennzeichnet), Mittelschneider (zwei Ringe am Schaft) und Fertigschneider (drei Ringe oder ohne Kennzeichnung).
■ Gewindeschneider nacheinander unter ständigem Ölen in das vorgebohrte Kernloch hinein- und wieder herausdrehen.
■ Beim Hineindrehen ab und zu absetzen und ein Stück zurückdrehen. Sonst werden die Metallspäne zu lang und klemmen.

Bild 16

Bild 16
Gewindeschneiden mit Vorsicht und Bedacht.

2 Modell

Modellvorstellung

Begonnen hat es mal mit der ersten Variante des Multifunktionsvan der beiden Hersteller Peugeot und Citroën. Unter der Bezeichnung Partner beziehungsweise Berlingo wurde zwischen 1996 und 2009 die erste Generation produziert. Europaweit gehörte dieses Fahrzeug zu den beliebtesten. Diese Fahrzeuge haben wir in dieser Buchreihe bereits im Band 1295 vorgestellt. 2008 wurde nun die zweite Generation aufgelegt und unter dem Namen »Partner Tepee« (ausgesprochen »Tippi«) vertrieben. Bei Citroën nennt sich diese Generation »Berlingo II«. Der Modellcode für beide Fahrzeuge lautet »B9«. Die Zusammenarbeit hinsichtlich der Modellvarianten ergibt deutliche Vorteile für Kosten und Entwicklung. Wie schon beim Vorgänger sind die Karosseriestrukturen und viele Konstruktionsdetails baugleich für die beiden Fahrzeuge. Wie auch beim Ducato oder Boxer stechen die Allrad-Varianten hervor. Bei DANGEL in Frankreich werden die Serien-Fahrzeuge mit einem Allrad nachgerüstet.

Bild 1

Bild 1
Berlingo der co-produzierte Van bei Citroën.

Bild 2

Bild 2
Peugeot Partner als Flottenpartner des Berlingo.

Vorsichtige Veränderungen

Auch bei einem Bestseller stehen ab und an Veränderungen ins Haus. Es ist noch immer klar erkennbar, um welchen Fahrzeugtyp es sich handelt. Der Entwicklungsschritt vom Vorgängermodell ist trotzdem markant. Die Basis für die 2. Generation sind der Citroën C4 und der Peugeot 308. Im Zuge der Modellpflege im April 2012 wurden die Scheinwerfer und die Heckleuchten überarbeitet. Lieferbar waren nun auch ein statisches Kurvenlicht und LED-Tagfahrlichter. 2015 zum Genfer Automobilsalon erfolgte ein weiteres Facelift des Fahrzeuges, was neben dem geänderten Frontdesign auch technische Neuerungen erbrachte. Vom neuen Multimediasystem mit Rückfahrkamera und Parksensoren bis zum Notbremsassistenten wurde das Fahrzeug ergänzt und setzt von nun an Zeichen in der Fahrzeugklasse. Die Motoren wurden für die Abgasnorm Euro 6 angepasst.

Die Besonderheiten

Neben der schon breit aufgestellten Ausstattungsliste, die vom Luxussitz bis zum Schlechtwegefahrwerk reicht, gibt es eine Langversion: den »Grand Berlingo« der um 42,8 cm verlängert für den Markt in Uruguay gebaut wurde. Der Radstand entspricht dem normalen Serienradstand. Für den Berlingo III ist die Langversion dann auch im europäischen Markt lieferbar.

Bild 3

Bild 3
Für Berlingo und Partner stehen unterschiedliche Bauformen für vielfältige Aufgaben zur Verfügung.

Fahrzeugabmessungen

Die Abmessungen der Fahrzeugvarianten sind gegenüber den Vorgängermodellen etwas gewachsen. Zur Übersicht stellen wir Ihnen die Abmessungen tabellarisch vor.

Kasten und Kombi

	Abmessung	Maß in mm
A	Maximale Fahrzeugbreite	2112 mm
B	Spurweite Vorderachse	1502 mm
C	Karosseriebreite	1810 mm
D	Bauhöhe Kastenwagen*	1801 mm
E	Spurweite Hinterachse	1554 mm
F	Bauhöhe mit Reling	1852 mm
	Bauhöhe mit Reling XTR	1862 mm
G	Bauhöhe Kombi*	1801 mm
H	Ladehöhe*	586 – 613 mm
I	Radstand Kastenwagen	2728 mm
J	Überhang vorne	925 mm
K	Radstand Kombi	2728 mm
L	Überhang hinten	727 mm
M	Türeinstieg Seitentür	737 mm
N	Ladefläche hinten	1800 mm
	Ladefläche hinten (Grand)	2050 mm
O	Maximale Fahrzeuglänge	4380 mm
	Max. Fahrzeuglänge (Grand)	4628 mm
P	Ladeflächenbreite	1230 – 1620 mm
Q	Durchladebreite	1250 mm

* Ohne Beladung, durchgefedert

Motoren

Drei- und Vierzylinder Otto (Benzin) Motoren mit 1,2-l und 1,6-l-Hubraum sowie 1,6-l-Dieselmotoren kommen im Berlingo beziehungsweise Partner zum Einsatz. Ein 5-Gang und ein automatisiertes Schaltgetriebe sind in den Van´s verbaut. Die Allradvarianten »4x4« sind nun mit einem Antriebssystem für echte Offroader von DANGEL (Frankreich) lieferbar.

Ottomotoren

Der kleinste Benziner »PureTech« mit 81 KW (110 PS) mit Turboaufladung sowie die recht trägen 1,6-l-Triebwerke machen den Van nicht gerade zum Sportwagen, was er allerdings auch nie sein wollte. Im Alltag sind die Motoren aber durchaus standfest und auch wartungsfreundlich. Fünf Motorkennbuchstaben für die Benziner wurden im Laufe der Jahre vergeben. Die Arbeiten rund um die Wartung und die wichtigsten Arbeiten am Motor werden wir Ihnen in diesem Buch vorstellen.

Hubraum	Kennbuchstaben	Leistung
1,2 l	HNZ	81 kW (110 PS)
1,6 l	NFR	66 kW (90 PS)
1,6 l	NFU	50 kW (109 PS)
1,6 l	5KF	72 kW (89 PS)
1,6 l	5FS	88 kW (120 PS)

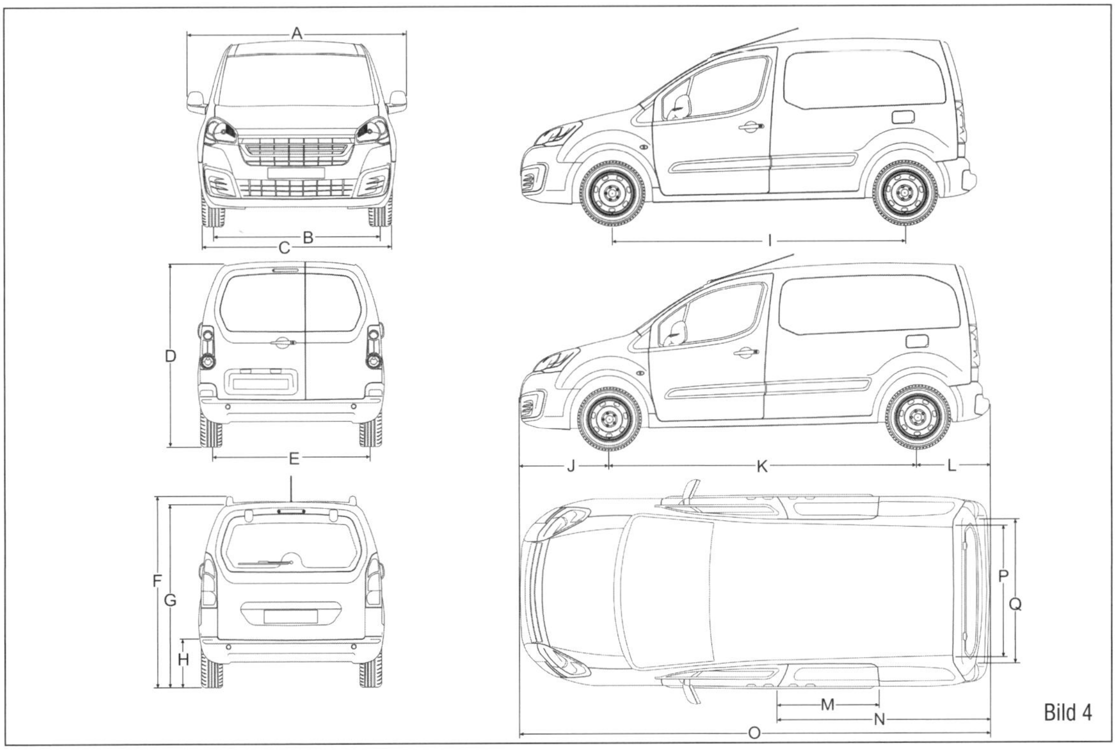

Bild 4
Fahrzeugabmessungen der Karosserievarianten in der Übersicht. Die Abmessungen A-Q werden in den Tabellen angegeben.

Sichtprüfung Messen

Bild 5
Motorkennung am Motorblock.
1 Motorkennbuchstabe und Motornummer auf der Vorderseite eingraviert oder aufgenietet, aber meist gut versteckt

Bild 5

Bild 6
Kennzeichnung am 5-Gang-Getriebe.
1 Gravur mit Kennbuchstaben und Getriebenummer
2 Klebeetikette mit Kennbuchstaben und Getriebenummer

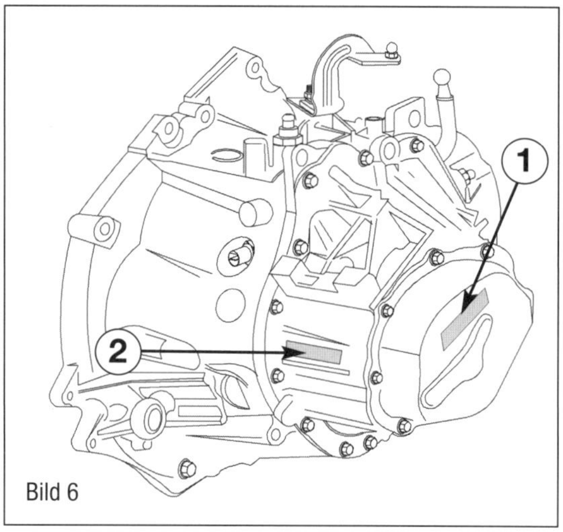

Bild 6

Dieselmotoren
Die Dieselmotoren liefern eine große Bandbreite hinsichtlich der Motorleistung. Die 16 unterschiedlichen Motoren werden wir für die Wartungs- und Reparaturarbeiten sinnvoll zusammenfassen. Vom Wechsel des Zahnriemens bis zur Demontage des Zylinderkopfes werden wir Ihnen in diesem Band die wichtigsten Arbeiten am Ihrem Berlingo/Partner Van näherbringen.

Kennzeichnung der Motoren
Der Motorkennbuchstabe (MKB) befindet

Hubraum	Kennbuchstaben	Leistung
1,6 l	BHW	55 kW (75 PS)
1,6 l	BHY	73 kW (100 PS)
1,6 l	BHZ	88 kW (120 PS)
1,6 l	9HR	82 kW (112 PS)
1,6 l	9HL	82 kW (112 PS)
1,6 l	9HF	66 kW (90 PS)
1,6 l	9HJ	68 kW (93 PS)
1,6 l	9HK	55 kW (75 PS)
1,6 l	9HL	84 kW (115 PS)
1,6 l	9HN	55 kW (75 PS)
1,6 l	9HP	68 kW (93 PS)
1,6 l	9HS	66 kW (90 PS)
1,6 l	9HT	55 kW (75 PS)
1,6 l	9HV	66 kW (90 PS)
1,6 l	9HX	66 kW (90 PS)
1,6 l	9HZ	80 kW (109 PS) 81 kW (110 PS)

sich auf der vorderen Motorblockhälfte, meist neben dem Ölstab und oft hinter dem Katalysator. Am besten ist sie von unten einsehbar.

Getriebe
Im Wesentlichen kommen nur zwei Getriebebauarten zum Einsatz. Zum einen ist es ein 5-Ganggetriebe und zum anderen ein automatisiertes 6-Gang-Schaltgetriebe. Überwiegend ist ein 5-Ganggetriebe verbaut, das dem Fahrzeug entsprechend angeglichen wurde. Es unterscheidet sich lediglich am Kürzel für den Bautyp und den einzelnen Zahnradpaarungen. Soll ein gebrauchtes Getriebe verbaut werden, sollten Sie immer den eingeschlagenen Getriebetyp beachten. In den nachstehenden Tabellen stellen wir Ihnen die verbauten Getriebe und deren Merkmale gegenüber, um die unterschiedlichen Bautypen unterscheiden zu können.

Das automatisierte 6-Gang-Schaltgetriebe wurde recht selten verkauft. Es handelt sich

Getriebetyp und Zahnradpaarungen

Getriebetyp	1. Gang	2. Gang	3. Gang	4. Gang	5. Gang	Rückwärts
BE4/5N	11/38	15/28	31/40	41/39	47/35	12/40
BE4/5J	11/38	15/28	31/40	41/39	44/35	12/40
BE4/5S	11/38	15/28	30/40	37/39	43/37	12/40
BE4/5T	13/38	15/28	30/40	37/39	43/37	12/40
BE4/5P	13/38	15/28	31/40	41/39	47/35	12/40
BE4/5L	11/38	15/28	32/37	45/37	50/33	12/40
BE4/5V	11/38	15/28	30/41	37/39	44/35	12/40
BE4/50	11/38	15/28	35/39	46/35	54/31	12/40

um ein Schaltgetriebe, das automatisch aus- und einkuppelt und auch die Gänge wechseln kann. Angesteuert wird es automatisch oder manuell über Schaltwippen. Es werden hydraulisch arbeitende Komponenten angesteuert, welche Signale vom Getriebesteuergerät in die jeweilige mechanische Schaltbewegung umsetzen. Zeitgleich wird die Kupplung angesteuert. Das Kupplungspedal wird nicht mehr benötigt und entfällt somit.

MKB	Getriebetyp	Achsantrieb
NFR	BE4/5N	15/76
NFU		
5FS		
9HS	BE4/5L	
9HT		17/73
9HV		
9HX		
9HZ		17/71
9HL		
9HF		
9HJ		
9HK		
9HL		
9HN		

Allradantrieb 4x4 DANGEL
Genau genommen ist der Allrad-Van ein Serienfahrzeug, das von DANGEL in Frankreich umgebaut wird. DANGEL ist ein sehr erfahrener Hersteller von Allradsystemen, der neben den Peugeot-Partner und Citroën-Berlingo auch einige andere Modelle dieser Hersteller durch Höherlegung und Erweiterung des Antriebs geländetauglich macht. Das Allradsystem verteilt im Bedarfsfall das Motordrehmoment zusätzlich auf die Hinterräder. Die Kraftverteilung erfolgt über eine Viscokupplung, sodass bei griffiger Straße nur die Vorderräder angetrieben werden. Das Antriebssystem basiert auf bewährten mechanischen Komponenten und wird mit dem vorhandenen Getriebe kombiniert und mit Kardan und hinterem Achsantrieb nach hinten erweitert. Die Übersetzungsverhältnisse des Getriebes werden nicht verändert. Das Antriebskonzept schlägt nur mit etwa 150 kg zu Buche.

Komfort und Bedienung
Die Unterscheidungen dieser Modellreihe und des Facelifts sind also mitnichten mit einer Veränderung des äußeren Designs abzutun. Informationen über die Systeme, die in Ihrem Fahrzeug verbaut worden sind, werden spätestens dann wichtig, wenn Sie aufgrund eines Ausfalls im Rahmen der Fehlersuche an den Systemen arbeiten wollen.

Bild 7

Bild 7
Die Hinterachse unverkennbar mit Antrieb.

Bild 8

Bild 8
Infotainment im Mittelpunkt: Ob Klimaanlage, Soundsystem oder Navigation, die Funktionen finden sich in der Mitte der Armaturentafel.

Sound und Navigation:
Je nach Ausstattungsvariante oder auch dem Kundenwunsch bei der Fahrzeugneubestellung werden im Peugeot-Partner und Citroën-Berlingo unterschiedliche Soundsysteme angeboten. Alle Radios verfügen über Bluetooth-Anschlussmöglichkeiten für Mobiltelefone und sind MP3-fähig. Die Topversion wird über einen Touchscreen mit 17,7 Zentimeter (7,0 Zoll) Durchmesser bedient, auf den beim Rückwärtsfahren das Bild einer Rückfahrkamera übertragen wird. Bei der Vorwärtsfahrt kann hier die Grafik des Navigationssystems anzeigt werden.

Multifunktionsdisplay:
Über das Multifunktionsdisplay (3 im Bild 8)

Bild 9

Bild 8
Anzeige im Multifunktionsdisplay:
1 Informationsfeld mit Drehzahlmesser, Tacho, Tankanzeige, Temperaturanzeige und Funktionskontrollleuchten
2 Display im Tachometer
3 Warnleuchtenfeld
4 Taste links
5 Taste rechts

können unterschiedliche Funktionen aufgerufen und Einstellungen vorgenommen werden. Die Vorgehensweise hierzu wird detailliert in der Fahrzeugbedienungsanleitung beschrieben. Die Rückstellung der Service-Intervallanzeige werden wir etwas später noch vorstellen.

Achsen und Federung:
Ganz klassisch, gerade für französische Fahrzeuge, ist der Aufbau des Fahrwerksystems. Vorne sind McPherson-Federbeine mit Domlager und unterem Querlenker verbaut. Stabilisiert werden die beiden Achshälften untereinander mit einem Querstabilisator und Koppelstangen. Hinten kommt die sehr kompakte Bauweise einer Einzelradaufhängung mit Längslenkern und Drehstabfedern zum Einsatz. Eine Höherlegung wie beim Allrad kann durch Unterlagböcke am Domlager vorne und durch Umsetzen der Drehstabfeder erfolgen. Dafür müssen Gutachten und Prüfzeichen nachgewiesen werden.

Diverse Assistenten
Neben den technischen Weiterentwicklungen in Sachen Mechanik zu dem sehr erfolgreichen Peugeot-Partner und Citroën-Berlingo, ergeben sich viele neue Möglichkeiten durch das Bordnetzsystem. Es kommen neue Fahrerassistenzsysteme, ein neues Infotainment-Programm und letztlich auch viele neue Funktionen hinzu. Ein Grund mehr die einzelnen Fehlerspeicher der Steuergeräte aller Systeme bei den Wartungsarbeiten routinemäßig abzufragen.

ABS, ESP und Stabilitätssysteme:
Typisch für die software-gestützte Umsetzung sind die umfangreichen Assistenzsysteme der Bremsanlage. Basierend auf einem ABS-System können auch einzelne Bremsgeräte eines Rades angesteuert werden. So wird es mit ESC möglich das Fahrzeug zu stabilisieren oder wie im ASR ein schnell drehendes Rad abzubremsen. Die Systeme arbeiten hier derartig schnell, dass die Reaktion auch von routinierten Fahrern kaum übertroffen werden kann. Über den Bremseingriff werden der Hillholder, ASR und der Bergabfahrassistent realisiert. Auch ein Notbremsassistent sowie die Aktiv-City-Break konnten hier realisiert werden.

Das Start-Stopp-System:
Ab dem Modelljahr 2012 kam eine weitere Besonderheit der technischen Ausrüstung hinzu. Ein Start-Stopp-System. Die Start-Stoppfunktion ist recht leicht vorstellbar. Über das Bordnetzsystem lässt sich natürlich auch die Nutzung des Fahrzeuges erkennen. Entsprechend wird bei aktiviertem System und einer Haltephase der Motor abgestellt. So wird zum einen Kraftstoff gespart und zum anderen eine CO2-Senkung realisiert.

Reifendruckkontrolle:
Am Pkw ist die Reifendruckkontrolle mittlerweile vorgeschrieben und im Peugeot Partner- und Citroën Berlingo-Van als aktives System verbaut. Hier wird mittels RDKS (Sensoren für den Reifendruck) der tatsächliche Luftdruck erfasst und im Tachometer bei Druckverlust einer oder mehrerer Reifen als Warnung angezeigt. Die Sensoren müssen dann bei Sommer- und Winterreifen verbaut sein und beim Wechsel entsprechend neu angelernt werden.

Identifizierung

Fahrgestellnummer
Die Fahrzeug-Identifizierungsnummer befindet sich am Stegblech des rechten Kotflügels.

Aufschlüsselung der Fahrzeug (Vehicle)-Identifizierungsnummer (VIN)
In der Fahrgestellnummer ist die Typenbezeichnung integriert. Die im Fahrzeugschein unter »D.2« angegebene Typnummer findet sich bei diesen Fahrzeugen auch in der Fahrgestellnummer an den Stellen 4 bis 9.

Position in der VIN	Kürzel	Bedeutung
(1, 2, 3)	VF7	Citroën
	VF3	Peugeot
(4)	3	Peugeot Partner
	7	Citroën Berlingo
(6, 7, 8)	5FK	EP6C Motor gedrosselt (Otto 72 kW)
	5FS	EP6C (Otto 88 kW)
	9HE	DV6DBM (Diesel 66 kW)
	9HF	DV6DTED (Diesel 66 kW)
	9HK	DV6ETEDM (Diesel 66 kW)
	9HL	DV6CTED (Diesel 84 kW)
	9HN	DV6ETED (Diesel 55 kW)
	9HP	DV6DTED (Diesel 68 kW)
	9HS	DV6TED4 BU Partikelfilter (Diesel 66 kW)
	9HT	DV6BTED4 - DV6BUTED4 mit Partikelfilter (Diesel 55 kW)
	9HV	DV6TED4B mit Partikelfilter (Diesel 66 kW)
	9HX	DV6ATED4 - DV6AUTED4 ohne Partikelfilter (Diesel 66 kW)
	9HZ	DV6TED4 mit Partikelfilter (Diesel 80 - 81 kW)
	NFR	TU5JP4B (Otto 72 kW)
	NFU	TU5JP4 (Otto 80 kW)
	HNZ	EB2DT (Otto 80 kW)
(9)	A	Euro 5 (6-Gang-Automatik)
	B	Euro 3 (5-Gang-Schaltgetr.)
	C	Euro 4 (5-Gang-Schaltgetr.)
	D	Euro 3 (6-Gang-Automatik)
	J	Euro 4 (6-Gang-Automatik)
	K	Euro 3 (andere Achs- oder/ und Getriebeübersetzung)
	L	Euro 4 (andere Achs- oder/ und Getriebeübersetzung)
	Z	Euro 3 (Untersetzungs-getriebe, DBM 21)
	0	Euro 5 (5-Gang-Schaltgetr.)
	6	Euro 6 (5-Gang-Schaltgetr.)
(10)	A	Modelljahr 2010
	B	Modelljahr 2010
	C	Modelljahr 2011
	D	Modelljahr 2012
	E	Modelljahr 2013
	F	Modelljahr 2014
	G	Modelljahr 2015
	H	Modelljahr 2016
	J	Modelljahr 2017
	K	Modelljahr 2018
(11)	J	Produktionsstätte
(12 bis 17)	123456	Laufende Nummer

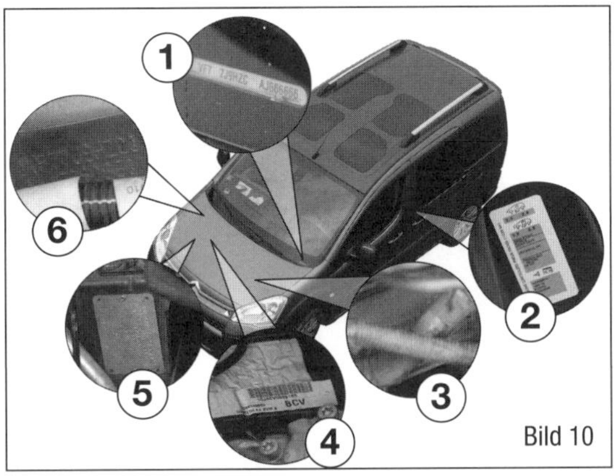

Bild 10

Bild 10
Einbaulage der Identifizierungsplaketten.
1 VIN im Scheibenrahmen
2 Serviceaufkleber
3 Getriebekennzeichnung auf dem Getriebe
4 Motortyp eingraviert auf dem Motorblock und als Aufkleber auf dem Zahn riemenschutz
5 Typenschild rechts auf den Motorträger geklebt
6 VIN vorne rechts

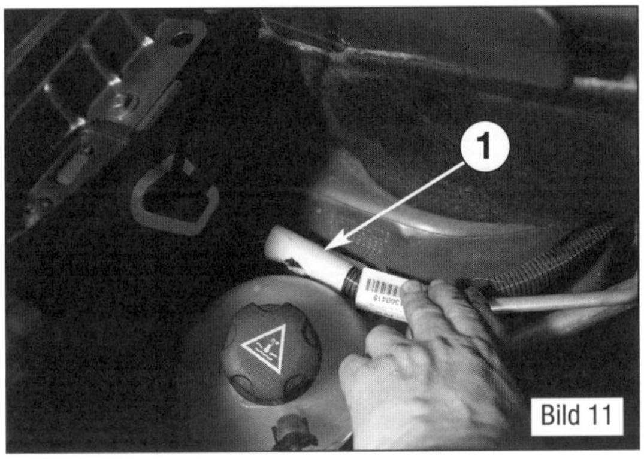

Bild 11

Bild 11
VIN am Fahrzeug.
1 Im Motorraum vorne rechts

Das Typenschild und Plaketten

Die Typenschilder finden sich auf dem vorderen Querträger im Motorraum. Für die Fahrzeuge, die für den deutschen Markt produziert worden sind, ist ein weiteres Typenschild aufgeklebt. Die Beschreibungen zu den Typenschildern finden Sie in der Bildlegende zu den Bildern 13 und 14. Gerade für die Teilebestellung beim Zubehörhandel sind neben der Fahrgestellnummer und dem Zulassungsdatum auch der Motor- und der Getriebekenncode sehr wichtig.

Typenschild (Herstellerschild)

Auf dem Herstellerschild sind neben dem Herstellernamen und der Fahrgestell-

Bild 12

Bild 12
VIN am Fahrzeug.
1 Im Scheibenrahmen vorne links

Sichtprüfung Messen

Bild 13
Einbaulage des Typenschildes (1) auf dem rechten Rahmenträger vor dem Motorbock.

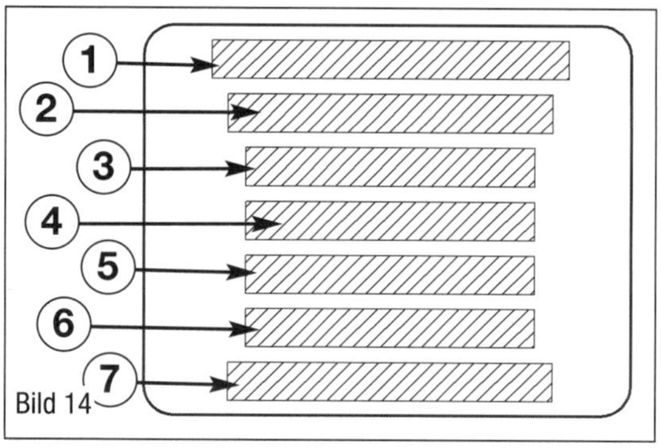

Bild 14
Herstellerschild.
1 Name des Herstellers,
2 Fahrgestellnummer
3 zulässiges Gesamtgewicht
4 zulässiges Gespann-gewicht
5 zulässige Achslast (Vorder-achse)
6 zulässige Achslast (Hinter-achse)
7 freie Zeile

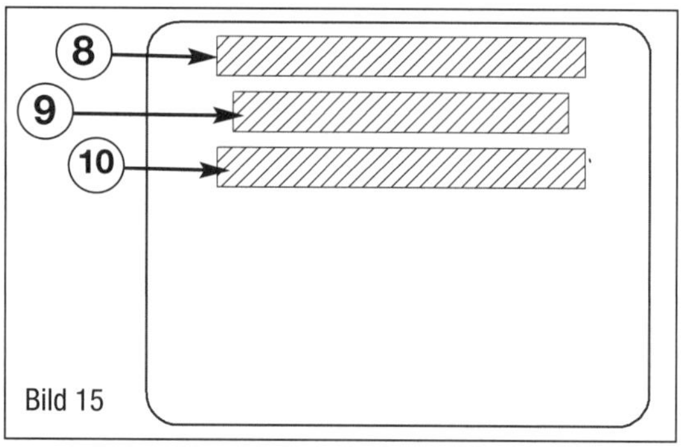

Bild 15
Zusatztypenschild für Deutschland, Italien, Spanien, Belgien, Großbritannien, Tschechien und die Slowakei.
8 Name des Herstellers
9 amtliche Typenbezeichnung (siehe auch D.2 im Fahrzeugschein)
10 Nationale Homologationsnummer

nummer die Angaben zu Gewichten, Achslasten und den Zuglasten des Fahrzeuges angegeben. Die Zuglasten können je nach Hersteller und Gutachten des Anhängerkupplungsherstellers variieren. Gegebenenfalls sollten Sie die Gutachten oder Papiere zu der Anhängerkupplung in die Mappe zu den Fahrzeugunterlagen hinzutun, um sie bei einer Kontrolle oder bei einer technischen Überprüfung vorweisen zu können.

Zusatztypenschild (Herstellerschild)
Das Zusatztypenschild ist für Deutschland, Italien, Spanien, Belgien, Großbritannien, Tschechien und die Slowakei verbaut worden. Fahrzeuge, die für diese Länder bestimmt waren, sind mit diesem Schild ausgestattet. Die Typnummer (9) sollte bekannt sein. Sie finden Sie unter D.2 im Fahrzeugschein.

Informationen zur Klimaanlage
Auf dem Serviceaufkleber der Klimaanlage, der in der Regel auch auf dem Schlossträger verklebt ist, sind Informationen zur Füllung, dem Klimamittel und dem Kompressoröl. Hier sollten dann auch die Wartungsaufkleber zur Klimaanlage angebracht werden, wenn das Kältemittel erneuert wurde.

Wartungsaufkleber und Servicehinweise
Die Wartungs- und Serviceaufkleber werden in der Regel auf die A-Säule aufgeklebt. Soweit Sie selbst diese Aufkleber vergeben, sollten Sie grundsätzlich nur die aktuellen auf der A-Säule belassen. Wenn kein Aufkleber vergeben wird, sollten Sie dann die abgelaufenen Aufkleber entfernen. Serviceaufkleber für Innenraumfilter und Zahnriemen sollten Sie auch aktuell halten und auf dem Schlossträger gut sichtbar anbringen.

Servicevorgaben

Die Wartungsanzeige arbeitet über die Kilometer und die verstrichene Zeit seit der letzten Rückstellung. Wird die Ölwechselfälligkeit erreicht, erscheint schon auf dem Tachodisplay für einige Sekunden eine entsprechende Meldung, sobald der Zündschlüssel auf die erste Stufe gedreht wird. Hier wird auch die Restlaufzeit zum Service oder mit blinkendem Schraubenschlüssel eine zeitnah fällige oder schon überfällige Wartung angezeigt. Die Rückstellung kann über den Tachometer oder über einen Diagnosetester erfolgen.

Service-Intervall-Anzeige zurücksetzen

Rückstellung über den Tachometer

- Die Zündung ausschalten. Zündschlüssel stecken lassen.
- Den Rückstellknopf des Tageskilometerzählers im Tachometer (1 im Bild 15) drücken und gedrückt halten.
- Die Zündung wieder einschalten. Die Kilometeranzeige beginnt rückwärts zu zählen.

Wenn in der Anzeige »0« erscheint, den Rückstellknopf des Tageskilometerzählers loslassen. Der Wartungsschlüssel im Tachodisplay erlischt.

Bild 16
Tachometer im Berlingo.
1 Rückstelltaste für den Tageskilometerzähler

■ Schalten Sie die Zündung aus und wieder ein. Sie sollten nun die volle Intervalllaufzeit von 20.000 km ablesen können.

Wird nach diesem Vorgang die Batterie abgeklemmt, muss das Fahrzeug verriegelt werden und mindestens fünf Minuten abgewartet werden. Andernfalls bliebe die Rückstellung der Wartungsanzeige wirkungslos.

Rückstellung über den Diagnosetester
Exemplarisch stellen wir Ihnen den Ablauf mit dem VDO-Tester vor. Der Ablauf für andere Tester-Hersteller ist meist sehr ähnlich.

■ Tester (1 im Bild 20) im Fahrzeug (2) anschließen, Zündung einschalten, »Service« anwählen.
■ Wählen Sie den Fahrzeughersteller » Citroën« oder »Peugeot« mit den Pfeiltasten (1 im Bild 16) an.
■ Wählen Sie nun über die Pfeiltasten (1 im Bild 17) den Service-Reset an.
■ Bestätigen Sie Ihre Wahl mit dem Haken (2).
■ Wählen Sie nun über die Pfeiltasten (2 im Bild 18) die geführten Funktionen (3) an.
■ Bestätigen Sie Ihre Wahl mit dem Haken (1). Der VDO-Tester verbindet sich nun mit dem Steuergerät und führt die Erkennung und Feinauswahl selbstständig durch.
■ Bestätigen Sie mit der Funktionstaste »F2« (1 im Bild 19) die Rückstellung des Wartungsintervalls.

Achten Sie darauf, die Wartungsanzeige nicht zwischen den Intervallen zurückzusetzen. Beachten Sie die erforderlichen Wartungsarbeiten entsprechend des Kilometerstandes oder des Zeitintervalls.

Nach erfolgter Rückstellung bestätigt der Tester den Vorgang.

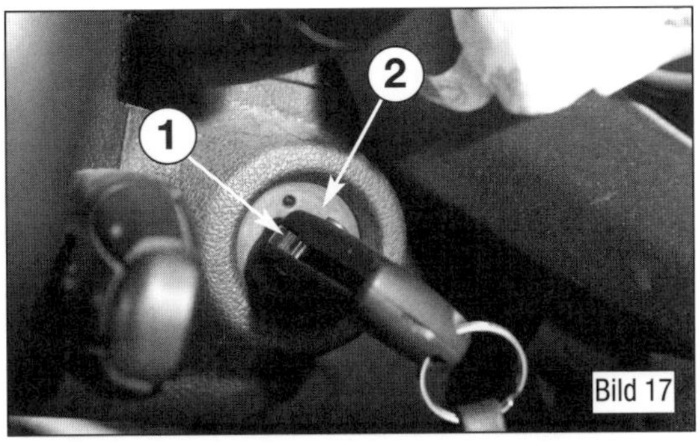

Bild 17
Zündschloss.
1 Stellung zwischen aus und Zündung an (Stellung »S«)
2 Stellung Zündung ein

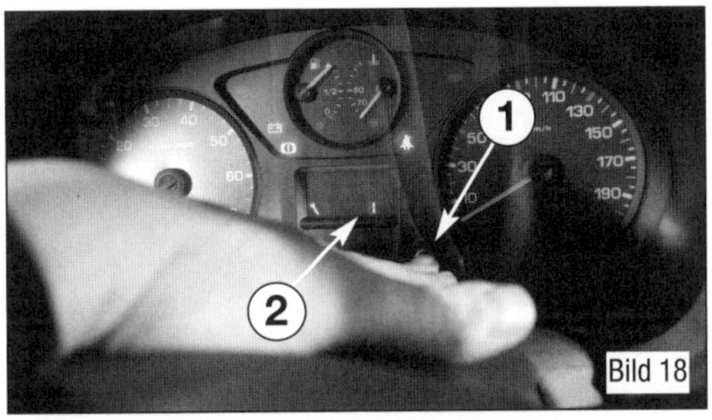

Bild 18
Rückstellung am Tacho.
1 Rückstelltaste für den Tageskilometerzähler
2 Display zählt von »10« auf »0« zurück.

Bild 19
Rückstellung am Tacho.
1 Rückstelltaste für den Tageskilometerzähler
2 Displayanzeige auf »0«

Bild 20
Rückstellung erfolgreich: Displayanzeige (1) auf »20.000 km«.

■ Betätigen Sie die Taste »F2« erneut.
■ Gehen Sie über die Taste »F4« (7) zurück.
■ Schalten Sie die Zündung aus und ziehen Sie den OBD-Stecker heraus.
■ Schalten Sie die Zündung aus und wieder ein. Sie sollten nun die volle Intervalllaufzeit von 20.000 km ablesen können.

Wartungsplan

Der Übersicht halber haben wir die originalen Wartungspläne und die gängigen

Sichtprüfung Messen

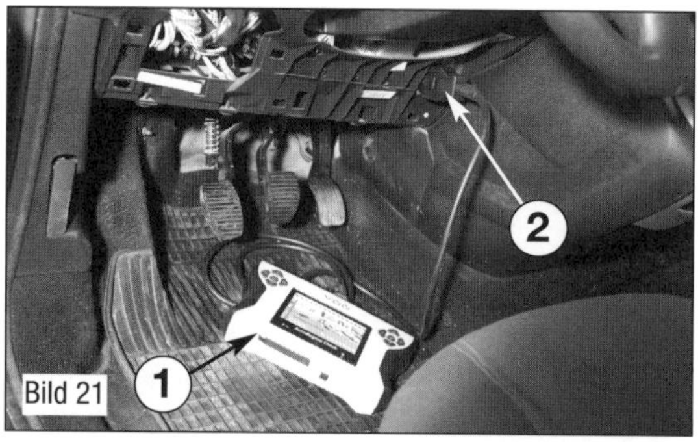

Bild 21

Bild 21
1 Fahrzeugdiagnosetester
2 OBD Stecker

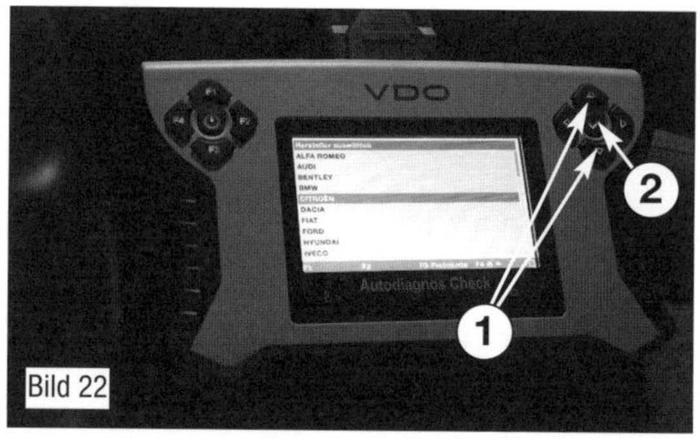

Bild 22

Bild 22
Anwahl des Herstellers.
1 Tasten »hoch« und »herunter«
2 Bestätigung der Anwahl

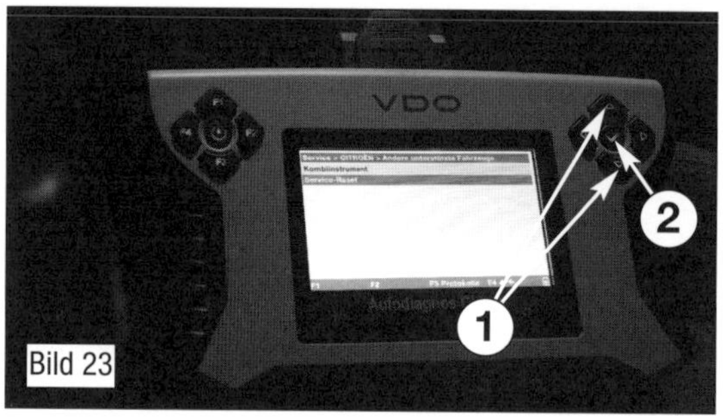

Bild 23

Bild 23
Anwahl der Funktion.
1 Tasten »hoch« und »herunter«
2 Bestätigung der Anwahl

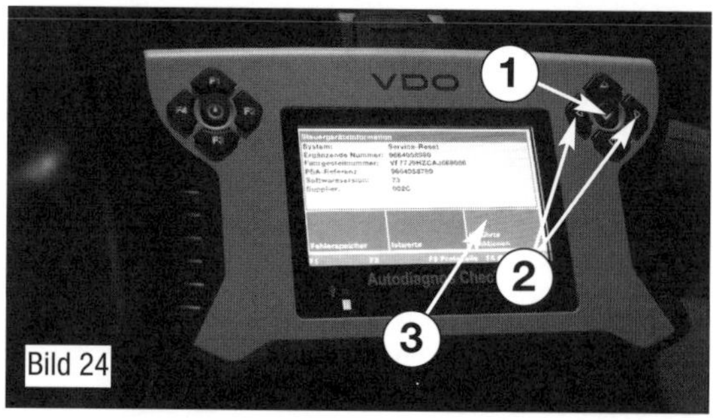

Bild 24

Bild 24
Anwahl der geführten Funktionen.
1 Bestätigung der Anwahl
2 Tasten »links« und »rechts«
3 Anwahl im Display

Wartungspläne der freien Tester-Hersteller unter die Lupe genommen und zusammengefasst. Im Folgenden werden wir Ihnen einen Plan vorstellen, der die Prüfpunkte für die unterschiedlichen Fahrzeugtypen in drei Sparten aufteilt. Im Ölservice steht der Wechsel des Motoröls im Vordergrund. Kleinere regelmäßige Kontrollen haben wir hier auch untergebracht. Der Wechsel des Öls ist wie bei allen Fahrzeugen mit Partikelfilter ohne Ad-Blue-System sehr wichtig. Die Partikelfilterreinigung wird durch die Nacheinspritzung von Kraftstoff in den Auslasstakt erreicht. Entsprechend kann es zu erhöhtem Kraftstoffeintrag im Motoröl kommen. Das ist im Grundsatz normal und bis zu etwa 7% auch unproblematisch. Bei Motoren, die im Kurzstreckenbetrieb unterwegs sind, kann der Kraftstoffeintrag schnell darüber liegen. Bei Motoren, die regelmäßig und zügig auf der Autobahn unterwegs sind, verdampft der größte Teil wieder und der Öleintrag fällt geringer aus. Wenn Sie unsicher sind, wie sich das bei Ihrem Fahrzeug verhält, lassen Sie eine Ölprobe analysieren. Adressen hierzu finden Sie im Internet, die Kosten liegen bei etwa 70 Euro. Die Aussage »kein Ölverbrauch« lässt dann lediglich den Schluss zu, dass das verbrauchte Öl durch Kraftstoffrückstände aufgefüllt wurde. Der Ölwechsel ist entsprechend wichtig für die Lebensdauer des Motors.

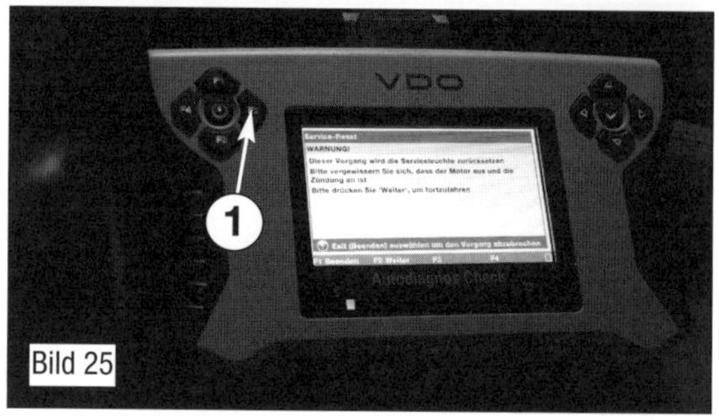

Bild 25

Bild 25
Der Hinweistext zur Rücksetzung muss bestätigt werden.
1 Bestätigung der Anwahl

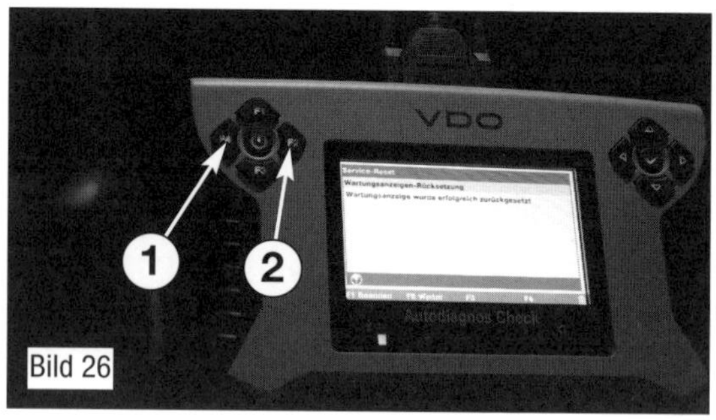

Bild 26

Bild 26
Abschlussarbeiten.
1 Funktionstaste zur Einstiegsmaske

Regelmäßige Kontrollen
Die Kontrollen sollten regelmäßig nach eigenem Ermessen durchgeführt werden. Als Daumenwert kann etwa 1000 – 3000 km angenommen werden.

Motorölkontrolle	Nicht nur per Displayanzeige! Die Markierungen am Peilstab bei stehendem Motor und gerader und ebener Abstellfläche sind relevant.
Kühlmittel	Kontrolle des Kühlmittelstandes. Niemals einfach Wasser oder nur Konzentrat nachfüllen. Kontrollieren Sie den Frostschutzgehalt mit einem Refraktometer oder einer geeigneten Frostschutzspindel. Wird dieser zu hoch, geht Kühlleistung verloren. Bei häufigem Nachfüllen muss dringend die Ursache festgestellt werden.
Servolenkungsöl	Kontrolle des Ölstandes nach Peilstab. Verwenden Sie ein Servolenkungsöl nach ATF DEXRON III.
Scheibenreiniger/Waschdüsen	Kontrollieren Sie den Füllstand des Waschbehälters und speziell den Frostschutzgehalt in der kalten Jahreszeit. Verwenden Sie Scheibenreiniger und nicht allzu kalkhaltiges Wasser.
Scheibenwischergummis	Achten Sie auf festen Sitz, intakte Wischergummis sowie die korrekte Wischerarmeinstellung und leichtgängige Wischerarmgelenke für den Andruck an die Scheiben.
Reifenluftdruck/Zustand	Kontrollieren Sie den Reifenluftdruck sowie die Profiltiefe und auch die Lauffläche auf gleichmäßige Abnutzung. Bei einseitigem Reifenverschleiß prüfen Sie die Achsbauteile und lassen Sie eine Achsvermessung durchführen.

Ölwechsel/Ölservice Der Wechsel des Öls ist folgendermaßen durchzuführen:

	Otto-Motoren	*Diesel-Motoren*
Normale Beanspruchung (es gilt: was zuerst eintritt)	20.000 km	15.000 km
	Spätestens nach 12 Monaten	
Starke Beanspruchung* (es gilt: was zuerst eintritt)	15.000 km	10.000 km
	Spätestens nach 12 Monaten	

* Stadtverkehr, Kurzstrecke, Staureiche oder extreme Temperaturen der Umgebung

Betrieb unter erschwerten Bedingungen
Wenn das Fahrzeug vorwiegend zum Ziehen von Anhängern oder Wohnwagen, auf staubigen Straßen, auf Kurzstrecken (unter 7-8 km), oft im Leerlauf betrieben wird, lange Fahrten bei niedriger Geschwindigkeit absolviert wurden, werden besondere Kontrollen notwendig.

Scheibenbremsbeläge vorne	Kontrolle Zustand/Verschleiß
Zustand der Schlösser an Motorhaube und Kofferraum	Hebelwerk reinigen und schmieren
Sichtkontrolle Antrieb	Motor, Getriebe, Kraftübertragung, Rohrleitungen (Auspuff - Kraftstoffversorgung - Bremsen), Gummielemente (Kappen - Muffen - Buchsen usw.);
Batteriecheck	Kontrolle des Ladezustands der Batterie und des Säurestands
Antriebsriemen für die Nebenaggregate	Sichtkontrolle auf Schäden, Verschleiß und Riemen spannung
Ölservice/Ölkontrolle	Die Anweisungen zum Ölwechsel beachten!
Pollenfilter	Ausbau, Kontrolle und soweit erforderlich auswechseln
Luftfilter	Ausbau, Kontrolle und soweit erforderlich auswechseln

Inspektionsservice

Das normale Wartungsintervall liegt beim Benziner bei 20.000 km und beim Diesel bei 15.000 km. Außerhalb der Wartungsarbeiten fallen trotzdem je nach Bedarf (immer zwischendrin!) die regelmäßigen Kontrollen an. Die Abstände hierzu müssen Sie selbst als Fahrer festlegen. Die Kontrollpunkte haben wir bereits beschrieben.

	Otto-Motoren	*Diesel-Motoren*
Normale Beanspruchung (es gilt: was zuerst eintritt)	20.000 km	15.000 km
	Spätestens nach 12 Monaten	
Normale (Starke?) Beanspruchung* (es gilt: was zuerst eintritt)	15.000 km	10.000 km
	Spätestens nach 12 Monaten	

* Stadtverkehr, Kurzstrecke, Staureiche oder extreme Temperaturen der Umgebung

Wartungsumfang

Nachdem nun die Fälligkeit geklärt sein dürfte, betrachten wir den Umfang der einzelnen Wartungsstufen im Detail. Wir haben eine Aufteilung gewählt, die einen flüssigen Ablauf der Wartung erlaubt. Die Überschriften kennzeichnen die einzelnen Schwerpunkte für die in der jeweiligen Tabelle darunter aufgeführten Arbeiten.

Elektrische Anlage

Öl-Service	**Inspektions-Service**	**Zusatz-Arbeiten**	**Arbeitsschritte und Prüfungen**
X	X		Frontbeleuchtung – Standlicht, Abblendlicht, Fernlicht, Nebelscheinwerfer, Blinkanlage, Warnblinkanlage auf Funktion prüfen.
X	X		Schlussleuchten – Bremslicht (auch 3 Bremslichter), Schlusslicht, Rückfahrleuchte, Nebelschlussleuchte, Kennzeichenleuchte, Blinkanlage, Warnblinkanlage auf Funktion prüfen.
X	X		Verbaute Zusatzleuchten und deren Anschlüsse auf Funktion und Schäden überprüfen.
	X		Innenraum-, Kofferraum- und Handschuhfachleuchte, Zigarettenanzünder, Steckdosen, Signalhorn und Kontrollleuchten auf Funktion prüfen.
X	X		Schalter und Regler, Funktion Gebläse, Leuchtweitenregulierung oder Einstellung prüfen.
	X		Kontrollleuchten in der Armaturentafel und im Display auf Funktion prüfen.
	X		Batterie (auch Zweitbatterie): Sichtprüfung durchführen und magisches Auge prüfen.
	X	X	Zusatzbatterie (soweit verbaut) Flüssigkeitsstand prüfen.
	X		Ladespannung der Batterie prüfen.
	X		Zentralverriegelung Funktion prüfen.
	X		Funktionen der Schlüsselfernbedienung kontrollieren.

Fahrzeug von innen

Öl-Service	Inspektions-Service	Zusatz-Arbeiten	Arbeitsschritte und Prüfungen
	X		Funktion des Bremskraftverstärkers prüfen, Befestigung der Gummiauflage auf den Pedalen überprüfen.
X	X		Handbremshebel auf Rastenfunktion und Zustand prüfen, Handbremsweg wenn erforderlich einstellen.
X			Gurtsysteme auf Funktion, Schäden und leichtes Aufrollen prüfen. SBC-Warnung (Gurtwarner) auf Funktion prüfen.
	X		Sonnenblenden auf Funktion prüfen.
	X		Sitze auf Schäden an Polster und Gestell überprüfen.
	X		Sitze auf Funktion und Beschädigung sowie auf Spiel in den Lagerungen prüfen.
	X		Verkleidungen der Türen und Türgriffe auf Festigkeit und Unversehrtheit prüfen.
	X		Anzeigen im Tachometer auf Funktion und Ablesbarkeit prüfen.
X	X		Kontrolle der Funktion der Scheibenwasch- und Wischanlage und der Einstellung der Waschdüsen.
X	X		Ausrichtung/Abnutzung der Wischerblätter prüfen.
	X		Funktion der Rückspiegelverstellung prüfen.
	X		Funktion der Standheizung prüfen (soweit verbaut).

Fahrzeug von außen

Öl-Service	Inspektions-Service	Zusatz-Arbeiten	Arbeitsschritte und Prüfungen
	X		Schlösser an Motorhaube und Kofferraum kontrollieren, reinigen und Hebelwerk schmieren.
	X		Kontrolle und Reinigung der unteren Führungen der Schiebetüren (spätesten alle 6 Monate).
	X		Karosserieaußenseite auf Schäden und Korrosion prüfen.
	X		Rammschutz- und Zierleisten auf richtige Befestigung prüfen.
	X		Lampengläser auf Beschädigung und richtigen Sitz überprüfen.
	X		Tür- und Scheibendichtungen auf Zustand und Beschädigung prüfen.
X	X		Zustand der Rückspiegel prüfen.

Sichtprüfung Messen

Bereifung

Öl-Service	Inspektions-Service	Zusatz-Arbeiten	Arbeitsschritte und Prüfungen
X	X		Korrigieren des Reifendrucks.
X	X		Kontrolle des Zustandes und des Verschleißes.
	X	X	Felgen auf Korrosion oder Beschädigung untersuchen.
		X	Felgen und Radschrauben beim Radwechsel auf Verschleiß prüfen.
	X		Saisontypische Reifen verbaut (Winter/Sommer).

Fahrzeug von unten

Öl-Service	Inspektions-Service	Zusatz-Arbeiten	Arbeitsschritte und Prüfungen
	X		Motor und Bauteile im Motorraum (von unten), Getriebe, Achsantrieb, Hinterachse und Gelenkschutzhüllen: Sichtprüfung auf Undichtigkeiten und Beschädigungen durchführen. Bei nicht verbrauchsbedingtem Flüssigkeitsverlust Ursache feststellen und beseitigen.
	X		Sichtprüfung auf Beschädigungen des Unterbodenschutzes und der Unterboden verkleidungen.
	X		Sichtprüfung auf Undichtigkeiten, Befestigung und Beschädigungen der Abgasanlage durchführen.
	X		Spurstangenköpfe auf Spiel prüfen, Zustand der Befestigung und Dichtungsbälge überprüfen.
	X		Faltenbälge der Lenkung auf Undichtigkeiten und Beschädigungen prüfen.
	X		Sichtprüfung der Achsgelenke, Axiallager, Koppelstangenlager und Stabilisatorgummilager auf Beschädigung prüfen.
	X		Sichtprüfung der Bremsanlage auf Undichtigkeiten und Beschädigungen.
	X		Feststellbremse nachstellen.
	X		Rahmen und tragende Teile auf Beschädigung und Korrosion prüfen.
	X		Dicke der Bremsbeläge sowie den Zustand der Bremsscheiben vorn und hinten prüfen.
	X	X	NUR BEI DANGEL ALLRADANTRIEB: Ölstand am Hinterachsdifferenzialgetriebe prüfen, gegebenenfalls auffüllen.
	X	X	NUR BEI DANGEL ALLRADANTRIEB: Ölstand am Verteilergetriebe prüfen, gegebenenfalls auffüllen.

Öl-Service	Inspektions-Service	Zusatz-Arbeiten	Arbeitsschritte und Prüfungen
	X	X	NUR BEI DANGEL ALLRADANTRIEB: Ölstand am Vorderachsdifferenzialgetriebe prüfen, gegebenenfalls auffüllen.
	X	X	NUR BEI DANGEL ALLRADANTRIEB: Achsgelenke, Axiallager, Koppelstangenlager und Stabilisatorgummilager: Sichtprüfung auf Undichtigkeiten und Beschädigungen.
	X	X	NUR BEI DANGEL ALLRADANTRIEB: Sichtprüfung der Stoßdämpfer auf Undichtigkeiten und Beschädigungen.
	X	X	NUR BEI DANGEL ALLRADANTRIEB: Sichtprüfung der Faltenbälge der Lenkung auf Undichtigkeiten und Beschädigungen.
		X	Verschraubung der Dämpfer vorne und hinten nachziehen.
	X		Wasserablaufbohrung im Bodenbereich der Schiebetür prüfen.
	X		Wasserablaufbohrung im Bodenbereich der Seitentüren prüfen.
	X		Abgasführung der Standheizung prüfen (soweit verbaut).

Motorraum (Motor und Antrieb)

Öl-Service	Inspektions-Service	Zusatz-Arbeiten	Arbeitsschritte und Prüfungen
X	X		Motorölstand prüfen.
	X		Motor und Bauteile im Motorraum (von oben): Sichtprüfung auf Undichtigkeiten und Beschädigungen.
X	X		Motoröl wechseln und Ölfilter ersetzen, sowie nach dem Auffüllen ggf. bis Max.-Markierung ergänzen.
	X		Bremsflüssigkeitsstand (abhängig vom Belagverschleiß) prüfen (Spezifikationen beachten).
X	X		Servolenkung: Ölstand prüfen.
	X	X	Luftfilter mit Sättigungsanzeige prüfen.
		X	Frostschutz und Kühlmittelstand prüfen und ggf. auffüllen.
	X		Antriebsriemen für die Nebenaggregate auf Verschleiß prüfen.
		X	Antriebsriemen für die Nebenaggregate wechseln.
X			Antriebsriemen für die Nebenaggregate Spannung (nur beim ersten Ölservice kontrollieren).
		X	Kraftstofffiltereinsatz wechseln.

Öl-Service	Inspektions-Service	Zusatz-Arbeiten	Arbeitsschritte und Prüfungen
		X	Zahnriemen mit Spann- und Umlenkrollen wechseln 1,6-l-Diesel alle 240.000 km (bei erschwerten Bedingungen bei 180.000 km).
		X	Zahnriemen mit Spann- und Umlenkrollen wechseln 1,2-l- und 1,6-l-Benzin alle 150.000 km (bei erschwerten Bedingungen bei 120.000 km).
		X	Partikelfilter ersetzen 180.000 km (eventuell reinigen lassen).
		X	EOLYS 176 auffüllen 120.000 km

Abschließende Arbeiten

Öl-Service	Inspektions-Service	Zusatz-Arbeiten	Arbeitsschritte und Prüfungen
		X	Scheinwerfereinstellung prüfen, gegebenenfalls einstellen.
		X	Fahrzeugsystemtest durchführen.
X	X	X	Service-Intervall-Anzeige zurücksetzen.
X	X	X	Service-Aufkleber »Ihre nächsten Service-Termine« nächste Fälligkeit eintragen und Service-Aufkleber am Türholm Fahrerseite (B-Säule) ankleben.
		X	Pannenset (falls vorhanden): Prüfen (Reifenfüllflasche mit Dichtmittel ersetzen, wenn das Mindesthaltbarkeitsdatum erreicht ist).
		X	Probefahrt durchführen.

3 Werkzeug und Ausrüstung

Ob nun reines Hobby oder beruflich: Das Schrauben birgt gewisse Risiken. Vom kleinen Kratzer bis hin zum tödlichen Unfall ist schon alles vorgekommen. Ärgerlich ist es aber auch schon, wenn durch einen unpassenden Schraubenschlüssel eine Schraube so beschädigt wird, dass sie sich nur mit einem erheblichen Aufwand lösen lässt.
Einige Arbeiten werden durch Spezialwerkzeug deutlich erleichtert. Sollten Sie bestimmte Tätigkeiten öfter durchführen, scheuen Sie sich nicht, die Preise für das Spezialwerkzeug anzufragen. Gelegentlich sind die Preise so günstig, dass es sich nicht mal lohnt, die Werkzeuge nachzubauen.

Standardausrüstung für mechanische Arbeiten

Sicherlich ist es immer besser, auf die Werkzeugsätze der Top-Markenhersteller zurückzugreifen. Als Basis allerdings sind auch schon günstigere Ausführungen recht bekannter Marken erhältlich. Gerade für die Arbeiten an modernen Fahrzeugen müssen neben den üblichen Sechskantnüssen auch Vielzahn- und Torxeinsätze zur Verfügung stehen (Bild 4). Eine günstige Alternative für unsere Zwecke bieten »Snap On«- oder »KS-Tool«-Werkzeugkoffer, die ein sehr komplettes Angebot liefern. Sind die Sätze im Angebot, kann man sein Werkzeugsortiment mit einem solchen Set leicht auch um 100 Euro erweitern.
An Werkzeug lässt sich leider kein Geld einsparen. Zum einen ist die Lebenserwartung dieses Werkzeuges stark an den Anschaffungspreis gekoppelt und zum anderen ist es extrem wichtig, dass die Maßhaltigkeit genau stimmt.
Wenn es um die Demontage von einzelnen Bauteilen geht oder auch nur zur Ablage von ausgebauten Fahrzeugteilen, ist eine Werkbank sehr hilfreich (Bild 2). Ist sie stabil genug, kann sie bei der Demontage der Motorteile gute Dienste leisten. Bei der Demontage fallen regelmäßig einige Schrauben an. Um diese besser wieder zuordnen zu können und sie sicher und sauber zu lagern, empfiehlt es sich, für die einzelnen Baugruppen jeweils eine, am besten verschließbare Kiste zu verwenden (Bild 3).

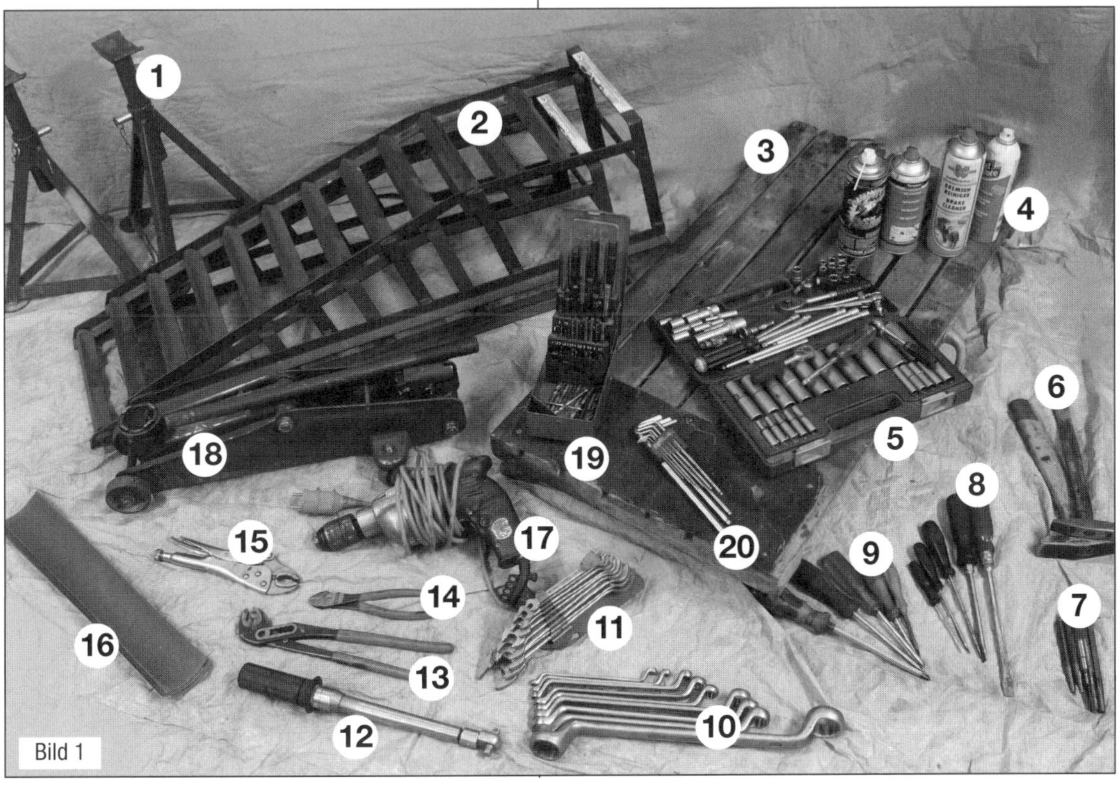

Bild 1
Standardwerkzeug in der Übersicht.
1 Unterstellböcke
2 Auffahrrampen
3 Rollbrett
4 Sprühfett, Rostlöser und Bremsenreiniger
5 Ratschenkasten-Werkzeugset
6 Schlosserhammer 500 g und Schlosserhammer 200 g
7 Durchschlagset und Körner
8 Schlitz-Schraubendreherset
9 Kreuz-Schraubendreherset
10 Ringschlüsselset
11 Gabelschlüsselset
12 Drehmomentschlüssel
13 Wasserpumpenzange
14 Seitenschneider
15 Grip- oder Schnappzange
16 Schleifpapier Korn 120
17 Handbohrmaschine
18 hydraulischer Wagenheber
19 Bohrerset
20 Innensechskant/Torx/-Vielzahnset

Spezialwerkzeuge
Ein hilfreicher Spezialist für enge Stellen ist ein so genannter Greifer oder auch ein »Magnet am Stiel« (Bild 5). Der Motorraum ist gerade bei heutigen Fahrzeugen recht zugebaut. Fällt eine Schraube oder Klammer hinunter, muss diese natürlich wieder herausgesammelt werden. Oft genug wird es für die Finger zu eng. Der Versuch, mit einem Schraubendreher das Entfallene in erreichbare Nähe zu bekommen, endet meist mit einer noch verzwickteren Lage. Der Greifer oder auch ein Magnet kann helfen, die entflohenen Teile ohne fingerbrecherische Aktionen wieder einzufangen.

Zahnriemenvorspannungsprüfer (Bild 6)
Bei allen Motorvarianten ohne automatischen Zahnriemenspanner muss dieser entsprechend den Angaben des Herstellers gespannt werden. Ist er zu lose, können genau wie bei zu fester Spannung Schäden an Riemen oder den Umlenkungen entstehen.

Standardausrüstung für Arbeiten an der elektrischen Anlage

Diagnose-Tools und Auslesegeräte
Unabdingbar ist heutzutage, die in jedem Steuergerät eingebauten Fehlerspeicher auszulesen. Es geht schon lange nicht mehr darum, die großen Fehler abzulegen, sondern eben auch kleine Funktionsstörungen, die vom Steuergerät erkannt werden, für eine Fehlerabfrage bei der Inspektion oder bei der Reparatur zu sichern. Es gibt heute schon Auslesegeräte für die OBD (On-Board-Diagnose) unter 100 Euro, die zumindest das Auslesen nach Codenummer ermöglichen. Wir verwenden in diesem Buch den PSA-Gruppe-Diagnosetester), um die Auslese, einige Bauteilprüfungen und Einstellungen im Bordnetz durchzuführen. Dieses PC-basierte Diagnosesystem liegt mit seinen 350 Euro ungefähr beim Preis eines Profiratschenkastens. Zusätzlich wird lediglich ein Notebook mit Windows-Betriebssystem oder ein ausgedienter Desktop-PC benötigt. Regelmäßige, kostenlose Softwareupdates halten Sie stets auf dem neuesten Stand (Bilder 7 und 8). Die Auslesegeräte werden

Bild 2

Bild 2
Werkbank und Ablage.

Bild 3

Bild 3
Kistchen und Kästchen – das spart Zeit.

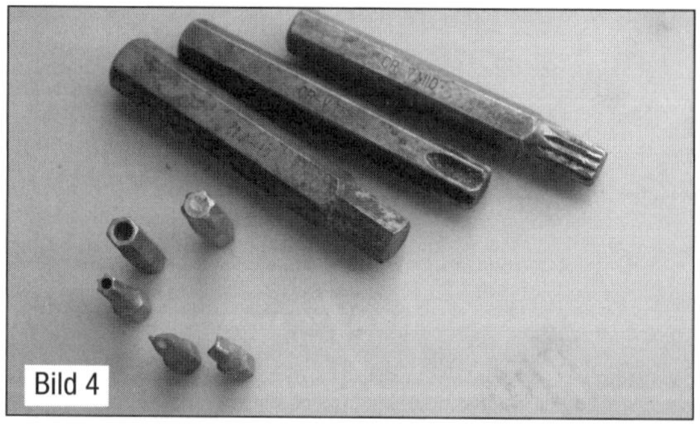
Bild 4

Bild 4
Innensechskant, Torx und Vielzahn ... öfter mal was Neues.

Bild 5

Bild 5
Greifer.

Bild 6

Bild 6
Zahnriemenvorspannungs-Prüfer.

zunehmend vielfältiger, und es ergeben sich neue Möglichkeiten. Der »C-Recorder« ermöglicht eine Langzeitüberwachung der Bordelektronik bis zu 24 Stunden Fahrzeit (Nr. 3 in Bild 7). Das ist eine sehr hilfreiche Variante für die Fehlersuche, gerade bei kaum zu ortenden sporadisch auftretenden Fehlern.

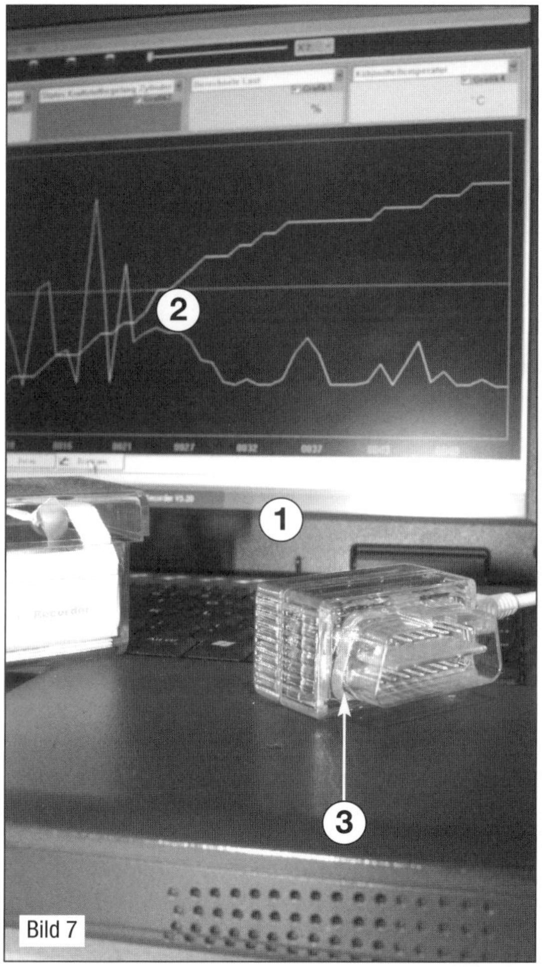

Bild 7

Bild 7
Aufzeichnen während der Fahrt: alle OBD-Daten bis zu 24 Stunden erfassen.
1 Laptop
2 Kennlinien
3 Datenlogger

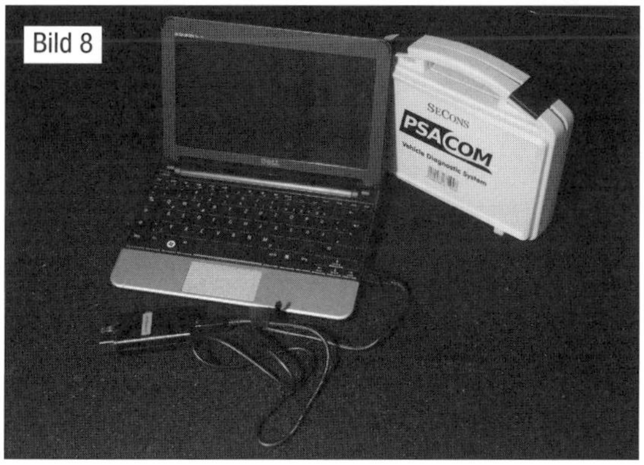

Bild 8

Bild 8
PSA-COM Volldiagnose zum günstigen Kurs

Sinnvolle Anschaffungen für die Messtechnik

Messspitzen

Riesige Probleme bereitet es, eine Messung an einem angeschlossenen Kabel am Bauteil in Funktion zu realisieren. Zumal ja weder die Isolierung noch das Kabel selbst oder der Stecker beschädigt werden sollen. Die Firma Rose Messtechnik in Limburg-Offheim stellt einen Nadelkontaktierer (Bild 10) her, der genau diese Anforderungen erfüllt (www.rose-netztechnik.de). Das Anstichloch im Kabel ist so klein, dass es keine relevanten Löcher in der Isolierung hinterlässt.

Messbecherersatz »kraftstofffest«

Für die Messungen an der Benzinpumpe oder auch nur mal zum Auffangen von Kraftstoff werden Behältnisse mit Volumenangaben benötigt. Mit etwas Geduld finden sich in der Haushaltsabteilung des Supermarktes recht günstig verwendbare Messbecher oder Schüsseln.

Zum Selbermachen

Natürlich sind Messwerkzeuge in der Regel teuer. Es sei denn, man zeigt etwas Kreativität und Bastlerspürsinn. Die Profigeräte sind sicherlich deutlich professioneller, der Eigenbau aber ist genauso einsatzfähig und kostet oft nur wenige Euro. Messkabelsätze lassen sich aus passenden Anschlüssen vom Schrottplatz leicht und funktionell selbst herstellen (Bilder 11 bis 13). Die Standardausrüstung für Arbeiten an der Karosserie ist im Bild 14 zusammengestellt.

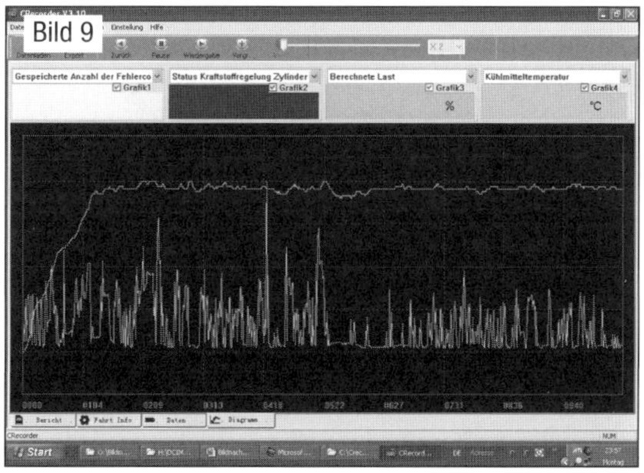

Bild 9

Bild 9
Adapter für den Anschluss von Bauteilen an Batterie-Plus und Masse. Die Kabel und Stecker ermöglichen den Test auch außerhalb des Fahrzeuges.

Bild 10
Nadelkontaktierer im Einsatz.

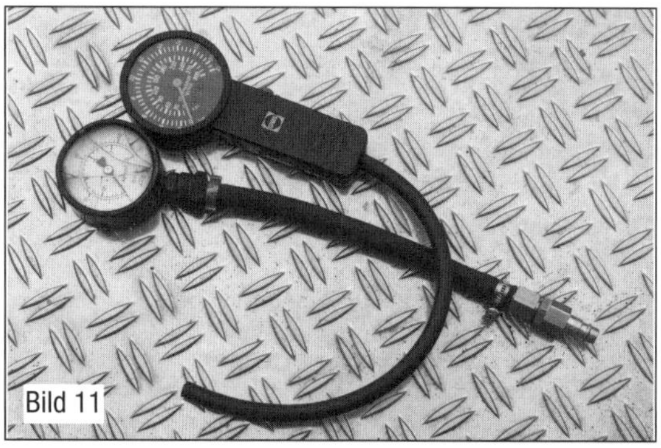

Bild 11
Kraftstoffdruckmanometer. Die Alten sind die besten: Sind die Innereien aus Blech, lassen sich damit nicht nur Luft-, sondern auch der Öl- und der Kraftstoffdruck messen. Anschlüsse und Gewindestücke gibt's oft schon beim örtlichen Hydraulik-Händler oder im Werkzeugladen.

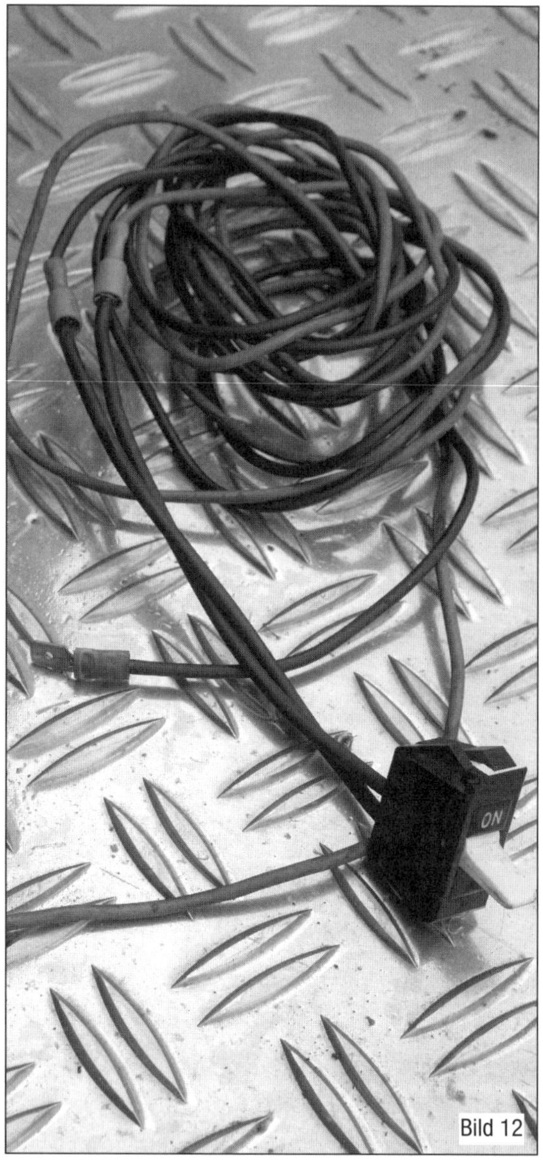

Bild 12
Fernschalter für die Kraftstoffpumpe. Einfach aber genial: ein Taster, 2-m-Kabel und zwei Stecker.

Bild 13
Datenvielfalt zur Überwachung.

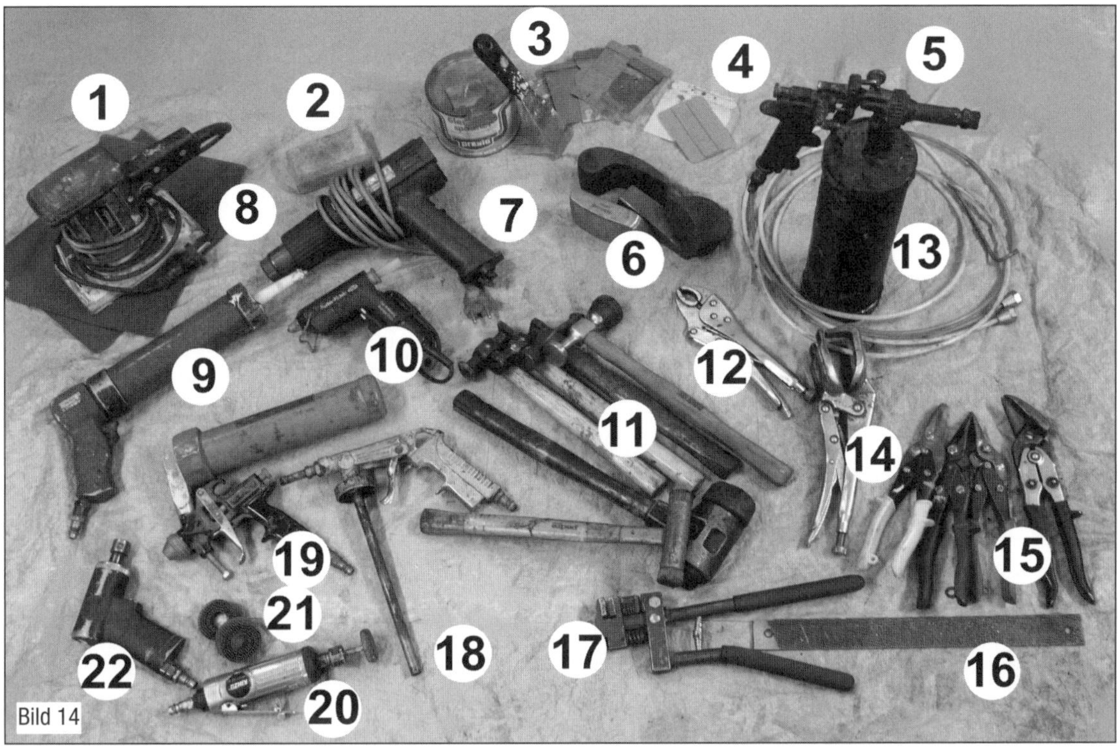

Bild 14
Standard-Ausrüstung für Arbeiten an der Karosserie.

1 Schwingschleifer
2 Schleifklotz
3 Spachtelmasse
4 Japanspachtelset
5 Hohlraumpistole
6 Ausbeuleisen
7 Heißluftföhn
8 Schleifpapier
9 Kartuschen-Pistole
10 Heißklebepistole
11 Hammerset
12 Gripzange flach
13 Hohlraumversiegelungssonden
14 Gripzange abgesetzt und breit
15 Scherenset für gerade und kurvige Schnitte
16 Karosseriefeile
17 Absetzzange
18 Unterbodenschutzpistole
19 Nahtabdichtungsspritzpistole
20 Luftschleifer gerade
21 Kunststoffschleifpads
22 Luftschleifer winklig

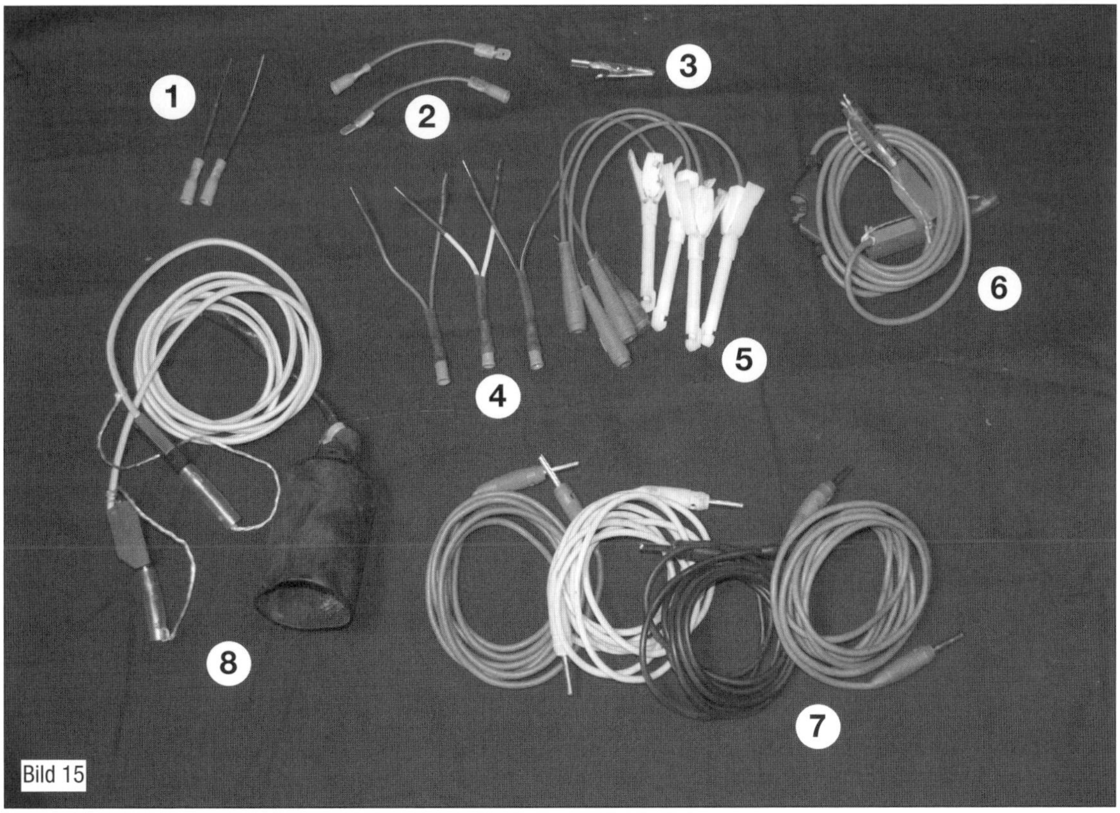

Bild 15

1 Messspitzen, um die Abdichtungen der Steuergerätestecker zu umgehen
2 Flachstecker auf Rundstecker für Laborkabel
3 Krokodilklemme mit Rundstecker
4 Y-Stecker, um Sensoren parallel messen zu können
5 Nadelkontaktierer
6 Anschlusskabel mit Sicherung
7 Laboranschlusskabel (2 m)
8 Anschlusskabel mit Schalter

Sichtprüfung

Messen

4 Motoren

Die Auswahl der Antriebsmaschinen für den Partner/Berlingo-Van ist angemessen für die Fahrzeugklasse. Allerdings für Schrauber finden sich fast alle Variationen des modernen Motorenbaus. Sowohl die beiden klassischen Nockenwellenantriebe über Zahnriemen und Steuerkette als auch eine Besonderheit mit dem im Motoröl laufendem Zahnriemen. Hier wird schnell deutlich, warum es wichtig ist, auf die Herstellerfreigaben für das Motoröl und auf die regelmäßige Wartung der Motoren zu achten. Löst sich der Zahnriemen für den 1,2-l-Motor vorzeitig auf, können die Rückstände sich schön im Motor verteilen und setzen sich auch im Vorfilter der Ölpumpe oder auch im Bereich der Kolbenringe ab. Ein totaler Motorschaden, Turboschäden oder Ölverbrauch können die Folge sein.

Die Motormerkmale – Technische Daten

Um Ihnen die Suche nach einem Motor zu erleichtern, stellen wir die Reihenfolge der Motoraufzählung nach der Motorleistung aufsteigend in der nachfolgenden Tabelle vor. Benzin (Otto)-Motoren und Dieselmotoren werden jeweils gesondert dargestellt.

Benzinmotoren (Ottomotoren)

Modellbezeichnung	**Partner/Berlingo 1,2 l THP**	**Partner/Berlingo 1,6 l**	**Partner/Berlingo 1,6 l 16V**	**Partner/Berlingo 1,6 l VTI**	**Partner/Berlingo 1,6 l VTI**
Motorkennbuchstaben	HNZ (EB2DT)	NFR (TU5JP4B)	NFU (TU5JP4)	5FK (EP6C)	5FS (EP6C)
Hubraum	1199 cm³	1598 cm³	1598 cm³	1598 cm³	1598 cm³
Zylinderzahl	3	4	4	4	4
Ventile pro Zylinder	4	4	4	4	4
Leistung kW bei 1/min	81/5500	66/5800	80/5800	72/6000	88/6000
Drehmoment Nm bei 1/min	205/1500	132/2500	147/4000	152/3500	160/4250
Bohrung Ø mm	75	78,5	78,5	77	77
Hub mm	90,5	82	82	85	85
Aufladesystem	Turbo	keines	keines	keines	keines
Material Zylinderkopf/Motorblock	Alu/Alu	Alu/Stahlguss	Alu/Stahlguss	Alu/Stahlguss	Alu/Stahlguss
Anzahl der Nockenwellen	2	2	2	2	2
Lage der Nockenwellen	oben	oben	oben	oben	oben
Antrieb der Nockenwellen	Zahnriemen im Öl	Zahnriemen	Zahnriemen	Steuerkette	Steuerkette
Anzahl der Kurbelwellenlager	4	5	5	5	5
Kraftstoff (Einspritzsystem)	Benzin-Direkteinspritzung	Saugrohr-Einspritzung	Saugrohr-Einspritzung	Saugrohr-inspritzung	Saugrohr-Einspritzung
Gemischaufbereitung	Valeo VD46	Motronic ME 7.4.5	Motronic ME 7.4.5	MEV 17.4.2	MEV 17.4.2
Abgasreinigung	G-Kat	G-Kat	G-Kat	G-Kat	G-Kat

Dieselmotoren

Modellbezeichnung	Partner/Berlingo 1,6 l Blue HDI	Partner/Berlingo 1,6 l Blue HDI	Partner/Berlingo 1,6 l Blue HDI	Partner/Berlingo ,6 l Blue HDI	Partner/Berlingo 1,6 l HDI
Motorkennbuchstaben	BHW (DV6FE)	BHY (DV6FD)	BHZ (DV6FC)	9HR /9HL (DV6FE)	9HN (DV6ETED4)
Hubraum	1560 cm³	1560 cm³	1560 cm³	1560 cm³	1560 cm³
Zylinderzahl	4	4	4	4	4
Ventile pro Zylinder	2	2	2	2	2
Leistung kW bei 1/min	55/4000	73/3750	88/3500	82/4000	55/4000
Drehmoment Nm bei 1/min	185/1500	254/1750	300/1750	240/1750	185/1500
Bohrung Ø mm	75	75	75	75	75
Hub mm	88,3	88,3	88,3	88,3	88,3
Aufladesystem	Abgas-Turbolader	Abgas-Turbolader	Abgas-Turbolader	Abgas-Turbolader	Abgas-Turbolader
Material Zylinderkopf/Motorblock	Alu/Stahlguss	Alu/Stahlguss	Alu/Stahlguss	Alu/Stahlguss	Alu/Stahlguss
Anzahl der Nockenwellen	1	1	1	1	1
Lage der Nockenwellen	oben	oben	oben	oben	oben
Antrieb der Nockenwellen	Zahnriemen	Zahnriemen	Zahnriemen	Zahnriemen	Zahnriemen
Anzahl der Kurbelwellenlager	5	5	5	5	5
Kraftstoff (Einspritzsystem)	Bosch EDC 17C	Bosch EDC 17C	Bosch EDC 17C	Bosch SID 807	Bosch EDC17C10
Gemischaufbereitung	Commonrail	Commonrail	Commonrail	Commonrail	Commonrail
Abgasreinigung	Partikelfilter/Kat	Partikelfilter/Kat	Partikelfilter/Kat	Partikelfilter/Kat	Partikelfilter/Kat

Modellbezeichnung	Partner/Berlingo 1,6 l HDI	Partner/Berlingo 1,6 l HDI	Partner/Berlingo 1,6 l HDI	Partner/Berlingo 1,6 l HDI
Motorkennbuchstaben	9HJ (DV6ETEDM)	9HK (DV6ETEDM)	9HL (DV6C)	9HN (DV6ETED4)
Hubraum	1560 cm³	1560 cm³	1560 cm³	1560 cm³
Zylinderzahl	4	4	4	4
Ventile pro Zylinder	4	2	2	2
Leistung kW bei 1/min	68/4000	55/4000	84/3600	55/4000
Drehmoment Nm bei 1/min	230/1750	185/1500	240/1500	185/1500
Bohrung Ø mm	75	75	75	75
Hub mm	88,3	88,3	88,3	88,3
Aufladesystem	Abgas Turbolader	Abgas Turbolader	Abgas Turbolader	Abgas Turbolader
Material Zylinderkopf/Motorblock	Alu/Stahlguss	Alu/Stahlguss	Alu/Stahlguss	Alu/Stahlguss
Anzahl der Nockenwellen	1	1	1	1
Lage der Nockenwellen	oben	oben	oben	oben
Antrieb der Nockenwellen	Zahnriemen	Zahnriemen	Zahnriemen	Zahnriemen
Anzahl der Kurbelwellenlager	5	5	5	5
Kraftstoff (Einspritzsystem)	Bosch EDC17C10	Bosch EDC17C10	Bosch CR/EDC SID 807	Bosch EDC17C10
Gemischaufbereitung	Commonrail	Commonrail	Commonrail	Commonrail
Abgasreinigung	Partikelfilter/Kat	Partikelfilter/Kat	Partikelfilter/Kat	Partikelfilter/Kat

Sichtprüfung Messen

Modellbezeichnung	Partner/Berlingo 1,6l HDI	Partner/Berlingo 1,6l HDI	Partner/Berlingo 1,6l HDI	Partner/Berlingo 1,6l HDI	Partner/Berlingo 1,6l HDI
Motorkennbuchstaben	9HS (DV6ETED4BU/FAP)	9HT (DV6B/DV6BUTED4)	9HV (DV6TED4/FAP)	9HX (DV6ATED4/ DV6AUTED4)	9HZ (DV6TED4/FAP)
Hubraum	1560 cm³	1560 cm³	1560 cm³	1560 cm³	1560 cm³
Zylinderzahl	4	4	4	4	4
Ventile pro Zylinder	2	2	2	2	2
Leistung kW bei 1/min	66/4000	55/4000	66/4000	66/4000	80-81/4000
Drehmoment Nm bei 1/min	215/1750	175/1750	215/1750	215/1750	240/1500
Bohrung Ø mm	75	75	75	75	75
Hub mm	88,3	88,3	88,3	88,3	88,3
Aufladesystem	VTG-Lader	Bypass-Lader	VTG-Lader	VTG-Lader	VTG-Lader
Material Zylinderkopf/Motorblock	Alu/Stahlguss	Alu/Stahlguss	Alu/Stahlguss	Alu/Stahlguss	Alu/Stahlguss
Anzahl der Nockenwellen	1	1	1	1	1
Lage der Nockenwellen	oben	oben	oben	oben	oben
Antrieb der Nockenwellen	Zahnriemen	Zahnriemen	Zahnriemen	Zahnriemen	Zahnriemen
Anzahl der Kurbelwellenlager	5	5	5q	5	5
Kraftstoff (Einspritzsystem)	Commonrail	Commonrail	Commonrail	Commonrail	Commonrail
Gemischaufbereitung	Bosch EDC16C	Bosch EDC16C	Bosch EDC16C	Bosch EDC16C	Bosch EDC16C
Abgasreinigung	Partikelfilter/Kat	Partikelfilter/Kat	Partikelfilter/Kat	Partikelfilter/Kat	Partikelfilter/Kat

Arbeiten am Motor

Maßnahmen für Sicherheit, einwandfreie Funktion und Sauberkeit

⚠ Bei Arbeiten am Motor, an der Kraftstoffversorgung (Kapitel 7) und an der Einspritzanlage sind bestimmte Maßnahmen zu treffen und Hinweise zu befolgen, die zur Sicherheit bei der Arbeit dienen, eine einwandfreie Funktion aller Systeme gewährleisten sollen und Fehlfunktion oder Schäden durch Verunreinigung vermeiden helfen. Wir stellen sie hier als grundlegend für alle folgenden Arbeiten voran.

Sicherheit

■ Bei allen Montagearbeiten am Kraftstoffsystem Schutzbrille und Schutzhandschuhe tragen. Hautkontakt mit Kraftstoff vermeiden.

■ Der Kraftstoff bzw. die Kraftstoffleitungen im Kraftstoffsystem können sehr heiß werden (Verbrühungsgefahr). Außerdem steht das Kraftstoffsystem unter Druck. Vor dem Öffnen des Systems deshalb Putzlappen um die Verbindungsstelle legen und durch vorsichtiges Lösen der Verbindung Druck abbauen.

■ Aus Sicherheitsgründen muss vor dem Öffnen des Kraftstoffsystems die Sicherung für die Kraftstoffpumpe aus dem Sicherungshalter entfernt werden um zu verhindern, dass die Pumpe unkontrolliert eingeschaltet werden kann.

■ Kraftstoffleitungen sind mit Schnellverschlüssen gesichert. Kraftstoffschläuche dürfen nur mit Federbandschellen gesichert werden. Die Verwendung von Klemm- oder Schraubschellen ist nicht zulässig.

■ Beim Aus- und Einbau des Gebers für Kraftstoffvorratsanzeige oder der Kraftstoffpumpe (Kraftstofffördereinheit) aus gefüllten oder teilweise gefüllten Kraftstoffbehältern muss bereits vor Beginn der Arbeiten in die Nähe der Montageöffnung des Kraftstoffbehälters der Schlauch einer eingeschalteten Abgas-Absauganlage zum Absaugen der frei werdenden Kraftstoffgase gelegt werden.

■ Die Einspritzanlage ist in einen Hochdruckbereich (Railrohr bis zu den Einspritzventilen) und in einen Niederdruckbereich (ca. 6 bar) aufgeteilt. Vor dem Öffnen des Hochdruckbereichs, z. B. beim Ausbau der Hochdruckpumpe, des Kraftstoffverteilers, der Einspritzventile, der

Kraftstoffrohre oder des Kraftstoffdruckgebers, muss der Kraftstoffdruck im Hochdruckbereich definiert auf einen Restdruck von ca. 6 bar abgebaut werden. Dazu ist ein Werkstatt-Diagnosesystem nötig. Dazu wird über die »Geführte Funktion: Kraftstoffhochdruck abbauen« ausgeführt: Zündung ausschalten, sauberen Putzlappen um die Verbindungsstelle legen, vorsichtig öffnen, Druck ablassen, ausfließenden Kraftstoff auffangen. Fehlerspeicher abfragen, alle Einträge löschen, Readinesscode erzeugen.

Funktionssicherheit

- Bei allen Montagearbeiten, insbesondere aufgrund der engen Bauverhältnisse im Motorraum, Leitungen aller Art z. B. für Kraftstoff, Kühl- und Kältemittel, Unterdruck und elektrische Leitungen so verlegen, dass die ursprüngliche Leitungsführung wieder hergestellt wird.
- Alle Kabelbinder, die beim Ausbau gelöst oder aufgeschnitten werden, sind beim Einbau an der gleichen Stelle wieder zu befestigen.
- Um Beschädigungen an den Leitungen zu vermeiden, auf ausreichenden Freigang zu allen beweglichen oder heißen Bauteilen achten.

Sauberkeit (»5 Regeln«)

- Verbindungsstellen und deren Umgebung vor dem Lösen gründlich reinigen.
- Ausgebaute Teile auf einer sauberen Unterlage ablegen und abdecken. Keine fasernden Lappen benutzen.
- Geöffnete Bauteile sorgfältig abdecken bzw. verschließen, wenn die Reparatur nicht umgehend ausgeführt wird.
- Nur saubere Teile einbauen: Ersatzteile erst unmittelbar vor dem Einbau aus der Verpackung nehmen. Keine Teile verwenden, die unverpackt (z. B. im Regal oder in Werkzeugkästen) aufgehoben wurden.
- Bei geöffneter Kraftstoff- und Einspritzanlage möglichst nicht mit Druckluft arbeiten und das Fahrzeug nach Möglichkeit nicht bewegen.

Diagnosetester einsetzen

An diesem Kapitel lässt es sich leicht erkennen, dass viele Funktionen über die Elektronik virtuell realisiert worden sind. Die Anschaffung eines Testers für die Diagnose ist zwingend erforderlich. Nicht einmal der Anbau der Anhängerkupplung oder das Einstellen des Lichtes ist mehr möglich, wenn man eine fachgerechte Arbeit abliefern möchte. Es geht nicht mehr darum, einen Fehlerspeicher zu löschen, um dann mal »rumzuraten«, was es denn gewesen sein könnte. Es wäre das Gleiche, wenn Sie die Seiten dieses Buches ungelesen ausreißen und dann raten, was denn dringestanden haben könnte. Die Diagnose über die Fehlerspeicher vereinfacht die Arbeit am Fahrzeug um einiges. Man muss lediglich lernen mit diesem »Werkzeug« zu arbeiten. Ohne Tester bleibt nur der Weg zum Händler, um den Fehlerstatus zu erfassen oder Einstellungen zu machen.

Werks-Werkstatt-Tester

Ein großer Teil der Reparaturarbeiten schließt die Diagnose von Fehlern ein. Diese wird durch die elektronischen Werkstatthandbücher im Zusammenspiel mit den Diagnosegeräten unterstützt. In der Fachwerkstatt hat der Mechatroniker direkten Zugriff auf aktuelle Werkstattliteratur sowie die Unterstützung vom Hersteller über Telediagnose. Bei der Diagnose werden alle Kunden- und Fahrzeugdaten an die angeschlossenen Geräte weitergeleitet und sind automatisch an jedem Arbeitsplatz abrufbar. Während einer Reparatur können technische Problemlösungen nachgeschlagen oder beim Hersteller tagesaktuelle Zusatzinformationen abgerufen werden. Diese Anbindung an das Netzwerk ermöglicht Software-Updates von Steuergeräten, Geheimnis- und Komponentenschutz, Softwareversionsmanagement, Übertragung von Diagnoseprotokollen, die besagte Telediagnose, die software-gestützte Durchführung von Ak-

Bild 1

Bild 1
Mini-Handtester von Bosch: Fehler lesen und löschen im OBDII-Bereich.

tionen und viele weitere Funktionen.

Möglich werden durch diese Systemkomponenten:

- Datenaustausch zwischen kaufmännischem Bereich und Werkstatt;
- Datenaustausch über Werkstattauslastung und Terminvereinbarung;
- Austausch von Kunden-, Fahrzeug- und Termindaten;
- Rückfluss von Daten über bereits ausgeführte Reparaturen von der Werkstatt auf den Fortschrittsmonitor, sodass der Serviceberater gegebenenfalls in den laufenden Prozess eingreifen kann;
- Datenrückfluss von der Werkstatt für Qualitätskontrolle und Rechnungserstellung;
- Bereitstellung von Daten über benötigte Arbeitszeiten, Arbeitspositionen und Ersatzteile;
- Einbeziehung des Teiledienstes ab Terminvorbereitung in den Service-Prozess.

Handgeräte zum Lesen und Löschen
OBD2 ist das Zauberwort, welches den Zugang zumindest zu den Motorsteuergeräten ermöglicht. Die Normung der Diagnose ermöglicht zumindest in diesem Bereich den Zugang zu allen aktuellen Fahrzeugen. Um den Fehlerspeicher auszulesen oder auch Prüffunktionen der Eigendiagnose ausführen zu können reicht meist schon ein Diagnosetool, welche durchaus deutlich unter 100 Euro in diversen Onlineversteigerungen angeboten werden. Oft noch günstiger sind die kleinen Handgeräte schon im Baumarkt um die Ecke erhältlich. Wichtig hierbei ist immer, dass die entsprechende Software und zumindest eine Beschreibung auf Deutsch mitgeliefert wird.

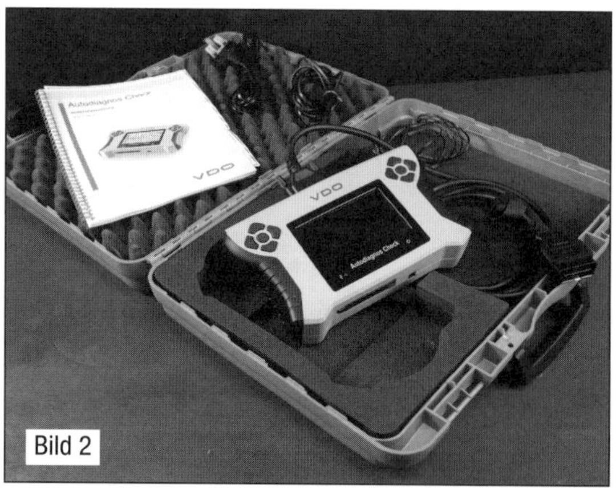

Bild 2
VDO-Handtester mit Anschlusskabel und Zubehör im Koffer.

Testgerät für Mehrmarkenwerkstätten
Gerade für Mehrmarkenwerkstätten und auch freie Werkstätten ergibt sich durch die Vielzahl der unterschiedlichen Fahrzeugmarken das Problem den Zugang zu den einzelnen Fahrzeugen mit möglichst wenigen Testern zu realisieren. Schließlich müssen die Tester nicht nur angeschafft, sondern auch auf dem neuesten Stand gehalten werden. Neben den Großen der Branche wie Bosch und Gutmann. sind auch günstigere Tester wie der VDO-Autodiagnose-Check auf dem Markt. Gerade bei Herstellern wie Peugeot oder Citroën ist es schwierig, die Diagnosetiefe eines VW zu erreichen. Die Vertriebskonzepte und natürlich auch die Marktdurchdringung machen es deutlich leichter, ein Testgerät für einen Massenhersteller auszuarbeiten. Bemerkbar wird das dann, wenn einzelne Komponenten des Systems um-, hinzu- oder ausprogrammiert werden sollen. Der Schwerpunkt für diese Testerkategorie liegt in typischen Servicearbeiten und der Diagnose rund um den Antrieb. Gerade hier ist der handliche VDO nicht schlagbar.

PSA-COM
Natürlich wählen wir, wie auch beim Werkzeug, nicht die billigste Variante aus, sondern empfehlen Ihnen die Anschaffung eines Systems, das im Laufe der nächsten Jahre noch einiges an Potenzial in deutscher Sprache liefern wird. Der »PSA-COM« kommt aus der Tschechischen Republik und wird hier in einer deutschen Ausgabe von wenigen Händlern angeboten. Hinter dem Support steht die Firma PCI Diagnosetechnik aus Riedenburg.

- Auf der Internetseite www.diagwiki.com können Sie sich genauer informieren. Die Sprache der Seite ist allerdings englisch. Gerade diejenigen unter den Lesern, die dem Thema »Diagnose« kritisch gegenüberstehen, werden zumeist nach wenigen Versuchen erkennen, wie einfach der Umgang mit Laptop und Fahrzeug wird.

Eine typische Situation im Umgang mit den Fahrzeugen dieser Generation liegt in der schon recht umfangreichen Steuerung und Regelungstechnik.

- Abgestimmt und eingestellt wird oft auf der virtuellen Ebene.
- Messwerte und Ansteuerzustände

können aus Sicht des Steuergerätes dargestellt werden.

Fehlerspeicher abfragen
Schwierig? Kann ich nicht? Ach was! Wer es schafft E-Mails abzurufen, ohne den Computer zu zerstören, kann auch diese Arbeiten leicht erlernen. Wir zeigen Ihnen an einigen Beispielen, wie Aufgaben dieser Art angegangen werden können und möchten Sie animieren, sich zusammen mit Fachforen auch mit der Thematik Tester und Diagnose genauer auseinanderzusetzen.

- Wir gehen davon aus, dass Sie den PSA-COM ordnungsgemäß nach Handbuch installiert haben.
- Schließen Sie den PSA-COM auf Ihrem Laptop an die OBD-Dose im Fahrerfußraum an. Die Diagnosedose finden Sie im Fahrerfußraum von unten frei zugänglich (Bild 3). Der Anschluss ist sofort erkennbar. Stecken Sie den OBD-Stecker in die Diagnosedose und den USB-Anschluss in Ihren Laptop.
- Starten Sie den PSA-COM auf Ihrem Laptop.
- Schalten Sie die Zündung ein.
- Klicken Sie auf die Taste »Auto-Scan« (1 im Bild 5) auf der Startmaske. Über die Taste »Auswahl« haben Sie auch die Möglichkeit, das gewünschte Steuergerät direkt anzusprechen. Wir wollen aber im Rahmen der Wartung die verbauten Steuergeräte des Fahrzeugs in der Übersicht betrachten.
- Wählen Sie das Fahrzeug an, bei welchem Sie nun den Fehlerspeicher abfragen wollen. Der Tester fragt nun die vorhandenen Steuergeräte ab und zeigt sie in der Übersicht (Bild 7) in einer Liste an.
- Markieren Sie mit der Maus die Zeile »Einspritzsteuergerät« (1 im Bild 7).
- Klicken Sie auf die Taste »Weiter«.

In unserem Fall konnte der Tester das Einspritzsteuergerät nicht eindeutig identifizieren. Das kann nun über den Motorcode wie im Kapitel beschrieben oder über die Kennzeichnung auf dem Motorsteuergerät (Bild 8) erfolgen.

Nun wird die Startmaske (Bild 7) des Motorsteuergerätes (Einspritzsteuergerätes) aufgerufen.

Bild 3
Tester im Einsatz: Netbook mit PSA-COM am Diagnoseanschluss des Berlingo/Partner.

Bild 4
PSA-COM-Tester mit Treibersoftware, OBD-Anschlussdongel, USB-Verbindungskabel und Köfferchen.

Fehlerspeicher lesen:

- Klicken Sie auf die Taste »Fehlerspeicher lesen« im (1 im Bild 10) an. Nun werden Ihnen die Fehler, soweit vorhanden, als Text und mit der genormten Abkürzung angezeigt.
- Sie können die Fehleranzeige speichern, drucken oder kopieren. Sie sollten in jedem Fall den Fehler vermerken, um diesem vielleicht einmal nachgehen zu können. Die Erfahrung zeigt, dass man sich den Fehler auf Dauer nicht im Kopf merken kann. Anschließend können Sie den einzelnen oder alle Fehler mit einem Klick löschen.
- Markieren Sie den Fehler und wählen Sie »Fehlercode-Geschichte« an. Sie können dann einsehen, wann und wie oft der Fehler bereits aufgetreten ist.
- Klicken Sie auf die Taste »Zurück«, um die Bildmaske wieder zu verlassen.
- Klicken Sie die Taste »Fehlercodes löschen« an.

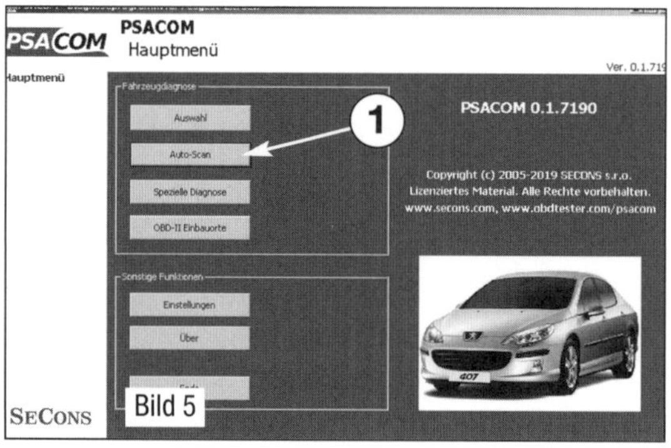

Bild 5
Startmaske.
1 Autoscan zur automatischen Steuergerätesuche

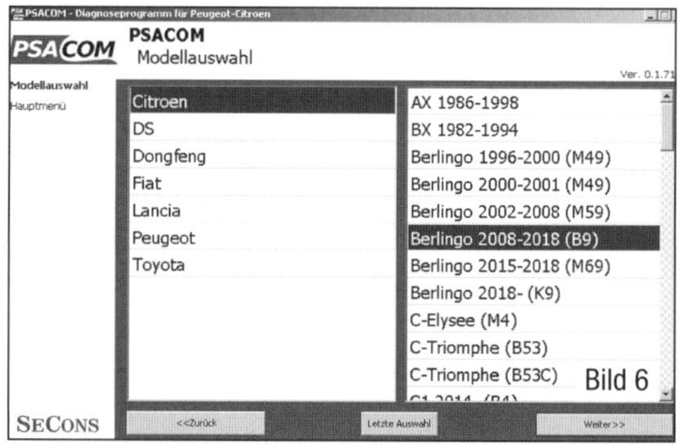

Bild 6
Modellanwahl.
1 Autoscan zur automatischen Steuergerätesuche

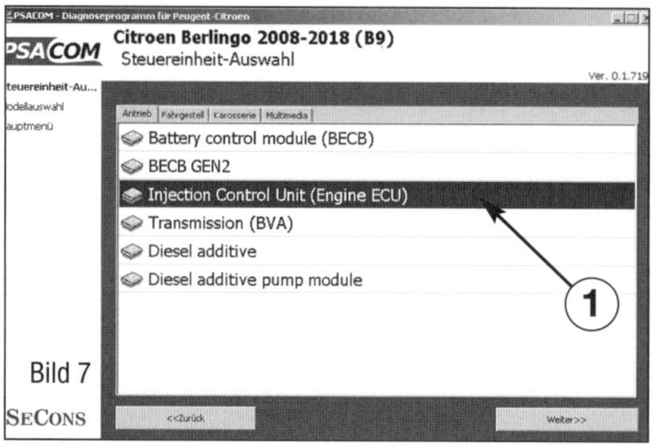

Bild 7
Steuergeräteanwahl: In der gewünschten Kategorie das gewünschte Steuergerät anwählen und bestätigen.
1 Einspritzsteuergerät

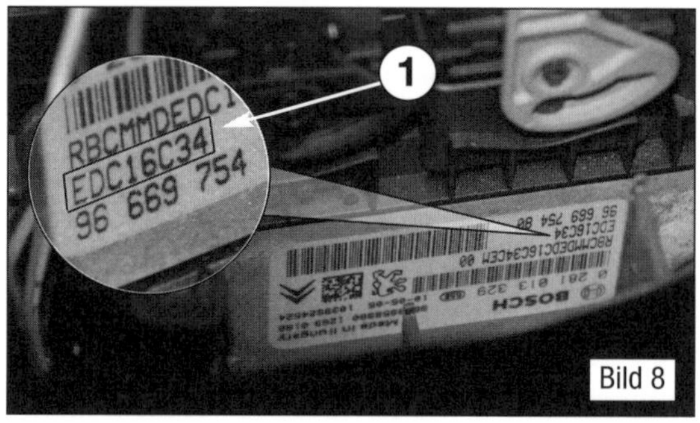

Bild 8
Steuergeräteanwahl: Den Bautyp der Gemischaufbereitung am Motorsteuergerät in der E-Box neben der Batterie ablesen.

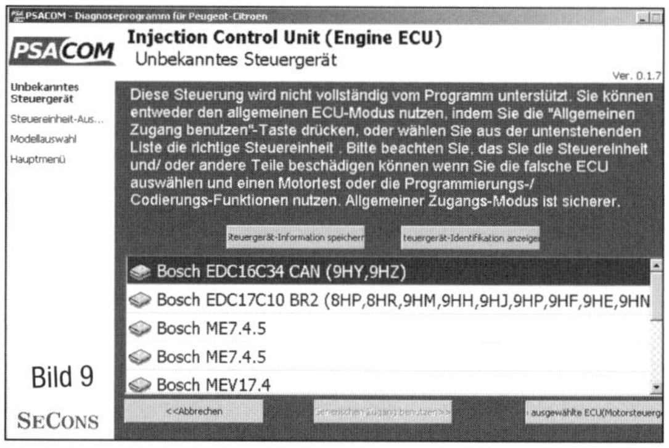

Bild 9
Unklares Steuergerät: manuelle Eingabe des Gemischaufbereitungssystems.

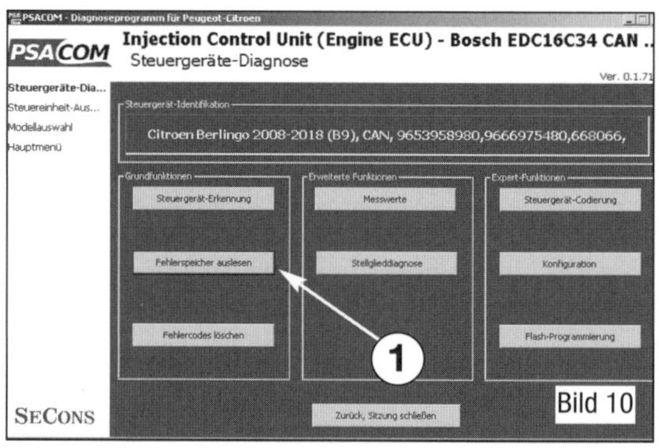

Bild 10
Anwahl der Aufgabe.
1 Anwahl zum Auslesen des Fehlerspeichers

- Klicken Sie auf die Taste »Fehlerspeicher lesen« im (1 im Bild 10). Wenn derzeit kein Fehler vorliegt und die Fehler gelöscht wurden, sollte jetzt kein Eintrag mehr sichtbar sein.
- Klicken Sie auf die Taste »Zurück«, um die Bildmaske wieder zu verlassen.
- Schalten Sie die Zündung aus.
- Ziehen Sie den Tester aus der Diagnosedose.

Weitere Möglichkeiten:
Ab der Startmaske des Motorsteuergerätes (Bild 10) gibt es die Möglichkeit über die Taste »Stellglieddiagnose« angeschlossene Bauteile und Stellglieder bei abgeschaltetem Motor anzusteuern und Ihre Funktion zu beobachten, abzuhören oder messtechnisch zu überwachen. Weiterhin gibt es die Möglichkeit, soweit die Steuergeräte für diese Funktion freigegeben sind, die Steuergeräte anzupassen, zu »flashen« und über das Steuergerät Messwerte zu erfassen. Diese können dann als Liste, als Messwert-Block in Kacheln oder grafisch dargestellt werden.

Motorabdeckungen oben und unten aus- und einbauen

Sollte in Ihrem Modell nur ein Teil oder keine Abdeckung an der Haube oder unter dem Fahrzeug verbaut sein, muss das nicht an der Vergesslichkeit eines Mechanikers

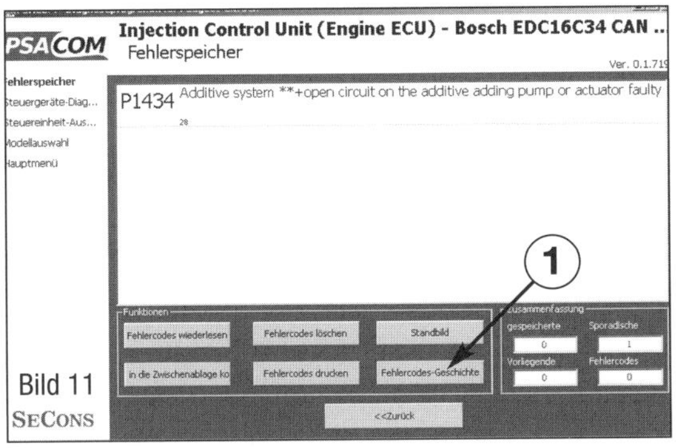

Bild 11
Fehlerhistorie einsehen.
1 Taste »Fehlercode-Geschichte«

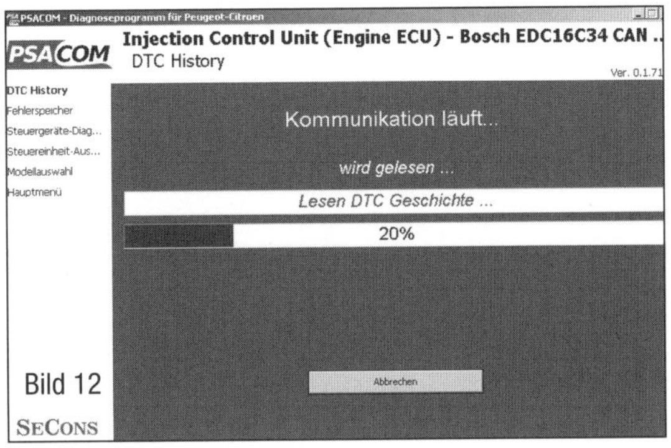

Bild 12
Die Fehlercodegeschichte wird aus dem Steuergerät ausgelesen.

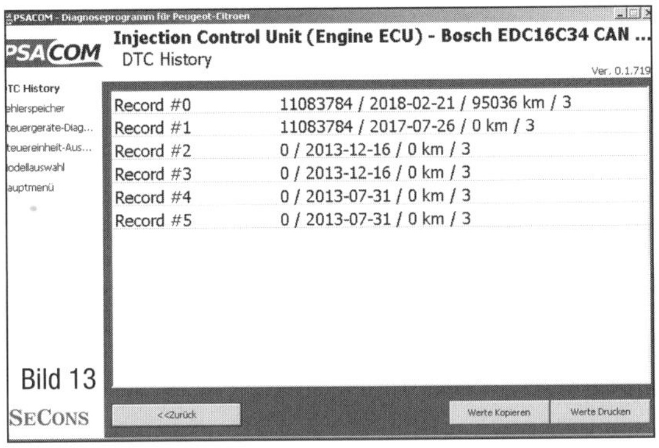

Bild 13
Auflistung der Fehlercodegeschichte mit abgelegten Daten um das Auftreten des Fehlers.

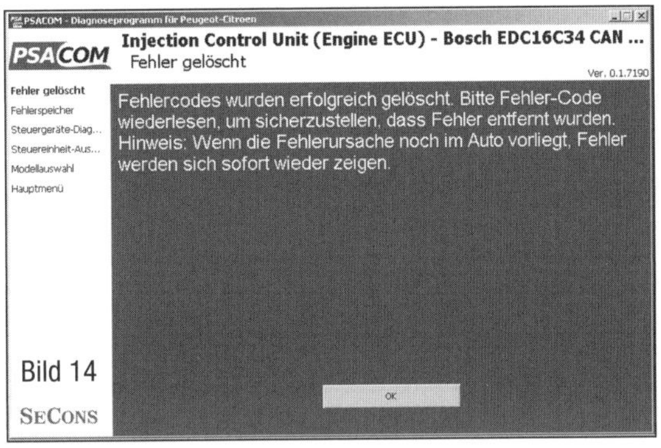

Bild 14
Bestätigungsmaske zur Fehlercodelöschung.

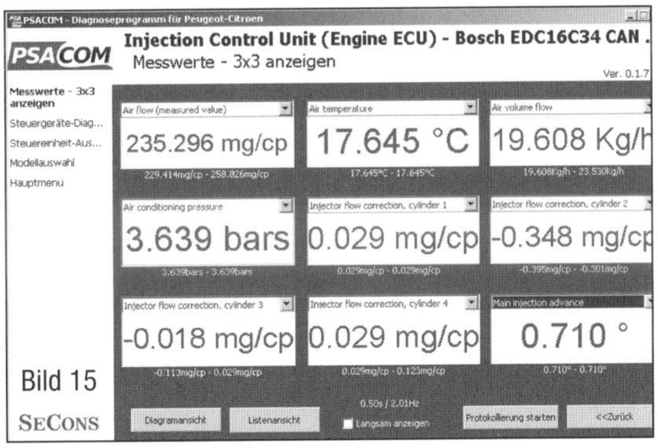

Bild 15
Messwertübersicht als »Kacheln«. Es können bis zu neun Anzeigewerte selbst ausgewählt werden.

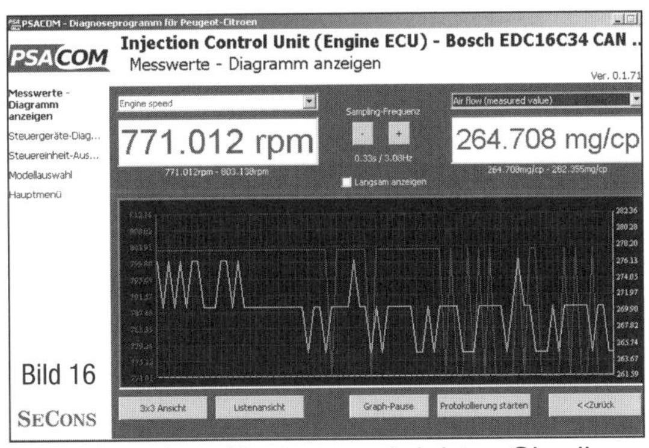

Bild 16
Grafische Darstellung der Messwerte. Hier können zwei Messwerte im zeitlichen Ablauf zueinander dargestellt werden.

liegen. Es kann sein, dass die Ausrüstung bereits ab Werk so vorgesehen war. Die obere Geräuschdämmung ist an der Motorhaube verbaut. Über dem Motor gibt es nur eine kleine Kunststoffabdeckung. Für die Dangel-Allradler kann eine Triebwerksschutzplatte verbaut sein.

Geräuschdämmung demontieren

Geräuschdämmung unter dem Motor (Bild 19) demontieren:

- Die Schrauben (2) im Bild 19 links und rechts abschrauben.
- Die Muttern (1) herausdrehen.
- Die Geräuschdämmung Mitte (3) abnehmen.

Triebwerksschutzplatte unter dem Motor (Bild 20) demontieren:

- Die Schrauben (2) im Bild 20 links und rechts abschrauben.
- Die Muttern (1) herausdrehen.
- Die Triebwerksschutzplatte (3) abnehmen.

Windabweiser unter dem Motor (Bild 18)

- Drehen Sie die Muttern (2) heraus.
- Nehmen Sie den Windabweiser (1) ab.

Die Montage erfolgt für alle Verkleidungen sinngemäß in umgekehrter Reihenfolge.

- Drehen Sie die Schrauben und Muttern zuerst nur handfest an und richten Sie die Geräuschdämmung spannungsfrei aus.
- Drehen Sie die Schrauben mit jeweils 5 Nm Anzugsdrehmoment fest. Die Muttern werden lediglich mit 3 Nm angezogen.

Haubendämmung aus- und einbauen:

- Öffnen Sie die Motorhaube.

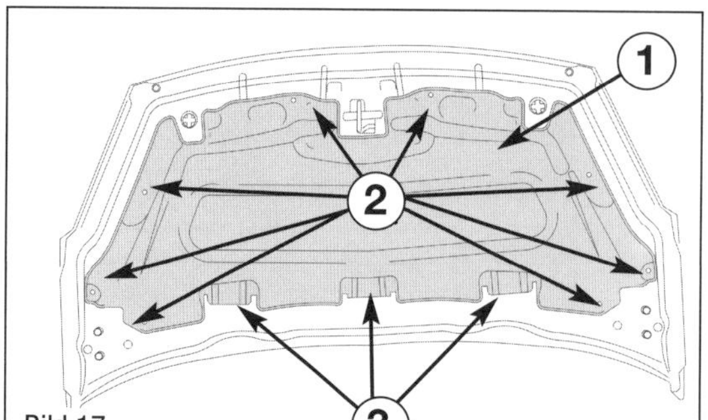

Bild 17

Bild 17
Haubendämmung.
1 Dämmmatte
2 Klammern
3 Einschub

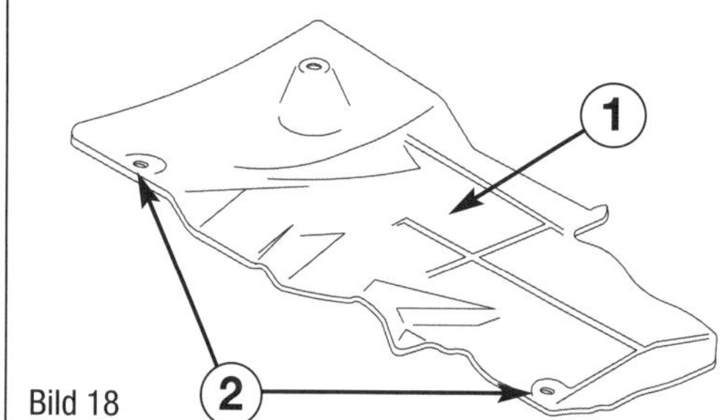

Bild 18

Bild 18
Windabweiser unter dem Motor.
1 Windabweiser
2 Bolzen und Muttern

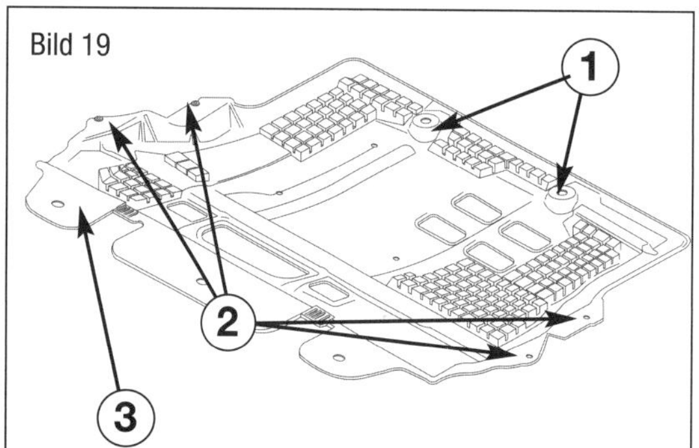

Bild 19

Bild 19
Motorabdeckung unten.
1 Bolzen und Muttern
2 Schrauben
3 Geräuschdämmung unten

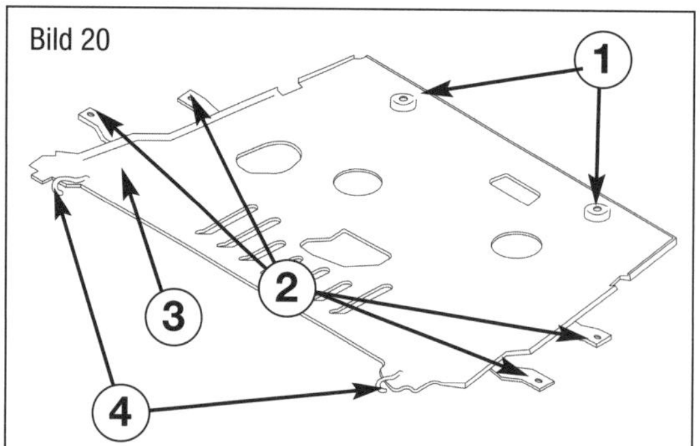

Bild 20

Bild 20
Triebwerksschutzplatte.
1 Schrauben hinten
2 Schrauben seitlich
3 Triebwerksschutzplatte
4 Schrauben vorne

■ Entfernen Sie die Halteklammern mit dem geeigneten Werkzeug.
■ Nehmen Sie die Schalldämmung von der Motorhaube ab.

Die Montage erfolgt sinngemäß in umgekehrter Reihenfolge.

■ Prüfen Sie, ob die Schalldämmung nicht beschädigt ist.
■ Schalldämmung anhalten und mit den Halteklammern in der Haube befestigen

Prüfung auf Undichtigkeiten und Beschädigungen

Die Sichtprüfung ist von oben und von unten vorzunehmen, weshalb die Geräuschdämpfung (unten) abzubauen ist.

Sichtprüfung wie folgt durchführen: Motor und Bauteile im Motorraum auf Undichtigkeiten und Beschädigungen prüfen.
■ Leitungen, Schläuche und Anschlüsse des Kraftstoffsystems, des Kühl- und Heizsystems, des Ölkreislaufs, der Klimaanlage, der Ansauganlage und der Bremsanlage auf Undichtigkeiten, Scheuerstellen, Porosität und Brüchigkeit prüfen.
■ Alle festgestellten Mängel durch Reparatur beseitigen.
■ Bei nicht verbrauchsbedingtem Flüssigkeitsverlust muss die Ursachen ermittelt und beseitigt werden.

Prüfen des Antriebsriemen-Zustands
Fahrzeug anheben, Geräuschdämpfung (Spritzschutz, untere Motorverkleidung) ausbauen, Motor am Schwingungsdämpfer/Riemenscheibe mit einem Steckschlüssel durchdrehen.
Antriebsriemen auf Unterbaurisse (Anrisse, Kernbrüche, Querschnittbrüche), Lagentrennung (Deckschicht, Zugstränge), Ausbruch am Unterbau, Ausfransen der Zugstränge, Flankenverschleiß (Materialabtrag, ausgefranste Flanken, Flankenverhärtung, glasige Flanken, Oberflächenrisse), Öl- und Fettspuren prüfen.
⚠ Werden Mängel festgestellt, muss der Antriebsriemen unbedingt ersetzt werden.
■ Zum Verlauf des Antriebsriemens siehe Reparaturanweisung »Antriebsriemen aus und einbauen«.

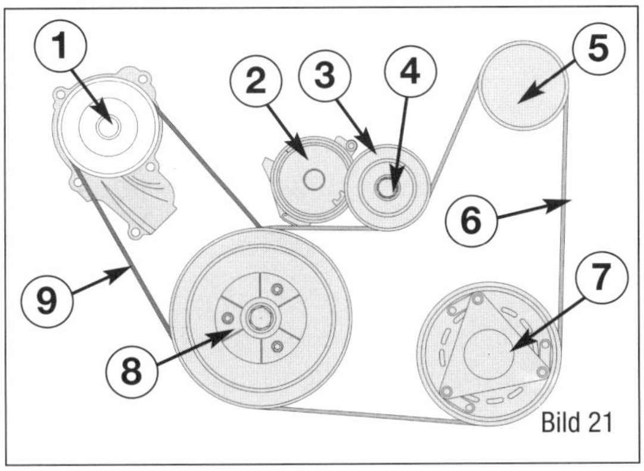

Bild 21

Bild 21
Riementrieb beim 1,2 l-Benzin-Motor mit Klima.
1 Wasserpumpe
2 Spannvorrichtung
3 Spannrolle
4 Schraube Spannrolle
5 Generator
6 Antriebsriemen Nebenaggregate
7 Klimakompressor
8 Kurbelwellenriemenscheibe
9 Antriebsriemen Wasserpumpe

Antriebsriemen Aus- und Einbau

Der Antriebsriemen treibt als wichtiger Teil des Kurbeltriebs die Nebenaggregate Drehstromgenerator und Klimakompressor. Der Aufbau sieht für die unterschiedlichen Motoren ähnlich aus, unterscheidet sich aber im Detail und in der Ausführung der Riemen.

De- und Montage am 3-Zylinder-Benzinmotor HNZ und HNV (Bilder 21 und 22)
Es sind in der Regel zwei Antriebsriemen verbaut. Der hintere übernimmt den Antrieb der Wasserpumpe. Der vordere treibt die Nebenaggregate wie Servopumpe, Wasserpumpe Klimakompressor und Generator an. Aber schon hier gibt es zwei unterschiedliche Bauvarianten. Im Laufe der Produktionszeit und der Ausrüstung wird sicherlich noch die eine oder andere Variante mit hinzukommen.

Antriebsriemen für Klimakompressor und Generator abnehmen:

Die Vorgehensweise unterscheidet sich nicht nennenswert, wenn das Fahrzeug keine Klimaanlage verbaut hat. Wir schildern Ihnen die Arbeitsschritte an einem Fahrzeug mit Klimaanlage. Sollen einzelne Komponenten wie eine Umlenkrolle, der Klimakompressor oder der Generator demontiert werden, ist es ausreichend den Antriebsriemen abzunehmen. Der Ausbau ist erst durch den Ersatz des vorderen Antriebsriemens möglich.

- Das vordere rechte Rad ausbauen.
- Falls vorhanden die Geräuschdämpfung unten Mitte und rechts ausbauen.
- Wenn der Antriebsriemen wiederverwendet werden soll, zuerst die Laufrichtung des Antriebsriemens kennzeichnen.
- Stecken Sie den Zwölfkantschlüssel auf die Schraube der Spannrolle (4 im Bild 22) auf.
- Entspannen Sie den Antriebsriemen, indem Sie die Spannvorrichtung (5) in Pfeilrichtung (3) schwenken.
- Sichern Sie die Spannvorrichtung, indem Sie einen passenden Bohrer oder einen Sicherungshaken oder Haltestift (1) wie im Bild 23 gezeigt einsetzen.
- Nehmen Sie den Antriebsriemen am Klimakompressor (9) ab.
- Nehmen Sie den Antriebsriemen am Generator (2) ab.

Schraubertipp

- Achten Sie vor dem Einbau des Antriebsriemens darauf, dass alle Aggregate (Generator, Klimakompressor) festmontiert sind.
- Beim Einbauen des Antriebsriemens achten Sie bitte auf die Laufrichtung und auf einen korrekten Sitz des Riemens in den Riemenscheiben.
- Nach fertiggestellter Arbeit grundsätzlich Motor starten und Riemenlauf kontrollieren

Die Montage erfolgt sinngemäß in umgekehrter Reihenfolge.

- Vor dem Einbau des Antriebsriemens ist die Spannvorrichtung auf Beschädigungen zu prüfen und ggf. zu erneuern.
- Prüfen Sie den Zustand der Riemenscheiben auf der Kurbelwelle.
- Vor dem Einbau des Antriebsriemens darauf achten, dass alle Aggregate (Generator, Klimakompressor) fest angebaut sind.
- Achten Sie auf den korrekten Sitz des Antriebsriemens auf den Riemenscheiben.
- Starten Sie den Motor und kontrollieren Sie den Riemenlauf.

Antriebsriemen für die Wasserpumpe ausbauen (Kurbelwelle/Wasserpumpe):

Der Antriebsriemen für die Wasserpumpe benötigt keine Spannvorrichtung. Es handelt sich um einen Stretchriemen. Er wird nach der Demontage grundsätzlich erneuert. Für die Montage sind Montagehilfen erforderlich, die den Riemen

Sichtprüfung Messen

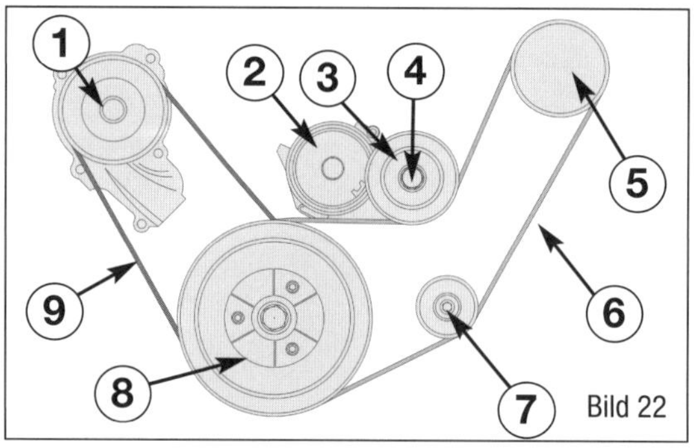

Bild 22
Riementrieb beim 1,2-l-Benzinmotor ohne Klima.
1 Wasserpumpe
2 Spannvorrichtung
3 Spannrolle
4 Schraube Spannrolle
5 Generator
6 Antriebsriemen Nebenaggregate
7 Umlenkrolle
8 Kurbelwellenriemenscheibe
9 Antriebsriemen Wasserpumpe

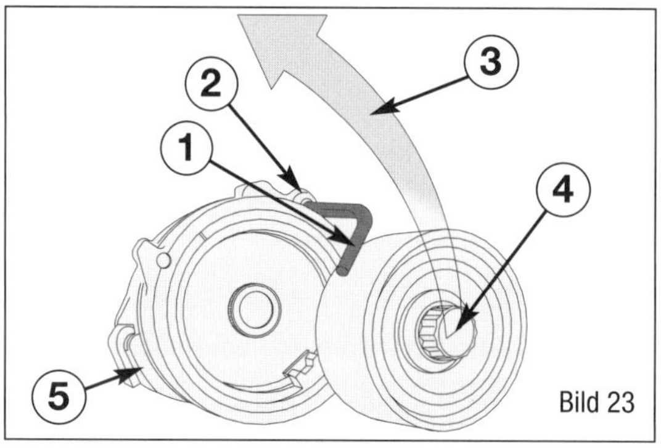

Bild 23
Spannvorrichtung beim 1,2-l-Motor.
1 Haltestift (oder Bohrer)
2 Bohrung in der Lasche und im Arm
3 Bewegungsrichtung
4 Befestigungsschraube
5 Spannvorrichtung

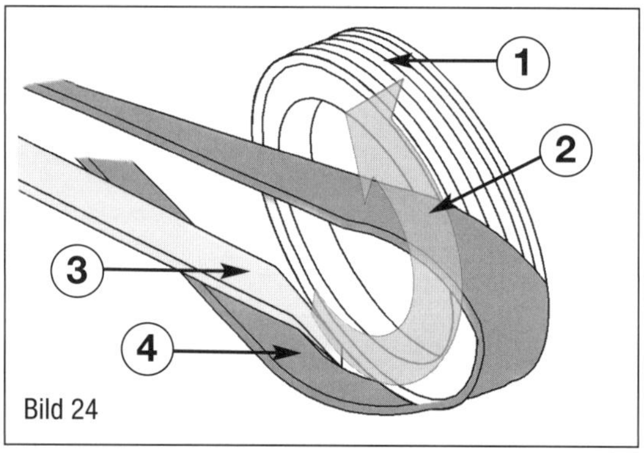

Bild 24
Aufziehen des Stretchriemens beim 1,2-l-Motor.
1 Riemenscheibe Wasserpumpe
2 Drehrichtung zur Montage
3 Montagehilfe
4 Antriebsriemen

auf die Riemenscheibe auflegen helfen. Diese gibt es als Spezialwerkzeug und werden meist vom Riemenhersteller empfohlen. Wenn Sie den Riemen mit einem flachen Montagehebel auflegen, achten Sie darauf den Riemen nicht zu überdehnen oder zu beschädigen.

■ Das vordere rechte Rad ausbauen.
■ Falls vorhanden, die Geräuschdämpfung unten Mitte und rechts ausbauen.
■ Demontieren Sie den Antriebsriemen für die Nebenaggregate (6 im Bild 21 oder 22).
■ Schneiden Sie den vorderen Antriebsriemen (9) durch und nehmen Sie ihn ab.

Die Montage erfolgt sinngemäß in umgekehrter Reihenfolge.

Vor dem Einbau des Antriebsriemens darauf achten, dass alle Aggregate (Generator, Klimakompressor) fest angebaut sind.
■ Legen Sie den neuen Antriebsriemen auf die Riemenscheibe der Kurbelwelle auf.
■ Legen Sie den Antriebsriemen (4) wie im Bild 24 gezeigt auf die Riemenscheibe der Wasserpumpe (1) auf.
■ Drehen Sie die Kurbelwelle in Pfeilrichtung (2) und fädeln Sie den Riemen mit Hilfe einer Montagehilfe (3) auf die Riemenscheibe der Servopumpe (1) auf.
■ Achten Sie auf den korrekten Sitz des Antriebsriemens auf den Riemenscheiben.
■ Starten Sie den Motor und kontrollieren Sie den Riemenlauf

Spannvorrichtung des Antriebsriemens demontieren

■ Das vordere rechte Rad ausbauen.
■ Falls vorhanden, die Geräuschdämpfung unten Mitte und rechts ausbauen.
■ Bauen Sie den Antriebsriemen für die Nebenaggregate wie bereits beschrieben von der Spannvorrichtung ab. Er muss nicht ausgebaut werden. Der Antriebsriemen zur Wasserpumpe muss nicht demontiert werden.
■ Schrauben Sie die Befestigungsschraube (3 im Bild 25) heraus.
■ Nehmen Sie die Spannvorrichtung (4) ab.
■ Prüfen Sie die Umlenkrollen soweit vorhanden und ersetzen Sie diese, wenn erforderlich.

Die Montage erfolgt sinngemäß in umgekehrter Reihenfolge.

■ Prüfen Sie den Zustand der Riemenscheiben auf der Kurbelwelle.
■ Vor dem Einbau des Antriebsriemens darauf achten, dass alle Aggregate (Generator, Klimakompressor) fest angebaut sind.
■ Achten Sie auf den korrekten Sitz des Antriebsriemens auf den Riemenscheiben.
■ Starten Sie den Motor und kontrollieren Sie den Riemenlauf.

De- und Montage am 1,6-l-Benzinmotor NFR und NFU (Zahnriemenmotoren) (Bilder 26 und 27)

Auch bei diesen Motortypen gibt es zwei unterschiedliche Systeme. Beide Systeme werden über den automatischen Spanner (2) gespannt. Die Vorgehensweise unterscheidet sich nicht. Wir stellen Ihnen die Montagearbeiten an einem Motor mit Klimakompressor vor.

Antriebsriemen bei Fahrzeugen mit Klimaanlage abnehmen (Bild 25):
Sollen einzelne Komponenten wie eine Umlenkrolle, der Klimakompressor oder der Generator demontiert werden, wird der Antriebsriemen sinnvollerweise ausgebaut.

- Das vordere rechte Rad ausbauen.
- Falls vorhanden die Geräuschdämpfung unten Mitte und rechts ausbauen.
- Wenn der Antriebsriemen wiederverwendet werden soll, zuerst die Laufrichtung des Antriebsriemens kennzeichnen.
- Stecken Sie den Zwölfkantschlüssel auf die Schraube der Spannrolle (3 im Bild 26) auf.
- Entspannen Sie den Antriebsriemen, indem Sie die Spannvorrichtung (5 im Bild 23) in Pfeilrichtung (3) schwenken.
- Sichern Sie die Spannvorrichtung, indem Sie einen passenden Bohrer oder einen Sicherungshaken oder Haltestift (1) wie im Bild 23 gezeigt einsetzen.
- Nehmen Sie den Antriebsriemen an der Servopumpe (4) ab.
- Nehmen Sie den Antriebsriemen von der Umlenkrolle (6) und am Generator (5) ab.
- Nehmen Sie den Antriebsriemen heraus.

Die Montage erfolgt sinngemäß in umgekehrter Reihenfolge.

- Vor dem Einbau des Antriebsriemens (Antriebsriemens) ist die Spannvorrichtung auf Beschädigungen zu prüfen und ggf. zu erneuern.
- Prüfen Sie den Zustand der Riemenscheiben auf der Kurbelwelle.
- Vor dem Einbau des Antriebsriemens darauf achten, dass alle Aggregate (Generator, Klimakompressor) fest angebaut sind.
- Achten Sie auf den korrekten Sitz des Antriebsriemens auf den Riemenscheiben.
- Starten Sie den Motor und kontrollieren Sie den Riemenlauf.

De- und Montage am 1,6-l-Benzinmotor 5FK und 5FS (Steuerkettenmotoren) (Bilder 28 bis 32)
Die 1,6-l-Benziner mit Steuerkette warten mit drei unterschiedlichen Antriebskonzepten für die Nebenaggregate auf. Die Wasserpumpe wird über ein angesteuertes

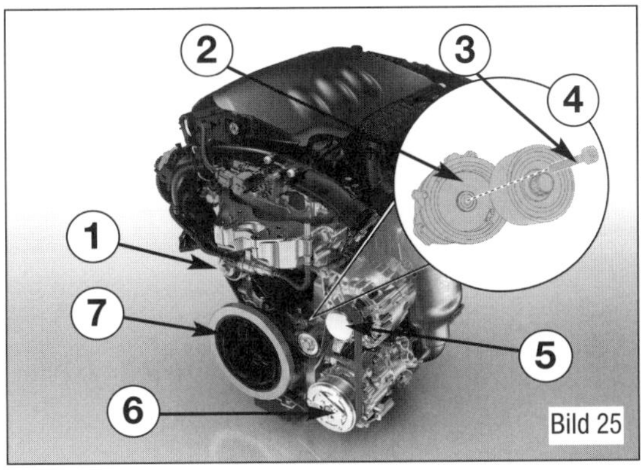

Bild 25
Riementrieb beim 1,2-l-Benzin Motor mit Klima.
1 Wasserpumpe
2 Spannrolle
3 Schraube
4 Spannmechanismus
5 Generator
6 Klimakompressor
7 Kurbelwellenriemenscheibe

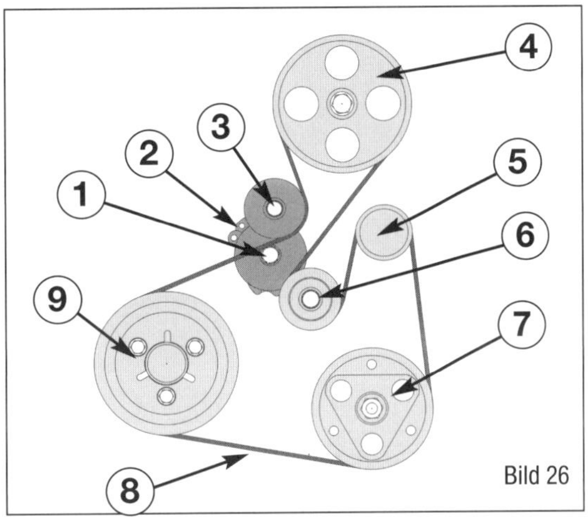

Bild 26
Riementrieb beim 1,6-l-Benzin Motor mit Klima (Zahnriemenmotor).
1 Befestigungsschraube Spannelement
2 Spannelement
3 Befestigungsschraube Spannrolle
4 Riemenscheibe Servopumpe
5 Generator
6 Umlenkrolle
7 Klimakompressor
8 Antriebsriemen
9 Kurbelwellenriemenscheibe

Reibrad bedarfsgerecht eingesetzt. Bei Fahrzeugen mit Klimaanlage kommt ein Riemenspanner zum Einsatz. Bei Fahrzeugen ohne Klimaanlage sind zwei Stretchriemen verbaut.

⚠ Es darf keine Drehung des Motors gegen den Uhrzeigersinn erfolgen. Es besteht die Gefahr, dass die Steuerzeiten verstellt werden und es zum Motorschaden kommen kann.

Antriebsriemen für den Generator bei Fahrzeugen mit Klimaanlage abnehmen:
☞ Sollen einzelne Komponenten wie eine Umlenkrolle oder der Klimakompressor demontiert werden, reicht es aus den Antriebsriemen (Antriebsriemen) zu demontieren.

- Das vordere rechte Rad ausbauen.
- Falls vorhanden, die Geräuschdämpfung unten Mitte und rechts ausbauen.
- Wenn der Antriebsriemen wiederverwendet werden soll, zuerst die Laufrichtung des Antriebsriemens kennzeichnen.
- Setzen Sie einen passenden Ring-

Sichtprüfung Messen

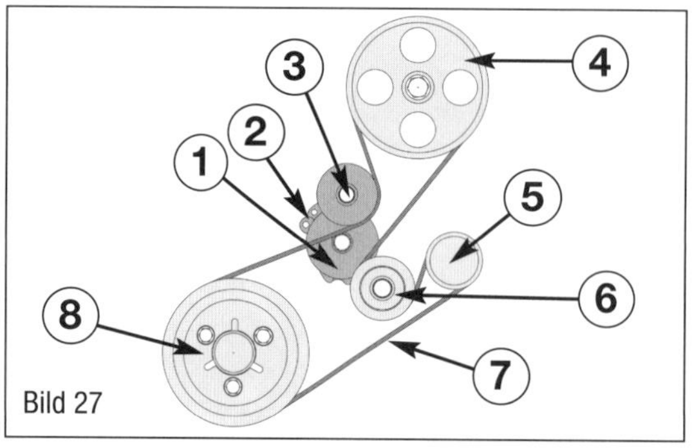

Bild 27

Riementrieb beim 1,6-l-Benzinmotor ohne Klima (Zahnriemenmotor).
1 Befestigungsschraube Spannelement
2 Spannelement
3 Befestigungsschraube Spannrolle
4 Riemenscheibe Servopumpe
5 Generator
6 Umlenkrolle
7 Antriebsriemen
8 Kurbelwellenriemenscheibe

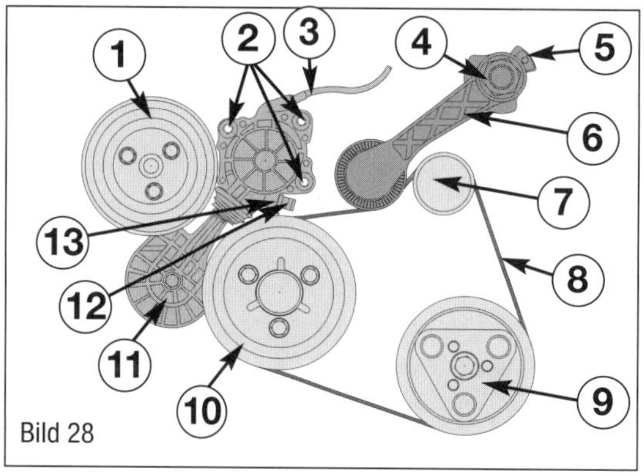

Bild 28

Riemenverlauf beim 1,6-l-5FK- und 5FS-Motor mit Klimaanlage.
1 Reibrad Wasserpumpe
2 Befestigungsschrauben Reibradkupplung
3 elektrischer Anschluss Reibrad Kupplung
4 Sechskant
5 Sicherungsbohrungen
6 Riemenspanner
7 Generator
8 Antriebsriemen
9 Klimakompressor
10 Riemenscheibe Kurbelwelle
11 Reibradkupplung
12 Haltenase
13 Zugstück mit Lasche

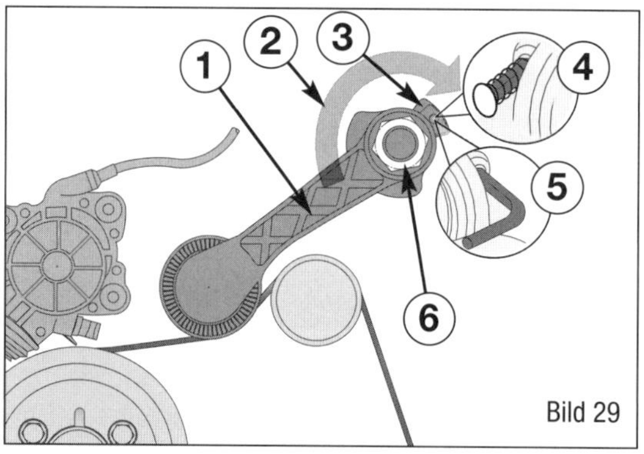

Bild 29

Spannvorrichtung beim 1,6-l-5FK- und 5FS-Motor.
1 Riemenspanner
2 Bewegungsrichtung zum Entspannen (gegen die Feder)
3 Bohrungen zum Fixieren
4 Federraste auf der Rückseite
5 Absteckwerkzeug oder passender Bohrer
6 Sechskant zum Betätigen

schlüssel auf das Sechskant der Verschraubung der Spannrolle (6 im Bild 29) auf und entspannen Sie den Antriebsriemen (8 im Bild 28), indem Sie die Spannrolle im Uhrzeigersinn (2 im Bild 29) schwenken.

■ Sichern Sie den Riemenspanner mit der Federraste (4) auf der Rückseite oder, wenn nicht vorhanden, mit einem Montagehaken (5) oder einem passenden Bohrer.

■ Nehmen Sie den Antriebsriemen am Klimakompressor oder am Generator ab. Die Montage erfolgt sinngemäß in umgekehrter Reihenfolge.

■ Vor dem Einbau des Antriebsriemens (Antriebsriemens) ist die Spannvorrichtung (1) auf Beschädigungen zu prüfen und ggf. zu erneuern.

■ Prüfen Sie den Zustand der Riemenscheibe auf der Kurbelwelle.

■ Vor dem Einbau des Antriebsriemens darauf achten, dass alle Aggregate (Generator, Klimakompressor) fest angebaut sind.

■ Achten Sie auf den korrekten Sitz des Antriebsriemens auf den Riemenscheiben.

■ Starten Sie den Motor und kontrollieren Sie den Riemenlauf.

Antriebsriemen für den Generator bei Fahrzeugen ohne Klimaanlage abnehmen:

Der Antriebsriemen für den Generator benötigt keine Spannvorrichtung. Es handelt sich um einen Stretchriemen. Er wird nach der Demontage grundsätzlich erneuert. Für die Montage sind Montagehilfen erforderlich, die den Riemen auf die Riemenscheibe auflegen helfen. Diese gibt es als Spezialwerkzeug und werden meist vom Riemenhersteller empfohlen. Wenn Sie den Riemen mit einem flachen Montagehebel auflegen, achten Sie darauf, den Riemen nicht zu überdehnen oder zu beschädigen.

■ Das vordere rechte Rad ausbauen.

■ Falls vorhanden die Geräuschdämpfung unten Mitte und rechts ausbauen.

■ Schneiden Sie den vorderen Antriebsriemen (3) durch und nehmen Sie ihn ab.

Die Montage erfolgt sinngemäß in umgekehrter Reihenfolge.

Vor dem Einbau des Antriebsriemens darauf achten, dass der Generator fest angebaut ist.

■ Legen Sie den neuen Antriebsriemen auf die Riemenscheibe der Kurbelwelle auf.

■ Legen Sie den Antriebsriemen (4) wie im Bild 24 gezeigt auf die Riemenscheibe des Generators (1) auf.

■ Drehen Sie die Kurbelwelle in Pfeilrichtung (2) und fädeln Sie den Riemen mit Hilfe einer Montagehilfe (3) auf dir Riemenscheibe der Kurbelwelle (1) auf.

■ Achten Sie auf den korrekten Sitz des Antriebsriemens auf den Riemenscheiben.

■ Starten Sie den Motor und kontrollieren Sie den Riemenlauf.

Riemenspanner bei Fahrzeugen mit Klimaanlage aus- und einbauen:

■ Entspannen Sie den Antriebsriemen und sichern Sie den Riemenspanner wie bereits

für die Riemendemontage beschrieben (Bild 29).
Der Antriebsriemen muss aber nicht zwingend abgenommen werden.
■ Drehen Sie die beiden Schrauben am Riemenspanner (Halter über dem Generator) heraus.
■ Nehmen Sie den Riemenspanner ab.
Die Montage erfolgt sinngemäß in umgekehrter Reihenfolge.
■ Achten Sie auf den korrekten Sitz des Antriebsriemens auf den Riemenscheiben.
■ Starten Sie den Motor und kontrollieren Sie den Riemenlauf.

Reibradkupplung aus- und einbauen:
■ Das vordere rechte Rad ausbauen.
■ Falls vorhanden die Geräuschdämpfung unten Mitte und rechts ausbauen.
■ Bauen Sie den Antriebsriemen wie bereits beschrieben aus. Die Demontage gelingt zwar auch ohne den Ausbau des Antriebsriemens, die Platzverhältnisse sind allerdings sehr beengt.
■ Ziehen Sie die Lasche (4 im Bild 32) am Griffstück (5) soweit heraus, bis sie in die Haltenase (2) eingehängt werden kann.
■ Hängen Sie die Lasche (4) mit der Öse (3) in die Haltenase (2) ein.
■ Prüfen Sie, dass die Rolle der Reibradkupplung (6 im Bild 30) und das Rad zum Antrieb der Wasserpumpe frei drehen (sie darf kein Spiel und keinen Druckpunkt aufweisen).
■ Drehen Sie die Befestigungsschrauben (2 im Bild 30) heraus und nehmen Sie die Reibradkupplung (6) heraus.

Die Montage erfolgt sinngemäß in umgekehrter Reihenfolge.
■ Achten Sie auf den Zustand der Reibradkupplung, sie darf kein Spiel aufweisen.
■ Das Rad der Reibradkupplung muss freigängig sein, leicht drehen und darf nirgendwo anliegen.

De- und Montage am 1,6-l-Diesel-Motor (Bild 33 bis 35)
Bei den Dieselmotoren wurden zwei unterschiedliche Systeme für die Riemenführung verbaut. Die Start-Stoppsysteme lassen wir in diesen Beschreibungen aus Platzgründen aus.

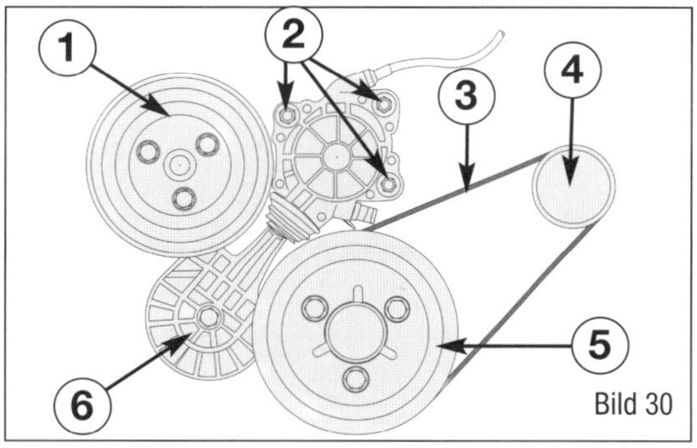

Bild 30

Bild 30
Riemenverlauf beim 1,6-l-5FK- und 5FS-Motor ohne Klimaanlage.
1 Reibrad Wasserpumpe
2 Befestigungsschrauben
3 Stretchriemen
4 Generator
5 Riemenscheibe der Kurbelwelle
6 Reibradkupplung

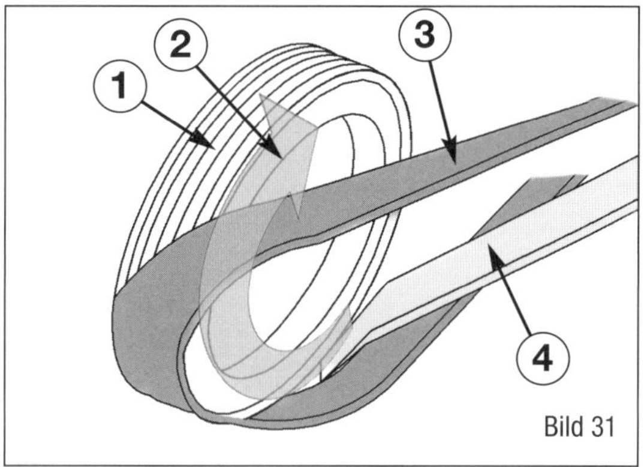

Bild 31

Bild 31
Aufziehen des Stretchriemens beim 1,6-l-5FK- und 5FS-Motor.
1 Riemenscheibe Kurbelwelle
2 Drehrichtung zur Montage
3 Antriebsriemen
4 Montagehilfe

Spanner mit drei Halteschrauben (Fahrzeuge mit elektrischer Lenkung):
■ Das vordere rechte Rad ausbauen.
■ Falls vorhanden, die Geräuschdämpfung unten Mitte und rechts ausbauen.
■ Wenn der Antriebsriemen wiederverwendet werden soll, zuerst die Laufrichtung des Antriebsriemens kennzeichnen.
■ Setzen Sie ein passendes Rohrstück oder das Spezialwerkzeug auf den Hebelansatz (3 im Bild 34) der Spannvorrichtung (10) auf und entspannen Sie den Antriebsriemen (8), indem Sie die Spannrolle im Uhrzeigersinn (4) schwenken.
■ Sichern Sie den Riemenspanner mit einem Montagehaken (2) oder einem passenden Bohrer.
■ Nehmen Sie den Antriebsriemen am Klimakompressor oder am Generator ab.

Die Montage erfolgt sinngemäß in umgekehrter Reihenfolge.
■ Vor dem Einbau des Antriebsriemens (Keilrippenriemens) ist die Spannvorrichtung (10) auf Beschädigungen zu prüfen und ggf. zu erneuern.
■ Prüfen Sie den Zustand der Riemenscheibe auf der Kurbelwelle.
■ Vor dem Einbau des Antriebsriemens darauf achten, dass alle Aggregate (Gene-

Sichtprüfung Messen

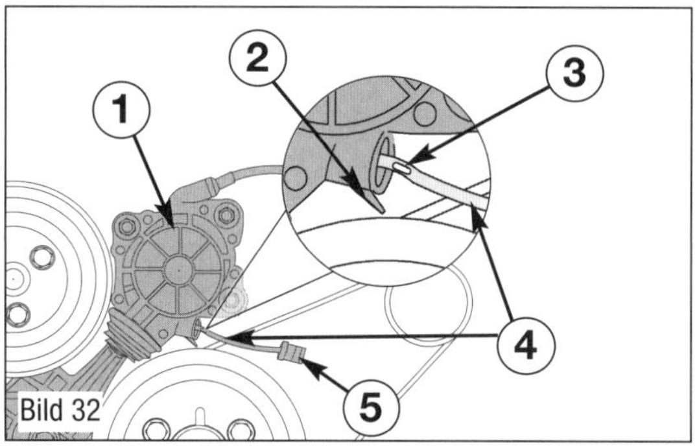

Bild 32
Reibradkupplung entspannen.
1 Reibradkupplung
2 Haltenase
3 Öse
4 Lasche
5 Griffstück

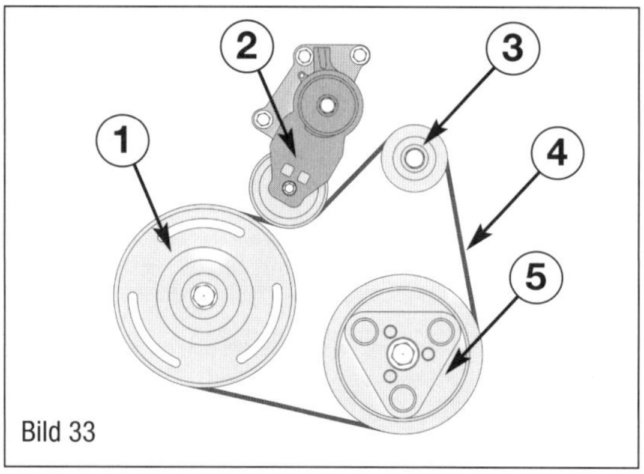

Bild 33
Riemenverlauf beim 1,6-l - HDI (9HK, 9HN, BHY, BHZ ...) mit Klimaanlage.
1 Riemenscheibe Kurbelwelle
2 Spannvorrichtung
3 Generator
4 Antriebsriemen
5 Klimakompressor

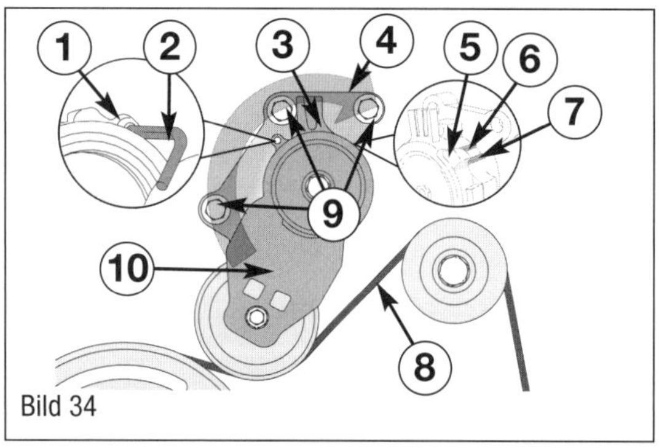

Bild 34
Riemenspannvorrichtung beim 1,6-l-HDI (9HK, 9HN, BHY, BHZ ...) sichern.
1 Bohrung im Halter
2 Sicherungsstift
3 Hebelansatz
4 Bewegungsrichtung zum Entspannen
5 Referenzfläche
6 Markierung für die maximale Riemenlängung
7 Markierung für die Riemenlängung Neuzustand
8 Antriebsriemen
9 Befestigungsschrauben
10 Spannvorrichtung

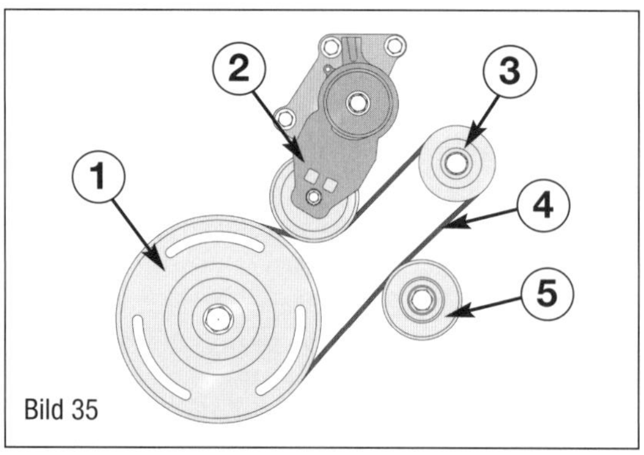

Bild 35
Riemenverlauf beim 1,6-l-HDI (9HK, 9HN, BHY, BHZ ...) ohne Klimaanlage.
1 Riemenscheibe Kurbelwelle
2 Spannvorrichtung
3 Generator
4 Antriebsriemen
5 Umlenkrolle

rator, Klimakompressor) fest angebaut sind.
- Achten Sie auf den korrekten Sitz des Antriebsriemens auf den Riemenscheiben.
- Starten Sie den Motor und kontrollieren Sie den Riemenlauf.

Spanner mit einer Halteschraube (Fahrzeuge mit hydraulischer Lenkunterstützung):

Die Vorgehensweise unterscheidet sich nicht nennenswert, wenn das Fahrzeug keine Klimaanlage verbaut hat. Wir schildern Ihnen die Arbeitsschritte an einem Fahrzeug mit Klimaanlage. Sollen einzelne Komponenten wie eine Umlenkrolle der Klimakompressor oder der Generator demontiert werden, ist es ausreichend den Antriebsriemen abzunehmen.

- Das vordere rechte Rad ausbauen.
- Falls vorhanden die Geräuschdämpfung unten Mitte und rechts ausbauen.
- Wenn der Antriebsriemen wiederverwendet werden soll, zuerst die Laufrichtung des Antriebsriemens kennzeichnen.
- Stecken Sie den Zwölfkantschlüssel auf die Schraube der Spannrolle (2 im Bild 37) auf.
- Entspannen Sie den Antriebsriemen, indem Sie die Spannvorrichtung in Pfeilrichtung (1) schwenken.
- Sichern Sie die Spannvorrichtung, indem Sie einen passenden Bohrer oder einen Sicherungshaken oder Haltestift (4) wie im Bild 37 gezeigt einsetzen.
- Nehmen Sie den Antriebsriemen am Klimakompressor oder an der Kurbelwellenriemenscheibe ab.
- Nehmen Sie den Antriebsriemen am Generator ab.

Die Montage erfolgt sinngemäß in umgekehrter Reihenfolge.

- Vor dem Einbau des Antriebsriemens ist die Spannvorrichtung auf Beschädigungen zu prüfen und ggf. zu erneuern.
- Prüfen Sie den Zustand der Riemenscheiben auf der Kurbelwelle.
- Vor dem Einbau des Antriebsriemens darauf achten, dass alle Aggregate (Generator, Klimakompressor) fest angebaut sind.
- Achten Sie auf den korrekten Sitz des Antriebsriemens auf den Riemenscheiben.
- Starten Sie den Motor und kontrollieren Sie den Riemenlauf.

Spannvorrichtung des Antriebsriemens demontieren:

- Das vordere rechte Rad ausbauen.
- Falls vorhanden, die Geräuschdämpfung unten Mitte und rechts ausbauen.
- Bauen Sie den Antriebsriemen für die

Nebenaggregate wie bereits beschrieben von der Spannvorrichtung ab. Er muss nicht ausgebaut werden.

- Schrauben Sie die Befestigungsschraube (2 im Bild 37) heraus.
- Nehmen Sie die Spannvorrichtung ab.
- Prüfen Sie die Umlenkrollen soweit vorhanden und ersetzen Sie diese wenn erforderlich.

Die Montage erfolgt sinngemäß in umgekehrter Reihenfolge.

- Prüfen Sie den Zustand der Riemenscheiben auf der Kurbelwelle.
- Vor dem Einbau des Antriebsriemens darauf achten, dass alle Aggregate (Generator, Klimakompressor) fest angebaut sind.
- Achten Sie auf den korrekten Sitz des Antriebsriemens auf den Riemenscheiben.
- Starten Sie den Motor und kontrollieren Sie den Riemenlauf.

Steuerkette und Zahnriemen

Beim Berlingo beziehungsweise Partner Tepee findet sich in der verbauten Motorenpalette fast jede denkbare Verbindung zwischen Nockenwelle und Kurbelwelle. Im hubraumschwächsten Motor findet sich bereits ein »nasser« Zahnriemen, der im Motoröl läuft.

Hubraum	Motor	System	Intervall
1,2-l-THP	EB2DT	Zahnriemen »Nass«	180.000 – 240.000 km
1,6-l -16V	TU5JP	Zahnriemen	120.000 – 140.000 km
1,6-l -VTI	EP6C	Steuerkette	KA*
1,6-l- HDI	DV6	Zahnriemen	240.000 km

KA*: Es liegen keine Angaben zu einem Wechselintervall vor. Üblicherweise sind die Steuerketten durchaus für Laufleistungen auch über 300.000 km gut. Vorausgesetzt es liegen keine Materialfehler vor und keine ungünstigen Betriebszustände haben Führungsschienen oder Spanner in Mitleidenschaft gezogen. Rasselnde oder schlagende Geräusche aus dem Bereich des Kettenkastens sind ein Grund den Steuerkettenspanner zu überprüfen und eventuell einen Steuerkettensatz mit Spanner und Spannschienen zu verbauen. Je nach Inhalt des Satzes und Hersteller können die Preise für die Ersatzteile schon mal bei 400 Euro liegen.

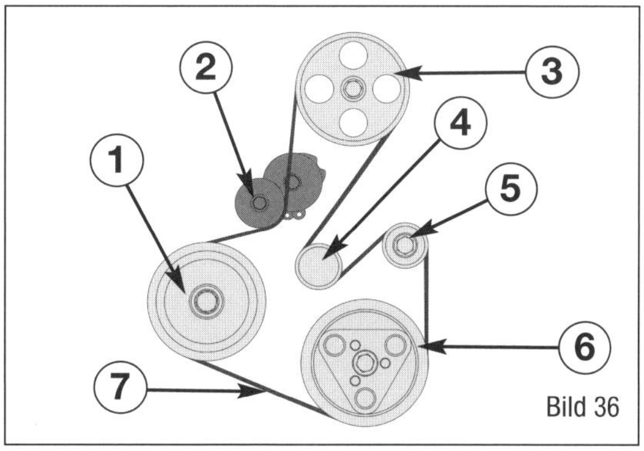

Bild 36

Bild 36
Riemenverlauf beim 1,6-lHDI (9HV, 9HZ ...) mit Klimaanlage und Servopumpe.
1 Riemenscheibe Kurbelwelle
2 Spannvorrichtung
3 Servopumpe
4 Umlenkrolle
5 Generator
6 Klimakompressor
7 Antriebsriemen

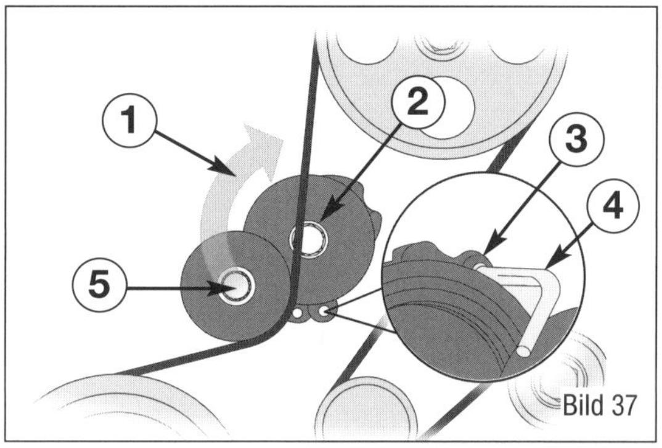

Bild 37

Bild 37
Riemenspanner beim 1,6-l-HDI (9HV, 9HZ ...) mit oder ohne Klimaanlage und Servopumpe.
1 Bewegungsrichtung zum Entspannen
2 Befestigungsschraube
3 Bohrung im Halter
4 Sicherungsstift
5 Schraube der Spannrolle

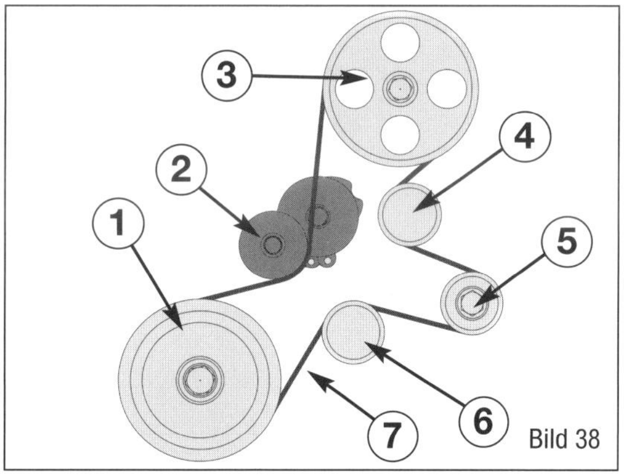

Bild 38

Bild 38
Riemenverlauf beim 1,6-l-HDI (9HV, 9HZ ...) ohne Klimaanlage und mit Servopumpe.
1 Riemenscheibe Kurbelwelle
2 Spannvorrichtung
3 Servopumpe
4 Umlenkrolle
5 Generator
6 Umlenkrolle
7 Antriebsriemen

Die Benzinmotoren wurden sowohl als Motoren mit Steuerkette als auch als Motor mit Zahnriemen verbaut. Die Dieselmotoren sind durchweg als Motoren mit Zahnriemen verbaut worden. Natürlich finden sich auch weitere Kombinationsmöglichkeiten, wie Beispiel eine Steuerkette, die Einlass- und Auslassnockenwelle miteinander verbindet, während der eigentliche Antrieb der Nockenwellen über einen Zahnriemen erfolgt. Auf diese Besonderheiten werden wir in den folgenden Montagebeschreibungen eingehen.

Zahnriemen und Steuerketten Aus- und Einbau

Im Folgenden werden wir Ihnen gestaffelt nach den Hubraumklassen vorstellen.

Grundregeln bei Arbeiten an den Bauteilen der Motorsteuerung

- Fehlerspeicher auslesen.
- Batterie abklemmen.
- Den Motor abkühlen lassen.
- Wenn möglich Glühkerzen ausbauen, damit sich der Motor leichter drehen lässt.
- Grundsätzlich den Motor nur in Drehrichtung und nur am Kurbelwellenrad verdrehen.
- Grundsätzlich immer alle Führungs- und Spannrollen ersetzen.
- Wenn im Riementrieb mit eingebaut, sollte auch die Wasserpumpe ersetzt werden.

Schraubertipp

Schäden am Zahnriemen erkennen

Erkennbar	Mögliche Ursache
Geräusche	■ Falsche Spannung. ■ Spann- oder Führungsrolle defekt. ■ Zahn- und Führungsräder fluchten nicht.
Polierter Zahnriemen	■ Riemenrückseite: Zahn- und Führungsräder fluchten nicht. ■ Zahnspitze oder/und Fuß: Riemenspannung zu hoch. ■ Seitlich: Zahn- und Führungsräder fluchten nicht oder Abdeckung falsch montiert.
Rissbildung	■ Riemenrückseite: Temperaturproblem oder Alterung. ■ Zahnspitze oder/und Fuß: Riemenspannung zu hoch oder Alterung.
Seitenschlag	■ Lager der Spann- oder Führungsrolle defekt. ■ Zahnriemen defekt.

Zahnriemenwechsel beim 1,6-l-Benzin-Motor (TU5JP4)

Vorbereitungsarbeiten

- Schalten Sie die Zündung aus und klemmen Sie die Batterie ab.
- Das vordere rechte Rad ausbauen.
- Falls vorhanden, die Geräuschdämpfung unten Mitte und rechts ausbauen.
- Wenn der Antriebsriemen wiederverwendet werden soll, zuerst die Laufrichtung des Antriebsriemens kennzeichnen.
- Lassen Sie den Motor abkühlen.
- Den Antriebsriemen wie bereits beschrieben demontieren.
- Lassen Sie das Kühlmittel ab.
- Bauen Sie den Kühlwasserausgleichsbehälter ab und legen Sie ihn zur Seite.
- Unterbauen Sie den Motor oder fangen Sie ihn in Einbauhöhe mit geeignetem Werkzeug ab.
- Demontieren Sie den rechten Motorbock und seine Halterung am Motor (3 im Bild 39), die von der Zahnriemenabdeckung umrahmt wird.
- Lösen Sie die Schrauben (7) und nehmen Sie die Riemenscheibe ab.

Demontagearbeiten

- Drehen Sie die Schrauben (2 und 4) heraus. Die Schrauben verbleiben in der Zahnriemenabdeckung oben (1). Sie sind gegen Herausfallen gesichert.
- Lösen Sie die Schrauben (8) und ziehen Sie die Zahnriemenabdeckung oben nach oben heraus.
- Drehen Sie die Schrauben (6 und 8) heraus und ziehen Sie die Zahnriemenabdeckung unten nach unten heraus.
- Wenn der Zahnriemen wiederverwendet werden soll, zuerst die Laufrichtung kennzeichnen.
- Verdrehen Sie dem Motor an der Zentralschraube der Kurbelwelle im Uhrzeigersinn so weit, dass Sie den Absteckdorn (7 in Bild 40) der Kurbelwelle (vorne im Motorblock in Richtung Kupplung) einsetzen können.

Der Motor darf ausschließlich im Uhrzeigersinn gedreht werden, da sonst nach Herstellerangaben die Spannvorrichtung beschädigt werden kann oder sich die Steuerzeiten verstellen.

- Kontrollieren Sie, ob die Bohrungen in den Nockenwellenrädern und die dazugehörigen Passbohrungen im Zylinderkopf fluchten.

- Setzen Sie die beiden Absteckdorne oder ein anderes geeignetes Werkzeug (Bohrer) in die Bohrungen der Nockenwellenräder und die Passbohrungen im Zylinderkopf ein.
- Lösen Sie Sicherungsmutter der Spannrolle (13).
- Nehmen Sie den Zahnriemen zuerst von den Nockenwellenrädern (1 und 5) und zuletzt von dem Kurbelwellenrad (9) ab.
- Nehmen Sie den Zahnriemen nach oben heraus.
- Demontieren Sie die Umlenkrolle (8) und die Spannrolle (13).
- Drehen Sie die drei Befestigungsschrauben heraus und bauen Sie die Wasserpumpe aus.

Montage

- Reinigen Sie die Anlagefläche der Wasserpumpe gründlich.
- Reinigen Sie die Zahnriemenabdeckungen und die verbliebenen Zahnräder gründlich.

⚠ Montieren Sie grundsätzliche eine neue Wasserpumpe mit einem neuen Dichtring. Verwenden Sie keine Dichtmasse zur Montage.

- Bauen Sie die Wasserpumpe wieder ein und ziehen Sie sie gleichmäßig auf Drehmoment wieder an.
- Setzen Sie die Schraube der Umlenkrolle mit Schraubensicherungsmittel ein.
- Legen Sie den Zahnriemen auf und spannen Sie ihn durch Drehen der Spannrolle im Uhrzeigersinn (5) soweit vor, dass der Zeiger im Bereich (7) stehen bleibt.
- Sichern Sie die Spannrolle mit der Sicherungsmutter (4).
- Demontieren Sie die Absteckdorne der Nockenwellenräder und der Kurbelwelle.
- Drehen Sie den Motor 2 Umdrehungen im Uhrzeigersinn.
- Kontrollieren Sie die Zahnriemenspannung erneut. Korrigieren Sie die Einstellung, wenn erforderlich. Ist die korrekte Vorspannung erreicht, ziehen Sie die Sicherungsmutter auf Drehmoment an.

Die weitere Montage erfolgt sinngemäß in umgekehrter Reihenfolge.

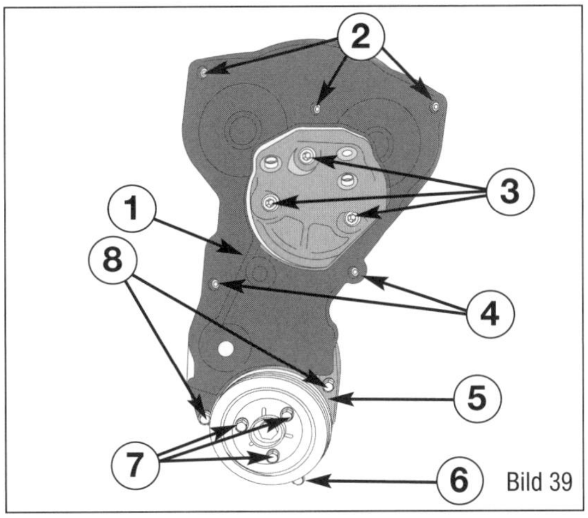

Bild 39
Zahnriemenabdeckung beim 1,6 l-16V-TU5JP4 (NFR, NFU ...).
1 obere Zahnriemenabdeckung
2 Schrauben oben (Ausfallgesichert)
3 Schrauben Motorstütze
4 Schrauben Mitte (Ausfallgesichert)
5 untere Zahnriemenabdeckung
6 Schraube unten
7 Schrauben Riemenscheibe
8 Schrauben oben der unteren Verkleidung

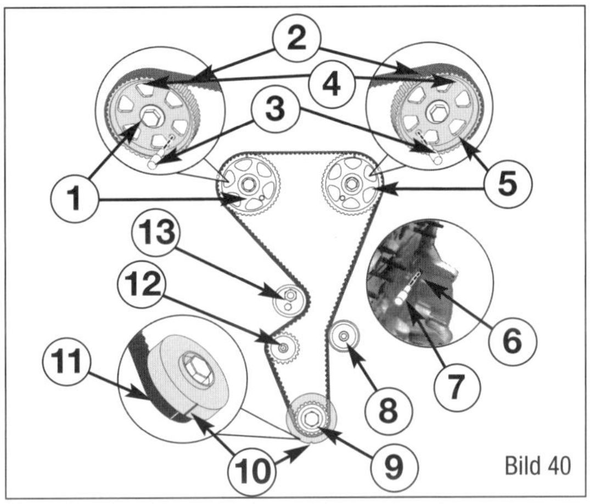

Bild 40
Zahnriemenabdeckung beim 1,6 l-16V-TU5JP4 (NFR, NFU ...).
1 Nockenwellenrad Einlass
2 Markierung auf dem neuen Zahnriemen
3 Absteckdorne Nockenwellenrad
4 Markierung Nockenwellenrad (Rille)
5 Nockenwellenrad Auslass
6 Bohrung im Motorblock vorne Richtung Getriebe
7 Absteckdorn
8 Umlenkrolle
9 Kurbelwellenrad
10 Markierung auf dem Riemenscheibenflansch
11 Markierung auf dem neuen Zahnriemen
12 Wasserpumpe
13 Spannrolle

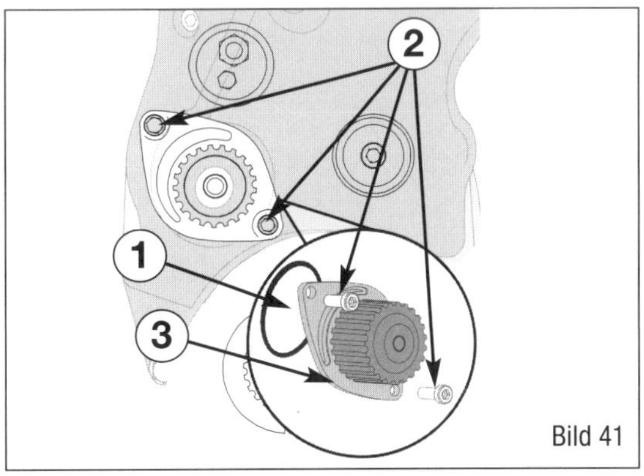

Bild 41
Wasserpumpe beim 1,6 l-16V-TU5JP4 (NFR, NFU ...).
1 Dichtring Wasserpumpe
2 Schraube Wasserpumpe (zwei Stück)
3 Wasserpumpe

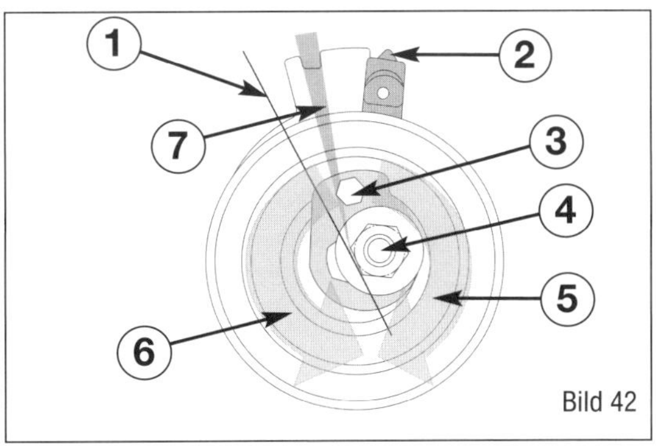

Bild 42
Spannrolle beim 1,6 l-16V-TU5JP4 (NFR, NFU ...).
1 Zeigerposition maximale Entspannung
2 Zeiger
3 Sechskant
4 Sicherungsmutter
5 Bewegungsrichtung »Spannen«
6 Bewegungsrichtung »Entspannen«
7 Bereich der korrekten Vorspannungseinstellung

Bild 43
Steuerzeiten beim 1,6 l-16V-EP6C (5FK, 5FS ...).
1 Einlassnockenwelle (Markierung »IN»)
2 Absteckwerkzeug Nockenwellen
3 Auslassnockenwelle (Markierung »EX»)
4 Vierkant der Nockenwellen (Rundung nach unten)
5 Halte- und Führungsschraube Steuerkettenführung
6 Ölwanne
7 Absteckstift zur Schwungscheibe
8 Vorspannwerkzeug Steuerkette

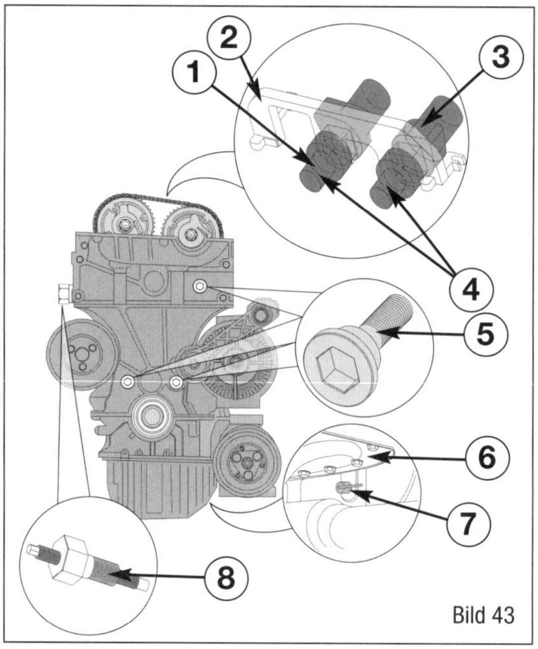

Bild 43

Bild 44
Steuerzeiten beim 1,6 l-16V-EP6C (5FK, 5FS ...).
1 Steuerkette vormontiert mit Spannschienen und Kurbelwellenrad
2 Führung oben
3 Zentralschraube Einlassnockenwelle
4 Zentralschraube Auslassnockenwelle
5 Kurbelwellenflansch
6 Schrauben Riemenscheibe
7 Zentralschraube Riemenscheibe
8 Kurbelwellenrad
9 feste Führungsschiene
10 Spannschiene

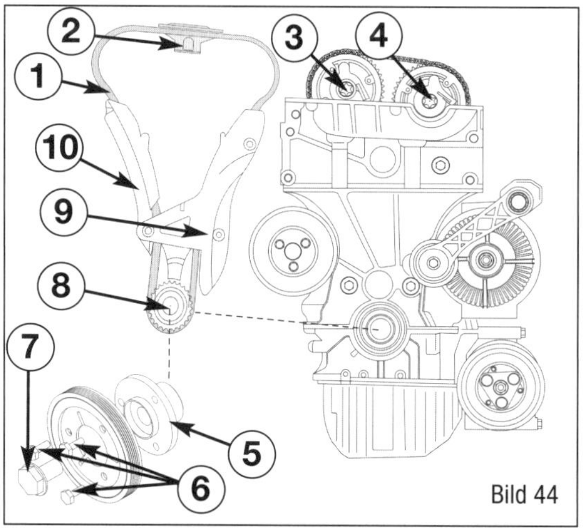

Bild 44

Steuerkette beim 1,6-l-Benzin-Motor wechseln (EP6CB)

Spezialwerkzeuge

Für die Festsetzung des Motors ist ein geeigneter Absteckwerkzeugsatz unabdingbar. Dieser ist ab etwa 50 Euro auf diversen Markplatzen im Internet leicht zu erstehen. Weiterhin wird ein Handdrehmomentschlüssel benötigt, der auf ein Drehmoment von 0,6 Nm einstellbar ist. Um die Zentralschraube der Riemenscheibe zu lösen, muss ein Gegenhalter verwendet werden.

Vorbereitungsarbeiten

- Schalten Sie die Zündung aus und klemmen Sie die Batterie ab.
- Das vordere rechte Rad ausbauen.
- Falls vorhanden, die Geräuschdämpfung unten Mitte und rechts ausbauen.
- Bauen Sie den Ventildeckel ab.
- Demontieren Sie den Antriebsriemen für die Nebenaggregate.
- Bauen Sie die Reibradkupplung für den Antrieb der Wasserpumpe aus (siehe Beschreibung zum Antriebsriemen).
- Reinigen Sie den Bereich um die Riemenscheibe, den Steuerkettenkasten und den Ventildeckel gründlich.
- Unterbauen Sie den Motor unter der Ölwanne. Bauen Sie den rechten Motorhalter komplett aus.
- Lösen Sie den Kabelstrang seitlich des Motors so, dass Sie am Kettenkasten außen arbeiten können.
- Lassen Sie den Motor abkühlen.

Verriegelung und Prüfung der Nockenwellenverstellräder

- Demontieren Sie den Ventildeckel. Die Arbeitsschritte hierzu finden Sie unter »Arbeiten am Zylinderkopf«.
- Drehen Sie den Motor zwei Umdrehungen im Uhrzeigersinn mit der Ratsche an der Zentralschraube der Kurbelwelle durch.

Prüfung des Phasenverschiebers im Nockenwellenrad der Einlassnockenwelle:

- Setzen Sie einen passenden Schlüssel auf das Vierkant der Einlass-Nockenwelle auf und bewegen Sie die Nockenwelle leicht hin und her. Sie sollte fest mit dem Nockenwellenrad verbunden sein. Ist das nicht der Fall, die Einlassnockenwelle entgegen dem Uhrzeigersinn bis zum internen Anschlag des Phasenverschiebers im Nockenwellenrad betätigen (maximaler Weg 35°).

⚠ Ist die mechanische Verriegelung des Phasenverschiebers nicht möglich, muss das Nockenwellenrad ersetzen werden.

Prüfung des Phasenverschiebers im Nockenwellenrad der Auslassnockenwelle:

- Setzen Sie einen passenden Schlüssel auf das Vierkant der Einlass-Nockenwelle auf und bewegen Sie die Nockenwelle leicht hin und her. Sie sollte fest mit dem Nockenwellenrad verbunden sein. Ist das nicht der

Fall, die Auslassnockenwelle im Uhrzeigersinn bis zum internen Anschlag des Phasenverschiebers im Nockenwellenrad betätigen (maximaler Weg 30°).

Ist die mechanische Verriegelung des Phasenverschiebers nicht möglich, muss das Nockenwellenrad ersetzt werden.

Prüfung der Steuerkettenlängung
Legen Sie den Bereich um den Steuerkettenspanner frei.
Reinigen Sie den Bereich um den Steuerkettenspanner gründlich.

- Drehen Sie den Motor zwei Umdrehungen im Uhrzeigersinn mit der Ratsche an der Zentralschraube der Kurbelwelle durch.
- Demontieren Sie den Steuerkettenspanner (verbaut wie Position 8 im Bild 42). Achten Sie auf den Verbleib des Dichtringes.
- Montieren Sie den Kettenvorspanner und ziehen Sie die Anzugshülse (1 im Bild 45) leicht im Zylinderkopf fest.
- Montieren Sie eine Kontermutter auf der Spindel (3).
- Ziehen Sie die Spindel (3) mit 0,6 Nm an.
- Ziehen Sie die Kontermutter auf der Spindel leicht an.
- Demontieren Sie den Kettenvorspanner und messen Sie die Länge von der Anlage am Zylinderkopf bis zum Ende der Spindel.
- Vergleichen Sie das Maß mit der folgenden Tabelle und bewerten Sie das Ergebnis.

Abmessung	Bewertung
bis 73,5 mm	keine Längung feststellbar
über 73,5 mm	Steuerkette erneuern

Demontagearbeiten

- Demontieren Sie die drei Schrauben (6) und nehmen Sie die Riemenscheibe ab.
- Drehen Sie den Motor an der Zentralschraube der Riemenscheibe so weit, dass Sie den Absteckstift (7 im Bild 43) für die Kurbelwelle im Bereich der Ölwanne einschieben können.
- Montieren Sie am Kurbelwellenflansch (5) einen geeigneten Gegenhalter um die Zentralschraube (7) der Kurbelwelle lösen zu können.

Die Last beim Lösen und Anziehen der Zentralschraube (7) darf nicht am Absteckwerkzeug angelegt werden.

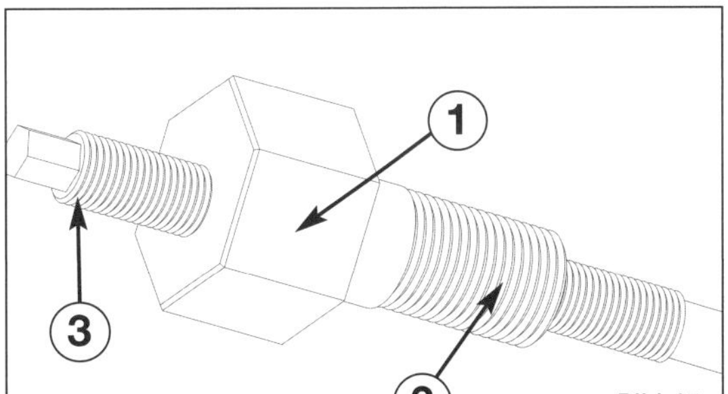

Bild 45

Bild 45
Montagehilfe Kettenvorspanner beim 1,6 l-16V-EP6C (5FK, 5FS ...).
1 Anzugshülse
2 Gewinde für die Montage im Zylinderkopf
3 Spindel

- Demontieren Sie die Führung oben (2).
- Montieren Sie das Absteckwerkzeug für die Nockenwellen (2 im Bild 43). Die Rundungen des Vierkants der Nockenwellen müssen jeweils nach unten zeigen.
- Demontieren Sie den Steuerkettenspanner (verbaut wie Position 8 im Bild 43). Achten Sie auf den Verbleib des Dichtringes.
- Halten Sie den Riemenscheibenflansch mit einem geeigneten Gegenhalter fest und lösen Sie die Zentralschraube.
- Halten Sie die Nockenwellenräder mit einem geeigneten Gegenhalter fest und lösen Sie die Zentralschrauben der Einlass- und der Auslassnockenwelle.

Die Last beim Lösen und Anziehen der Zentralschrauben (3 und 4) darf nicht am Absteckwerkzeug angelegt werden.

- Drehen Sie die Zentralschraube der Riemenscheibe heraus und nehmen Sie den Kurbelwellenflansch ab.
- Drehen Sie die drei Schrauben (5 im Bild 43) heraus.
- Drehen Sie die Zentralschrauben der Nockenwellenräder heraus.
- Nehmen Sie die Nockenwellenräder zusammen mit der Steuerkette, den Führungen und dem Kurbelwellenrad nach oben heraus.
- Reinigen Sie den Kettenkasten und die Anlagefläche des Kurbelwellenrades gründlich.

Legen Sie die Nockenwellenräder mit der Anschlussseite nach oben ab. So kann vermieden werden, dass das Öl herausläuft.

Kontrollieren Sie, ob die alte Führungsschiene noch komplett ist.

Sichtprüfung Messen

Bild 46
Zahnriemenabdeckung beim 1,6-l-HDI.
1 Abdeckung oben
2 Schrauben oben
3 Abdeckung unten
4 Schrauben unten
5 Zentralschraube
6 Riemenscheibe

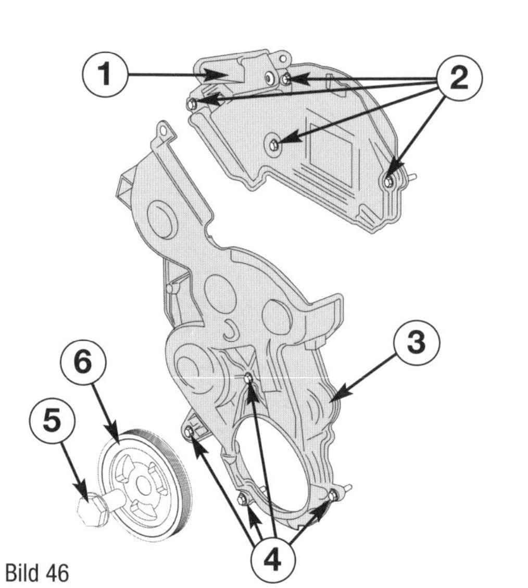

Bild 46

Fehlende Bruchstücke können leicht einen Folgeschaden verursachen. Fehlt etwas, muss dieses Teil zuerst gefunden werden. Im Zweifel muss auch die Ölwanne demontiert werden.

Montagearbeiten
Kontrollieren Sie den Zustand des Wellendichtringes an der Kurbelwelle. Wenn erforderlich ersetzen Sie ihn.

- Rüsten Sie die neuen Kettenführungen und das Kurbelwellenrad wie im Bild 44 unter Position 1 vorgestellt auf.
- Entfetten Sie die Anlagestellen des Kurbelwellenrades der Steuerkette, der Kurbelwelle und des Kurbelwellenflansches. Das Kurbelwellenrad wird nur durch das Reibmoment der verschraubten Teile gehalten. Es ist keine Passfeder vorhanden.
- Setzen Sie die beiden Nockenwellenräder in die Steuerkette ein und fädeln Sie die vormontierte Steuerkette nach unten ein.
- Sichern Sie die beiden Nockenwellenräder mit jeweils einer neuen Zentralschraube. Drehen Sie die Schraube gerade so weit an, dass Sie die Nockenwellenräder noch verdrehen können.
- Setzen Sie nun als Nächstes die Halteschrauben für die Kettenführungen (5 im Bild 43) an und drehen Sie auch diese gerade handfest an.
- Stecken Sie den Kurbelwellenflansch auf die Kurbelwelle auf und ziehen Sie auch diese Zentralschraube gerade handfest an.
- Montieren Sie den Kettenvorspanner und ziehen Sie die Anzugshülse (1 im Bild 45) leicht im Zylinderkopf fest.
- Ziehen Sie die Spindel (3) mit 0,6 Nm an.
- Montieren Sie am Kurbelwellenflansch (5 im Bild 44) einen geeigneten Gegenhalter, um die Zentralschraube (7) der Kurbelwelle anziehen zu können.

⚠ Die Last beim Lösen und Anziehen der Zentralschraube (7) darf nicht am Absteckwerkzeug angelegt werden.

- Ziehen Sie die Zentralschraube mit 50 Nm an und in der zweiten Stufe drehen Sie die Schraube um 180° fest.
- Halten Sie die Nockenwellenräder mit einem geeigneten Gegenhalter fest und ziehen Sie die Zentralschrauben der Einlass- und der Auslassnockenwelle mit 20 Nm an und 180° nach.

⚠ Die Last beim Lösen und Anziehen der Zentralschrauben (3 und 4) darf nicht am Absteckwerkzeug angelegt werden.

- Demontieren Sie den Kettenvorspanner und bauen Sie den Kettenspanner ein. Ziehen Sie ihn mit 85 Nm fest.
- Demontieren Sie die Absteckwerkzeuge an Kurbelwelle und Nockenwelle.
- Drehen Sie den Motor von Hand an der Zentralschraube der Kurbelwelle vier Kurbelwellenumdrehungen durch.
- Kontrollieren Sie die Steuerzeiten durch das Einsetzen der Absteckwerkzeuge erneut. Leichte Abweichungen von -0,5° bis +1,5° sind zulässig.
- Lassen Sie das Motoröl ablaufen.
- Montieren Sie den Ventildeckel.
- Füllen Sie neues Motoröl ein.

Die weitere Montage erfolgt sinngemäß in umgekehrter Reihenfolge.

Zahnriemen beim 1,6-l-Diesel-Motor wechseln (DV6 8 und 16-Ventiler)

Die Vorgehensweise für die Demontage und die Montage unterscheidet sich für die Dieselmotoren nur geringfügig. Unterschieden werden sie im Wesentlichen durch die unterschiedliche Bauweise des Zylinderkopfes. Die Vierventildiesel treiben die Nockenwelle(n) mit einem Zahnriemen an, aber die zweite Nockenwelle wird über die erste Nockenwelle mit einer Steuerkette angetrieben. Wir werden den Wechsel der Steuerkette als Ergänzung zur Montagebeschreibung der Zahnriemenmontage ausführen.

Spezialwerkzeuge

Für die Festsetzung des Motors ist ein geeigneter Absteckwerkzeugsatz unabdingbar. Dieser ist ab etwa 40 Euro bei vielen Versteigerungsportalen und Onlinemarktplätzen zu erwerben.

Vorbereitungsarbeiten

- Schalten Sie die Zündung aus und klemmen Sie die Batterie ab.
- Das vordere rechte Rad ausbauen.
- Falls vorhanden, die Geräuschdämpfung unten Mitte und rechts ausbauen.
- Demontieren Sie den Antriebsriemen für die Nebenaggregate.
- Unterbauen Sie den Motor unter der Ölwanne. Bauen Sie den rechten Motorhalter komplett aus.
- Lösen Sie den Kabelstrang seitlich des Motors, sodass Sie am Kettenkasten außen arbeiten können.
- Lassen Sie den Motor abkühlen.
- Lassen Sie das Kühlmittel am Kühleranschluss unten ablaufen.
- Den Kabelbaum oben an der Zahnriemenabdeckung lösen und wegdrücken.

Demontagearbeiten

- Demontieren Sie die Zentralschraube der Riemenscheibe (5 im Bild 46) und nehmen Sie die Riemenscheibe ab.
- Demontieren Sie den OT-Geber am Kurbelwellenrad und die Abdeckung (Verstellschutzwinkel) auf der gegenüberliegenden Seite (soweit verbaut) des Kurbelwellenrades.

Das Geberrad auf dem Kurbelwellenzahnrad des Zahnriemens darf nicht beschädigt oder verzogen sein. Es darf nicht in die Nähe einer magnetischen Quelle gebracht werden. In beiden Fällen muss das Kurbelwellenzahnrad ersetzt werden.

- Drehen Sie die Befestigungsschrauben (2) heraus und nehmen Sie die Zahnriemenabdeckung oben ab.

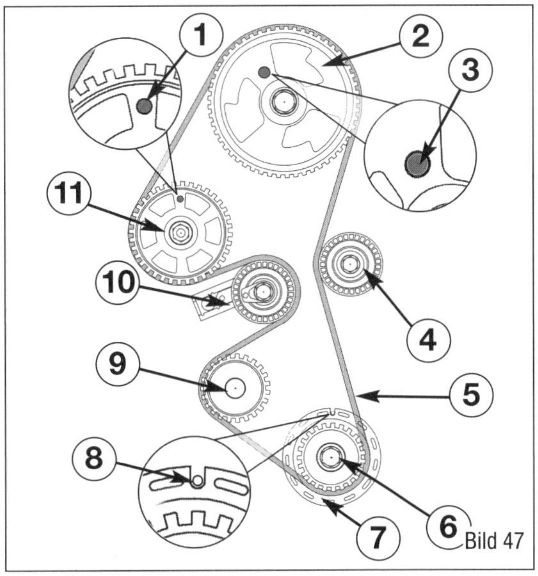

Bild 47

Bild 47
Steuerzeiten beim 1,6-l-HDI (16-Ventiler).
1 Absteckposition für die Hochdruckpumpe
2 Nockenwellenrad
3 Absteckposition für die Nockenwelle
4 Umlenkrolle
5 Zahnriemen
6 Kurbelwellenrad
7 Geberrad Kurbelwelle
8 Absteckposition der Kurbelwelle
9 Wasserpumpenrad
10 Zahnriemenspannvorrichtung
11 Antriebsrad Hochdruckpumpe

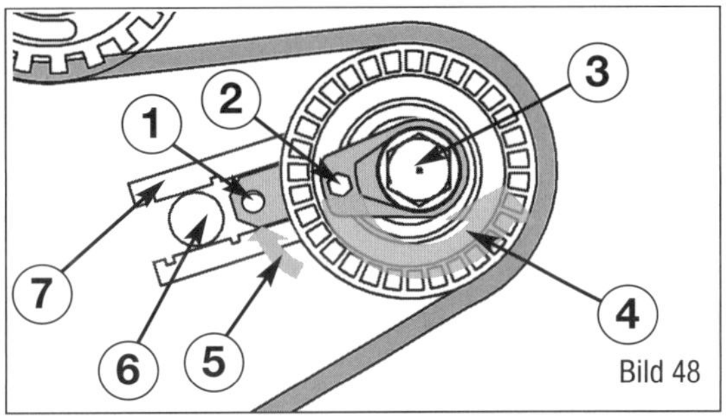

Bild 48

Bild 48
Zahnriemenspanner beim 1,6-l-HDI (beide).
1 Zeiger mit Bohrung
2 Sechskant zum Verstellen
3 Spannrollenschraube
4 Bewegungsrichtung zum Spannen
5 Bewegungsrichtung des Pfeils beim Spannen
6 Führungsbolzen am Block
7 Führungsschiene am Zahnriemenspanner

- Drehen Sie die Befestigungsschrauben (4) heraus und nehmen Sie die Zahnriemenabdeckung unten ab.
- Drehen Sie die Zentralschraube (5) wieder ein, um das Kurbelwellenrad zu sichern und eine Möglichkeit zu haben die Kurbelwelle zu verdrehen.
- Drehen Sie den Motor an der Zentralschraube der Riemenscheibe auf die Absteckstellung (1, 3 und 8 im Bild 47 oder 49).
- Montieren Sie die Absteckstifte für die Position (1, 3 und 8).
- Lösen Sie die Sicherungsschraube (3) (Mutter) der Spannrolle.
- Nehmen Sie den Zahnriemen ab.
- Demontieren Sie die Spannrolle (10) und die Umlenkrolle 4.
- Drehen Sie die Schrauben der Wasserpumpe in der Reihenfolge (1-7 im Bild 50) heraus.
- Nehmen Sie die Wasserpumpe ab.
- Entfernen Sie die Dichtungsreste und reinigen Sie die Anlageflächen gründlich.

Sichtprüfung Messen

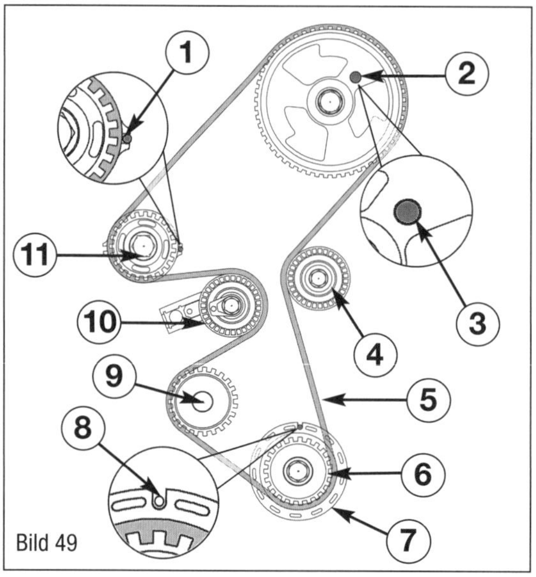

Bild 49

Bild 49
Steuerzeiten beim 1,6-l-HDI (8-Ventiler).
1 Absteckposition für die Hochdruckpumpe
2 Nockenwellenrad
3 Absteckposition für die Nockenwelle
4 Umlenkrolle
5 Zahnriemen
6 Kurbelwellenrad
7 Geberrad Kurbelwelle
8 Absteckposition der Kurbelwelle
9 Wasserpumpenrad
10 Zahnriemenspannvorrichtung
11 Antriebsrad Hochdruckpumpe

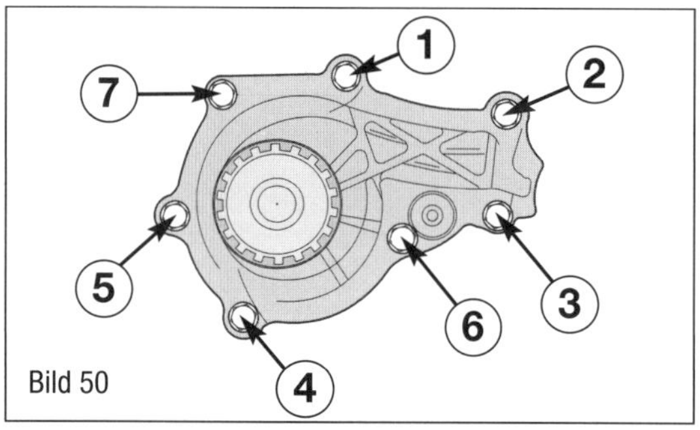

Bild 50

Bild 50
Anzugsfolge der Schrauben der Wasserpumpe beim 1,6-l-HDI.
1-7 Demontagereihenfolge der Schrauben
7-1 Montagereihenfolge der Schrauben

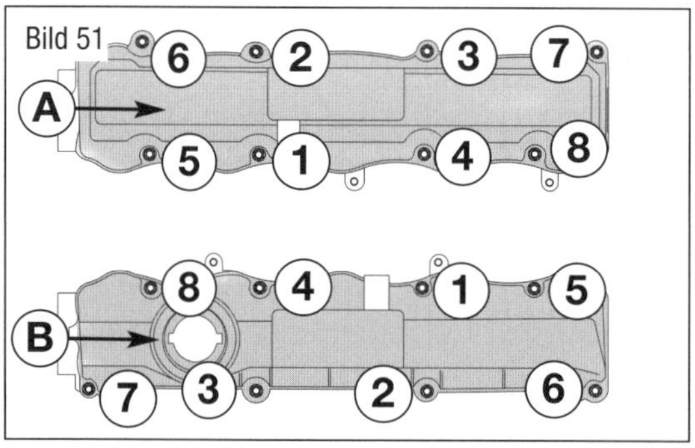

Bild 51

Bild 51
Anzugsfolge der Schrauben der beiden Ventildeckel beim 1,6-l-Zahnriemenmotor.
8-1 Demontagereihenfolge der Schrauben
1-8 Montagereihenfolge der Schrauben
A Ventildeckel einlassseitig
B Ventildeckel auslassseitig

Montagearbeiten

■ Setzen Sie eine neue Wasserpumpe mit einer neuen Dichtung in den Gehäuseblock ein.
■ Drehen Sie die Schrauben der Wasserpumpe in der Reihenfolge (7-1 im Bild 50) zuerst leicht an, dann auf Drehmoment fest.
■ Stellen Sie sicher, dass Kurbelwelle (8 im Bild 49), Nockenwelle (3) und Hochdruckpumpe (1) richtig abgesteckt sind.
■ Montieren Sie die neue Umlenkrolle (4) und ziehen Sie sie mit dem richtigen Anzugsdrehmoment an.
■ Montieren Sie die Spannrolle (10) und ziehen Sie sie handfest an. Lassen Sie den Sicherungsstift noch verbaut.
■ Legen Sie den Zahnriemen auf. Sehen Sie nach, ob eine Laufrichtungsmarkierung auf dem Zahnriemen vermerkt ist. Der Motor dreht im Uhrzeigersinn.
■ Ziehen Sie den Sicherungsstift aus der neuen Spannrolle heraus.
■ Verdrehen Sie den Spannrollenkern mit dem Sechskant (2 im Bild 48) gegen den Uhrzeigersinn (4) bis die Bohrung (1) im Zeiger mit der Bohrung in der Führungsschiene übereinstimmt.

Der Zeiger bewegt sich beim Spannen des Zahnriemens im Uhrzeigersinn (5).

■ Drehen Sie die Spannrollenschraube fest.
■ Ziehen Sie die Absteckstifte der Kurbelwelle (8), der Nockenwelle (3) und der Hochdruckpumpe (1) heraus.
■ Drehen Sie den Motor sechs Kurbelwellenumdrehungen an der Zentralschraube der Kurbelwelle im Uhrzeigersinn durch.
■ Kontrollieren Sie, ob sich die Absteckstifte wieder einsetzen lassen.
■ Ziehen Sie die Spannrolle auf Drehmoment fest.
■ Montieren Sie den OT-Geber am Kurbelwellenrad und die Abdeckung (Verstellschutzwinkel) auf der gegenüberliegenden Seite (soweit verbaut) des Kurbelwellenrades wieder.

⚠ Das Geberrad auf dem Kurbelwellenzahnrad des Zahnriemens darf nicht beschädigt oder verzogen sein. Es darf nicht in die Nähe einer magnetischen Quelle gebracht werden. In beiden Fällen muss das Kurbelwellenzahnrad ersetzt werden.

■ Montieren Sie die Zahnriemenabdeckungen wieder.

Die weitere Montage erfolgt sinngemäß in umgekehrter Reihenfolge.

Arbeiten am Zylinderkopf beim 1,6-l-Benzinmotor (TU5JP4)

Demontage der Ventildeckel

■ Demontieren Sie den Spritzschutz zwischen den beiden Ventildeckeln.

■ Bauen Sie das Luftfiltergehäuse aus.
■ Demontieren Sie die Motorenentlüftungsschläuche von den beiden Ventildeckeln zum Ansaugrohr.
■ Drehen Sie Ventildeckelschrauben in der Reihenfolge 8 bis 1 (Bild 51) heraus.
■ Nehmen Sie die Ventildeckel nach oben ab.
■ Reinigen Sie die Sitzflächen gründlich.
■ Lassen Sie den Ventildeckel abtropfen und kontrollieren Sie die Durchgängigkeit der Motorenlüftung (Hineinblasen).
■ Kontrollieren Sie den Zustand der Gummidichtung. Erneuern Sie die Dichtung für die Montage.

Die Montage erfolgt sinngemäß in umgekehrter Reihenfolge.
■ Ziehen Sie die Schrauben der Ventildeckel zuerst in der angegebenen Reihenfolge (1-8 im Bild 51) an, dann anschließend auf das angegebene Drehmoment fest.

Vorbereitungsarbeiten für die Arbeiten am Zylinderkopf
■ Schalten Sie die Zündung aus und klemmen Sie die Batterie ab.
■ Das vordere rechte Rad ausbauen.
■ Falls vorhanden, die Geräuschdämpfung unten Mitte und rechts ausbauen.
■ Demontieren Sie den Antriebsriemen für die Nebenaggregate.
■ Unterbauen Sie den Motor unter der Ölwanne. Bauen Sie den rechten Motorhalter komplett aus.
■ Lassen Sie das Kühlmittel am Kühlerschlauch unten komplett ablaufen.
■ Lösen Sie die Kraftstoffleitungen und fangen Sie den austretenden Kraftstoff auf.
■ Ziehen Sie eine kleine Tüte über die Kraftstoffanschlüsse, um den Eintrag von Verschmutzungen zu vermeiden.
■ Lösen Sie alle elektrischen Leitungen und Schläuche am Zylinderkopf und legen Sie sie beiseite.

Befestigen Sie die losen Leitungen usw. mit Kabelbindern an der Karosserie.

Demontage des Zylinderkopfes
■ Führen Sie die beschriebenen Vorbereitungsarbeiten durch.
■ Demontieren Sie die Ventildeckel wie bereits beschrieben.

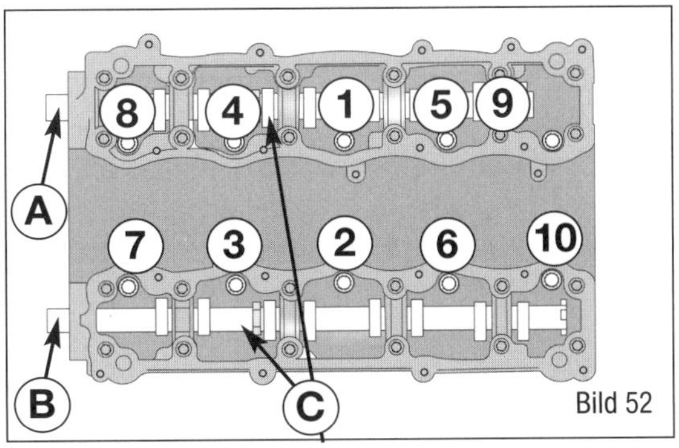

Bild 52

Bild 52
Anzugsfolge der Schrauben des Zylinderkopfes beim 1,6-l-Zahnriemenmotor.
10-1 Demontagereihenfolge der Schrauben
1-10 Montagereihenfolge der Schrauben
A Einlassnockenwelle
B Auslassnockenwelle
C Ansatzstelle für einen Gabelschlüssel

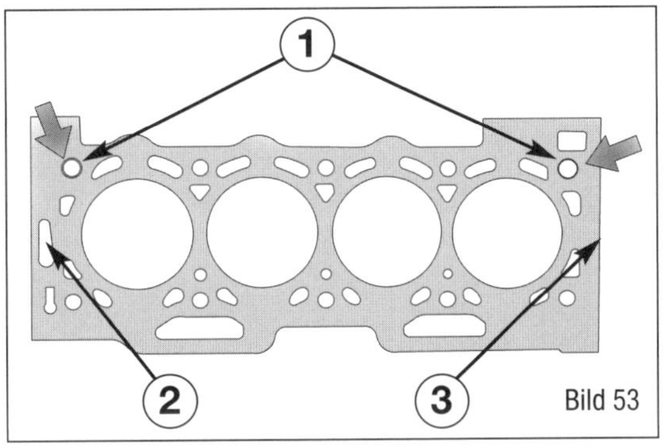

Bild 53

Bild 53
Passhülsen im Zylinderblock beim 1,6-l-Zahnriemenmotor.
1 Einbauposition der Pass hülsen
2 Riemenscheibenseite
3 Kupplungsseite

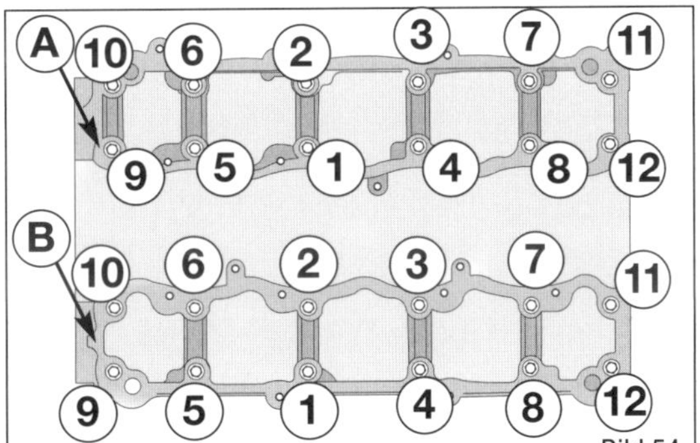

Bild 54

Bild 54
Anzugsfolge der Schrauben der beiden Nockenwellendecks beim 1,6-l-Zahnriemenmotor.
8-1 Demontagereihenfolge der Schrauben
1-8 Montagereihenfolge der Schrauben
A Ventildeckel einlassseitig
B Ventildeckel auslassseitig

■ Bauen Sie wie bereits beschrieben den Zahnriemen ab.
■ Markieren Sie die Nockenwellenräder und bauen Sie sie ab. Zum Lösen der Zentralschraube der Nockenwelle mit einem Gabelschlüssel auf der Nockenwelle (C) gegenhalten.
■ Demontieren Sie die Zahnriemenabdeckung hinten am Zylinderkopf.
■ Demontieren Sie das Hitzeschild des Auspuffkrümmers und den Auspuffkrümmer.
■ Nehmen Sie das Magnetventil des Aktivkohlefilters von der Halterung ab.
■ Lösen Sie die Unterdruckleitung des Bremskraftverstärkers.
■ Ziehen Sie den Stecker des Drosselklappengehäuses ab.
■ Demontieren Sie den Halter zwischen Zylinderkopf und Ansaugbrücke oben.

Sichtprüfung Messen

Bild 55
Passhülsen im Zylinderkopf beim 1,6-l-Zahnriemenmotor.
1 Einbauposition der Passhülsen
2 Dichtmassennaht

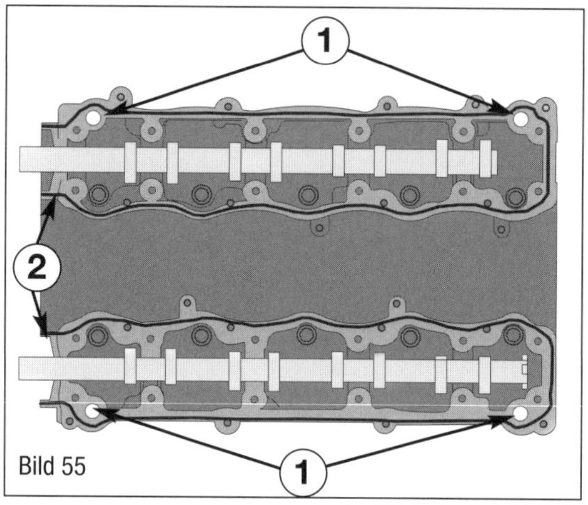

Bild 55

■ Ziehen Sie den Anschlussstecker des Saugrohrdruckfühlers von unten ab und legen Sie das Kabel zur Seite.
■ Demontieren Sie von unten die Schrauben der Ansaugbrücke und bauen Sie den Ansaugkrümmer aus.
■ Bauen Sie die Trägerplatte für die Steckergehäuse und das Thermostatgehäuse auf der linken Seite des Zylinderkopfes aus.
■ Legen Sie auch hier die demontierten Stecker und Schläuche aus dem Arbeitsbereich für den Zylinderkopf heraus.
■ Drehen Sie die Zylinderkopfschrauben in der gezeigten Reihenfolge (Bild 52 10-1) los.
■ Heben Sie den Kopf leicht an und lösen Sie ihn von der Zylinderkopfdichtung.
■ Nehmen Sie den Zylinderkopf nach oben ab.
■ Legen Sie den Zylinderkopf umgekehrt auf die Werkbank ab.
■ Nehmen Sie die Passhülsen (1 im Bild 53) aus dem Motorblock heraus.

Montagearbeiten des Zylinderkopfes-

⚠ Dichtflächen mit zugelassenem Reinigungsmittel reinigen. Es dürfen keine spanenden oder schneidenden Werkzeuge verwendet werden. Die Dichtflächen müssen frei von Schlagstellen und Riefen sein.

■ Reinigen Sie den Zylinderkopf und den Motorblock gründlich.
■ Blasen Sie die Schraubenlöcher im Motorblock gründlich mit Druckluft aus.
■ Prüfen Sie den Zustand und die Position der Passhülsen (1 im Bild 53).
■ Prüfen Sie die Zylinderkopfdichtfläche auf Ebenheit und Schäden.
■ Setzen Sie die neue Kopfdichtung auf.
■ Setzen Sie den Zylinderkopf auf. Achten Sie auf den richtigen Sitz in den Passhülsen.
■ Setzen Sie die neuen Zylinderkopfschrauben ein und ziehen Sie sie auf Anzugsdrehmoment in der angegebenen Reihenfolge (1-10 im Bild 52) an.

Die weitere Montage erfolgt sinngemäß in umgekehrter Reihenfolge.
■ Füllen Sie die Mulden des Zylinderkopfs oberhalb der Hydraulikstößel mit Öl.

Demontage der Nockenwellen

Für die Demontage der Nockenwellen muss nicht zwingend der Zylinderkopf ausgebaut werden.
■ Führen Sie die beschriebenen Vorbereitungsarbeiten durch.
■ Demontieren Sie die Ventildeckel, wie bereits beschrieben.
■ Bauen Sie das Zündmodul aus.
■ Bauen Sie, wie bereits beschrieben, den Zahnriemen ab.
■ Markieren Sie die Nockenwellenräder und bauen Sie sie ab. Zum Lösen der Zentralschraube der Nockenwelle mit einem Gabelschlüssel auf der Nockenwelle (C) gegenhalten.
■ Demontieren Sie die Zahnriemenabdeckung hinten am Zylinderkopf.
■ Drehen Sie die Schrauben in der vorgegebenen Reihenfolge (8-1 im Bild 54) aus den Zylinderdecks heraus.
■ Nehmen Sie die Zylinderdecks ab.
■ Nehmen Sie die Nockenwellen heraus.
■ Nehmen Sie die Passhülsen (1 im Bild 55) aus dem Zylinderkopf heraus.

Montage der Nockenwellen

⚠ Dichtflächen mit zugelassenem Reinigungsmittel reinigen. Es dürfen keine spanenden oder schneidenden Werkzeuge verwendet werden. Die Dichtflächen müssen frei von Schlagstellen und Riefen sein.

■ Reinigen Sie den Zylinderkopf und den Motorblock gründlich.
■ Blasen Sie die Schraubenlöcher im Motorblock gründlich mit Druckluft aus.
■ Prüfen Sie den Zustand und die Position der Passhülsen (1 im Bild 53).
■ Prüfen Sie die Zylinderkopfdichtfläche auf Ebenheit und Schäden.
■ Tragen Sie wie gezeigt Silikondichtmasse als Wulst von etwa 2 – 2,5 mm Breite auf. Die Dichtmasse darf die Passhülsen nicht berühren.

■ Setzen Sie die Nockenwellen mit etwas Öl auf den Lagerstellen ein.
■ Setzen Sie die Decks auf den Zylinderkopf auf.
■ Ziehen Sie die Schrauben nach der vorgegebenen Reihenfolge (Bild 54) mit dem vorgeschriebenen Drehmoment wieder an.

Die weitere Montage erfolgt sinngemäß in umgekehrter Reihenfolge.
■ Setzen Sie die Dichtringe der Nockenwellen mit etwas Öl wieder ein.
■ Achten Sie auf den richtigen Sitz der hinteren Zahnriemenverkleidung.

Demontage der Hydrostößel
Die Hydro-Tassen-Stößel sind zwischen der Nockenwelle und den Ventilfedern verbaut. Die Demontage der Hydro-Tassen-Stößel kann aus Verschleißgründen erforderlich sein. Aber auch, wenn Ventile, Ventilsitze oder die Schaftabdichtung überarbeitet werden müssen.
■ Bauen Sie wie beschrieben die Nockenwellen aus.
■ Reinigen Sie den Bereich um die Hydrostößel im Zylinderkopf gründlich.

Wenn die Hydrostößel wiederverwendet werden sollen, markieren Sie den Einbauort mit einem wasserfesten Stift.

■ Ziehen Sie den Hydrostößel mit Hilfe eines Gummisaugers ab (z. B. Einschleifhalter für die Ventilbearbeitung – Ventilläppen).

Verwenden Sie auf gar keinen Fall einen Magneten, die Magnetisierung der Hydrostößel kann Schäden an der Nockenwelle verursachen.

Die Montage erfolgt sinngemäß in umgekehrter Reihenfolge.
■ Setzen Sie die Hydrostößel mit etwas Öl ein.
■ Achten Sie darauf, dass die Hydrostößel nicht klemmen und leichtgängig im Zylinderkopf gleiten.

Drehen Sie den Motor nach der Montage erst einige Male von Hand durch. Gerade bei neuen Hydrostößeln kann es sein, dass sie nach der Montage noch nicht zusammengeschoben sind und Kolben und Ventile kollidieren.

Arbeiten am Zylinderkopf beim 1,6-l-Benzinmotor (EP6C)

Demontage des Ventildeckels
■ Demontieren Sie die Abdeckung über dem unteren Bereich des Ventildeckels.
■ Demontieren Sie die Zündspulen und ziehen Sie die Steckkontakte zu den Spulen ab.
■ Legen Sie die Anschlusskabel zur Seite.
■ Lösen Sie das Luftansaugrohr oberhalb und drücken Sie es zur Seite.
■ Kontrollieren Sie, dass keine weiteren Teile an den Verschraubungen des Ventildeckels befestigt sind.
■ Reinigen Sie den Bereich um den Ventildeckel gründlich.
■ Drehen Sie die Schrauben in der vorgegebenen Reihenfolge (13-1 im Bild 56) heraus.
■ Nehmen Sie den Ventildeckel nach oben ab.
■ Reinigen Sie die Auflagefläche des Ventildeckels gründlich mit einem sauberen Lappen.
■ Entfernen Sie die alte Dichtmasse an den Übergangsstellen von Nockenwellenlager zum Zylinderkopf.

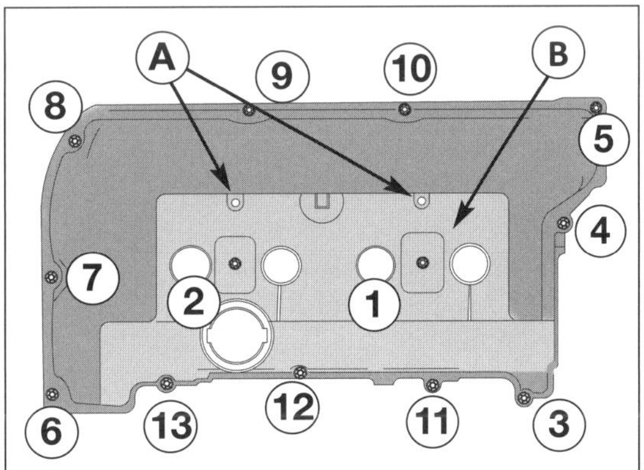

Bild 56

Bild 56
Anzugsfolge der Schrauben des Ventildeckels beim 1,6-l-Steuerkettenmotor.
13-1 Demontagereihenfolge der Schrauben
1-13 Montagereihenfolge der Schrauben
A Verschraubungen Abdeckung unten
B Bereich Abdeckung unten

Montage des Ventildeckels
■ Entfetten Sie die Auflagefläche.
■ Tragen Sie an den Übergangsstellen von Nockenwellenlager zum Zylinderkopf (Wellenausgang zur Unterdruckpumpe) auf etwa 20 mm Länge einen 5 mm-Wulst Silikondichtmasse auf.
■ Setzen Sie den Ventildeckel gerade von oben auf und drehen Sie die Schrauben alle gleichmäßig von Hand so weit an, dass der Ventildeckel gerade aufliegt.

Sichtprüfung Messen

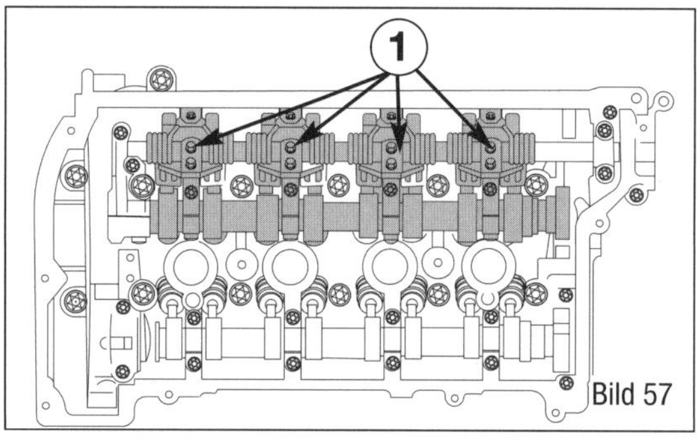

Bild 57
Nockenverstellung beim 1,6-l-Steuerkettenmotor.
1 Variable Nockenhubverstellung mit starker Federvorspannung

■ Ziehen Sie die Schrauben in der vorgegebenen Reihenfolge (14 - 13 im Bild 55) auf Drehmoment fest.
Die weitere Montage erfolgt sinngemäß in umgekehrter Reihenfolge.

Vorbereitungsarbeiten für die Arbeiten am Zylinderkopf
Wir haben diese Arbeiten für den Motor auf die Demontage des Zylinderkopfes beschränkt. Die Demontage der Nockenwelle ist aufgrund der Nockenverstellung und den sehr kräftigen Spannfedern ohne Spezialwerkzeug kaum möglich und mit hohem Verletzungsrisiko und mögliche Schäden an der Mechanik verbunden. Diese Arbeiten gehören in die Hände erfahrener Schrauber oder eines Spezialisten, der die Spezialwerkzeuge und die entsprechenden Arbeitsanweisungen hierfür besitzt.

■ Lesen Sie den Fehlerspeicher des Motorsteuergerätes aus und sichern Sie die eventuell vorhandenen Einträge.
■ Löschen Sie den Fehlerspeicher.
■ Schalten Sie die Zündung aus und klemmen Sie die Batterie ab.
■ Das vordere rechte Rad ausbauen.
■ Falls vorhanden, die Geräuschdämpfung unten Mitte und rechts ausbauen.
■ Lassen Sie das Kühlmittel am Kühlerschlauch unten komplett ablaufen.
■ Lösen Sie die Kraftstoffleitungen und fangen Sie den austretenden Kraftstoff auf.
■ Ziehen Sie eine kleine Tüte über die Kraftstoffanschlüsse, um den Eintrag von Verschmutzungen zu vermeiden.
■ Lösen Sie alle elektrischen Leitungen und Schläuche am Zylinderkopf und legen Sie sie beiseite.

Demontage des Zylinderkopfes
■ Führen Sie die beschriebenen Vorbereitungsarbeiten durch.
■ Demontieren Sie die Ventildeckel wie bereits beschrieben.
■ Markieren Sie die Nockenwellenräder und bauen Sie sie ab. Zum Lösen der Zentralschraube der Nockenwelle mit einem Gabelschlüssel auf der Nockenwelle gegenhalten.
■ Demontieren Sie den Ansaugkrümmer und die Kraftstoffverteilerleiste.
■ Bauen Sie den Luftfilterkasten komplett mit Ansaugschlauch und Leitblech aus.
■ Drehen Sie die Schrauben des oberen Hitzebleches heraus und nehmen Sie es ab.
■ Ziehen Sie die Stecker der Lambdasonden ab und legen Sie die Anschlusskabel aus dem Arbeitsbereich hinaus.
■ Drehen Sie die Schrauben des unteren Hitzebleches heraus und nehmen Sie es ab.
■ Demontieren Sie die Schelle vom Katalysator zum Auspuffrohr vorne.
■ Demontieren Sie die Muttern am Abgaskrümmer.
■ Demontieren Sie die Schrauben am Katalysator zum Motor und nehmen Sie den Krümmer mit Katalysator nach unten ab.
■ Bauen Sie die Batterieblende, die Batterie und den Batterieträger aus.
■ Hängen Sie die Kabel am Batterieträger aus.
■ Klemmen Sie die Steckkontakte für die beiden Nockenwellenpositionsgeber, die Versorgung des gesteuerten Thermostats und den Temperaturfühler ab.
■ Bauen Sie das Thermostatgehäuse aus. Die Arbeitsschritte dazu finden Sie im Kapitel 6 »Kühlsystem«.
■ Demontieren Sie die Steuerkette wie bereits beschrieben.
■ Demontieren Sie die Zündkerzen. Die Arbeitsschritte dazu finden Sie im Kapitel 8 »Kraftstoffaufbereitung und Einspritzung«.
■ Bauen Sie zuerst die Schrauben (1-3 im Bild 58) in der angegebenen Reihenfolge aus.
■ Demontieren Sie nun die Zylinderkopfschrauben in der angegebenen Reihenfolge (4-13).
■ Nehmen Sie den Zylinderkopf mit einer zweiten Person vorsichtig nach oben ab.
■ Legen Sie den Zylinderkopf umgekehrt auf die Werkbank ab.
■ Nehmen Sie die Passhülsen (1 im Bild 53) aus dem Motorblock heraus.
Montagearbeiten des Zylinderkopfes
| Dichtflächen mit zugelassenem Rei-

nigungsmittel reinigen. Es dürfen keine spanenden oder schneidenden Werkzeuge verwendet werden. Die Dichtflächen müssen frei von Schlagstellen und Riefen sein.

■ Reinigen Sie den Zylinderkopf und den Motorblock gründlich.

■ Blasen Sie die Schraubenlöcher im Motorblock gründlich mit Druckluft aus.

■ Prüfen Sie den Zustand und die Position der Passhülsen (2 im Bild 59).

■ Prüfen Sie die Zylinderkopfdichtfläche auf Ebenheit und Schäden.

■ Setzen Sie die neue Kopfdichtung auf.

■ Setzen Sie den Zylinderkopf auf. Achten Sie auf den richtigen Sitz in den Passhülsen.

■ Setzen Sie die neuen Zylinderkopfschrauben ein und ziehen Sie sie auf Anzugsdrehmoment in der angegebenen Reihenfolge (3-1 und 13-4 im Bild 58) an.

Die weitere Montage erfolgt sinngemäß in umgekehrter Reihenfolge.

■ Wenn der Motor (Kurbelwelle und Nockenwelle) fixiert ist, befinden sich die Kolben auf halbem Hubweg.

Arbeiten am Zylinderkopf beim 1,6-l-Dieselmotor (DV6, 8-Ventiler)

Demontage des Ventildeckels

Für den 8-Ventiler-Dieselmotor übernimmt der Ventildeckel gleichzeitig die Aufgabe der Zahnriemenabdeckung hinten. Neben dem Freilegen der Anschlüsse und Schläuche muss der Zahnriemenschutz oben wie bereits beschrieben demontiert werden.

■ Demontieren Sie die Abdeckung über dem Motor oben.

■ Bauen Sie die Batterie und das Batteriefach aus.

■ Demontieren Sie den Luftfilterkasten komplett mit Verschlauchung zum Turbolader.

■ Demontieren Sie den Kabelhalter über der Schraube (9 im Bild 60). Die Verschraubung ist hinter dem Motor zur Spritzwand zugänglich.

■ Klemmen Sie die Einspritzventile ab. Diesen Vorgang beschreiben wir genauer im Kapitel 8.

■ Legen Sie die Anschlusskabel zur Seite.

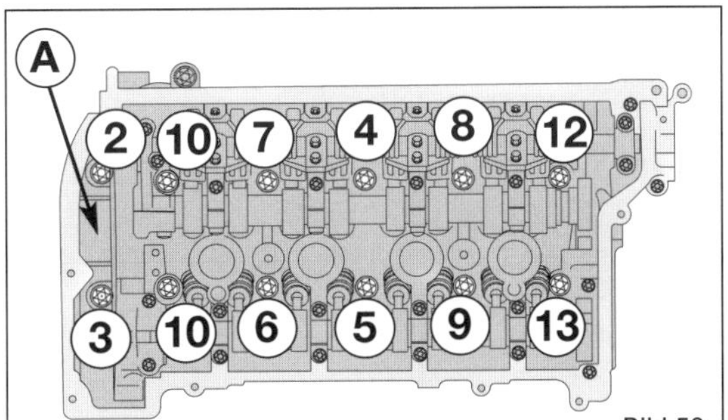

Bild 58

Bild 58
Anzugsfolge der Schrauben des Zylinderkopfes beim 1,6-l-Steuerkettenmotor.
1-3 Demontagereihenfolge der Neben-Schrauben,
4-13 Demontage der Kopfschrauben,
3-1 Montagereihenfolge der Neben-Schrauben
13-4 Montagereihenfolge der Kopf-Schrauben
A Steuerkettenkasten

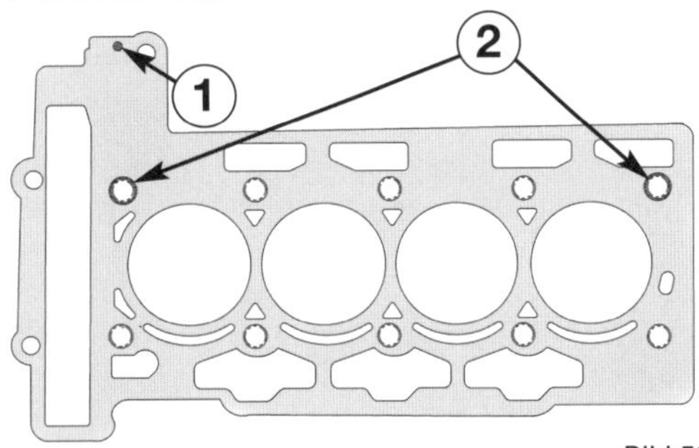

Bild 59

Bild 59
Motorblock 1,6-l-Steuerkettenmotor.
1 Position der Markierung der Kopfdichtung
2 Passhülsen im Motorblock

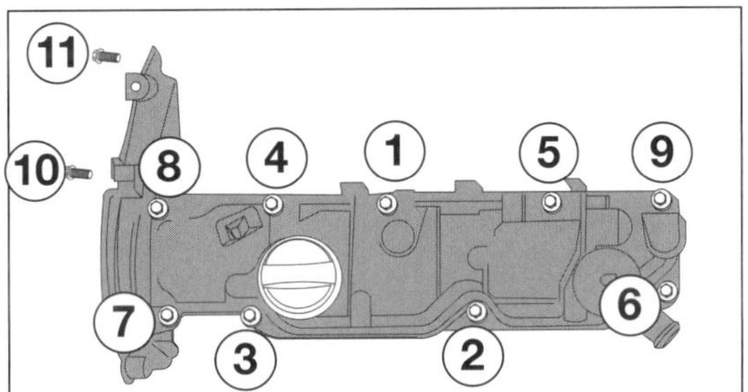

Bild 60

Bild 60
Ventildeckel 1,6-l-HDI-Steuerkettenmotor (8-Ventiler).
1-11 Anzugsfolge der Schrauben
11-1 Reihenfolge zum Lösen der Schrauben

■ Entriegeln Sie den Kabelhalter zum Thermostatgehäuse von unten und legen Sie ihn zur Seite.

■ Demontieren Sie die Leckölleitungen und die Rücklaufleitung.

■ Packen Sie die Anschlüsse in einem kleinen Tütchen zusammen und legen Sie sie zur Seite.

■ Demontieren Sie den Zahnriemenschutz oben, wie bereits beschrieben.

■ Drehen Sie die Schrauben des Ventildeckels in der Reihenfolge wie im Bild 60 beschrieben heraus (11-1).

■ Nehmen Sie den Ventildeckel vorsichtig nach oben ab.

Montage des Ventildeckels

■ Entfetten Sie die Auflagefläche.

■ Ersetzen Sie die Ventildeckeldichtung.

■ Setzen Sie den Ventildeckel gerade von

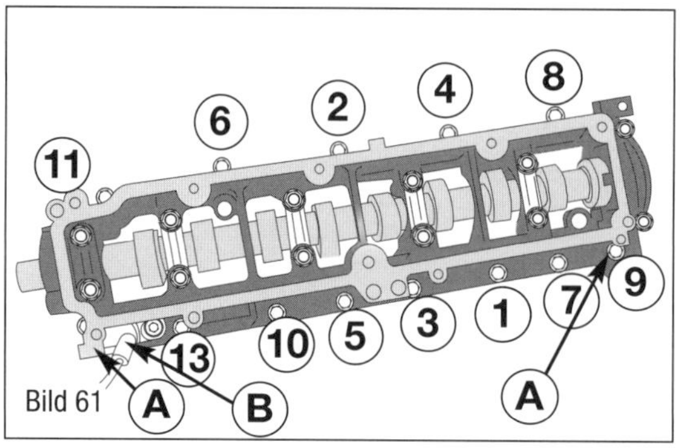

Bild 61

Bild 61 Nockenwellenkasten 1,6-l-HDI (8-Ventiler): 1-13 Anzugsfolge der Schrauben, A Kante zum Abhebeln von der Dichtfläche, B Nockenwellengeber

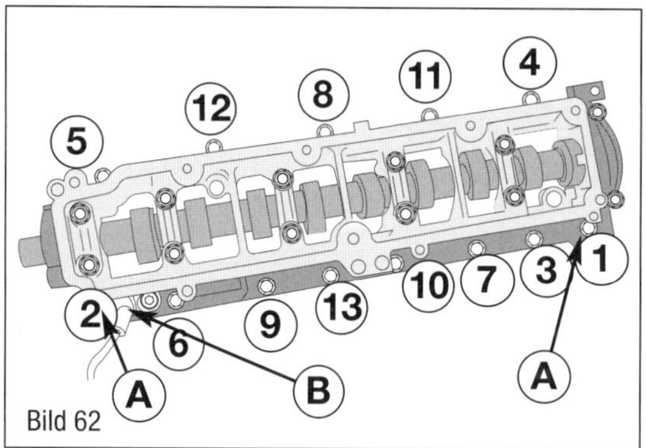

Bild 62

Bild 62 Nockenwellenkasten 1,6-l-HDI (8-Ventiler): 1-13 Lösereihenfolge der Schrauben, A Kante zum Abhebeln von der Dichtfläche, B Nockenwellengeber

oben auf und drehen Sie die Schrauben alle gleichmäßig von Hand so weit an, dass der Ventildeckel gerade aufliegt.

■ Ziehen Sie die Schrauben in der vorgegebenen Reihenfolge (1-11 im Bild 60) auf Drehmoment fest.

Die weitere Montage erfolgt sinngemäß in umgekehrter Reihenfolge.

■ Kontrollieren Sie, die Dichtigkeit der Rückläufe der Einspritzdüsen und des Kraftstofffilters.

Vorbereitungsarbeiten für die Arbeiten am Zylinderkopf

■ Lesen Sie den Fehlerspeicher des Motorsteuergerätes aus und sichern Sie die eventuell vorhandenen Einträge.

■ Löschen Sie den Fehlerspeicher.

■ Schalten Sie die Zündung aus und klemmen Sie die Batterie ab.

■ Das vordere rechte Rad ausbauen.

■ Falls vorhanden, die Geräuschdämpfung unten Mitte und rechts ausbauen.

■ Unterbauen Sie den Motor unter der Ölwanne. Bauen Sie den rechten Motorhalter komplett aus.

■ Lassen Sie das Kühlmittel am Kühlerschlauch unten komplett ablaufen.

■ Demontieren Sie die Abdeckung über dem Motor oben.

Demontage des Zylinderkopfes

■ Führen Sie die beschriebenen Vorbereitungsarbeiten durch.

■ Bauen Sie den Luftfilterkasten komplett mit Ansaugschlauch und Leitblech aus.

■ Demontieren Sie das Modul der Abgasrückführung.

■ Bauen Sie die Lufteinlassleitungen zum Turbolader aus.

■ Demontieren Sie den kompletten Kraftstofffilter mit seiner Halterung.

■ Bauen Sie die Glühkerzen aus.

■ Drehen Sie die vier Schrauben des Thermostatgehäuses heraus und drücken Sie es mit den angeschlossenen Schläuchen vorsichtig zur Seite.

Der Ausbau des Thermostatgehäuses wird im Kapitel 6 genauer beschrieben.

■ Demontieren Sie die Einspritzventile. Diese Arbeiten stellen wir im Kapitel 8 genauer vor.

■ Demontieren Sie den Steuerzahnriemen wie bereits in diesem Kapitel beschrieben.

■ Bauen sie den Katalysator und Partikelfiltereinheit aus.

■ Demontieren Sie den Turbolader. Diese Arbeiten werden wir im Kapitel 9 genauer vorstellen.

■ Demontieren Sie den Abgaskrümmer. Er kann auch zusammen mit dem Turbolader ausgebaut werden.

■ Bauen Sie den Generator und den Generatorträger aus.

■ Demontieren Sie den Ventildeckel wie bereits beschrieben.

Demontage des Nockenwellenkastens:

■ Drehen Sie die Schrauben des Nockenwellenträgers (Nockenwellenkastens) in der im Bild 62 gezeigten Reihenfolge (1-13) heraus.

■ Hebeln Sie den Nockenwellenträger von der Dichtfläche ab. Die beiden Ansatzpunkte sind im Bild 62 mit (A) gekennzeichnet.

Demontage des Zylinderkopfes:

■ Drehen Sie die Zylinderkopfschrauben in der vorgegebenen Reihenfolge (10-1 im Bild 63) heraus.

Auswahl der Dicke der Zylinderkopfdichtung

Die Kolben stehen über die Zylinderplanfläche hinaus. Das Maß für den Überstand muss mit einer Messuhr erfasst werden. Es beträgt zwischen 0,3 mm und 0,6 mm. Entsprechend dem Überstandsmaß muss eine Kopfdichtung gewählt werden. Die Zuordnung kann über die nachfolgende Tabelle erfolgen.

- Positionieren Sie den Messuhrhalter (1 im Bild 65) so, dass Sie ohne ihn abzuheben sowohl die Planfläche des Zylinders als auch den Kolbenboden mit einer leichten Drehung erreichen können.
- Stellen Sie die Messuhr (2) auf der Planfläche des Zylinders auf »0« ein.
- Schwenken Sie den Messuhrhalter (1) bei angehobenem Taststift der Messuhr über den Kolbenboden.
- Lesen Sie das Maß ab und wählen Sie eine entsprechende Zylinderkopfdichtung aus.

Überstandsmaß	Kopfdichtungsstärke	Dickenkennung
0,685 mm bis 0,734 mm	1,35 mm	1
0,533 mm bis 0,634 mm	1,25 mm	1+2
0,635 mm bis 0,684 mm	1,30 mm	1+2+3
0,735 bis 0,784 mm	1,40 mm	1+2+3+4
0,785 bis 0,886 mm	1,45 mm	1+2+3+4+5

Montagearbeiten des Zylinderkopfes

Dichtflächen mit zugelassenem Reinigungsmittel reinigen. Es dürfen keine spanenden oder schneidenden Werkzeuge verwendet werden. Die Dichtflächen müssen frei von Schlagstellen und Riefen sein.

- Reinigen Sie den Zylinderkopf und den Motorblock gründlich.
- Blasen Sie die Schraubenlöcher im Motorblock gründlich mit Druckluft aus.
- Prüfen Sie den Zustand und die Position der Passhülsen (1 im Bild 66).
- Prüfen Sie die Zylinderkopfdichtfläche auf Ebenheit und Schäden.
- Setzen Sie die neue Kopfdichtung, in der zuvor ermittelten Stärke auf.
- Setzen Sie den Zylinderkopf auf. Achten Sie auf den richtigen Sitz in den Passhülsen (1).

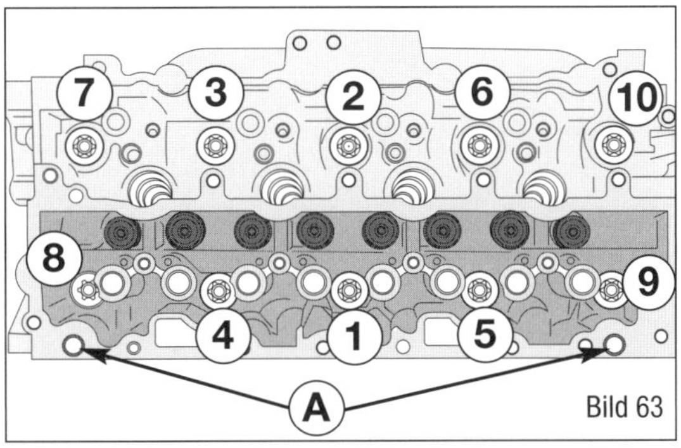

Bild 63
Zylinderkopf 1,6-l-HDI (8-Ventiler).
1-10 Anzugsfolge der Schrauben
A Position der Passhülsen für den Nockenwellenkasten

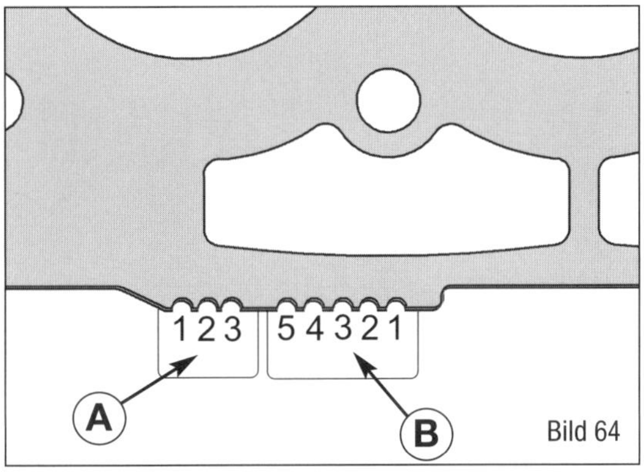

Bild 64
Kopfdichtung 1,6-l-HDI (8-Ventiler).
A Herstellerkennung
B Dickenkennung

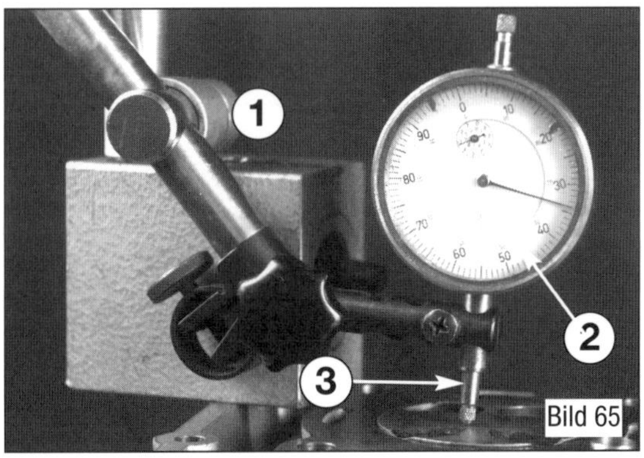

Bild 65
Kolbenüberstand beim 1,6-l-HDI (8-Ventiler).
1 Messuhrhalter
2 Messuhr
3 Taststift

Zwar erlaubt PSA die Wiederverwendung der Zylinderkopfschrauben, soweit sie nicht länger als 149 mm (unter dem Bund bis zum Ende) sind, die Dehnschrauben sollten Sie grundsätzlich erneuern.

- Reinigen Sie die Gewinde der Schrauben mit einer Drahtbürste (zumindest bei der Verwendung von gebrauchten Schrauben) und streichen Sie sie mit dem Peugeotfett »G12« am Gewinde und an der Auflage des Schraubenbundes ein.

Die weitere Montage erfolgt sinngemäß in umgekehrter Reihenfolge.

- Kontrollieren Sie die Dichtigkeit der Rückläufe der Einspritzdüsen und des Kraftstofffilters.

Sichtprüfung Messen

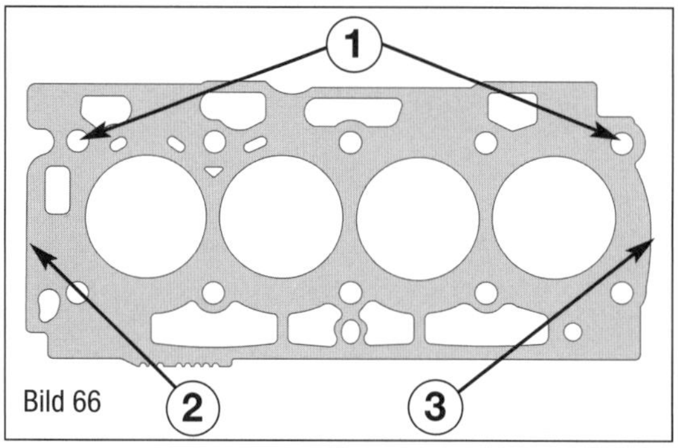

Bild 66
Zylinderblock beim 1,6-l-HDI (8-Ventiler)
1 Position der Passhülsen
2 Riemenscheibenseite
3 Kupplungsseite

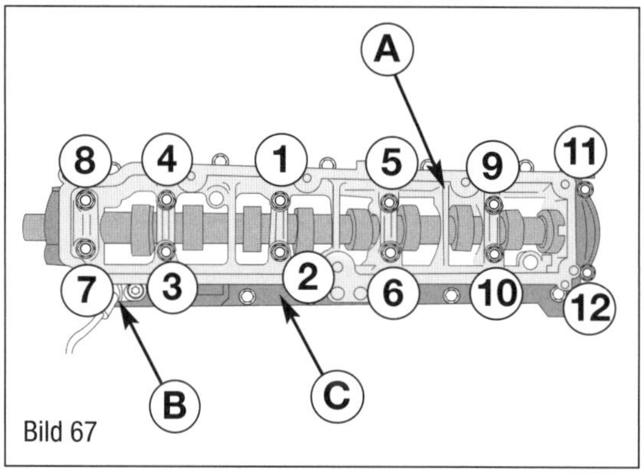

Bild 67
Nockenwellenkasten 1,6-l-HDI (8-Ventiler).
1-12 Anzugsfolge der Schrauben
12-1 Reihenfolge zum Lösen
A Kante zum Abhebeln von der Dichtfläche
B Nockenwellengeber
C Nockenwellenkasten

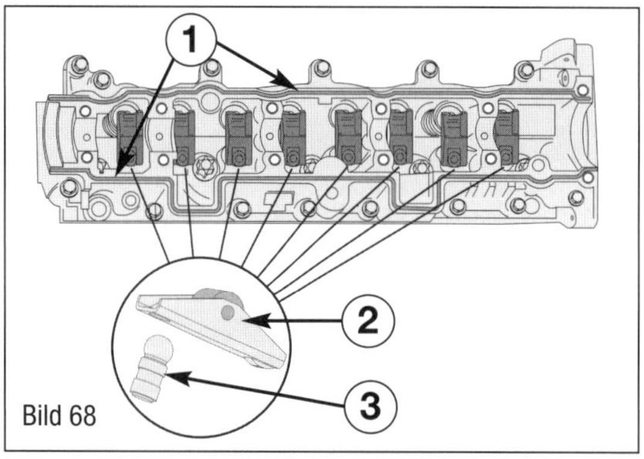

Bild 68
Nockenwellenkasten unten 1,6-l-HDI (8-Ventiler).
1 Dichtnaht etwa 3 mm breit
2 Rollenschlepphebel
3 Hydrostößel

- Kontrollieren Sie die Dichtigkeit von Schmierungs- und Kühlsystem.

Demontage der Nockenwelle

Für die Demontage der Nockenwelle muss nicht zwingend der Zylinderkopf oder der komplette Nockenwellenkasten demontiert werden.

- Führen Sie die beschriebenen Vorbereitungsarbeiten für die Arbeiten am Zylinderkopf durch.
- Bauen Sie den Ventildeckel wie bereits beschrieben ab.
- Demontieren Sie den Steuerzahnriemen wie bereits beschrieben.
- Demontieren Sie das Nockenwellenrad für den Zahnriemen.
- Bauen Sie die Unterdruckpumpe aus.
- Drehen Sie die Schrauben für den oberen Teil des Nockenwellenkastens in der angegebenen Reihenfolge (12-1 im Bild 67) heraus.
- Hebeln Sie den oberen Teil der Nockenwellenkasten vorsichtig ab.
- Nehmen Sie die Nockenwelle und den Wellendichtring ab.

Montage der Nockenwelle

⚠ Dichtflächen mit zugelassenem Reinigungsmittel reinigen. Es dürfen keine spanenden oder schneidenden Werkzeuge verwendet werden. Die Dichtflächen müssen frei von Schlagstellen und Riefen sein.

☞ Decken Sie den Nockenwellenkasteninnenraum mit einem fusselfreien Lappen ab, um das Hineinfallen von Verschmutzungen oder Dichtungsresten zu vermeiden.

- Reinigen Sie die Dichtflächen gründlich.
- Blasen Sie die Schraubenlöcher im Motorblock gründlich mit Druckluft aus.
- Achten Sie auf den richtigen Sitz der Rollenschlepphebel (2 im Bild 68) und der Hydrostößel (3).
- Tragen Sie eine etwa 3 mm breiten Wulst aus Dichtmasse wie im Bild 68 gezeigt auf.
- Achten Sie darauf, dass die Dichtringe (1 im Bild 69) in Ordnung und montiert sind.
- Kontrollieren Sie den Sitz und den Zustand der Passhülsen (2).
- Stecken Sie die beiden Absteckstifte (5 im Bild 70) in die Position 1 ein.
- Setzen Sie den oberen Teil des Nockenwellenkastens auf.
- Ziehen Sie die Schrauben in der vorgeschriebenen Reihenfolge (1-12 im Bild 67) an.

Die weitere Montage erfolgt sinngemäß in umgekehrter Reihenfolge.

De- und Montage der Schlepphebel und der Hydrostößel

Für die Demontage der Nockenwelle muss nicht zwingend der Zylinderkopf demontiert werden.

- Führen Sie die beschriebenen Vorbereitungsarbeiten für die Arbeiten am Zylinderkopf durch.
- Demontieren Sie wie bereits beschrieben den Nockenwellenkasten.

Decken Sie den Nockenwellenkasteninnenraum mit einem fusselfreien Lappen ab, um das Hineinfallen von Verschmutzungen oder Dichtungsresten zu vermeiden.

■ Reinigen Sie die Dichtflächen gründlich.
■ Blasen Sie die Schraubenlöcher im Motorblock gründlich mit Druckluft aus.
■ Nehmen Sie die Schlepphebel (2 im Bild 68) nach oben ab.
■ Ziehen Sie die Hydrostößel nach oben vorsichtig aus dem Zylinderkopf heraus.
■ Legen sie die Hydrostößel so ab, dass sie nicht vertauscht werden können. Lagern Sie die Hydrostößel aufrecht, damit sie nicht leerlaufen können.

Die Montage erfolgt sinngemäß in umgekehrter Reihenfolge.

Arbeiten am Zylinderkopf beim 1,6-l-Dieselmotor (DV6,16-Ventiler)

Demontage des Ventildeckels (Ölabscheider)

Die Arbeitsschritte zwischen 8-Ventilmotor und 16-Ventilmotor unterscheiden sich deutlich. Der Ventildeckel ist eigentlich kein Ventildeckel und wird auch als Ölabscheider bezeichnet. Er besteht aus Kunststoff und deckt nur die Auslassnockenwelle ab. Zugänglich sind beide Nockenwellen und die Ventilbetätigung nur, wenn der Nockenwellenträger demontiert wird.

■ Demontieren Sie die Abdeckung über dem Motor oben.
■ Reinigen Sie den Bereich um den Ventildeckel gründlich.
■ Legen Sie die Anschlusskabel, die in den Arbeitsbereich reichen, heraus und befestigen Sie sie mit einem Kabelbinder.
■ Drehen Sie die Schrauben des Ventildeckels in der angegebenen Reihenfolge (Bild 71) heraus.
■ Nehmen Sie den Ventildeckel nach oben ab.

Die Montage erfolgt sinngemäß in umgekehrter Reihenfolge.

■ Reinigen Sie die Dichtflächen gründlich.
■ Blasen Sie die Schraubenlöcher im Motorblock gründlich mit Druckluft aus.

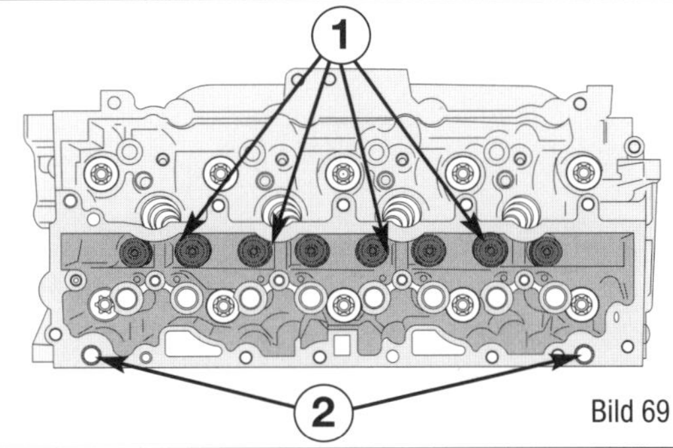

Bild 69

Bild 69
Zylinderkopf beim 1,6-l-HDI (8-Ventiler).
1 Dichtungen (Dichtringe)
2 Passhülsen

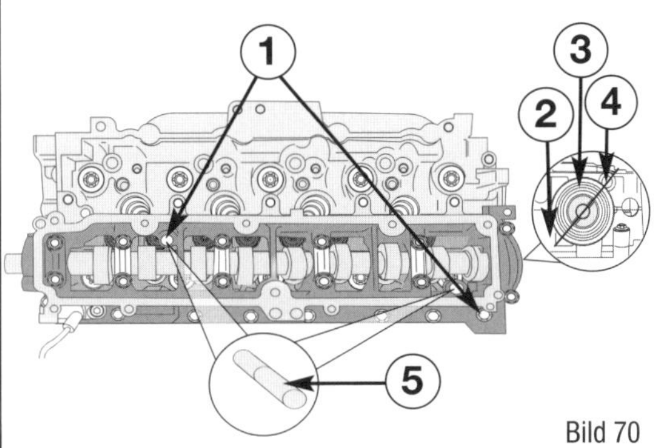

Bild 70

Bild 70
Nockenwellenkasten unten beim 1,6-l-HDI (8-Ventiler).
1 Position der Passstifte
2 gedachte Linie
3 Nockenwelle mit Schlitz für die Unterdruckpumpe
4 Bohrung im Gehäuse
5 Absteckstift zur Montage

Vorbereitungsarbeiten für die Arbeiten am Zylinderkopf

■ Lesen Sie den Fehlerspeicher des Motorsteuergerätes aus und sichern Sie die eventuell vorhandenen Einträge.
■ Löschen Sie den Fehlerspeicher.
■ Schalten Sie die Zündung aus und klemmen Sie die Batterie ab.
■ Das vordere rechte Rad ausbauen.
■ Falls vorhanden, die Geräuschdämpfung unten Mitte und rechts ausbauen.
■ Unterbauen Sie den Motor unter der Ölwanne. Bauen Sie den rechten Motorhalter komplett aus.
■ Lassen Sie das Kühlmittel am Kühlerschlauch unten komplett ablaufen.
■ Demontieren Sie die Abdeckung über dem Motor oben.

Demontage des Nockenwellengehäuses

Beide Nockenwellen sind im Nockenwellengehäuse verbaut. Das Nockenwellengehäuse ist auf den Zylinderkopf verschraubt.

Luftfilterkasten demontieren:

■ Demontieren Sie den Luftansaugkanal und die Zuleitung zum Turbolader.
■ Rasten Sie die manuelle Entlüftungspumpe (4) aus und drücken Sie sie aus dem Arbeitsbereich.

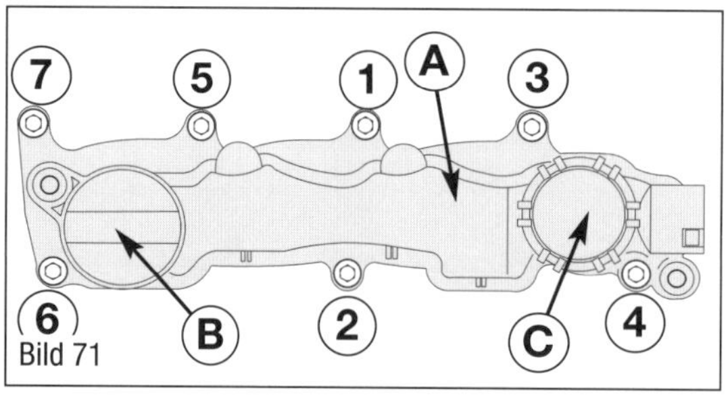

Bild 71
Ventildeckel beim 1,6-l-HDI (16-Ventiler).
1-7 Montagereihenfolge der Schrauben
A Ventildeckel
B Öleinfülldeckel
C Öldampfabscheider

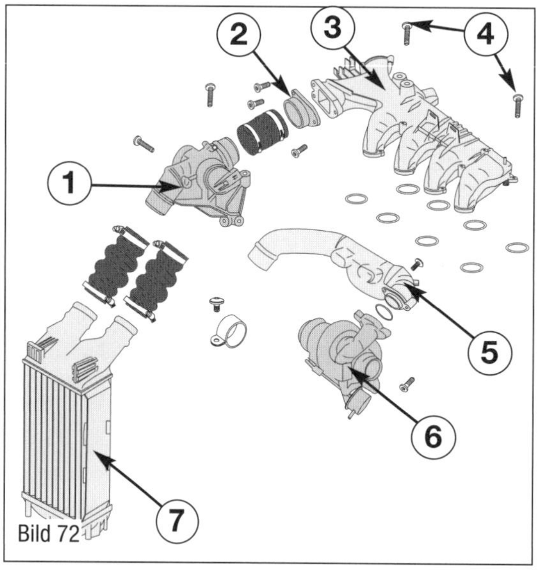

Bild 72
Luftansaugsystem beim 1,6-l-HDI (16-Ventiler).
1 Ansaugluftdosiereinheit
2 Flansch
3 Lufteinlassgehäuse
4 Schrauben
5 Geräuschdämmrohr
6 Turbolader
7 Ladeluftkühler

■ Drücken Sie die Halterung der Handförderpumpe (4) aus dem Arbeitsbereich.
■ Ziehen Sie den Stecker zum Luftmassenmesser ab.
■ Drehen Sie die vorderen Schrauben (3 Stück) aus dem oberen Teil des Luftfilterkastens heraus.
■ Heben Sie den oberen Teil den oberen Teil des Luftfilterkastens vorne an und nehmen Sie ihn heraus.
■ Entnehmen Sie den Luftfilter.
■ Bauen Sie den Halter im unteren Teil des Luftfilterkastens aus.
■ Heben Sie die Laschen unten und seitlich nacheinander an und zerlegen Sie den unteren Teil des Luftfilterkastens.
■ Nehmen Sie die beiden Teile des unteren Luftfilterkastens heraus.

Integriertes Lufteinlasssystem demontieren:
■ Klemmen Sie die Anschlüsse des Kabelbaums zu den Injektoren ab.
■ Lösen Sie den Kabelbaum mit seiner Leiste und legen Sie ihn aus dem Arbeitsbereich heraus.
■ Drehen Sie die drei Schrauben am Flansch (2 im Bild 72) der Ansaugluftdosiereinheit (1) zum integrierten Lufteinlasssystem heraus.
■ Demontieren Sie das Geräuschdämmrohr (5 in Bild 72) zwischen Turbolader (6) und Anschluss zum Ladeluftkühler (7) (neben der Ansaugluftdosiereinheit).

Verschließen Sie die Öffnungen des Ansaugluftsystems.

Demontage des Nockenwellengehäuses:
■ Demontieren Sie den Ventildeckel wie bereits beschrieben und decken Sie die Öffnung ab.
■ Clipsen Sie die Kraftstoffzulauf- und -Rücklaufleitungen aus und klemmen Sie sie ab.
■ Bauen Sie das Anschlussrohr zum AGR-Ventil ab.
■ Drehen Sie die Hochdruckleitungen an den Injektoren los. Halten Sie hierzu mit einem Schlüssel am Adapter des Injektors gegen, um das Lösen des Injektors zu verhindern.
■ Lösen Sie die Hochdruckleitungen am Railrohr und verschließen Sie die Anschlüsse von Railrohr, Injektoren und den Leitungen, um das Eindringen von Verschmutzungen zu verhindern.
■ Drehen Sie die Schrauben (4 im Bild 72) heraus und nehmen Sie das Lufteinlassgehäuse (3) ab.
■ Demontieren Sie die Injektoren. Diese Arbeiten haben wir im Kapitel 8 genauer beschrieben.
■ Bauen Sie den Kraftstofffilter mit seinem Halter aus. Auch diese Arbeiten finden Sie im Detail im Kapitel 8.
■ Drehen Sie die Schrauben (2 und 3 im Bild 73) heraus und ziehen Sie die Unterdruckpumpe vom Zylinderkopf ab.
■ Demontieren Sie die Hitzeschutzbleche vom Abgaskrümmer, vom Turbolader und vom Katalysator.
■ Demontieren Sie die Anschlussrohre für die Druckleitungen am Katalysator.
■ Ziehen Sie den Stecker zum Nockenwellengeber ab.
■ Bauen Sie den Nockenwellengeber aus.
■ Stecken Sie den Motor wie bereits bei der Zahnriemenmontage beschrieben ab.
■ Entfernen Sie den Absteckstift für die Nockenwelle und drehen Sie die Zentralschraube der Nockenwellen heraus.
■ Ziehen Sie das Nockenwellenrad ab.

■ Drehen Sie die drei Befestigungsschrauben der oberen Zahnriemenabdeckung heraus und nehmen Sie die Zahnriemenabdeckung ab.
■ Drehen Sie die Schrauben des Nockenwellengehäuses in der (1-24 im Bild 74) angegebenen Reihenfolge los und heraus.
■ Lösen Sie das Nockenwellengehäuse vom Zylinderkopf ab.
■ Heben Sie das Nockenwellengehäuse mit den dort eingebauten Nockenwellen ab.

Montage des Nockenwellengehäuses:
■ Reinigen Sie die Dichtflächen gründlich.
■ Blasen Sie die Schraubenlöcher im Motorblock gründlich mit Druckluft aus.
■ Entfetten Sie die Dichtflächen gründlich.

Kontrollieren Sie den Sitz der Schlepphebel mit der Sicherungsklammer auf den Hydrostößeln. Kontrollieren Sie, ob sich die Hydrostößel im Zylinderkopf leicht verdrehen lassen.

Überprüfen Sie den Zustand der Einlass- und der Auslassnockenwelle.

Kontrollieren Sie den Zustand des Steuerkettenspanners und der Steuerkette.

■ Richten Sie vor der Montage die Nockenwellen (1, 2 und 7 im Bild 75) aus.

Überprüfen Sie, dass die gekennzeichneten Kettenglieder (6) den markierten Zähnen (5) auf den Nockenwellenzahnrädern gegenüberliegen.

■ Tragen Sie wie im Bild 76 gekennzeichnet eine geeignete Silikondichtmasse in einer etwa 3 mm starken Raupe auf.

Ein höherer Dichtmittelauftrag kann ein übermäßiges Austreten der Dichtmasse auch nach innen zur Folge haben. Hierdurch kann die Schmierölversorgung des Motors beeinträchtigt werden.

■ Setzen Sie die Montagestifte in der gezeigten Position ein (A im Bild 77) und setzen Sie das Nockenwellengehäuse auf den Zylinderkopf auf.
■ Ziehen Sie die Schrauben in der angegebenen Reihenfolge (1-24 im Bild 74) auf Drehmoment fest.

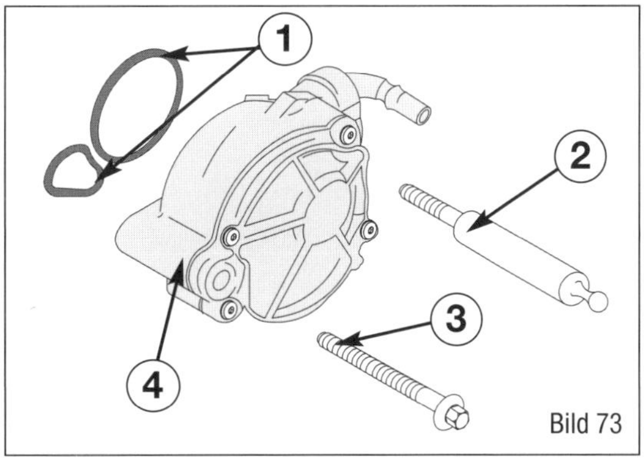

Bild 73
Unterdruckpumpe beim 1,6-l-HDI (16-Ventiler).
1 Dichtringe
2 Schraube
3 Schraube
4 Unterdruckpumpe

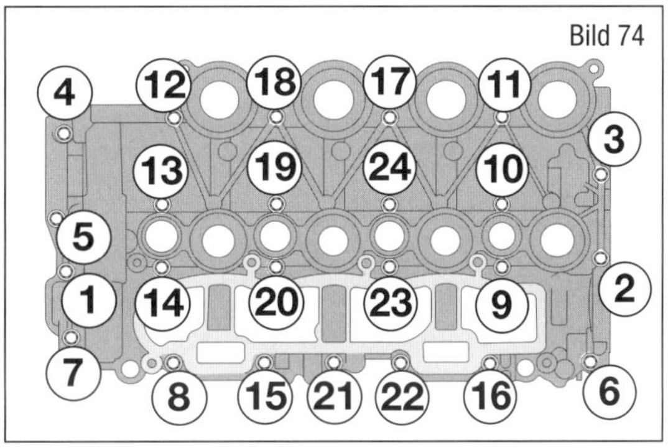

Bild 74
Nockenwellengehäuse beim 1,6-l-HDI (16-Ventiler).
1-24 Lösereihenfolge der Gehäuseschrauben

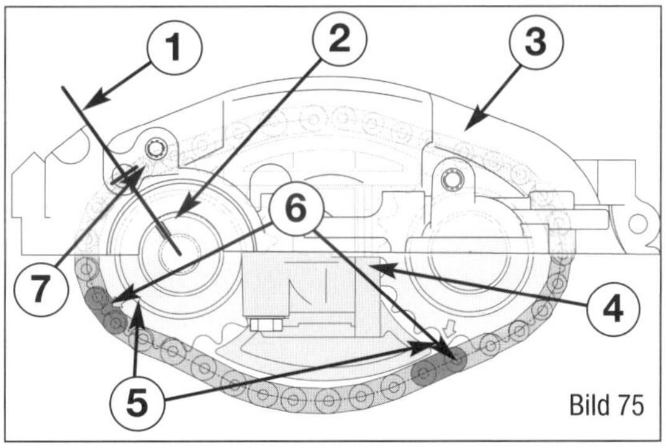

Bild 75
Steuerkette beim 1,6-l-HDI (16-Ventiler):
1 Gedachte Linie Mitte Nockenwelle/Mitte Absteckbohrung Nockenwelle
2 Nut in der Nockenwelle
3 Nockenwellengehäuse
4 automatischer Kettenspanner
5 Kennzeichnung auf den Nockenwellen
6 farbige Kettenglieder
7 Mitte Absteckbohrung

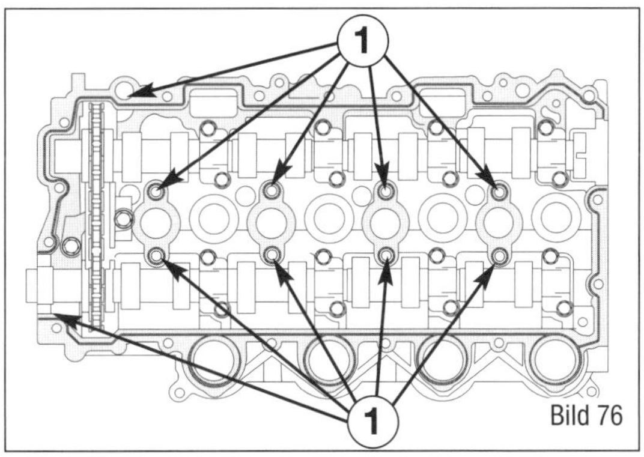

Bild 76
Nockenwellengehäuse beim 1,6-l-HDI (16-Ventiler).
1 Dichtmassenraupe

Die Montage sollte innerhalb von fünf Minuten erfolgen, um eine vorzeitige Abbindung der Dichtmasse zu vermeiden.

Die weitere Montage erfolgt sinngemäß in umgekehrter Reihenfolge.

Sichtprüfung Messen

Bild 77
Nockenwellengehäuse beim 1,6-l-HDI (16-Ventiler).
1-24 Anzugsreihenfolge der Gehäuseschrauben
A Position der Montagestifte

Bild 77
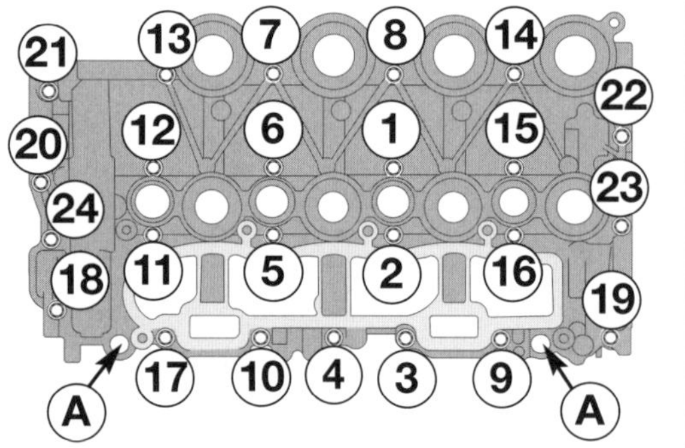

Bild 78
Nockenwellengehäuse beim 1,6-l-HDI (16-Ventiler) von unten.
1-16 Anzugsreihenfolge der Schrauben der Lagerdeckel der Nockenwelle
A Lagerböcke der Nockenwelle
B Verschraubungen des Steuerkettenspanners

Bild 78
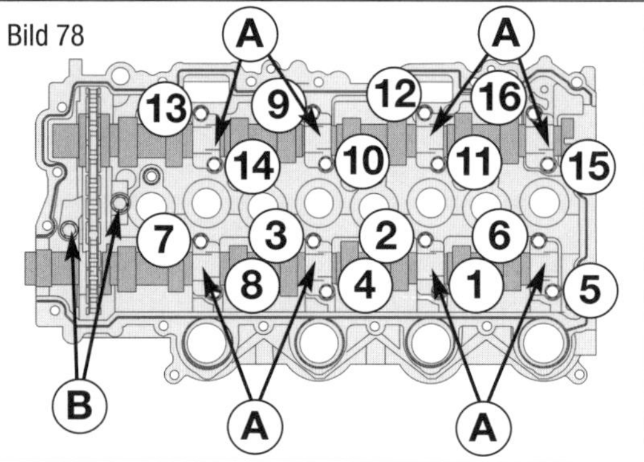

Demontage der Nockenwellen
Beide Nockenwellen sind im Nockenwellengehäuse verbaut.
■ Demontieren Sie das Nockenwellengehäuse wie bereits beschrieben.
■ Markieren Sie die Einbauposition der Nockenwellenlagerböcke (A im Bild 78) mit einem wasserfesten Stift oder durch leichte Körnerschläge.
■ Demontieren Sie den Steuerkettenspanner.
■ Drehen Sie die Schrauben der Nockenwellenlagerböcke (A) in der umgekehrten Reihenfolge (16-1) heraus.
■ Nehmen Sie die Nockenwellen, den Steuerkettenspanner und die Steuerkette aus dem Nockenwellengehäuse heraus.
■ Nehmen Sie den Steuerkettenspanner heraus.
■ Nehmen Sie die Steuerkette ab.
■ Nehmen Sie die Nockenwellen ab.

Die Montage erfolgt sinngemäß in umgekehrter Reihenfolge.
■ Reinigen Sie Lagerstellen und Dichtflächen gründlich.

Auswahl der Dicke der Zylinderkopfdichtung
Die Kolben stehen über die Zylinderplanfläche hinaus. Das Maß für den Überstand muss mit einer Messuhr erfasst werden. Es beträgt zwischen 0,3 mm und 0,6 mm. Entsprechend dem Überstandsmaß muss eine Kopfdichtung gewählt werden. Die Zuordnung kann über die nachfolgende Tabelle erfolgen.

■ Positionieren Sie den Messuhrhalter (1 im Bild 65) so, dass Sie ohne ihn abzuheben sowohl die Planfläche des Zylinders als auch den Kolbenboden mit einer leichten Drehung erreichen können.
■ Stellen Sie die Messuhr (2) auf der Planfläche des Zylinders auf »0« ein.
■ Schwenken Sie den Messuhrhalter (1) bei angehobenem Taststift der Messuhr über den Kolbenboden.
■ Lesen Sie das Maß ab und wählen Sie eine entsprechende Zylinderkopfdichtung aus.

Eine Zuordnung erfolgt über die Herstellerkennung (Kerben »A« im Bild 64). Die Kerbe 1 und 3 weist die Dichtung für die Motoren DV6ATED4, DV6BTED4 und DV6TED4 aus. Die Kerbenfolge 2 und 3 weist die Dichtung für die Motoren DV6AUTED4 und DV6BUTED4 aus.

Überstandsmaß	Kopfdichtungsstärke	Dickenkennung
0,685 mm bis 0,734 mm	1,35 mm	1
0,533 mm bis 0,634 mm	1,25 mm	1+2
0,635 mm bis 0,684 mm	1,30 mm	1+2+3
0,735 bis 0,784 mm	1,40 mm	1+2+3+4
0,785 bis 0,886 mm	1,45 mm	1+2+3+4+5

Montage des Zylinderkopfes
Dichtflächen mit zugelassenem Reinigungsmittel reinigen. Es dürfen keine spanenden oder schneidenden Werkzeuge verwendet werden. Die Dichtflächen müssen frei von Schlagstellen und Riefen sein.
■ Reinigen Sie den Zylinderkopf und den Motorblock gründlich.
■ Blasen Sie die Schraubenlöcher im Motorblock gründlich mit Druckluft aus.
■ Prüfen Sie den Zustand und die Position der Passhülsen (1 im Bild 80).
■ Prüfen Sie die Zylinderkopfdichtfläche auf Ebenheit und Schäden.
■ Setzen Sie die neue Kopfdichtung, in der zuvor ermittelten Stärke auf.
■ Setzen Sie den Zylinderkopf auf. Achten

Sie auf den richtigen Sitz in den Passhülsen (1).

Zwar erlaubt PSA die Wiederverwendung der Zylinderkopfschrauben, soweit sie nicht länger als 149 mm (unter dem Bund bis zum Ende) sind, die Dehnschrauben sollten Sie aber besser grundsätzlich erneuern.

■ Reinigen Sie die Gewinde der Schrauben mit einer Drahtbürste (zumindest bei der Verwendung von gebrauchten Schrauben) und streichen Sie sie mit dem Peugeotfett »G12« am Gewinde und an der Auflage des Schraubenbundes ein.

Die weitere Montage erfolgt sinngemäß in umgekehrter Reihenfolge.
■ Kontrollieren Sie die Dichtigkeit der Rückläufe der Einspritzdüsen und des Kraftstofffilters.
■ Kontrollieren Sie die Dichtigkeit von Schmierungs- und Kühlsystem.

Kompressionsdruck prüfen

Die Prüfwerte des Kompressionsdrucks in den einzelnen Zylindern zeigen an, ob der Motor sich noch in einem guten mechanischen Zustand befindet oder ob er für einen Austausch reif ist, zumindest aber komplett überholt werden muss. Der Ablauf ist für alle Motoren sehr ähnlich. Wir stellen Ihnen hier eine allgemeingültige Arbeitsbeschreibung vor.

Voraussetzungen
Grundsätzlich sollten Sie den Motor warmlaufen lassen und vor der Prüfung einige Male bei ausgebauten Glühkerzen und abgeklemmten Einspritzdüsen starten, um ihn »trocken« zu legen. Wenn der Motor nicht mehr anspringt, ist die Messung auch bei kaltem Motor möglich, aber nicht endgültig aussagekräftig.
■ Die Motoröltemperatur muss mindestens 30°C und
■ die Batteriespannung mindestens 11,5 V betragen.

Vorbereitung und Druckprüfung
■ Steckverbindungen der Einspritzeinheiten abziehen.
■ Glühstiftkerze des entsprechenden Zylinders mit dem einem passenden Schlüssel ausbauen.
■ Einen passenden Gewindeadapter anstelle der Glühstiftkerze einschrauben.
■ Kompressionsdruck mit Kompressionsdruck-Prüfgerät für Dieselmotoren prüfen.
■ Motor so lange starten, bis kein Druckanstieg mehr vom Prüfgerät angezeigt wird.
■ Die geforderten und zu messenden Werte sind also bei allen Diesel-Motoren ähnlich. Der Messwert sollte etwa 25 bis 31 bar bei einem neuen Motor betragen. Ab einem Messwert von 19 bar oder einem Druckunterschied von mehr als 5 bar muss der Motor auf Verschleiß oder Leckagen untersucht werden (Druckverlusttest).

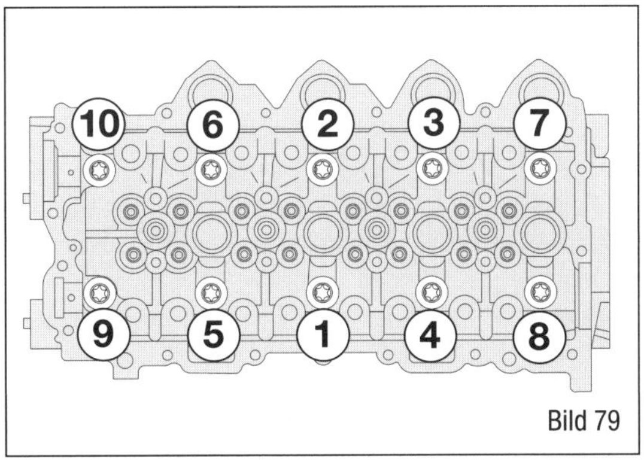

Bild 79
Zylinderkopf beim 1,6-l-HDI (16-Ventiler).
1-10 Anzugsreihenfolge Zylinderkopfschrauben

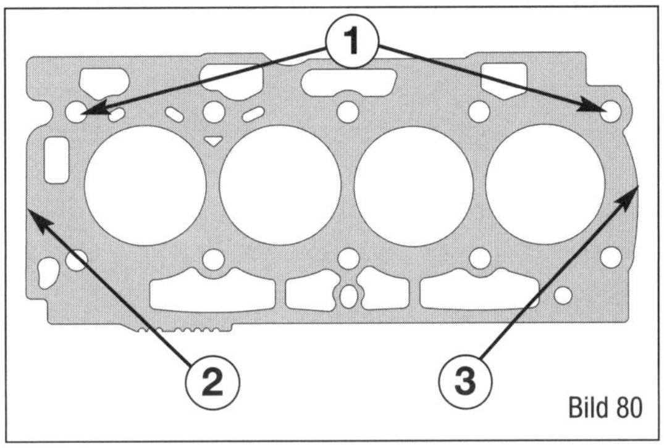

Bild 80
Zylinderblock beim 1,6-l-HDI (16-Ventiler)
1 Position der Passhülsen
2 Riemenscheibenseite
3 Kupplungsseite

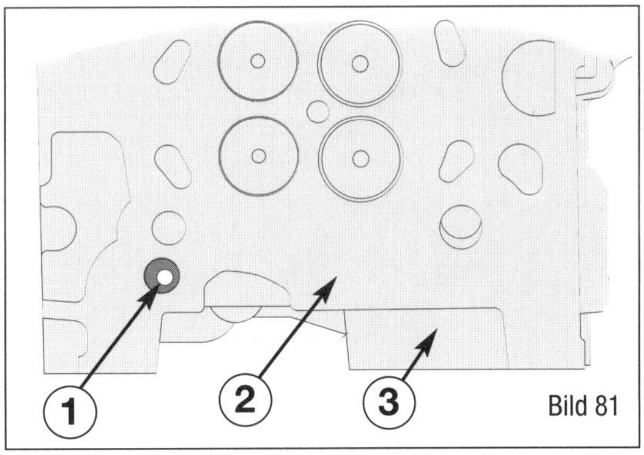

Bild 81
Rückschlagventil beim 1,6-l-HDI (16-Ventiler).
1 Rückschlagventil
2 Zylinderkopf
3 Kupplungsseite

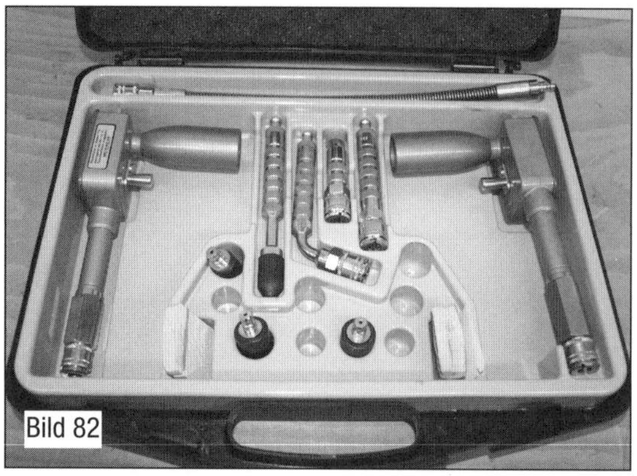

Bild 82
Kompressionsdruckprüfer im Set: Klassische und immer noch aktuelle Werkstattausrüstung für Diesel- und Ottomotoren mit Schreiberkarten und Adaptern im Koffer.

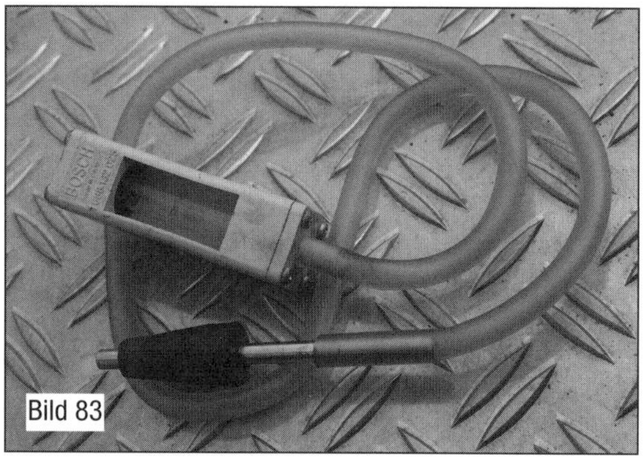

Bild 83
Der OT-Finder: Auf dem Weg nach OT verdrängt der Kolben Luft und schiebt den Anzeigekolben im Gerät nach oben. Fällt er schlagartig ab, wurde der OT-Punkt überschritten.

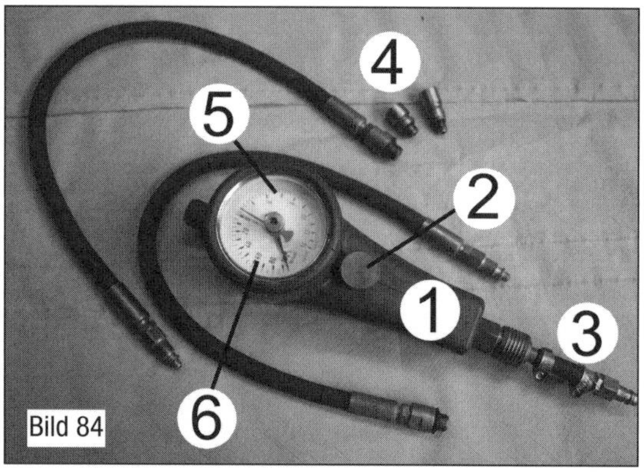

Bild 84
Meist recht günstig zu ersteigern: der Druckverlustprüfer.
1 Gehäuse,
2 Einstellrad für Druckangleich
3 Anschlussschlauch Druckluftnetz
4 Prüfanschluss
5 Messuhr Kompressionsdruck
6 Messuhr Kompressionsdruck

Bild 85
Nicht verwechseln: Mit Ventil (1) ist er für den Kompressionstest gerüstet, ohne Ventil (2) für den Druckverlusttest.

Rückbau und in Betrieb setzen

■ Glühstiftkerzen mit dem Gelenkschlüssel einschrauben und mit 8 Nm festziehen. Die Stecker von Hand wieder auf die Glühstiftkerzen aufstecken, auf festen Sitz achten.

■ Übrige Einbauarbeiten sinngemäß umgekehrt zum Ausbau.

■ Soweit vorhanden, die Motorabdeckung wieder aufsetzen.

■ Durch das Trennen der Steckverbindungen für Einspritzeinheiten werden Fehler abgespeichert. Daher Fehlerspeicher abfragen und vorhandene Fehler beheben, danach Fehlerspeicher löschen und Readinesscode erzeugen.

Druckverlusttest alle Motoren

Oft schon vergessen war er schon vor einigen Jahrzehnten bekannt. Da der Tester in den meisten Werkstätten nicht mehr oder kaum noch zum Einsatz kommt, lässt sich ab und an ein solches Gerät auch von Bosch schon mal günstig erstehen. 25 bis 50 Euro werden es dann meist. Auch mit diesem Gerät wird die Dichtheit des Zylinders bewertet. Nur, dass nicht der Motor den Druck aufbringt, sondern der Motor mit Luftdruck aus dem Tester beaufschlagt wird. Undichtheiten können nun zum einen zahlenmäßig erfasst und zum anderen »erhört« werden. Die Diagnose fällt deshalb deutlich präziser aus als das Ergebnis des Kompressionstests.

Vorarbeiten

■ Stimmen Sie den Drucktester auf den Kompressordruck Ihrer Werkstatt ab.

■ Wählen Sie den passenden Gewindeadapter und den Anschlussschlauch für den Druckverlusttest aus.

■ Stellen Sie Radio und andere Lärmquellen ab.

■ Verdrehen Sie den Motor so weit, bis er am Ende des Verdichtungstaktes oder am Anfang des Arbeitstaktes steht.

■ Ertasten Sie vorsichtig den Kolbenboden mit einem Schraubendreher und verdrehen Sie den Motor bis zu Zünd-OT.

■ Blockieren Sie den Motor (Gang einlegen, Handbremse anziehen). Sollten Sie den Motor mit einem passenden Schlüssel auf der Kurbelwelle festhalten wollen, achten Sie darauf, dass sich der Motor verdrehen kann, sobald der Prüfdruck des Testers auf dem Kolben lastet. Er erzeugt ein nicht unbedeutendes Drehmoment, das Sie eventuell nicht von Hand halten können.

Bild 86
Druckverlust in Ordnung.

Bild 87
Druckverlust problematisch.

Es besteht Verletzungsgefahr durch Abrutschen oder Klemmen!

Messung/Prüfung

- Führen Sie den Anschlussschlauch des Druckverlusttesters zuerst in das Glühkerzenloch ein.
- Kuppeln Sie den Messschlauch an das Messgerät an.
- Werten Sie jeden Zylinder einzeln wie unten beschrieben aus.
- Wiederholen Sie diesen Vorgang nun für alle Zylinder des Motors, Auswertung (Bilder 86 und 87).
- Notieren Sie den angezeigten Druckverlust für jeden Zylinder einzeln.
- Ein Druckverlust bei 4-Takt-Hubkolbenmotor ist bis zu 15% zulässig.
- Drehen Sie den Öldeckel ab und achten Sie auf Zischgeräusche aus dem Motorblock.
- Legen Sie den Kopf auf den Luftfilter oder besser noch, entfernen Sie den Luftfilter und hören Sie, ob Zischgeräusche aus dem Ansaugtrakt wahrnehmbar sind.
- Kontrollieren Sie auch am Auspuff, ob hier ein Luftstrom oder ein Zischgeräusch hörbar ist.

Beschreibung	Toleranz	Ursache
Druckverlust zu groß: Zischgeräusch am Ansaugtrakt feststellbar, keine Zischgeräusche am Auspuff feststellbar.	Bis 15% sind zulässig.	Einlassventil nicht sauber geschlossen, Einlassventil undicht, Einlassventil beschädigt; Steuerzeiten stimmen nicht, Motor steht nicht im Zünd-OT (Arbeitstakt).
Druckverlust zu groß: Zischgeräusche am Auspuff feststellbar, keine Zischgeräusche am Ansaugtrakt feststellbar.	Bis 15% sind zulässig.	Auslassventil nicht sauber geschlossen, Auslassventil undicht, Auslassventil beschädigt, Steuerzeiten stimmen nicht, Motor steht nicht im Zünd-OT (Arbeitstakt).
Druckverlust zu groß: Zischgeräusche am Auspuff feststellbar, Zischgeräusche am Ansaugtrakt feststellbar.	Bis 15% sind zulässig.	Beide Ventile nicht sauber geschlossen, beide Ventile undicht, beide Ventile beschädigt; Steuerzeiten stimmen nicht, Motor steht nicht im Zünd-OT (Arbeitstakt).
Druckverlust zu groß: keine Zischgeräusche am Auspuff keine Zischgeräusche am Ansaugtrakt feststellbar.	Bis 15% sind zulässig.	Druckverlust über Kolben und Zylinder, Kolben und/oder Kolbenringe feststellbar, verschlissen oder defekt, Zylinderkopfdichtung defekt (während der Prüfung »blubbert« der Ausgleichsbehälter).

Verschleißmessung am Motor

Zugegeben, in der heutigen Zeit werden diese Arbeiten nur noch selten durchgeführt. Es ist aber nicht so, dass man die Verschleißmessung am Motor nicht mehr benötigen würde. Vielmehr wird sie oft aus Zeitgründen nicht mehr durchgeführt. Im privaten Bereich legen wir nun aber eher Wert auf eine kostengünstige Reparatur und möchten gerne den Zustand unseres Gefährtes sicher dokumentieren. Sollten Sie den Motor einmal so weit zerlegt haben oder sind auf der Suche nach erhöhtem Ölverbrauch des Motors, können Sie – nachdem Zylinderkopf und Kolben demontiert wurden – den Motorblock ausmessen. Oftmals ist der Kolbenausbau auch am eingebauten Motor realisierbar. Schließlich müssen wir lediglich die Ölwanne abnehmen können, um die Pleuellager abschrauben zu können. Ob und wie weit die Laufleistung oder auch ungünstige Betriebszustände dem Motor zugesetzt haben, muss mit einigen einzelnen Messungen kontrolliert werden. Für die Messungen werden ein Innenmessgerät, eine Messuhr, ein Messschieber, eine Fühlerlehre sowie eine Bügelmessschraube benötigt. Die Messung beschreibt den Zustand von Zylinder und Kolben. Das Zusammenspiel dieser Bauteile wird durch die Auswertung der Messergebnisse bewertet.

Messungen am Zylinder
Vorbereitung der Messungen

- Demontieren Sie den Zylinderkopf.
- Reinigen Sie Zylinderlaufbahn und Kolben gründlich.
- Messen Sie mit Hilfe des Messschiebers den Zylinderdurchmesser. Legen Sie anhand dieses Maßes fest, welche Adaptionsstücke in das Innenmessgerät eingebaut werden müssen.
- Montieren Sie das ausgewählte Adaptionsstück am Innenmessgerät.
- Führen Sie die Messuhr in die Aufnahme ein. Festgezogen wird sie aber erst, nachdem die Voreinstellung durchgeführt wurde.
- Richten Sie die Messuhr gerade in der Zylinderlaufbahn aus und stellen Sie mit einer Vorspannung von 2 mm fest.
- Richten Sie das Grundmaß (entweder das mit dem Messschieber ermittelte und gerundete oder ein vom Hersteller angegebenes) mit der Bügelmessschraube aus.
- Führen Sie die Feinjustierung des Innenmessgerätes durch.

Messungen (Bild 88)

- Als Nächstes wird nun das Innenmessgerät in den zu messenden Zylinder eingeführt. Die Messung der Zylinderbuchse soll den Verschleiß genau darstellen. Da der Verschleiß im Zylinder in der Regel durch die unterschiedlichen Belastungszustände ungleichmäßig ausfällt, werden die Zylinder in zwei Richtungen und drei Ebenen beurteilt. Die Messrichtung wird in die Richtung »A« und »B« aufgeteilt, wobei »B« dann die Messung in Achsenrichtung der Kurbelwelle und »A« die Messung in Drehrichtung der Kurbelwelle darstellt. Die Messhöhe nennt sich recht einfach »1«, »2« oder »3«. So wird ein sehr genaues Bild des Zylinderverschleißes dargestellt.
- Zuerst einmal sollten alle Messungen in der Richtung »A« gemacht und in das Auswertungsblatt eingetragen werden. Erst dann werden die Messungen in der Richtung »B« durchgeführt und eingetragen. Das erspart das mehrmalige Einsetzen des Innenmessgerätes in den Zylinder.
- Führen Sie die Messung in Richtung »A« durch und tragen Sie diese ins Auswerteblatt ein.
- Führen Sie die Messungen in der Richtung »B« durch und tragen Sie diese in das Auswerteblatt ein.

☞ Werte, die über das Grundmaß gehen, werden als »+«-Werte eingetragen. Werte, die das Grundmaß unterschreiten, werden in der Tabelle als »-«-Wert geführt. Diese Praxis spart viel Rechnerei und somit auch mögliche Fehlerquellen ein.

Messungen am Kolben
Kolbendurchmesser (Bild 89):
Nachdem die Messungen festgehalten wurden, werden nun die Kolben gemessen. Die Bügelmessschraube ist nun noch auf das Grundmaß des Zylinders eingestellt.

- Sie muss nun etwas geöffnet werden. Die Messungen werden grundsätzlich 90° versetzt zur Kolbenbolzenachse durchgeführt.
- Die Messung erfolgt nach Hersteller-

angaben am Kolbenhemd. Bei den meisten Herstellern liegt diese Messhöhe bei ca. 1,5 cm vom Hemdende, also vom unteren Ende des Kolbens.

■ Auch hier werden die Messergebnisse im Messprotokoll unter dem Begriff Kolbendurchmesser notiert.

Kolben und Ölabstreifringe
Neben dem Verschleiß am Kolbenhemd können auch die Kolbenringe beziehungsweise die Ölabstreifringe sowie die Ringnuten im Kolben verschleißen. Durch die Bewertung der Kolbenringe mit Stoß- und Höhenspiel kann hier eine ausreichend genaue Aussage über den Zustand der Bauteile getroffen werden.

Stoßspiel prüfen (Bild 90)
Mit dieser Prüfung wird der Verschleiß des Kolbenringes selbst geprüft.

■ Zuerst einmal muss der Kolbenring genau gerade in den Zylinder eingesetzt werden.

■ Liegt der Kolbenring wie gezeigt im Zylinder, wird nun wiederum mit der Fühlerlehre das Spaltmaß zwischen den beiden Kolbenringenden gemessen.

■ Auch hier muss ein Maß aus den Herstellerunterlagen herausgesucht werden. Über den Daumen darf dieses Maß nicht größer als 1 mm ausfallen.

Höhenspiel prüfen (Bild 91):
Der Kolbenring dichtet den Kolben zum Zylinder ab. Er schleift bei jeder Kolbenbewegung an der Zylinderwand entlang. Zwar wird er durch das Motoröl geschmiert, Verschleiß entsteht aber dennoch. Der Verschleiß der Kolbenringe muss also auch beachtet und vermessen werden.

■ Nun wird der Kolbenring in die Ringnut eingelegt.

■ Mit Hilfe der Fühlerlehre wird nun geprüft, wie groß das Spiel des Kolbenrings nach oben und unten ist.

■ Die Messwerte werden natürlich auch im Auswertebogen festgehalten.

Auswertung Zylinder und Kolben
Die Messung ist der eine Teil, die Auswertung der Ergebnisse ist aber mindestens genauso wichtig. Nachdem nun die Ergebnisse aus den Messungen des Zylinders und der Kolben vorliegen, können wir schon

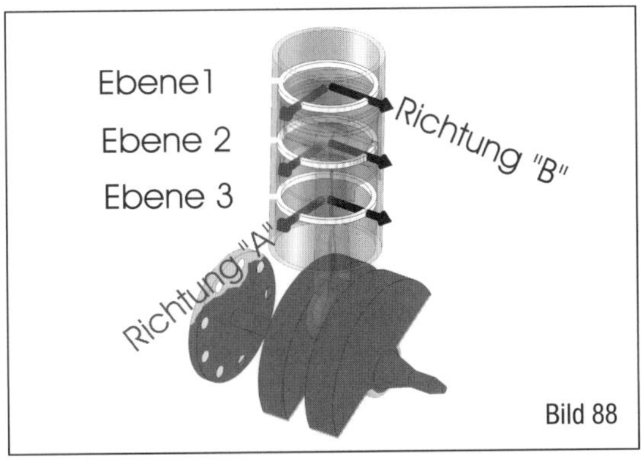

Bild 88

Bild 88
Messebenen und Messrichtungen am Zylinder.

Bild 89

Bild 89
Messung des Kolbendurchmessers.

eine Aussage über die Verwendbarkeit von Zylinder und Kolben treffen.

Die Ovalität
Ovalität ist die Verformung des Zylinders. Sie kann zum einen durch die Einwirkung von Temperatur und zum anderen durch den Verschleiß entstehen. Sie wird als die größte Ovalität angegeben und vergleicht die Ovalität der einzelnen Messebene eines Zylinders.

Das Laufspiel
Es beschreibt, wie viel Platz zwischen Kolben und Zylinder ist. Auch hier müssen wieder die Herstellerangaben zu Rate gezogen werden. Als Daumenwert kann von einem Laufspiel von 0,04 mm bis zu 0,09 mm ausgegangen werden.

■ Das Laufspiel errechnet sich, wenn man den Kolbendurchmesser vom größten und dem kleinsten Zylinderdurchmesser abzieht.

Lagerspiel an Kurbelwelle und Pleuel mit Plastigage messen (Bild 92)
Im Gegensatz zu den Messungen mit dem Innenmessgerät ist die Messung mit Plastigage ungenauer, aber dafür sehr schnell durchzuführen. Liegen keine besonderen Verschleißspuren oder eigenartig anmuten-

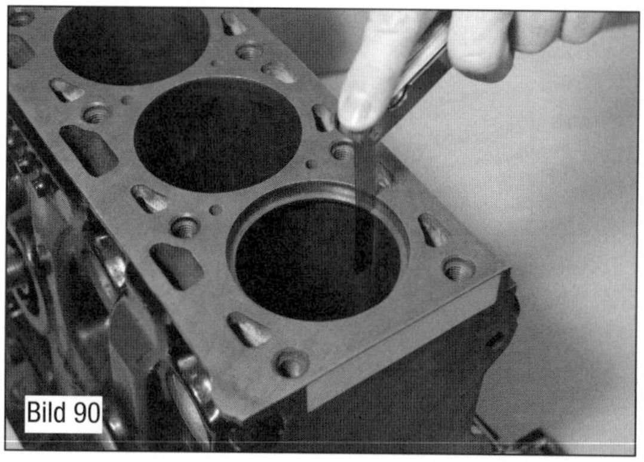

Bild 90
Stoßspielmessung am im Zylinder gerade eingelegten Kolbenring.

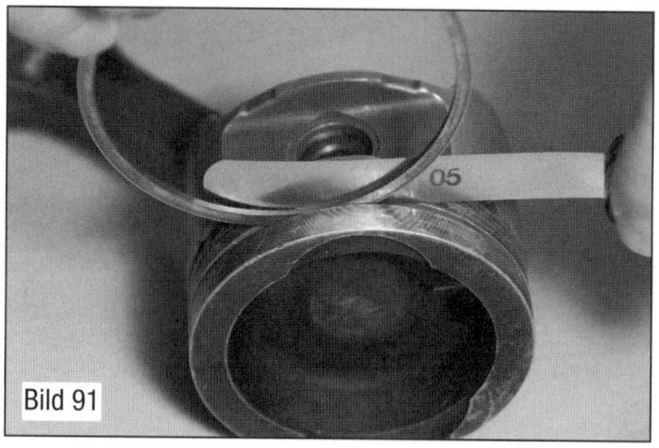

Bild 91
Höhenspielmessung am in die Ringnut eingelegten Kolbenring.

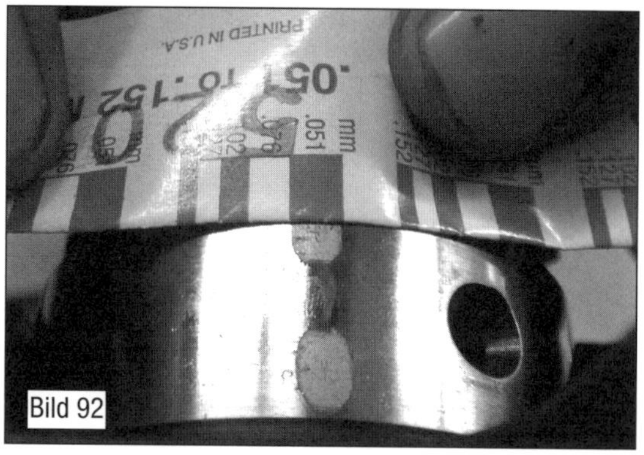

Bild 92
Lagerspielprüfung mit Plastigage.

de Lagertragbilder vor, ist diese Messmethode durchaus legitim. Für die Messung werden die Lager komplett montiert (oder bleiben es). Um gut an die Lagerdeckel heranzukommen, empfiehlt es sich, die Kolben in eine Stellung zu bringen, an der die Lagerdeckel bequem de- und montiert werden können.

- Demontieren Sie die Lagerdeckel und reinigen Sie die Lagerstelle mit einem fusselfreien Lappen.
- Legen Sie einen Messfaden ein und montieren Sie das Lager wieder.
- Ziehen Sie das Lager auf das Solldrehmoment an. Der Messfaden wird nun »plattgedrückt«.
- Nach dem Entfernen des Lagerdeckels lässt sich anhand der Breite des Messfadens mit der mitgelieferten Tabelle das Lagerspiel ermitteln.

Beurteilen von Planflächen
Für diese Prüfung ist ein Präzisionslineal erforderlich. Das Haarlineal wird auf dem Zylinderkopf aufgelegt und gegen das Licht gehalten. Mit dieser Prüfung über Kreuz und an mehreren Stellen am Zylinderkopf durchgeführt, lässt sich die gesamte Fläche des Zylinderkopfes auf Ebenheit prüfen.

Prüfungen an der Nockenwelle
Auch die Nockenwelle unterliegt dem Verschleiß, oftmals finden sich bereits durch genaues Betrachten Mängel, die natürlich auch entsprechend bewertet werden müssen.

Laufspuren an der Nockenwelle (Bild 93)
Kleine Laufspuren dürfen gerade in Anbetracht des Alters des Motors als normal bezeichnet werden. Tiefe Rillen und Ausbuchtungen müssen eine Ursache haben. Gratartige scharfkantige Ausformungen an den Lagerstellen sind ein deutliches Zeichen für Verschleiß. In diesen Fällen muss das Lagerspiel geprüft werden.

Verschleiß an der Nockenwelle
Wenn sich die Nocken abnutzen, bedeutet das immer eine geringere Ventilöffnung und somit Leistungsverlust des Motors. Da auch die Oberflächenqualität in diesen Fällen stark leidet, werden die Ventilbetätigungen, also die Kipp- oder Schlepphebel, mit beeinträchtigt. Die Lagerstellen für diese Bauteile sollten dann sehr gründlich untersucht werden. Lässt man durch Laufspuren beschädigte Teile weiterhin in Betrieb, kann es sein, dass der Schaden sich auf der beispielsweise erneuerten Nockenwelle wieder einstellt. Auch die Ursache für den Schaden muss festgestellt werden. Ist die Ölpumpe noch in Ordnung? Betrachten wir einmal einige einfache Messungen, die an der Nockenwelle durchgeführt werden sollen:

Schlagprüfung an der Nockenwelle

- Entweder die Nockenwelle wird zwischen die Spitzen der Drehbank eingespannt oder auf Auflager gelegt.
- Man richtet nun eine Messuhr mit Halter auf die einzelnen Lager aus und dreht die Nockenwelle.

■ Der Höhenunterschied wird auf der Messuhr schnell deutlich. Die maximalen Toleranzen müssen den Herstellerunterlagen entnommen werden. Als Daumenrichtwert kann ein Schlag bis zu 0,01 mm angenommen werden. Nockenwellen mit einer größeren Abweichung sollten ersetzt werden.

Nockenhubmessung
Mit dem gleichen Messaufbau wie bei der Schlagprüfung kann auch der Hub der Nocke festgestellt werden. Gemessen wird der Unterschied zwischen der tiefsten Stelle und der höchsten Stelle eines Nockens. Auch diese Maße werden von jedem Motorenhersteller angegeben und sind nicht ohne Weiteres übertragbar. Sollte ein relevanter Verschleiß vorliegen, ist er in der Regel auch schon am Verschleißbild gut zu erkennen. Sinnvoll ist es allerdings, die Nocken der einzelnen Zylinder untereinander auszumessen und zu vergleichen. Die Ursache für einen deutlichen Unterschied kann schon mangelhafte Schmierung für den Ventiltrieb dieses Zylinders sein.

Lagerspielmessung der Nockenwelle
Will man das Lagerspiel lediglich kontrollieren und hat keinen besonderen Befund, reicht es aus, die Lager mit Plastigage auszumessen. Die Vorgehensweise wurde bereits an den Kurbelwellen- und Pleuellagern vorgestellt. Soll das Lagerspiel genau in Augenschein genommen werden, müssen das gute alte Innenmessgerät und eine entsprechende Bügelmessschraube zum Einsatz kommen. Auch diese Vorgehensweise wurde bereits vorgestellt und muss lediglich auf den kleineren Durchmesser der Nockenwelle abgestimmt werden.

Axialspielmessung an der Nockenwelle
Das Axialspiel ist das seitliche Spiel der Nockenwelle. Auch diese Richtung ist Beschränkungen unterlegen. Selbstverständlich müssen auch hier die Werte der Motorenhersteller herangezogen werden. Im Grundsatz kann aber davon ausgegangen werden, dass ein Axialspiel von 0,15 mm noch in Ordnung ist. Am einfachsten lässt sich das Axialspiel ausmessen, wenn Ventile und/oder Ventiltrieb nicht eingebaut sind. So entfällt die Reibung zwischen den betätigten Ventilhebeln und der Nockenwelle. Als Messmittel kommt auch hier wieder die Messuhr mit Messuhrträger zum Einsatz. Sie sollte dann entweder mit dem Magnetfuß befestigt oder an einer geeigneten Stelle verschraubt werden. Eine gebrochene Nockenwelle ist immer ein Zeichen großer mechanischer Kräfte. Oftmals bedeutet das, dass Ventile und eventuell auch die Stößelstangen beschädigt wurden. Diese Teile müssen dann in jedem Fall genauer unter die Lupe genommen werden.

Bild 93
Eingelaufene Nockenwelle.

Bild 94
Messaufbau zur Axialspielmessung an der Nockenwelle.

Ventil und Führung beurteilen

Ventil ausmessen
Natürlich gibt es auch Abmessungen am Ventil. Die Tellerbreite und die Ventilsitzbreite gehören auch zu den Abmessungen, die bei der Beurteilung eines Ventils sehr wichtig sind. Daran entscheidet sich, inwieweit ein Ventil wieder eingesetzt, überarbeitet oder erneuert werden muss. In den meisten Fällen ist aber die Überarbeitung nicht zulässig und auf das Einläppen oder Einschleifen beschränkt.

Ventilschlag ausmessen
Um den Ventilschlag beurteilen zu können, muss das Ventil spielfrei gelagert werden. Das geht schon recht gut auf einem Mess-

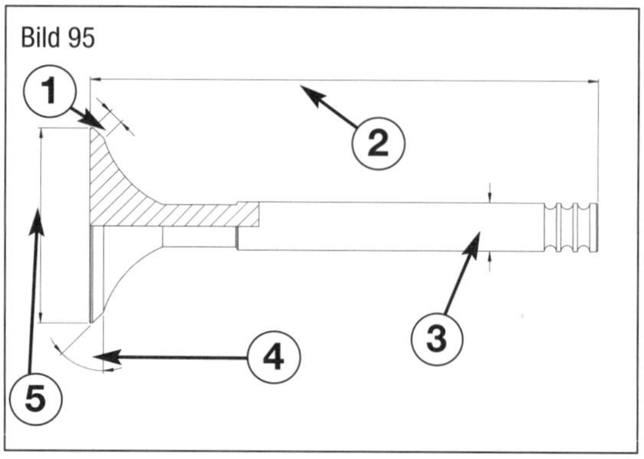

Bild 95
Abmessungen am Ventil.
1 Sitzbreite
2 Ventillänge
3 Schaftdurchmesser
4 Sitzwinkel
5 Tellerdurchmesser

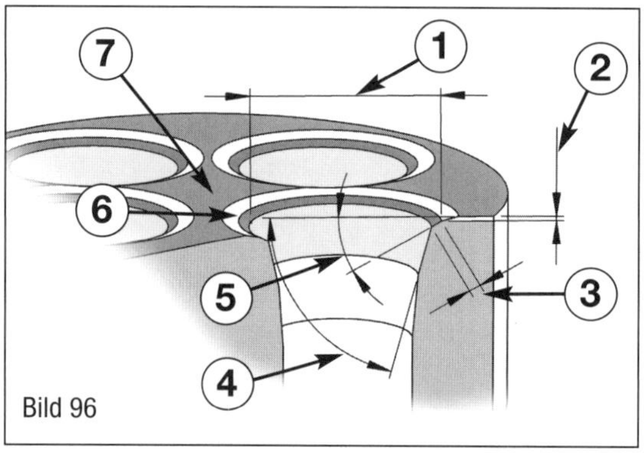

Bild 96
Abmessungen am Ventilsitz.
1 Ventiltellerdurchmesser
2 maximales Nachbearbeitungsmaß
3 Sitzbreite
4 Korrekturwinkel innen
5 Sitzwinkel
6 Korrekturwinkel außen
7 Zylinderkopfkante

prisma. Besser jedoch ist die Aufnahme in einer Ventilprüfvorrichtung. Beurteilt werden der Ventilschlag am Ventilteller und in der Mitte des Schaftes.

Ventilführung ausmessen
Auch diese Messung ist mit Hilfe einer Messuhr recht einfach zu bewerkstelligen. Das Ventil wird ohne Ventilfedern, Klemmstücken und Ventilschaftdichtung eingeführt. Nun wird das Kippen des Ventils mit einer Messuhr erfasst. Auch hier gelten durchaus unterschiedliche Werte, die von den jeweiligen Motorenherstellern vorgegeben werden. Auch muss darauf geachtet werden, dass die Messlänge (also das Maß, um das das Ventil aus dem Kopf herausragt) eingehalten wird.

Motoren aus- und einbauen

Im weiteren Arbeitsablauf muss die Batterie ausgebaut werden. Prüfen Sie deshalb bitte, ob ein codiertes Radio eingebaut ist. Gegebenenfalls ist vorher die Anti-Diebstahl-Codierung zu erfragen.

Der Motor wird bei allen Varianten zusammen mit dem Getriebe nach unten ausgebaut.

Alle Kabelbinder, die beim Motorausbau gelöst oder aufgeschnitten werden, sind beim Motoreinbau an der gleichen Stelle wieder zu befestigen.

Offene Leitungen und Leitungsanschlüsse mit sauberen passenden Stopfen zu verschließen.

Fangen Sie abgelassenes Kühlmittel zur Entsorgung oder Wiederverwendung in einem sauberen Behälter auf.

Vor dem Ausbau die Ereignisspeicher aller Steuergeräte mit dem Fahrzeugdiagnosetester abfragen.

Wir werden Ihnen nachfolgend eine allgemeingültige Arbeitsbeschreibung für alle Motorentypen vorstellen. Die Besonderheiten für die einzelnen Motoren werden wir hervorheben. Die Arbeitsschritte sind auf die Modellvarianten mit manuellem Schaltgetriebe angepasst. Die Arbeiten an automatisierten Schaltgetrieben oder Automatikgetrieben verlaufen sehr ähnlich.

Die Klimaanlage muss nicht evakuiert werden. Der Klimakompressor wird lediglich abgebaut und mit angeschlossenen Leitungen am Fahrzeug befestigt. Die Leitungen müssen spannungsfrei liegen und dürfen nicht geknickt werden.

Vorbereitung

- Stellen Sie das Fahrzeug auf eine Zweisäulenhebebühne.
- Demontieren Sie beide Vorderräder.
- Bauen Sie die Motorabdeckung unten und oben, wie bereits am Anfang dieses Kapitels beschrieben aus.
- Demontieren Sie die Radkastenverkleidungen links und rechts.
- Vor dem Ausbau die Fehlerspeicher aller Steuergeräte mit dem Fahrzeugdiagnosetester abfragen. Sichern Sie eventuelle Einträge über einen Ausdruck, einen Screenshot oder die Speicherung im Protokoll des Testers.
- Lassen Sie das Motoröl ablaufen.
- Lassen Sie das Getriebeöl ablaufen.
- Lassen Sie das Kühlmittel ab.
- Lassen Sie die Servoflüssigkeit für die Lenkung ablaufen.
- Legen Sie die Batterie frei und klemmen

Sie den Minusanschluss ab.
■ Bauen Sie die Batterie aus.
■ Demontieren Sie die Antriebswellen.
■ Bauen Sie den Antriebsriemen der Nebenaggregate wie beschrieben aus.

Ausbau des TU5-Motors (NFR, NFU)
■ Lassen Sie den Kraftstoffdruck am Entlüftungsventil vorsichtig ab.
■ Lösen Sie die Kraftstoffzulaufleitung und verschließen Sie sie mit einem geeigneten Stopfen.
Tipp: Fangen Sie austretende Restflüssigkeit in einem geeigneten Behälter und mit Hilfe von Putzlappen auf. Verschließen Sie die Anschlüsse und Schläuche, um das Eindringen von Verschmutzungen zu verhindern.
Achtung: Tragen Sie eine Schutzbrille und Schutzhandschuhe.
■ Nehmen Sie das Magnetventil des Aktivkohlefilters von seiner Halterung ab.
■ Lösen Sie die Öldampfleitungen zwischen Saugrohr und Ventildeckel.
■ Bauen Sie den Abgastemperaturfühler aus.
■ Ziehen Sie die Unterdruckleitung des Bremskraftverstärkers ab.
■ Bauen Sie das Luftfiltergehäuse aus.
■ Demontieren Sie den Ausgleichsbehälter der Servopumpe.
■ Demontieren Sie die Halteclips der Kühlschläuche zum Wärmetauscher (Heizungskühler).
■ Nehmen Sie die Kühlmittelschläuche ab.
■ Klemmen Sie die beiden Kabelstränge zum Batterieträger und zur Sicherungseinheit im Motorraum am linken Radkasten ab und legen Sie die Kabelstränge auf dem Motor ab.
■ Bauen Sie den Batterieträger aus.
■ Hebeln Sie die Kugelgelenke der Schaltzüge von der Schaltbetätigung des Getriebes ab.
■ Hebeln Sie die Schubstange ab. Nehmen Sie die Schaltzüge von der Halterung am Getriebe ab.
■ Bauen Sie die Halterung für die Schaltzüge am Getriebe ab.
■ Demontieren Sie die Verschraubung des Massekabels am Getriebe.
■ Drehen Sie die beiden Schrauben des Kupplungsnehmerzylinders am Getriebe heraus und nehmen Sie den Kupplungsnehmer mit der angeschlossenen Leitung ab.

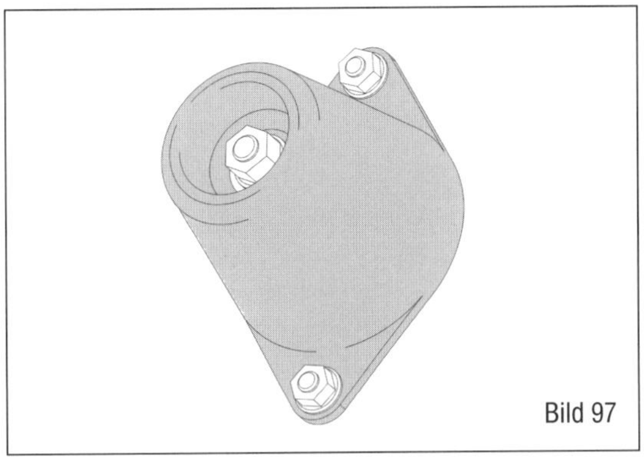
Bild 97

Bild 97
Motorhalterung am Getriebe (links).
1 Zentralschraube
2 Schrauben Motorlager
3 Motorlager

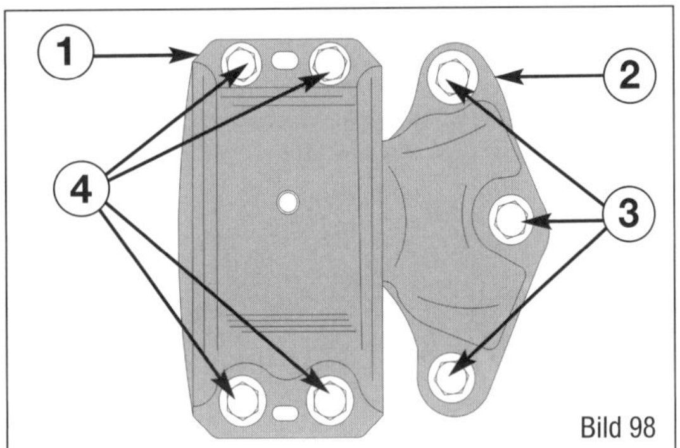

Bild 98

Bild 98
Motorhalterung am Motorblock (rechts).
1 Haltebock am Rahmen
2 Haltebock am Motor
3 Schrauben am Motor
4 Schrauben am Rahmen

■ Legen Sie den Kupplungsnehmerzylinder zur Seite.
■ Demontieren Sie den vorderen Teil der Abgasanlage.
■ Demontieren Sie die Pendelstütze hinten unten zum Achsträger.

Fahrzeuge mit Klimaanlage:
■ Ziehen Sie die beiden Stecker des Klimaanlagen-Kompressors ab.
■ Drehen Sie die Befestigungsschrauben des Klima-Kompressors heraus.
■ Nehmen Sie den Klimaanlagenkompressor ab und fixieren Sie ihn am Fahrzeug, ohne den Kältekreislauf zu öffnen.

Weiter für alle Fahrzeuge:
■ Bauen Sie den Generator wie im Kapitel 14 beschrieben aus.
■ Unterbauen Sie die Motor- und Getriebeeinheit oder befestigen Sie sie mit einem Motorheber so, dass Sie ihn nach unten ablassen und unter dem Fahrzeug herausziehen können.
■ Drehen Sie die Muttern 1 und 2 im Bild 97 heraus und nehmen Sie den Motorhalter (3) ab.
■ Bauen Sie den Motorhalter rechts (Bild 88) sowohl am Motor als auch am Rahmen ab und nehmen Sie ihn heraus.

■ Senken Sie die Motor- und Getriebeeinheit vorsichtig nach unten ab.
■ Nehmen Sie den Motor unter dem Fahrzeug heraus.

Achten Sie darauf, dass keine Leitungen oder verbliebene Anbauteile beschädigt werden.

Vermeiden Sie Berührungen zwischen Motor- und Getriebeeinheit und Rahmen beziehungsweise Motorträger.

Der Einbau erfolgt sinngemäß in umgekehrter Reihenfolge.
■ Setzen Sie die Verschraubungen am Getriebe zuerst von Hand an.
■ Setzen Sie die Verschraubungen am Motor zuerst von Hand an.
■ Ziehen Sie Verschraubungen am Motor und am Getriebe auf Drehmoment fest.
■ Entlasten Sie den Motorheber.
■ Stecken Sie die Schrauben in die Drehmomentstütze hinten ein und ziehen Sie sie auf Drehmoment fest.

Vor dem Einsetzen der Achsgelenkwellen sollte grundsätzlich geprüft werden, ob der Dichtungsring ersetzt werden muss.

Ausbau des EP6C-Motors (5FK, 5FS)
■ Demontieren Sie den vorderen Stoßfänger.
■ Bauen Sie das Luftleitblech vor dem Sicherungskasten im Motorraum aus.
■ Bauen Sie das Resonanzrohr zum Luftfilter aus.
■ Bauen Sie das Luftfiltergehäuse aus.
■ Demontieren Sie die Abdeckung zum Sicherungskasten im Motorraum neben dem Luftfilter.
■ Lassen Sie den Kraftstoffdruck am Entlüftungsventil (rechte hintere Ecke am Zylinderkopf) vorsichtig ab.
■ Lösen Sie die Kraftstoffzulaufleitung und verschließen Sie sie mit einem geeigneten Stopfen.
■ Klemmen Sie die Kraftstoffleitungen an den Schnellverschlüssen links neben dem Motor ab.

Fangen Sie austretende Restflüssigkeit in einem geeigneten Behälter und mit Hilfe von Putzlappen auf. Verschließen Sie die Anschlüsse und Schläuche, um das Eindringen von Verschmutzungen zu verhindern.

■ Demontieren Sie den oberen Kühlerschlauch.
■ Bauen Sie den unteren Kühlerschlauch ab.
■ Demontieren Sie die Entlüftungsleitung zum Ausgleichsbehälter.
■ Drehen Sie die beiden Befestigungsschrauben des Kühlers oben von vorne heraus und nehmen Sie den Kühler vorsichtig heraus.
■ Demontieren Sie die Halteclips der Kühlschläuche zum Wärmetauscher (Heizungskühler).
■ Nehmen Sie die Kühlmittelschläuche ab.
■ Klemmen Sie die beiden Kabelstränge zum Batterieträger und zur Sicherungseinheit im Motorraum am linken Radkasten ab und legen Sie die Kabelstränge auf dem Motor ab.
■ Bauen Sie den Batterieträger aus.
■ Hebeln Sie die Kugelgelenke der Schaltzüge von der Schaltbetätigung des Getriebes ab.
■ Hebeln Sie die Schubstange ab. Nehmen Sie die Schaltzüge von der Halterung am Getriebe ab.
■ Bauen Sie die Halterung für die Schaltzüge am Getriebe ab.
■ Demontieren Sie die Verschraubung des Massekabels am Getriebe.
■ Drehen Sie die beiden Schrauben des Kupplungsnehmerzylinders am Getriebe heraus und nehmen Sie den Kupplungsnehmer mit der angeschlossenen Leitung ab.
■ Legen Sie den Kupplungsnehmerzylinder zur Seite, ohne die hydraulische Leitung zu lösen.
■ Ziehen Sie den Stecker des Kontaktschalters Rückwärtsgang ab.
■ Ziehen Sie die beiden Stecker des Klimaanlagen-Kompressors ab.
■ Drehen Sie die Befestigungsschrauben des Klima-Kompressors heraus.
■ Nehmen Sie den Klimaanlagenkompressor ab und fixieren Sie ihn am Fahrzeug, ohne den Kältekreislauf zu öffnen.
■ Demontieren Sie den vorderen Teil der Abgasanlage.
■ Demontieren Sie die Pendelstütze hinten unten zum Achsträger.
■ Unterbauen Sie die Motor- und Getriebeeinheit oder befestigen Sie sie mit einem Motorheber so, dass Sie ihn nach unten ablassen und unter dem Fahrzeug herausziehen können.

■ Drehen Sie die Muttern 1 und 2 im Bild 97 heraus und nehmen Sie den Motorhalter (3) ab.
■ Bauen Sie den Motorhalter rechts (Bild 98) sowohl am Motor als auch am Rahmen ab und nehmen Sie ihn heraus.
■ Senken Sie die Motor- und Getriebeeinheit vorsichtig nach unten ab.
■ Nehmen Sie den Motor unter dem Fahrzeug heraus.

Achten Sie darauf, dass keine Leitungen oder verbliebene Anbauteile beschädigt werden.

Vermeiden Sie Berührungen zwischen Motor- und Getriebeeinheit und Rahmen beziehungsweise Motorträger

Der Einbau erfolgt sinngemäß in umgekehrter Reihenfolge.
■ Setzen Sie die Verschraubungen am Getriebe zuerst von Hand an.
■ Setzen Sie die Verschraubungen am Motor zuerst von Hand an.
■ Ziehen Sie Verschraubungen am Motor und am Getriebe auf Drehmoment fest.
■ Entlasten Sie den Motorheber.
■ Stecken Sie die Schrauben in die Drehmomentstütze hinten ein und ziehen Sie sie auf Drehmoment fest.

Vor dem Einsetzen der Achsgelenkwellen sollte grundsätzlich geprüft werden, ob der Dichtungsring ersetzt werden muss.

Ausbau des DV6-Motors (5FK, 5FS)
Für die Dieselmotoren möchten wir Ihnen eine allgemeingültige Anleitung zur Verfügung stellen. Besondere Abweichungen bei den Montageschritten werden wir gesondert kennzeichnen.
■ Lösen sie die Kraftstoffzulaufleitung und verschließen Sie sie mit einem geeigneten Stopfen.

Fangen Sie austretende Restflüssigkeit in einem geeigneten Behälter und mit Hilfe von Putzlappen auf. Verschließen Sie die Anschlüsse und Schläuche, um das Eindringen von Verschmutzungen zu verhindern.

Tragen Sie eine Schutzbrille und Schutzhandschuhe.
■ Demontieren Sie die Ladeluftschläuche (1 im Bild 99) zum Ladeluftkühler.
■ Clipsen Sie den Deckel des Sicherungskastens im Motorraum links aus und nehmen Sie ihn ab.

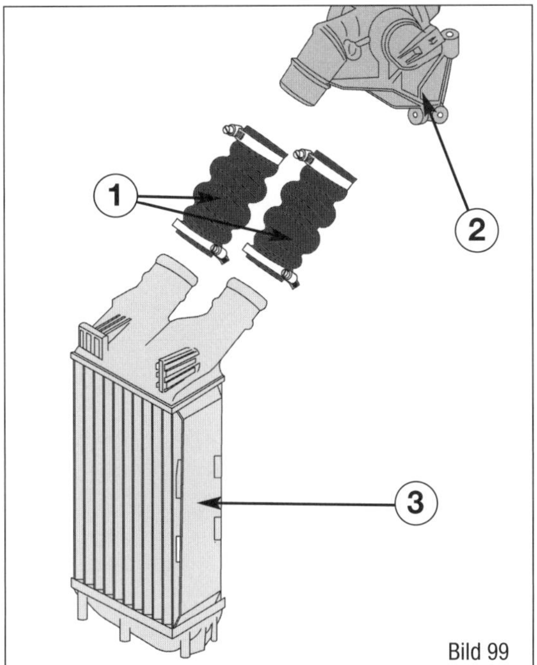

Bild 99

■ Bauen Sie das Luftführungsrohr zum Luftfilter aus.
■ Klemmen Sie die Anschlussleitungen im vorderen Bereich des Sicherungskastens ab.
■ Hängen Sie den Sicherungskasten ab und legen sie ihn im oberen Bereich ab.
■ Demontieren Sie die Abdeckung der Bordnetzbatterie (soweit verbaut).
■ Bauen Sie die Batterie aus.
■ Demontieren Sie den Batteriehalter. Eine der Befestigungsschrauben befindet sich im vorderen Bereich des linken Radkastens.
■ Demontieren Sie die Kühlschläuche zum Wärmetauscher (Heizungskühler).
■ Nehmen Sie die Kühlmittelschläuche ab.
■ Demontieren Sie die Kühlschläuche zum Kühler.
■ Nehmen Sie die Kühlmittelschläuche ab.
■ Demontieren Sie das Luftführungsrohr zwischen Luftfilter und Turbolader.
■ Lösen Sie die Unterdruckleitung von der Unterdruckpumpe und legen Sie sie frei.
■ Ziehen Sie den Kabelstrang zum Motor ab und legen Sie ihn zur Seite.
■ Hebeln Sie die Kugelgelenke der Schaltzüge von der Schaltbetätigung des Getriebes ab.
■ Ziehen Sie den Überwurf am Schaltzug zurück und nehmen Sie die Schaltzüge von den Halterungen ab.
■ Demontieren Sie die Verschraubung des Massekabels am Getriebe.

Bild 99
Ladeluftkühlung.
1 Schläuche zum Ladeluftkühler
2 Ansaugluftdosiereinheit
3 Ladeluftkühler

Bild 100
Fahrschemel beim Dieselmotor.
1 Verschraubung Lenkung
2 Verschraubung Fahrschemel
3 Verschraubung Stabi

Bild 100

■ Ziehen Sie den Stecker des Kontaktschalters Rückwärtsgang ab.

Fahrzeuge mit Klimaanlage:
■ Ziehen Sie die beiden Stecker des Klimaanlagen-Kompressors ab.
■ Drehen Sie die Befestigungsschrauben des Klima-Kompressors heraus.
■ Nehmen Sie den Klimaanlagenkompressor ab und fixieren Sie Ihn am Fahrzeug, ohne den Kältekreislauf zu öffnen.

Fahrzeuge mit verlängertem Fahrschemel:
■ Bauen Sie den vorderen Stoßfänger ab.
■ Drehen Sie die beiden Schrauben heraus und nehmen Sie die Quertraverse nach unten ab.
■ Drehen Sie die drei Schrauben des Aufpralldämpfers vorne heraus und nehmen Sie ihn nach vorne ab.
■ Demontieren Sie die Befestigungsschrauben der Fahrschemelverlängerung und nehmen Sie die Verlängerungsstreben links und rechts ab.

Weiter für alle Fahrzeuge:
■ Drehen Sie die beiden Schrauben des Kupplungsnehmerzylinders am Getriebe heraus und nehmen Sie den Kupplungsnehmer mit der angeschlossenen Leitung ab.
■ Legen Sie den Kupplungsnehmerzylinder zur Seite, ohne die hydraulische Leitung zu lösen.
■ Demontieren Sie den vorderen Teil der Abgasanlage.
■ Demontieren Sie die Pendelstütze hinten unten zum Achsträger.
■ Lösen Sie das Hitzeschild für die Servolenkung.
■ Drehen Sie die Verschraubung der Befestigungsschelle der Servoleitungen los und drücken Sie die Leitungen vorsichtig zur Seite.
■ Lösen Sie die Verschraubungen der Pendelstützen am Stabilisator vorne.
■ Drehen Sie die Befestigungsschrauben des Lenkgetriebes am Fahrschemel heraus.

☞ Hier sind oft zwischen Fahrschemel und Lenkgetriebe rechts und links Unterlagscheiben verbaut.

■ Befestigen Sie das Lenkgetriebe am Aufbau.
■ Lösen Sie die Verschraubungen des Fahrschemels am Motor und nehmen Sie ihn ab.
■ Unterbauen Sie die Motor- und Getriebeeinheit oder befestigen Sie sie mit einem Motorheber so, dass Sie ihn nach unten ablassen und unter dem Fahrzeug herausziehen können.
■ Drehen Sie die Muttern 1 und 2 im Bild 97 heraus und nehmen Sie den Motorhalter (3) ab.
■ Bauen Sie den Motorhalter rechts (Bild 98) sowohl am Motor als auch am Rahmen ab und nehmen Sie ihn heraus.
■ Senken Sie die Motor- und Getriebeeinheit vorsichtig nach unten ab.
■ Nehmen Sie den Motor unter dem Fahrzeug heraus.

Achten Sie darauf, dass keine Leitungen oder verbliebene Anbauteile beschädigt werden.

☞ Vermeiden Sie Berührungen zwischen Motor- und Getriebeeinheit und Rahmen.

Der Einbau erfolgt sinngemäß in umgekehrter Reihenfolge.
■ Setzen Sie die Verschraubungen am Getriebe zuerst von Hand an.
■ Setzen Sie die Verschraubungen am

Bild 101
Verteilergetriebe vorne.
1 Abtrieb am Seriengetriebe
2 Verteilergetriebe
3 Kardanwelle
4 Lenkung vorne

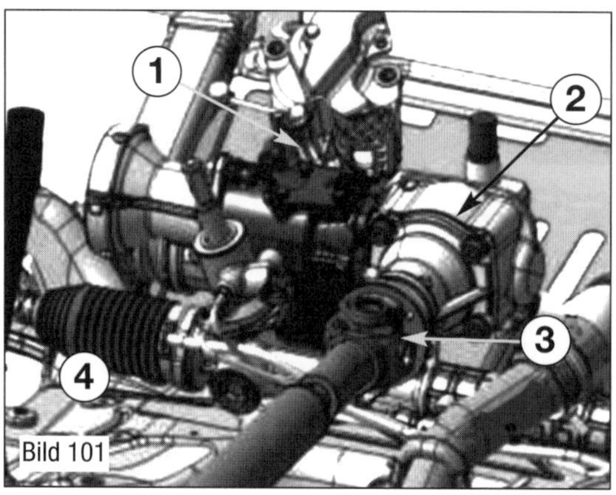

Bild 101

Motor zuerst von Hand an.

■ Ziehen Sie Verschraubungen am Motor und am Getriebe auf Drehmoment fest.

■ Entlasten Sie den Motorheber.

■ Stecken Sie die Schrauben in die Drehmomentstütze hinten ein und ziehen Sie sie auf Drehmoment fest.

Vor dem Einsetzen der Achsgelenkwellen sollte grundsätzlich geprüft werden, ob der Dichtungsring ersetzt werden muss.

Fahrzeuge mit Allradantrieb

Sehr wenige Berlingo und Partner wurden mit einem Allradantrieb ausgeliefert. Es handelt sich hierbei um einen nachträglichen Umbau, der von der schon legendären Firma »Automobiles Dangel« in Frankreich durchgeführt wurde. DANGEL baut neben Fiat auch Peugeot und Citroën ab Werk um. Das bedeutet, dass ein bereits fertiggestelltes Fahrzeug aus dem eigentlichen Herstellerwerk durch die Produktionsstraße von DANGEL zum Umbau geleitet und dann erst beim Händler zur Auslieferung bereitgestellt wird. Nicht nur Hinterachse und Kardan gehören zu den markanten baulichen Veränderungen. Auch der Achsträger mit dem Verteilergetriebe verändert den Antrieb des Fahrzeuges sichtbar. Ausgeklügelt genial wird über das Tellerrad des Differenzials vorne ein Nebenabtrieb für die Hinterachse realisiert.

■ Für die Demontage des Motors und des Getriebes ist es erforderlich, die Kardanwelle zum Hinterachsgetriebe zu demontieren.

■ Lösen Sie die Verschraubungen an den Flanschen des Verteilergetriebes und dem Achsgetriebe.

■ Lösen Sie die Verschraubungen der beiden Zwischenlager am Mittelteil der Kardanwelle.

■ Demontieren Sie mit einem zweiten Mechaniker die Kardanwelle. Sie darf weder geknickt noch auseinandergezogen werden.

■ Legen Sie die Kardanwelle sicher ab.

Beachten Sie die Montagehinweise zur Kardanwelle im Kapitel 10.

■ Lösen Sie die Verschraubungen des Fahrschemels am Motor und nehmen Sie ihn ab.

■ Lösen Sie das Lenkgetriebe am Fahrschemel, belassen Sie es aber in der Position.

■ Lösen Sie die Verschraubungen des Fahrschemels und fangen Sie ihn ab.

■ Verschieben Sie den abgesenkten Fahrschemel so weit nach hinten wie möglich.

■ Unterbauen Sie die Motor- und Getriebeeinheit oder befestigen Sie sie mit einem Motorheber so, dass Sie ihn nach unten ablassen und unter dem Fahrzeug herausziehen können.

■ Drehen Sie die Muttern 1 und 2 im Bild 97 heraus und nehmen Sie den Motorhalter (3) ab.

■ Bauen Sie den Motorhalter rechts (Bild 98) sowohl am Motor als auch am Rahmen ab und nehmen Sie ihn heraus.

■ Senken Sie die Motor- und Getriebeeinheit vorsichtig nach unten ab.

■ Nehmen Sie den Motor unter dem Fahrzeug heraus.

Achten Sie darauf, dass keine Leitungen oder verbliebene Anbauteile beschädigt werden.

Vermeiden Sie Berührungen zwischen Motor- und Getriebeeinheit und Rahmen.

Der Einbau erfolgt sinngemäß in umgekehrter Reihenfolge.

■ Setzen Sie die Verschraubungen am Getriebe zuerst von Hand an.

■ Setzen Sie die Verschraubungen am Motor zuerst von Hand an.

■ Ziehen Sie Verschraubungen am Motor und am Getriebe auf Drehmoment fest.

■ Montieren Sie den Fahrschemel wieder.

■ Entlasten Sie den Motorheber.

■ Stecken Sie die Schrauben in die Drehmomentstütze hinten ein und ziehen Sie sie auf Drehmoment fest.

Vor dem Einsetzen der Achsgelenkwellen sollte grundsätzlich geprüft werden, ob der Dichtungsring ersetzt werden muss.

Bild 102
Vorderachse beim Allrad.
1 Seriengetriebe
2 Unterfahrschutz
3 Antriebswellen Frontantrieb
4 Kardanwelle für die Hinterachse
5 Fahrschemel vorne
6 Lenkung

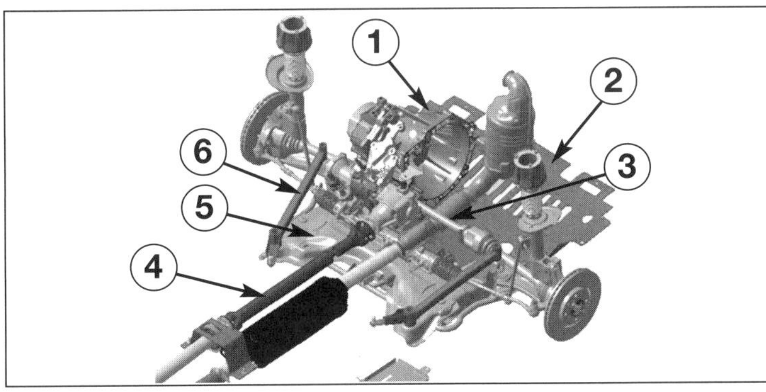

Bild 102

5 Motorschmierung

Alle Stellen im Motor, an denen Metalle aufeinander gleiten, müssen ständig mit Öl versorgt werden: Kolben, Zylinderlaufbahnen, die Lager von Kurbelwelle und Nockenwelle. Kein Triebwerk des Vans hielte mehr als einige wenige Minuten ohne passende Schmierung durch. Damit das Öl seine Aufgabe erfüllen kann, strömt es im Motorblock durch ein System von Leitungen und feinen Bohrungen an die richtige Adresse. Eine wichtige Rolle in diesem Kreislauf spielt die Ölpumpe. Sie holt über das Ölsaugrohr das Motoröl aus der Ölwanne und drückt es in die Leitungen. Zuvor muss die Flüssigkeit den im Hauptstrom des Schmiersystems sitzenden Ölfilter passieren. Dort werden Verunreinigungen wie Ruß, Metallabrieb und Staub herausgefiltert. Ein Überdruckventil an der Pumpe öffnet bei zu hohem Druck, sodass ein Teil des Öls in die Ölwanne zurückfließen kann. Der Motor verbraucht Öl, weil es teilweise in den Verbrennungsraum gelangt und dort verbrennt. Ein undichter Motor, defekte Ventilschaftabdichtungen, auch falsch eingebaute Kolbenringe oder zu viel Spiel zwischen Ventilführung und Ventilschaft treiben den Verbrauch in die Höhe. Wenn der Motor technisch in Ordnung ist, verbraucht er allerdings so wenig, dass zwischen den Ölwechselintervallen nichts oder nur eine geringe Menge nachgefüllt werden muss. Kein Ölverbrauch gibt es allerdings auch nicht. Die eigentlich abnehmende Ölmenge gleicht sich dann durch einen zunehmenden Kraftstoffeintrag aus. Gerade bei Fahrzeugen mit der Kombination von hohen Wartungsintervallabständen, Partikelfilterreinigung über die Nacheinspritzung von Kraftstoff und vielen Kurzstrecken sorgen schnell für eine Ölverdünnung und gerne auch für Schäden und höheren Verschleiß an Motor und Schmierung.
Im Zweifelsfall kann hier eine Ölanalyse im Labor schnell Klarheit schaffen und Kosten sparen. Wer braucht wirklich Intervallabstände von 48.000 km? Gerade bei Schraubern, für die dieses Buch ja erstellt wurde, steht das Ziel »Sparen« deutlich hinter dem Ziel »Fahrzeugerhaltung«.

Unterschiedliche Konzepte
Wie heute bei allen Herstellern wird über einen Wärmetauscher die Öltemperatur nach Bedarf heruntergekühlt oder in der Warmlaufphase durch das Kühlwasser erwärmt. In diesem Kapitel werden wir Ihnen die wichtigsten Teile des Schmiersystems auch schrauberisch und wartungstechnisch näherbringen.

Altölkontrolle
In der Industrie schon seit Jahrzehnten üblich und in der Fahrzeugtechnik zunehmend wichtiger wird die analytische Kontrolle des Altöls. Anhand der eingetragenen Spuren und der Zusammensetzung lassen sich Schäden frühzeitig erkennen und sogar vermeiden.

- Bestellen Sie ein Analyseset beim Analyselabor.
- Entnehmen Sie eine Probe aus dem Altöl und notieren Sie sich alle bekannten Daten wie Laufleistung, Motorart, Alter und eventuell beschreiben Sie erkannte Auffälligkeiten.
- Versenden Sie die Probe in dem mitgelieferten öldichten Umschlag versandkostenfrei über den mitgelieferten Rückholschein.
- Das Probenergebnis wird zumeist am gleichen Tage per Mail versendet oder ist online einsehbar.

Arbeiten nach Schäden
Wenn Sie bei Motorreparaturen größere Mengen Metallspäne oder Abrieb feststellen, kann dies auf einen Kurbelwellen- oder Pleuellagerschaden hindeuten. Um Folgeschäden zu verhindern, führen Sie bitte nach der Reparatur folgende Arbeiten durch:

- Ölkanäle sorgfältig reinigen,
- soweit vorhanden Ölspritzdüsen ersetzen,
- Wärmetauscher ersetzen,
- Ölfiltereinsatz ersetzen.

Motorölstand prüfen

- Das Fahrzeug zum Messen des Ölstandes waagerecht abstellen. Motor abstellen und mindestens drei Minuten warten, damit das Öl in die Wanne zurückfließen kann.
- Ölmessstab herausziehen, mit einem

sauberen Putzlappen abwischen und den Messstab wieder bis zum Anschlag hineinschieben.

■ Messstab anschließend wieder herausziehen und Ölstand ablesen (Bilder 1a und 1b).

Die Bilder zeigen die hauptsächlich eingesetzten Varianten des Messstabs, es gibt aber noch andere Ausführungen. Das in den Bildern gezeigte Prinzip gilt jedoch generell. Die Markierungen besagen: Bei Ölstand oberhalb der Markierung »4« (Max-Marke Pfeil 6) besteht die Gefahr von Katalysatorschäden. Beim Nachfüllen im Bereich »2« kann es vorkommen, dass der Ölstand danach im Bereich »3« steht. Beim unbedingt nötigen Nachfüllen von Öl im Bereich »2« genügt es, dass danach der Ölstand im Messfeld »2« (geriffeltes Feld) steht. Bei Ölstand unterhalb der »1«-Markierung (Min-Marke Pfeil 5) etwa 0,5 Liter Öl (höchstens bis zur »3«-Markierung) auffüllen.

Motoröl ablassen oder absaugen, Motoröl auffüllen

Ölwechsel mit Altölauffang- und Absauggerät

■ Öleinfüllverschlussdeckel abnehmen und Motoröl mit einem geeigneten Altölauffang- und Absauggerät absaugen. Der Motorölwechsel mit einem Altölauffang- und Absauggerät sollte nach Möglichkeit bei betriebswarmem Motor durchgeführt werden.

Öl über Schraube ablassen

■ Fahrzeug anheben, Geräuschdämpfung ausbauen, Ölablassschraube unten in der Ölwanne herausdrehen und das austretende Öl auffangen.

■ Neue Ölablassschraube mit neuem Dichtring handfest einschrauben und mit 30 Nm (M14) anziehen. Das Drehmoment darf nicht überschritten werden. Ein zu hohes Drehmoment könnte zu Undichtigkeiten oder sogar zu Beschädigungen im Bereich der Ölablassschraube führen.

■ Ölfilter ersetzen (auf den nächsten Seiten).

Motoröl einfüllen

Werkseitig ist ein Qualitäts-Mehrbereichsöl eingefüllt, das außer in extrem kalten Klimazonen als Ganzjahresöl gefahren werden kann.

Wird der Filter nicht ausgebaut und gewechselt, werden rund 0,5 Liter weniger Öl benötigt. Beim Nachfüllen und beim Ölwechsel muss unbedingt die Spezifikation beachtet werden, wie sie der Hersteller vorschreibt. In der Vergangenheit gab es eine ganze Reihe Öle nach Freigaben für Benzin- und für Dieselmotoren. In neuerer Zeit muss sehr darauf geachtet werden, dass das Motoröl auch den Herstellervorgaben entspricht und für den Motor auch freigegeben worden ist.

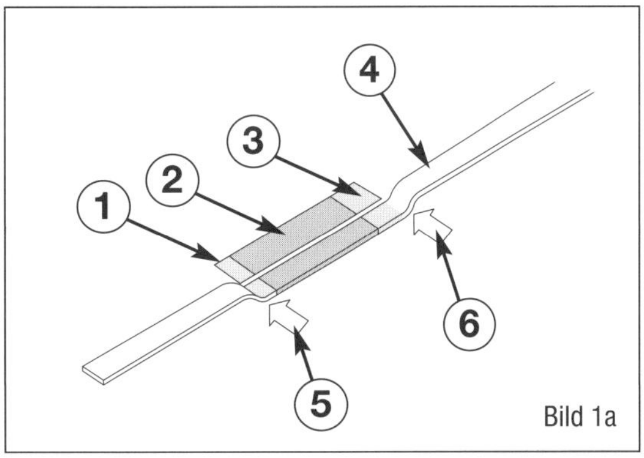

Bild 1a

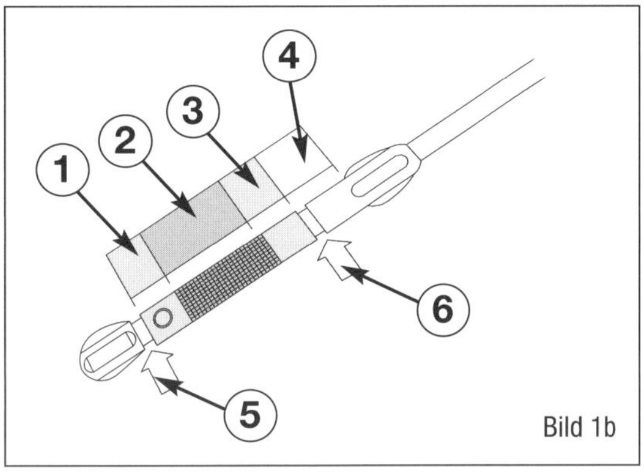

Bild 1b

Bild 1a und Bild 1b
Markierungen an zwei Muster-Ölstäben.
1 Mindeststandmarkierung für den Ölstand
2 Sollbereich für den Ölstand (Nachfüllen nicht erforderlich)
3 Höchstmarkierung für den Ölstand
4 Überfüllung (Öl ablassen und nach der Ursache suchen)
5 Minimal-Markierung
6 Maximal-Markierung

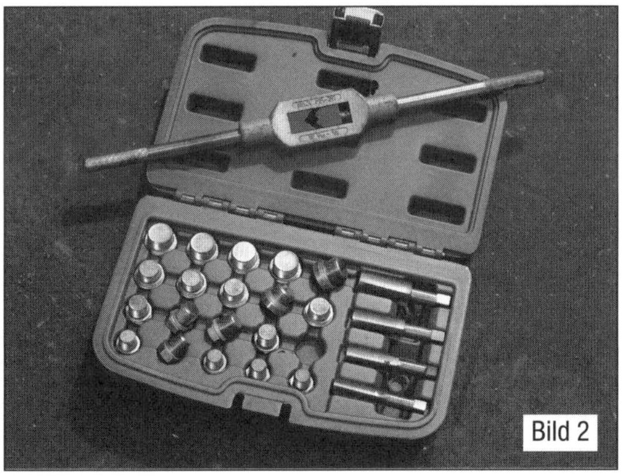
Bild 2

Bild 2
Reparaturkit für Ölablassschrauben: Mit passenden Gewindeschneidern und Ölschrauben mit größerem Gewinde kann eine Ölwanne leicht gerettet werden.

Bild 3
Ölfilter am Benzinmotor.
1 Kappe
2 Dichtring
3 Filtereinsatz

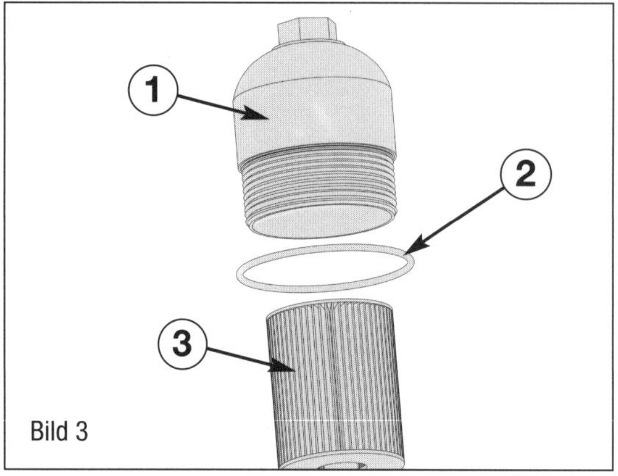

Bild 3

Bild 4
Ölfilter am Dieselmotor.
1 Kappe
2 Dichtring
3 Filtereinsatz
4 Filterflansch
5 Wärmetauscher

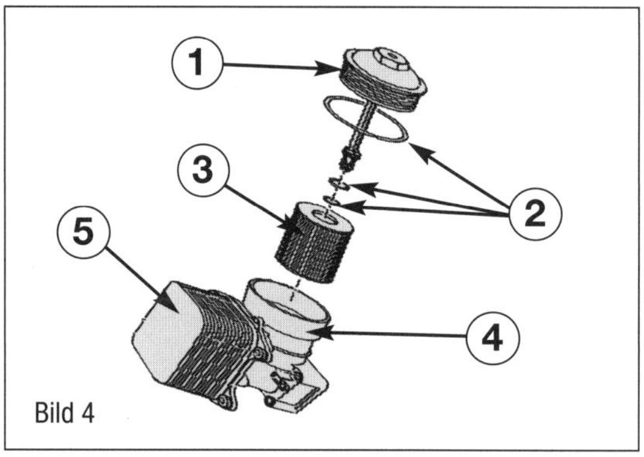

Bild 4

Öl-Spezifikationen Berlingo- und Partner-Motoren
Prüfen Sie die Zulassungen auch über die Freigabelisten Ihres Ölherstellers.

PSA-Normen	Viskosität (Motoren)
B71 2300	10W40 (TU5: NFU, NFR) (DV6: 9HX, 9HT, 9HZ, 9HS, 9HV)
B71 2296	5W40 (TU5: NFU, NFR) (DV6: 9HX, 9HT, 9HZ, 9HS, 9HV, 9HP, 9HJ, 9HK)
B71 2290 (Umweltschonend)	5W30 (TU5: NFU, NFR) (EP6 (5FS, 5FK) (DV6: 9HX, 9HT, 9HZ, 9HS, 9HV, 9HL, 9HP, 9HN)
B71 2312	0W30 (TU5: NFU, NFR) (EP6 (5FS, 5FK) (DV6: 9HX, 9HT, 9HZ, 9HS, 9 HL, 9HV, 9HP, 9HJ, 9HN, 9HK, 9HZ)
B71 2301	5W30 (TU5: NFU, NFR) (EP6 (5FS, 5FK) (DV6: 9HX, 9HT, 9HZ, 9HS, 9HV, 9HL, 9HP, 9HN)

■ Einfüllöffnung aufschrauben, Öl gemäß Spezifikation (siehe Tabelle), möglichst mit Trichter, auffüllen.
■ Öleinfüllverschlussdeckel wieder aufschrauben.
■ Motor anlassen und auf Undichtigkeiten prüfen.
■ Motorölstand erneut prüfen und ggf. Öl nachfüllen.
■ Nachdem Öl erneut nachgefüllt worden ist, mindestens drei Minuten warten und dann erneut Ölstand prüfen.
■ Geräuschdämpfung einbauen und Fahrzeug ablassen.

Ölfilter oder Ölfiltereinsatz wechseln

Zum Einsatz kommt hier eine Bauart für die unterschiedlichen Motortypen. Der Filtereinsatz kommt bei den unterschiedlichen PSA-Motoren zum Einsatz. Die Dieselmotoren sind in der Regel mit einem Wärmetauscher (5 im Bild 4) ausgerüstet.

Ölfiltereinsatz wechseln
Ausbauen:
■ Stellen Sie das Fahrzeug auf die Hebebühne.
■ Lassen Sie den Motor abkühlen.
■ Demontieren Sie den Unterfahrschutz Mitte (soweit verbaut).
■ Lösen Sie die Kappe (1 im Bild 3 oder 4) und fangen Sie das ablaufende Öl in einem geeigneten Behälter auf.
■ Nehmen Sie die Kappe (1) zusammen mit dem Filter (3) ab.
■ Ziehen Sie den Filter (3) ab und entsorgen Sie ihn fachgerecht.

Einbauen:
■ Erneuern Sie die Dichtringe (2) und setzen Sie den neuen Filter (3) in die Kappe (1) ein.
■ Ölen Sie die Dichtringe (2) leicht mit Motoröl ein.
■ Schrauben Sie die Kappe (1) in den Filterflansch (4) von Hand an und ziehen Sie ihn handfest und anschließend auf 25 Nm an.
■ Reinigen Sie das Umfeld des Filters gründlich mit Bremsenreiniger und Lappen.

Ölwanne aus- und einbauen

Die Ölwannen der unterschiedlichen Motoren sind beim TU5-Motor aus Aluminium und für den EP6 und DV6 aus Stahlblech tiefgezogen. Sie unterscheiden sich aber durch die Befestigung nur unwesentlich. Die Wannen werden mit Klebedichtmasse aufgeklebt. Wir stellen Ihnen an dieser Stelle eine allgemeingültige Arbeitsbeschreibung zur Verfügung.

Demontage der Ölwanne

- Demontieren Sie den Unterfahrschutz-Mitte (soweit verbaut).
- Lassen Sie das Motoröl ab.
- Demontieren Sie den Ölfilter und lassen Sie auch hier das Öl ablaufen.
- Drehen Sie die Befestigungsschrauben der Ölwanne (1-18 im Bild 7) heraus.
- Durchtrennen Sie die Dichtmasse mit einem passenden Messer oder Cutterklingen.

⚠ Hebeln Sie die Ölwanne nicht mit Gewalt ab. Sie wird sich verziehen und muss dann ersetzt werden.

- Nehmen Sie die Ölwanne ab.
- Entfernen Sie die Dichtmittelreste am Zylinderblock mit einem Flachschaber.
- Entfernen Sie die Dichtmittelreste an der Ölwanne mittels einer rotierenden Bürste, z. B. einer Handbohrmaschine mit Kunststoffbürsten-Einsatz (Schutzbrille aufsetzen).
- Reinigen Sie die Dichtflächen. Sie müssen öl- und fettfrei sein.

Der Einbau erfolgt sinngemäß in umgekehrter Reihenfolge.

☞ Beachten Sie das Haltbarkeitsdatum des Dichtmittels.

- Die Ölwanne muss nach dem Auftragen des Silikon-Dichtmittels innerhalb 5 Minuten eingebaut werden.
- Die Dichtmittelraupe darf nicht dicker sein, da sonst überschüssiges Dichtmittel in die Ölwanne gelangen und das Sieb in der Saugleitung der Ölpumpe verstopfen kann.
- Schneiden Sie die Tubendüse an der vorderen Markierung ab (Düse ca. 3 mm).
- Tragen Sie das Silikon-Dichtmittel wie gezeigt auf die saubere Dichtfläche der Ölwanne auf. Die Dichtmittelraupe (1 im Bild 8) muss 2 bis 3 mm dick sein und im Bereich der Schraubenbohrungen an der

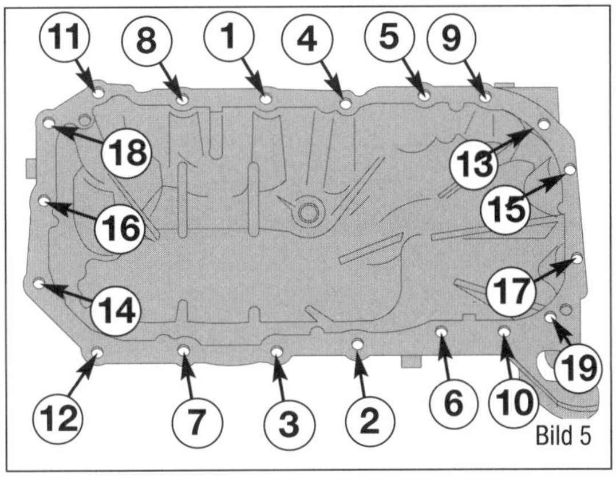

Bild 5
Ölwanne am TU5-Benzinmotor mit Aluölwanne.
1-19 Anzugsreihenfolge der Schrauben
19-1 Lösereihenfolge der Schrauben

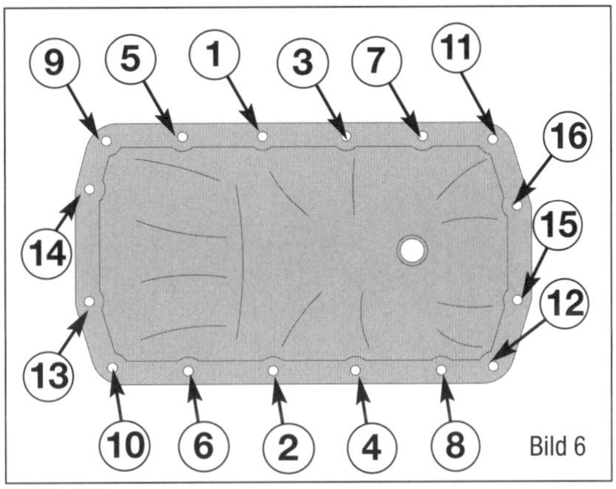

Bild 6
Ölwanne am EP6-Benzinmotor mit Aluölwanne.
1-16 Anzugsreihenfolge der Schrauben
16-1 Lösereihenfolge der Schrauben

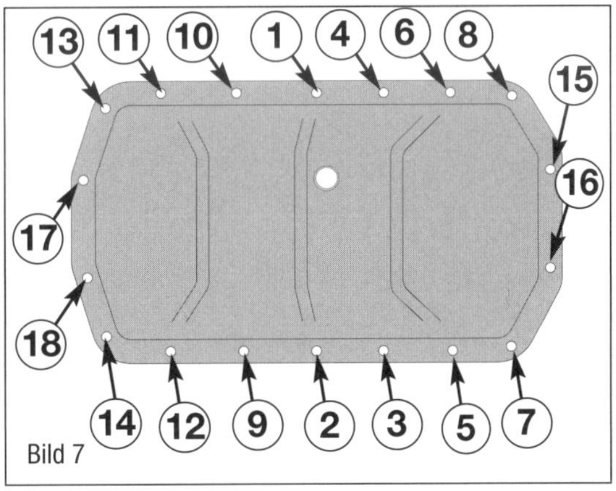

Bild 7
Ölwanne am DV6-Dieselmotor mit Aluölwanne.
1-18 Anzugsreihenfolge der Schrauben
18-1 Lösereihenfolge der Schrauben

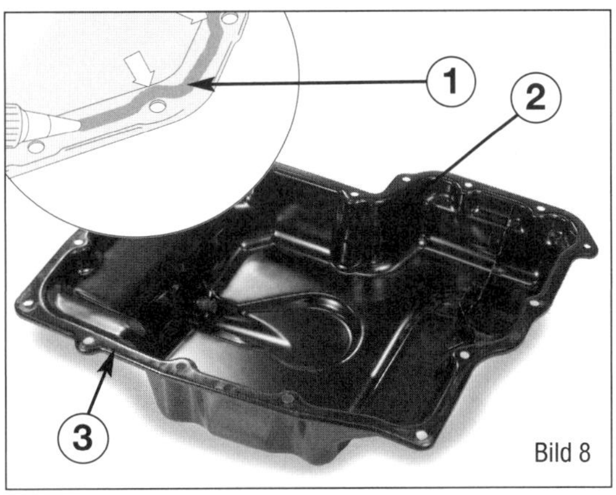

Bild 8
Dichtmasse auf der Ölwanne.
1 Dichtmittelraupe
2 Ölwanne
3 Dichtflansch der Ölwanne

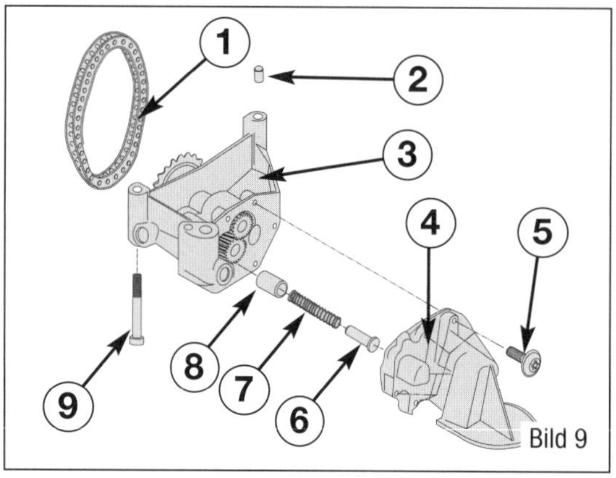

Bild 9

Bild 9
Ölpumpe am TU5-Benzinmotor (mechanisch Regelung).
1 Antriebskette
2 Stift
3 Ölpumpe
4 Flanschgehäuse mit Siebfilter
5 Schraube
6 Führungsbolzen
7 Feder
8 Steuerkolben
9 Schraube

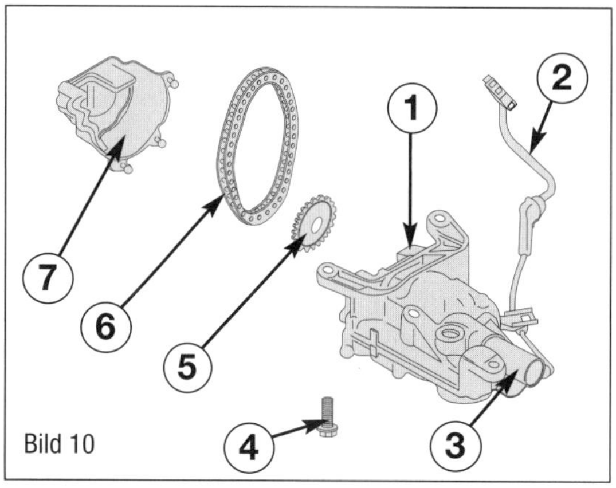

Bild 10

Bild 10
Ölpumpe am EP6-Benzinmotor (elektronische Regelung).
1 Ölpumpe
2 elektrische Anschlussleitung zum Regelventil
3 elektrisches Regelventil
4 Schraube
5 Antriebsrad
6 Antriebskette
7 Kettenschutz

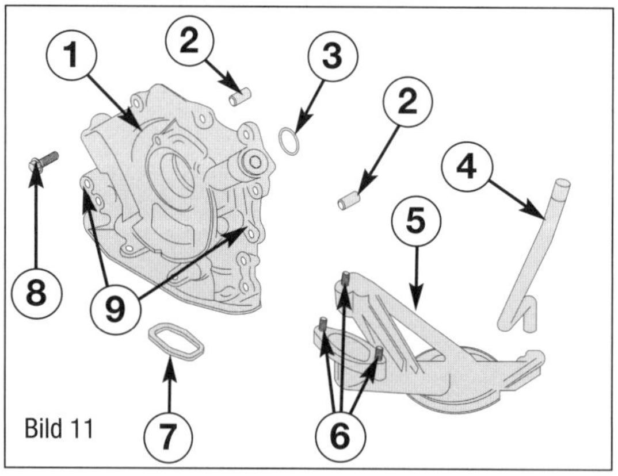

Bild 11

Bild 11
Ölpumpe am DV6-Dieselmotor (mechanisch Regelung).
1 Ölpumpe
2 Stift
3 Dichtring
4 Führungsrohr für den Ölmessstab
5 Flanschgehäuse mit Siebfilter
6 Schrauben
7 Dichtung
8 Schraube
9 Demontagegewinde

Innenseite vorbeilaufen (Pfeile im Bild 8).

■ Nach der Montage der Ölwanne muss das Dichtmittel ca. 30 Minuten trocknen. Erst danach darf Motoröl eingefüllt werden.

■ Ziehen Sie die Ölwannenschrauben in der angegebenen Zahlenreihenfolge im Bild 7 mit 15 Nm fest.

■ Geräuschdämpfung einbauen.

■ Motoröl einfüllen und Ölstand prüfen.

Demontage der Ölpumpe

Für die Ölpumpen sind keine Ersatzteile lieferbar. Sie müssen im Schadensfall komplett ersetzt werden. Die Einbauweise der Ölpumpen ist für jeden der drei Motortypen grundsätzlich anders. Die Otto-Motoren (Benziner) sind mit einer Ölpumpe ausgerüstet, die im Bereich der Ölwanne verbaut ist und mit einer Kette angetrieben wird. Die Dieselmotoren werden durch eine auf die Kurbelwelle aufgesetzte Ölpumpe versorgt. Die Ölpumpe des EP6-Ottomotors wird zudem elektronisch geregelt.

Vorarbeiten bei allen Motoren

■ Bauen Sie (soweit verbaut) die Motorabdeckungen unten ab.

■ Lassen Sie den Motor auf Raumtemperatur abkühlen.

■ Lassen Sie das Motoröl ablaufen.

■ Bauen Sie, wie bereits beschrieben, die Ölwanne ab.

■ Lassen Sie das Restöl während der Abkühlphase in eine Auffangwanne abtropfen.

Demontage bei den Benzinmotoren

■ Drehen Sie die Schrauben (9 im Bild 9 beziehungsweise 4 im Bild 10) heraus.

■ Nehmen Sie das Antriebsrad mit der Ölpumpe aus der Antriebskette heraus.

■ Nehmen Sie die Ölpumpe ab.

Der Einbau erfolgt sinngemäß in umgekehrter Reihenfolge.

■ Die Schrauben in Stufen anziehen:
1. Stufe: Alle Schrauben bis zur Anlage der Ölpumpe von Hand eindrehen.
2. Stufe: Handfest über Kreuz anziehen, um das Verkanten der Ölpumpe zu vermeiden.
3. Stufe: Über Kreuz mit 25 Nm (M8-Schrauben) beziehungsweise 10 Nm (M6-Schrauben anziehen.

Demontage bei den Dieselmotoren

■ Bauen Sie den Antriebsriemen wie bereits im Kapitel 4 beschrieben ab.

■ Demontieren Sie den Zahnriemen wie bereits im Kapitel 4 beschrieben.

■ Lösen Sie die Zentralschraube des Kurbelwellenrades mit Hilfe eines Gegenhalters.

■ Nehmen Sie das Zahnriemenrad ab.

ı Achten Sie darauf, das Geberrad auf dem Zahnriemenrad nicht zu beschädigen oder zu verziehen.

■ Ziehen Sie den Ölpeilstab heraus.

■ Drehen Sie die Schrauben (6 im Bild 11) heraus und nehmen Sie das Flanschgehäuse (5) mit dem Siebfilter ab.

- Ziehen Sie das Führungsrohr (4) für den Ölpeilstab heraus.
- Reinigen Sie den Bereich um die Ölpumpe (1 im Bild 11) gründlich.
- Drehen Sie die Schrauben (8) heraus.
- Drehen Sie im Bereich (9) zwei Kreuzschlitzschrauben hinein und drücken Sie die Ölpumpe vorsichtig vom Motorblock ab.
- Nehmen Sie die Ölpumpe ab.
- Reinigen Sie die Dichtflächen gründlich.

Der Einbau erfolgt sinngemäß in umgekehrter Reihenfolge.

- Erneuern Sie den Wellendichtring zur Kurbelwelle.
- Tragen Sie eine Dichtmittelraupe auf den Motorblock wie im Bild 12 gezeigt auf. Die Dichtmittelraupe sollte 2 -3 mm breit sein.
- Achten Sie darauf, dass die Passhülsen in der Position (2) montiert sind.
- Setzen Sie die Ölpumpe wieder an.

⚠ Achten Sie darauf, dass der Wellendichtring nicht beschädigt wird.

- Drehen Sie alle Schrauben zuerst von Hand bis zur Anlage an.
- Ziehen Sie dann die Schrauben in der angegebenen Reihenfolge mit 10 Nm an.
- Setzen Sie das Zahnriemenrad wieder an und drehen Sie die Schraube von Hand bis zur Anlage bei.
- Ziehen Sie die Zentralschraube auf Anzugsdrehmoment fest.

Öldruckschalter und Öldruck prüfen

Es werden ein üblicher Öldruckprüfer (z. B. V.A.G 1342) sowie ein Spannungsprüfer mit Leuchtdiode und den Messhilfsmitteln (Anschlusskabel) benötigt. Der Öldruckschalter ist bei den einzelnen Motortypen an unterschiedlichen Stellen eingebaut.

Prüfablauf

Wir stellen Ihnen hier ein Prüfgerät vor, das mit einer LED die Reaktion der Ölkontrollleuchte in der Armaturentafel nachbildet. So kann überprüft werden, ob der Öldruckschalter oder die Verkabelung für eine Funktionsstörung an der Kontrollleuchte verantwortlich sind.

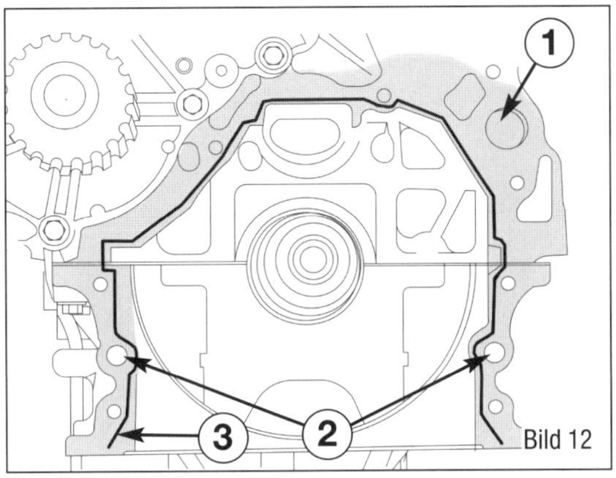

Bild 12
Ölpumpe am EP6-Benzinmotor.
1 Anlagefläche der Ölpumpe
2 Passhülse
3 Dichtmittelraupe

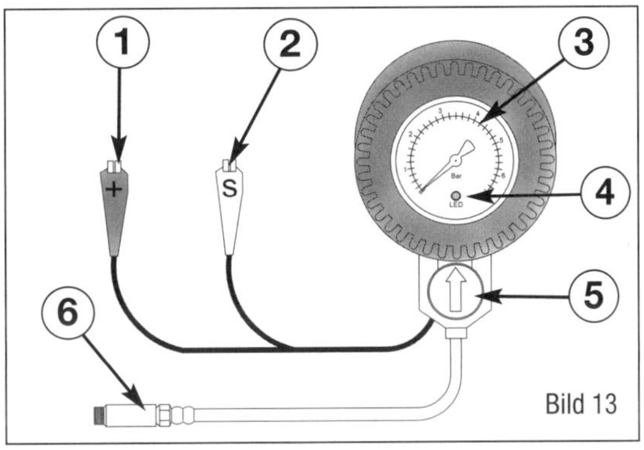

Bild 13
Öldruckmessgerät mit Diodenleuchte.
1 Anschluss Batterie plus
2 Anschluss Öldruckschalter
3 Druckanzeige
4 LED-Leuchte
5 Absperrhahn
6 Anschlussschlauch

Vorbereitung:

- Prüfen Sie den Motorölstand.
- Die Öltemperatur muss mindestens 80 °C betragen. Der Kühlerlüfter muss einmal geschaltet haben.
- Stecker vom Öldruckschalter abziehen.
- Öldruckschalter ausbauen und in das Prüfgerät schrauben.
- Prüfgerät anstelle des Öldruckschalters in den Zylinderkopf einschrauben.
- Rote Leitung des Prüfgerätes an Batterieplus (+) legen. Prüfanschluss mit Hilfsleitungen (S) an den Öldruckschalter anschließen (Prüfanordnung nach Bild 14). Zündung einschalten. Die LED-Leuchte sollte leuchten

Prüfablauf:

- Motor anlassen und die LED (4 im Bild 14) und die Druckanzeige (3) beobachten. Der Schaltpunkt des Öldruckschalters kann bereits beim Anlassen überschritten werden.
- Die LED-Lampe (4) sollte dann ausgehen.
- Langsam die Drehzahl erhöhen.
- Drehzahl weiter erhöhen. Bei 2000 1/min und 80 °C Öltemperatur soll der Öl-Überdruck mindestens etwa 2,0 bar betragen.

■ Bei höherer Drehzahl darf der Öl-Überdruck 7,0 bar nicht überschreiten. Ggf. Ölüberdruckventil bzw. Öldruckhalteventil ersetzen.

Auswertung:
■ Wird der Sollwert unterschritten, können mögliche Ursachen wie Verschmutzung des Siebes im Ölansaugrohr oder Lagerschäden ermittelt werden. Wird der Sollwert überschritten, müssen die Ölkanäle geprüft werden. Ggf. ist der Ölfilterhalter mit Überdruckventil zu ersetzen.
Ansonsten: Ölpumpe ersetzen.
■ Beim Wiedereinbau des Öldruckschalters die Anzugsdrehmomente beachten.

Motor	Anzugsdrehmoment
TU5-Ottomotor	22 Nm
EP6-Ottomotor	20 Nm
DV6-Dieselmotor	30 Nm

Öldruckschalter aus- und einbauen

Der Arbeitsablauf für die einzelnen Motortypen ist sehr ähnlich. Der Einbauort unterscheidet sich aber. Wir stellen Ihnen die Arbeitsbeschreibung entsprechend zu den Motoren zusammen.

Vorbereitungen
■ Stellen Sie den Motor ab und öffnen Sie die Motorhaube.
■ Motorabdeckung oben (soweit verbaut) ausbauen.
■ Motorabdeckung unten (soweit verbaut) ausbauen.
■ Kontrollieren Sie, ob Undichtigkeiten im Bereich des Öldruckschalters sichtbar sind.

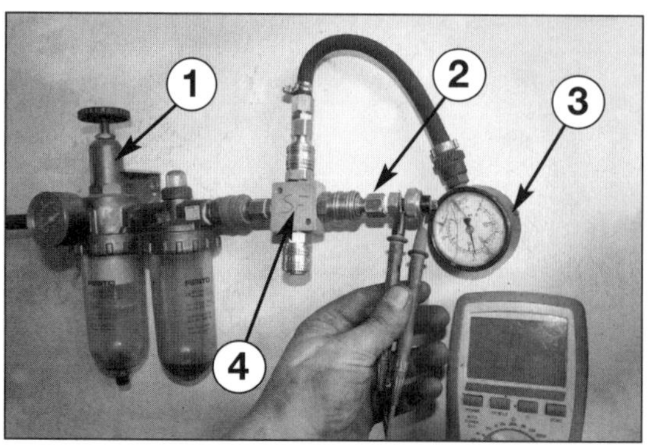

Bild 14
Prüfgerät aus dem Eigenbausortiment.
1 Druckminderer
2 Adapter Öldruckschalter
3 Druckmessuhr
4 Verteilerstück

TU5-Ottomotor (Benziner)
■ Der Öldruckschalter ist von unten zugänglich.
■ Reinigen Sie den Bereich um den Öldruckschalter, der sich oben im Ölfilterflansch befindet, gründlich.
■ Legen Sie einen Lappen unter den Öldruckschalter, um eventuell austretendes Öl auffangen zu können.
■ Entsichern Sie die Rastnase und ziehen Sie den Anschlussstecker vom Öldruckschalter ab.
■ Drehen Sie den Öldruckschalter heraus.

EP6-Ottomotor (Benziner)
■ Der Öldruckschalter ist neben dem Generator am Motor vorne verbaut.
■ Je nach Ausrüstung muss die Katalysator-/Partikelfiltereinheit ausgebaut werden.
■ Demontieren Sie die obere Befestigung der Ölmessstabführung und nehmen Sie sie ab.
■ Lösen Sie den Kabelhalter am Motorblock.
■ Reinigen Sie den Bereich um den Öldruckschalter, der sich im Motorblock befindet, gründlich.
■ Legen Sie einen Lappen unter den Öldruckschalter, um eventuell austretendes Öl auffangen zu können.
■ Entsichern Sie die Rastnase und ziehen Sie den Anschlussstecker vom Öldruckschalter ab.
■ Drehen Sie den Öldruckschalter heraus.

Montage
Der Einbau erfolgt sinngemäß in umgekehrter Reihenfolge.
■ Beim Wiedereinbau des Öldruckschalters die Anzugsdrehmomente beachten.
■ Reinigen Sie den Arbeitsbereich gründlich.
■ Prüfen Sie die Dichtigkeit des Öldruckschalters und der Einbauposition bei laufendem Motor.
■ Prüfen Sie abschließend den Ölstand.

6 Kühlsystem

Funktion des Kühlkreislaufs
Das Kühlsystem sorgt für die richtige Betriebstemperatur des Motors. Es besteht aufbauseitig aus Kühler, Ladeluftkühler, Luftführungshutze mit Kühlerlüftern und Ausgleichsbehälter für Kühlmittel. Motorseitig gehören Kühlmittelschläuche und Kühlmittelrohre sowie ein Netz aus kleinen, genau bemessenen Kanälen in Motorblock und Zylinder, in denen die in den Ausgleichsbehälter eingefüllte Kühlflüssigkeit zirkuliert, zum System. So entsteht ein Wassermantel, der die Verbrennungswärme über die Schläuche des Kühlsystems an den Kühler abführt. Welche Wege im jeweils konkreten Betriebszustand das Kühlmittel im Kühlsystem nimmt, hängt von der Temperatur des Motors ab.
Zu den motorseitigen Aggregaten des Kühlsystems gehören ferner der Motorölkühler und der Kühler für Abgasrückführung. Diese Niedertemperatur-Abgasrückführung sorgt für die Reduzierung der NOx-Emissionen. Bei geschlossenem Kühlmittelregler (Thermostat) wird der Abgasrückführungs-Kühler direkt vom Motorkühler mit kaltem Kühlmittel versorgt. Aufgrund des dadurch größeren Temperaturgefälles kann eine größere Abgasmenge zurückgeführt werden. Somit können die Verbrennungstemperaturen und in deren Folge die Stickoxid-Emissionen in der Warmlaufphase des Motors weiter gesenkt werden. Eine mechanische Kühlmittelpumpe (»Wasserpumpe«) sorgt für den ständigen Kreislauf des Kühlmittels. Sie wird bei den TDI-Motoren von der Kurbelwelle über den Zahnriemen angetrieben, der das Nockenwellenrad und die Hochdruckpumpe des Einspritzsystems antreibt. Die elektrische Zusatzwasserpumpe wird vom Motorsteuergerät angesteuert und läuft nach Motorstart ständig mit. Ein Kühlmittelregler (Dehnstoff-Thermostat) hält die Kühlmitteltemperatur konstant. Das Kühlsystem steht unter einem Überdruck von etwa 1,2 bis 1,5 bar bei Betriebstemperatur. Dadurch und durch den Einsatz von Kühlmittelzusätzen erhöht sich der Siedepunkt der Kühlflüssigkeit von 100 °C auf rund 120 °C. Die höhere Temperatur ermöglicht einen wirtschaftlicheren und damit Kraftstoff sparenden Motorbetrieb. Wenn bei einem heißen Motor der Kühlmitteldruck 1,5 bar übersteigt, tritt das Überdruckventil am Ausgleichsbehälter in Aktion. Es öffnet dann und lässt zum Druckausgleich etwas Wasserdampf entweichen.

Sicht- und Funktionsprüfungen

Kühlmittelstand prüfen
■ Der Kühlmittelstand wird bei kaltem Motor am Kühlmittel-Ausgleichsbehälter geprüft. Dieser Behälter befindet sich im Motorraum rechts hinten. Er ist meist mit den Markierungen »Max« und »Min« gekennzeichnet, auf jeden Fall mit der »min«-Markierung und einer Markierungslinie für den maximalen Füllstand.
■ Ist der Motor kalt, muss das Kühlmittel zwischen »Max« und »Min« (Bild 1), bei warmem Motor etwas über der Markierungslinie für maximalen Füllstand stehen.
■ Bei nicht verbrauchsbedingtem Flüssigkeitsverlust muss die Ursache ermittelt und durch Reparatur beseitigt werden.

Frostschutz des Kühlmittels prüfen
Zur Frostschutzprüfung wird ein handelsüblicher Ansaugprüfer oder für genauere Prüfung ein so genanntes Refraktometer (optisches Prüfgerät) benötigt. Beim Ansaugprüfer wird der jeweilige Frostschutz in °C angezeigt. Der Hersteller schreibt den Werkstätten aber vor, die Konzentration des

Bild 1
Kühlmittelstand am Kühlmittelausgleichsbehälter.

Bild 1

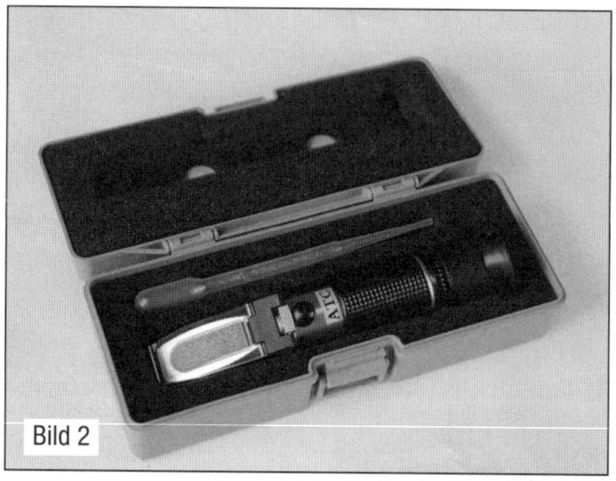

Bild 2
Refraktometer zur Frostschutzgehaltsprüfung.

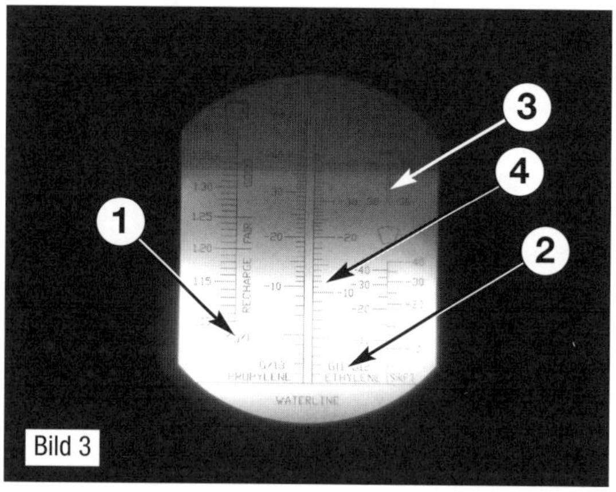

Bild 3
Sichtfeld des Refraktometers.
1 G12; G12 Plus, G12 Plus und G11
2 G13
3 Ad Blue
4 Scheibenfrostschutz

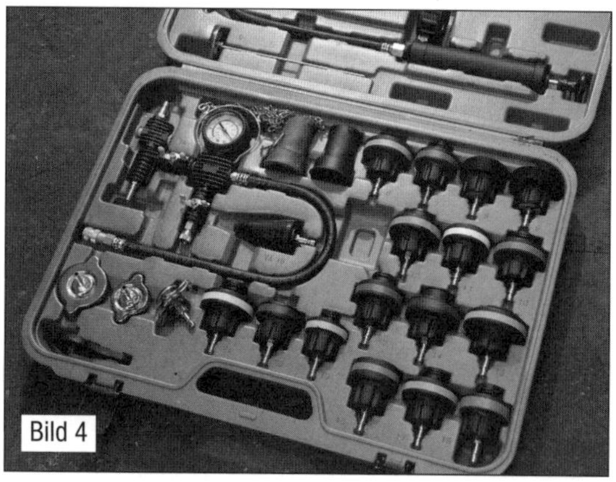

Bild 4
Kühlsystemprüfgerät mit Adaptern für Kühlmittelbehälter und Kühlerdeckel.

mit dem Refraktometer entsprechend der Bedienungsanleitung zu prüfen (Bilder 2 und 3). Die Skala »1« des Refraktometers bezieht sich auf die Kühlmittelzusätze G12, G12 plus, G12 plusplus und G11. Die Skala »2« bezieht sich nur auf zu verwendenden Kühlmittelzusatz G13.

■ Prüfen Sie den Kühlmittelstand im Ausgleichbehälter bei kaltem Motor.

■ Den genauen Wert bei den Prüfungen liest man an der Hell-Dunkel-Grenze ab. Zur besseren Veranschaulichung der Hell-Dunkel-Grenze wird mit der Pipette ein Tropfen Wasser auf das Glas gebracht. Die Hell-Dunkel-Grenze ist dann deutlich an der »Waterline« zu erkennen (Bild 3). Der Frostschutz muss bis etwa -25 °C gewährleistet sein.

■ Bei zu geringem Frostschutz Kühlflüssigkeit ablassen und durch Kühlmittelzusatz G12 plusplus ersetzen.

■ Probefahrt durchführen und Frostschutz des Kühlmittels erneut prüfen.

Kühlsystem auf Dichtigkeit prüfen

Zur Prüfung der Dichtheit des Kühlsystems und des Überdruckventils wird ein Kühlsystem-Prüfgerät einschließlich Adapter für den Anschluss am Ausgleichsbehälterdeckel benötigt. Der Motor muss betriebswarm sein.

■ Verschlussdeckel vom Kühlmittel-Ausgleichsbehälter öffnen.

■ Den Adapter für Kühlsystemprüfgerät in den Kühlmittelausgleichsbehälter schrauben, das Anschlussstück über den Verbindungsschlauch mit dem Kühlsystem-Prüfgerät verbinden (Bild 4).

■ Mit der Handpumpe des Kühlsystem-Prüfgerätes ca. 1,0 bar Überdruck erzeugen. Fällt der Druck ab: Undichte Stelle suchen und Fehler beseitigen. Bevor das Kühlsystemprüfgerät vom Verbindungsschlauch oder Anschlussstück getrennt wird, muss unbedingt der vorhandene Druck abgebaut werden. Dazu das Druckentlastungsventil am Kühlsystem-Prüfgerät drücken, bis das Druckmanometer den Wert »0« anzeigt.

Überdruckventil im Verschlussdeckel des Kühlmittelbehälters prüfen

■ Verschlussdeckel des Kühlmittel-Ausgleichsbehälters in den Adapter für Kühlsystemprüfgerät schrauben, das passende Anschlussstück mit dem Kühlsystem-Prüfgerät verbinden.

■ Mit der Handpumpe des Kühlsystem-Prüfgerätes einen Überdruck von Max. 1,6 bar erzeugen. Das Überdruckventil darf noch nicht öffnen. Öffnet das Überdruckventil vorzeitig: Verschlussdeckel ersetzen.

■ Druck auf über 1,6 bar erhöhen. Das Überdruckventil muss öffnen. Öffnet das Überdruckventil nicht: Verschlussdeckel ersetzen.

Kühlmittel ablassen, ergänzen, auffüll…

Kül…
Die … sche… Motc… geme… die B… auf.

D… is… Glysant… zu den … G12, G1… ternetsei… datenblä…

Es v… älter… Ergänzung… tilliertem W… Sie, dass d… und -30 °C … aber auch n… schutzmittel … Schutz vor F… Schmutzbind… Korrosionssch… übernehmen. … bedeutet also … Frostsicherheit… schwächung d… zu hoher Frosts… Einfluss auf die … …igkeit. Diese Eigenschaft übernimmt der Wasseranteil. Je größer der Frostschutzanteil wird, umso schlechter wird auch die Wärmeabfuhr ausfallen.

Bei warmem Motor steht das Kühlsystem unter Druck, beim Öffnen des Ausgleichsbehälters kann deshalb heißer Dampf bzw. heißes Kühlmittel entweichen. Überdruck abbauen, dazu Verschlussdeckel mit einem Lappen abdecken und vorsichtig öffnen. Schutzbrille und Schutzbekleidung tragen, um Augenverletzungen und Verbrühungen zu vermeiden.

■ Verschlussdeckel vom Kühlmittel-Ausgleichsbehälter öffnen.
■ Fahrzeug anheben und Motorspritz-

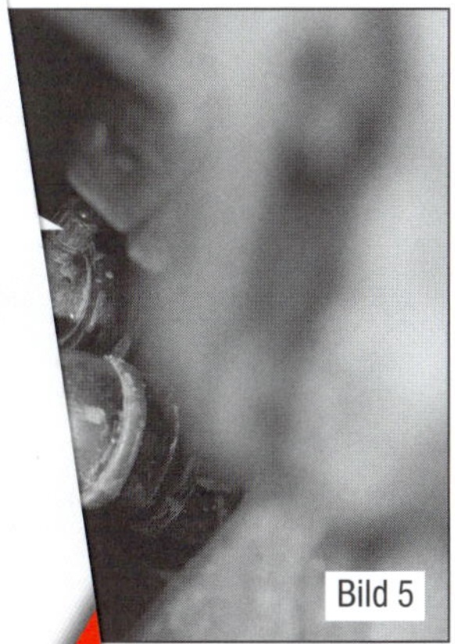

Bild 5

Bild 6

…bschrauben.
…otor stellen.
…grill, wie be…
…eben.
…ckel des …
…raube (1 im …
…Heizung.
…fnen und …
■ Das Kühlmittel auslaufen lassen.

Befüllen ohne Füllgerät

Nach einem Austausch des Kühlers, des Zylinderkopfs oder der Zylinderkopfdichtung darf die gebrauchte Kühlflüssigkeit nicht wiederverwendet werden.

■ Stellen Sie das Fahrzeug auf eine gerade Ebene.
■ Das Kühlmittel langsam über den Einfüllstutzen am Ausgleichsbehälter einfüllen, bis die Flüssigkeit aus der Entlüftung am Rücklaufschlauch der Heizung austritt.
■ Das Kühlmittel langsam bis zur oberen Markierung des gerasterten Feldes am Ausgleichsbehälter auffüllen (Bild 1).
■ Ausgleichsbehälter verschließen. Den Motor starten und die Motordrehzahl für ca. 2 Minuten auf ca. 2000/min halten.

Bild 5
1 Entlüftungsschraube

Bild 6
Ablassschraube am Kühler oder den unteren Schlauch zum Ablassen des Kühlmittels abziehen.

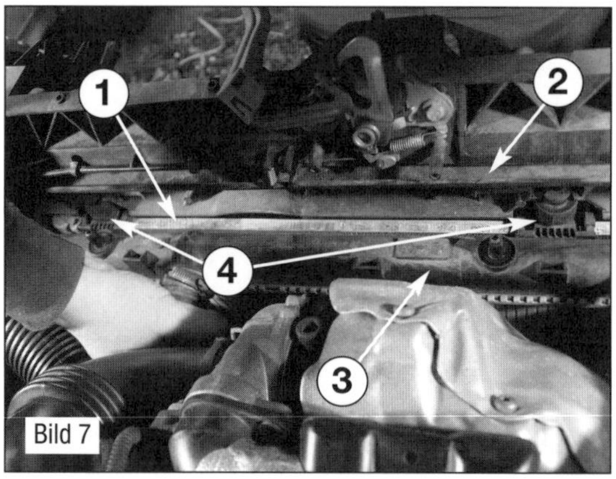

Bild 7
Befestigung des Klimakühlers.
1 Klimakühler
2 Frontquertraverse
3 Motorkühler
4 Halter Klimakühler

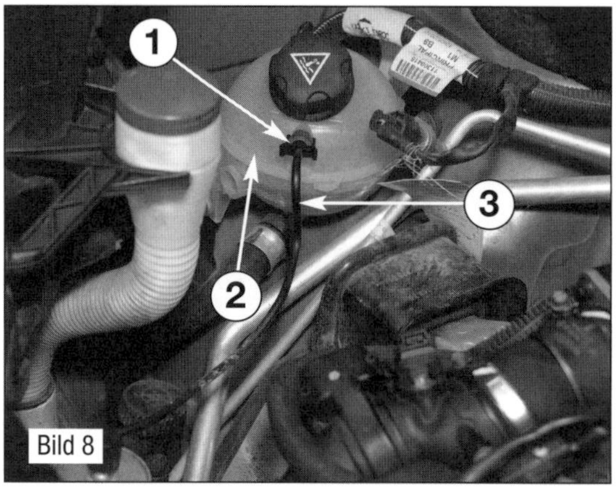

Bild 8
Entlüftungsschlauch am Ausgleichsbehälter.
1 Schelle (Clip)
2 Ausgleichsbehälter
3 Entlüftungsschlauch zum Motorkühler

Bild 9
Halterung am Querträger vorne.
1 Schrauben der Halterungen oben
2 Lüfterzarge
3 Frontquertraverse

■ Schalten Sie die Klimaanlage aus.
■ Stellen Sie den Heizungsregler auf »warm«.

Bei Fahrzeugen mit Zusatzheizung oder Klimaanlage darauf achten, dass der Zusatzkühlkreis geöffnet ist, sodass der Durchfluss des Motorkühlmittels ermöglicht wird.

■ Motor danach im Leerlauf laufen lassen, bis der Lüfter anläuft.
■ Zwischendrin den Motor mehrmals nacheinander langsam beschleunigen (etwa alle 30 Sekunden), bis der Motor ca. 3000 1/min erreicht.
■ Den Wechsel zwischen Leerlaufphasen und Beschleunigung der Motordrehzahl so lange durchführen, bis der Kühlerlüfter zweimal geschaltet hat.
■ Kühlmittelstand prüfen und ggf. ergänzen. Bei betriebswarmem Motor muss der Kühlmittelstand an der oberen Markierung, bei kaltem Motor in der Mitte des gerasterten Feldes liegen.

Kühler aus- und einbauen

Die unterschiedlichen Motorvarianten verändern den Arbeitsablauf zum Ausbau des Kühlers nur unwesentlich. Wir stellen Ihnen hier eine allgemeingültige Beschreibung vor. Für Fahrzeuge mit Klimaanlage fallen keine gesonderten Montagearbeiten an, da der Klimakühler vor dem Motorkühler verbaut ist. Auch der Ladeluftkühler für die Turbomotoren ist vom Ausbau des Motorkühlers nicht betroffen. Der Ladeluftkühler ist neben dem Motorkühler verbaut.
■ Falls vorhanden, Geräuschdämpfung oben ausbauen.
■ Demontieren Sie die Motorabdeckung unten Mitte und rechts wie bereits auf der Seite ((XX)) beschrieben.
■ Lassen Sie das Kühlmittel wie bereits beschrieben ab.
■ Lösen Sie die Schlauchschellen aller Kühlschläuche am Kühler.
■ Ziehen Sie die Kühlschläuche am Kühler ab.
■ Lösen Sie die oberen Befestigungsschrauben (1 im Bild 9) und heben Sie den Motorkühler vorsichtig aus seinem Sitz.
■ Demontieren Sie den vorderen Stoßfänger, um den Zugang zu den oberen Verschraubungen des Kühlers zu ermöglichen.
■ Drehen Sie die oberen Befestigungsschrauben heraus.
■ Nehmen Sie den Kühler heraus.
■ Demontieren Sie die Halteschellen am Kühler oben.
■ Achten Sie darauf, dass die Führungs- und Lagergummis unten nicht verloren gehen.

Der Einbau erfolgt sinngemäß in umgekehrter Reihenfolge.
■ Das Kühlmittel wie bereits beschrieben auffüllen.

EP6-Ottomotor

Das Thermostatgehäuse ist am Zylinderkopf in Richtung Getriebe verbaut. Der Thermostat kann grundsätzlich nur mit dem Gehäuse ersetzt werden. Es handelt sich um einen gesteuerten Thermostaten, welcher über ein eingebautes Heizelement bestromt wird. Der Ausbau des Thermostates ist nicht möglich, da der Anschluss (5 im Bild 15) fest vergossen ist.

- Lassen Sie den Motor abkühlen.
- Demontieren Sie den Unterfahrschutz unten und oben.
- Lassen Sie das Kühlmittel ab.
- Demontieren Sie den Luftfilterkasten und die Ansaugrohre zum Luftfilterkasten.
- Bauen Sie die Batterie aus.
- Lösen Sie die Verkabelung vom Batteriekasten.
- Bauen Sie den Batteriekasten aus.
- Klemmen Sie die Unterdruckleitung (2 im Bild 16) im Bereich des Zylinderkopfes ab und legen Sie sie zur Seite.
- Entriegeln Sie die Steckerverrastungen und ziehen Sie die Anschlussstecker des Einlassnockenwellengebers (1) und des Auslassnockenwellengebers (2) ab und legen Sie die Verkabelung zur Seite.
- Entriegeln Sie die Steckerverrastungen und ziehen Sie die Anschlussstecker zum gesteuerten Thermostat (6 im Bild 15) und zum Temperaturfühler (10) ab und legen Sie die Verkabelung zur Seite.
- Heben Sie die Kabelführung für den Motorkabelbaum etwas ab und drücken Sie sie vorsichtig aus dem Arbeitsbereich.
- Bauen Sie die Wasserschläuche vom Thermostatgehäuse ab und legen Sie sie aus dem Arbeitsbereich heraus.
- Lösen Sie die Verschraubungen der Haltebleche unterhalb des Thermostatgehäuses und drücken Sie die Bleche etwas zur Seite.
- Drehen Sie die beiden Schrauben (7) und die Mutter (4) heraus und nehmen Sie sie ab.
- Hebeln Sie die Sicherungsklammer hinter dem Zylinderkopf zum Zwischenrohr so weit an, dass Sie das Thermostatgehäuse aus dem Zwischenrohr herausziehen können.
- Nehmen Sie das Thermostatgehäuse (5) ab.
- Fangen Sie das noch ablaufende Kühlmittel mit einer geeigneten Auffangwanne und einigen Lappen auf.

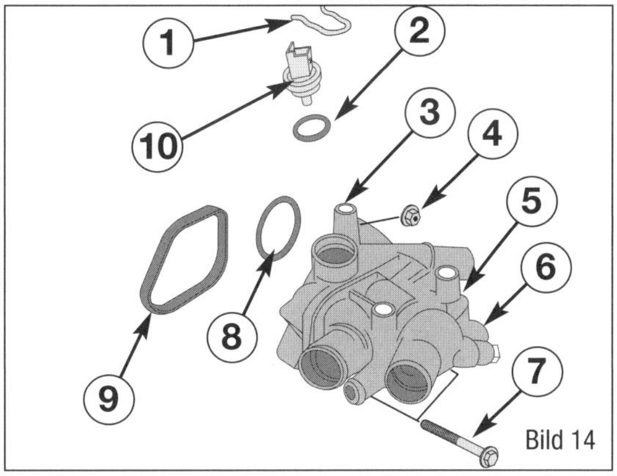

Bild 14
Thermostatgehäuse EP6.
1 Sicherungsklammer
2 Dichtring
3 Entlüftungsschraube
4 Mutter
5 Thermostatgehäuse
6 Anschlussstecker geregelter Thermostat
7 Schraube
8 Dichtring Zwischenrohr
9 Dichtring
10 Temperaturfühler

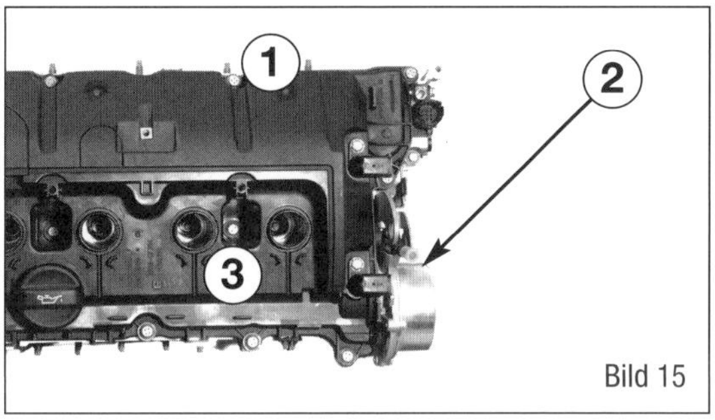

Bild 15
Ventildeckel EP6.
1 Anschluss Einlassnockenwellengeber
2 Unterdruckanschluss
3 Anschluss Auslassnockenwellengeber

Die Montage erfolgt sinngemäß in umgekehrter Reihenfolge.

- Verwenden Sie grundsätzlich eine neue Dichtung.
- Wenn kein neuer Temperaturfühler verbaut ist, bauen Sie den alten Geber um.
- Reinigen Sie die Anlagefläche am Zylinderkopf gründlich.
- Befüllen und entlüften Sie das Kühlsystem wie bereits beschrieben.
- Prüfen Sie den Kühlmittelstand nach dem Warmlauf.
- Prüfen Sie die Dichtigkeit der Anschlüsse.

DV6-Dieselmotor

Das Thermostatgehäuse ist auch beim Diesel am Zylinderkopf in Richtung Getriebe verbaut. Der Thermostat kann grundsätzlich nur mit dem Gehäuse ersetzt werden. Es handelt sich um einen gesteuerten Thermostaten, der über ein eingebautes Heizelement bestromt wird. Der Ausbau des Thermostates ist nicht möglich, da der Anschluss (2 im Bild 17) fest vergossen ist.

- Lassen Sie den Motor abkühlen.
- Demontieren Sie den Unterfahrschutz unten und oben.
- Lassen Sie das Kühlmittel wie bereits beschrieben ab.
- Demontieren Sie das linke Vorderrad,

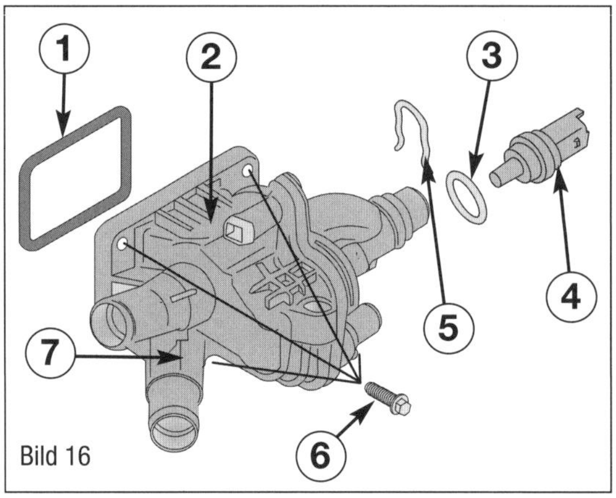

Bild 16
Thermostatgehäuse DV6.
1 Dichtring
2 Anschlussstecker geregelter Thermostat
3 Dichtring
4 Temperaturfühler
5 Sicherungsklammer
6 Schraube
7 Thermostatgehäuse

bauen Sie die Radhausschale vorne links aus.

■ Lösen Sie den Kabelstrang zum Sicherungskasten und drücken Sie ihn zur Seite.

■ Demontieren Sie die Batterie und den Batteriekasten.

■ Bauen Sie den Luftfilterkasten und die Luftführungen dahin aus.

■ Drehen Sie die Befestigungsschrauben der Kabelstranghalterung los und drücken Sie sie zur Seite.

Eine Befestigungsschraube der Halterung des elektrischen Kabelstrangs sitzt zwischen Motor und Spritzwand. Hier sollten Sie einen Spiegel verwenden, um sich die Arbeit zu erleichtern.

■ Entriegeln Sie die Steckkontakte und ziehen Sie sie ab. Legen Sie den Kabelstrang zur Seite.

■ Drehen Sie die vier Schrauben (6 im Bild 17) heraus und nehmen Sie sie ab.

■ Nehmen Sie das Thermostatgehäuse (7) ab.

■ Fangen Sie das noch ablaufende Kühlmittel mit einer geeigneten Auffangwanne und einigen Lappen auf.

Die Montage erfolgt sinngemäß in umgekehrter Reihenfolge.

■ Verwenden Sie grundsätzlich eine neue Dichtung.

■ Wenn kein neuer Temperaturfühler verbaut ist, bauen Sie den alten Geber um.

■ Reinigen Sie die Anlageflächen am Zylinderkopf gründlich.

■ Befüllen und entlüften Sie das Kühlsystem wie bereits beschrieben.

■ Prüfen Sie den Kühlmittelstand nach dem Warmlauf.

■ Prüfen Sie die Dichtigkeit der Anschlüsse.

Thermostat prüfen

Zwar erscheint es nicht unbedingt logisch, aber macht es durchaus Sinn die Funktion des Thermostates im ausgebauten Zustand zu prüfen. So kann ausgeschlossen werden, dass doch ein anderer Fehler vorliegt, der ein ähnliches Symptom wie ein defekter Thermostat bewirkt.

■ Bauen Sie den Thermostaten oder das Thermostatgehäuse aus.

■ Legen Sie ihn in einen Kochtopf oder einen Wasserkocher.

■ Legen Sie eine Messsonde in den Bereich des Thermostates mit ins Wasser hinein. Sehr gut funktioniert die Messsonde, die meist bei den Multimetern mitgeliefert wird.

■ Erwärmen Sie das Wasser langsam und beobachten Sie hierbei das Thermostatventil.

Es sollte bei etwa 85 °C beginnen sich zu öffnen und bei spätestens etwa 105 °C voll geöffnet sein. Die Öffnung muss gleichmäßig und ruckfrei erfolgen. Das Ventil muss sich vollständig öffnen. Es ergibt einen Ringspalt von etwa 5 mm.

Arbeitet der Thermostat fehlerfrei, lassen Sie einen CO^2-Test durchführen, um einen Schaden an der Kopfdichtung auszuschließen.

■ Lassen Sie das Wasser wieder abkühlen. Beobachten Sie auch das Schließverhalten des Thermostates. Liegen Fehler vor, sollten Sie den Thermostat erneuern.

7 Kraftstoffversorgung

Bauteile der Anlage und Arbeiten am Kraftstoffsystem

Sicherheit geht vor

Der Kraftstoffdruck im Hochdruckrohr kann beim Common-Rail-System bis zu 2000 bar betragen! Beachten Sie die Sicherheitsmaßnahmen zum Druckabbau im Hochdruckbereich. Selbst die Kraftstoffvorlaufleitung steht unter Druck! Tragen Sie Schutzbrille und Schutzbekleidung, um Verletzungen und Hautkontakt zu vermeiden. Vor dem Lösen von Schlauchverbindungen Putzlappen um die Verbindungsstelle legen. Dann durch vorsichtiges Abziehen des Schlauchs Druck abbauen.

Aus Sicherheitsgründen muss vor dem Öffnen des Kraftstoffsystems die Stromzufuhr zur Kraftstoffpumpe unterbrochen werden. Die Kraftstoffpumpe wird sonst beim Öffnen der Fahrertür aktiviert. Nutzen Sie eine der folgenden Möglichkeiten, um die Stromzufuhr zu unterbrechen.

Wichtig zu wissen für die Arbeit an dieser Reparaturgruppe ist die Tatsache, dass es automatische Ein- und Ausschaltfunktionen für die Kraftstoffpumpe gibt. Die Crash-Kraftstoffabschaltung soll die Gefahr eines Fahrzeugbrandes nach einem Crash reduzieren, indem die Kraftstoffpumpe abgeschaltet wird. Kurzzeitiges Einschalten der Pumpe beim Öffnen der Tür soll andererseits eine Komfortverbesserung des Startverhaltens beim Motor bewirken. Dabei wird die Kraftstoffpumpe 2 Sekunden lang angesteuert, damit sich im Kraftstoffsystem Druck aufbaut. Weil die Kraftstoffpumpe beim Einschalten der Zündung und durch den Türkontaktschalter der Fahrertür aktiviert wird, muss vor dem Öffnen des Kraftstoffsystems aus Sicherheitsgründen, wenn die Batterie nicht abgeklemmt wird, der Anschlussstecker von der Kraftstoff-Fördereinheit abgezogen oder die Sicherung für die Ansteuerung der Kraftstofffördereinheit aus dem Sicherungshalter entfernt werden.

Die Anlage im Überblick

Wichtigste Bauteile des Systems der Kraftstoffversorgung sind der Kraftstoffbehälter (Tank), in den der Kraftstoff über Tankklappeneinheit und Einfüllstutzen eingebracht wird, die in den Tank eingebaute Kraftstofffördereinheit (Kraftstoffpumpe), der Kraftstofffilter und die Kraftstoffleitungen (Bild 1). Vor- und Rücklaufleitungen des Kraftstoffsystems sind nicht immer farblich gekennzeichnet. Besteht Verwechslungsgefahr, markieren Sie die Leitungen mit einer Aufschrift auf einem Klebestreifen. Es gibt kaum Merkmale, durch die sich die durchaus unterschiedlichen Tankanlagen für Dieselmodelle und vergleichbare Benzinermodelle mit 0,5 bar oder 6 bar Niederdrucksystem voneinander unterscheiden lassen. Die Einbauposition der Komponenten unterscheidet sich heute auch bei unterschiedlichen Fahrzeugtypen kaum. Erfahrungsgemäß wird der Ersatz oder auch Arbeiten am Tanksystem sich auf die Intankpumpe oder den Kraftstoffgeber beschränken. Der Austausch der kompletten Tankanlage ist möglich, aber aufwändig und kommt eher selten vor.

Bild 1
Tankanlage in der Übersicht.

1 Kraftstofftank
2 Abstandhalter
3 Intankpumpe mit Kraftstoffgeber
4 Überwurfmutter
5 Kabelsatz Intankpumpe
6 Dichtring
7 Dichtring
8 Einfüllrohr mit Stutzen
9 Tankfangband
10 Schirmblech (Hitzeschutz)
11 Halter
12 Kraftstofffilter (Ottomotoren)
13 Kraftstoffleitung

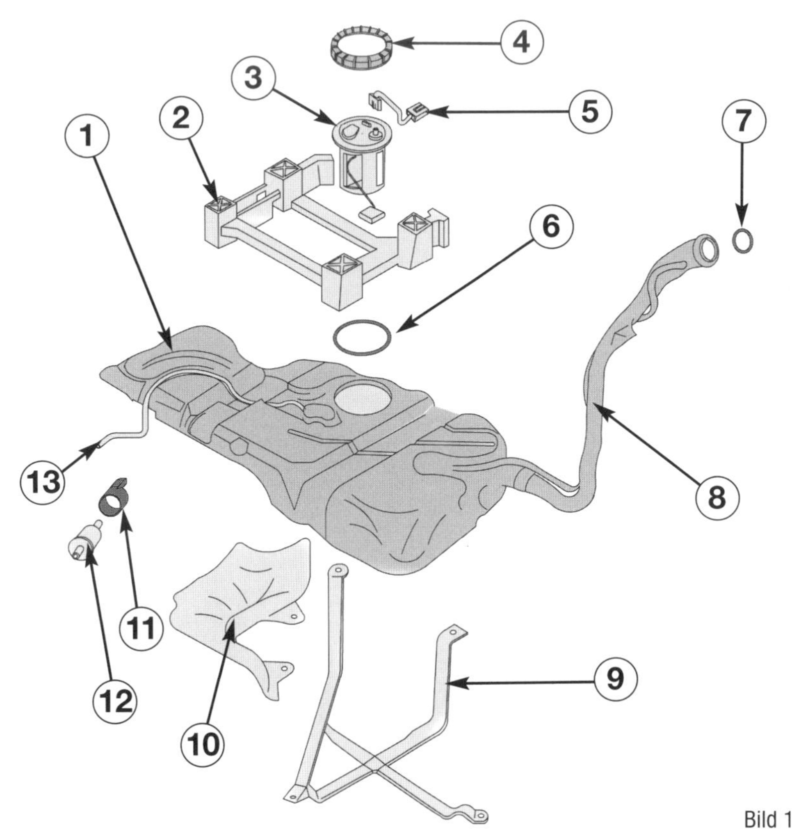

Bild 1

Sichtprüfung Messen

Elektrische Sicherungen für Kraftstoffpumpe
Die zutreffende Sicherung befindet sich auf dem Steckplatz »F21« des Sicherungshalters im Motorraum links. Diese 15-A-Sicherung sichert die Stromzufuhr zum Kraftstoffpumpenrelais der Kraftstofffördereinheit ab.
Der Sicherungshalter im Motorraum ist der Einbauort für Sicherungen, die Sie beim Aus- und Einbau des Gebers für Kraftstoffvorratsanzeige oder der Kraftstoffpumpe (Kraftstoffördereinheit) benötigen. Über die Steckkontakte des abgezogenen Kraftstoffrelais können Sie die Kraftstoffpumpe ansteuern, ohne die Zündung einschalten zu müssen.

⚠ Bei gefüllten oder teilweise gefüllten Kraftstoffbehältern muss bereits vor Beginn der Arbeiten in der Nähe der Montageöffnung des Kraftstoffbehälters zum Absaugen der freiwerdenden Kraftstoffgase der Abgasschlauch einer eingeschalteten Abgasabsauganlage gelegt werden. Alternativ kann ein Radiallüfter mit Motor außerhalb des Luftstroms und Fördervolumen größer als 15 m^3/h verwendet werden.

⚠ Kraftstoffleitungen sind mit Schnellverschlüssen gesichert. Kraftstoffschläuche dürfen nur mit Federbandschellen gesichert werden. Die Verwendung von Klemm- oder Schraubschellen ist nicht zulässig.

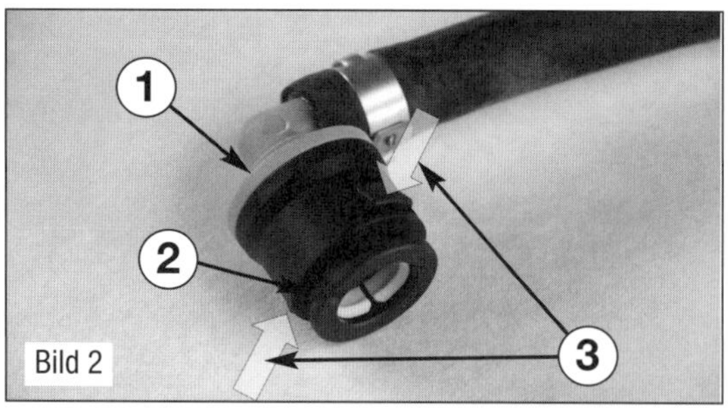

Bild 2
Variante 1.
1 Kupplungsgehäuse
2 Rastenring
3 Entriegelungstasten

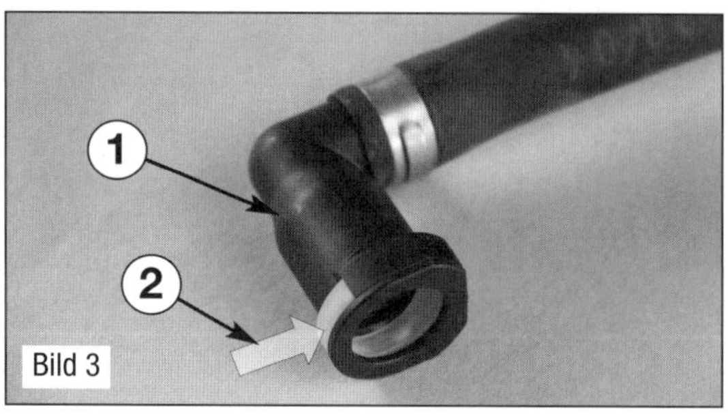

Bild 3
Variante 2.
1 Kupplungsgehäuse
2 Rastenring

Steckkupplungen trennen

Bei den meisten Fahrzeugen auf dem Markt finden sich sechs typische Stecksysteme für die Verbindungen der Schläuche unter anderem auch für die Kraftstoffversorgung. Es ist sehr wichtig zu wissen, wie sie geöffnet werden, um sie nicht zu beschädigen. Für alle gilt, dass die Verbindungen am besten etwas zusammengeschoben werden, damit sie leichter Ausrasten können.

Variante 1 (Bild 2)
Der Innenring (Rastenring in der Mitte) ist nach oben und unten verschiebbar. Verschlossen umfasst der Rastenring das Gegenstück auf der Kraftstoffleitung.

- Steckkupplung (1) etwas auf den Anschluss drücken.
- Entriegelungstasten (3) drücken und gedrückt halten.
- Steckkupplung (1) von der Kraftstoffleitung abziehen.
- Beim Einbau Farbzuordnung beachten.
- Steckkupplungen müssen beim Verriegeln »hörbar« einrasten.
- Den festen Sitz der Steckkupplung durch Gegenziehen prüfen!

Variante 2 (Bild 3)
Der Rastenring kann nach links oder rechts verschoben werden. Er hat im gedrückten Zustand einen etwas größeren Durchmesser, der es erlaubt, die Verdickung auf der Kraftstoffleitung vorbeizulassen.

- Steckkupplung (1) etwas auf den Anschluss drücken.
- Zugentriegelung (2) in Pfeilrichtung eindrücken.
- Steckkupplung (1) von der Kraftstoffleitung abziehen.
- Beim Einbau Farbzuordnung beachten.
- Die Steckkupplungen müssen beim Verriegeln »hörbar« einrasten.
- Den festen Sitz der Steckkupplung durch Gegenziehen prüfen!

Variante 3 (Bild 4)
Der untere Teil des Steckergehäuses ist der Rastenring. Er muss entsichert und nach unten gezogen werden.

- Entriegelungstaste (Pfeil) drücken und den unteren Teil der Steckkupplungen (Schiebestück) nach oben schieben.
- Die Steckkupplung nach oben abziehen.

■ Beim Einbau Farbzuordnung beachten.
■ Steckkupplungen müssen beim Verriegeln »hörbar« einrasten.
■ Den festen Sitz der Steckkupplungen durch Gegenziehen prüfen!

Variante 4 (Bild 5)
Ähnlich wie bei Variante 1 kann der Innenring nach oben und unten verschoben werden. Verschlossen umfasst der Rastenring das Gegenstück auf der Kraftstoffleitung.
■ Steckkupplung (1) etwas auf den Anschluss drücken.
■ Entriegelungstasten (2) drücken und Steckkupplung abziehen.
■ Beim Einbau Farbzuordnung beachten.
■ Steckkupplungen müssen beim Verriegeln »hörbar« einrasten.
■ Den festen Sitz der Steckkupplung durch Gegenziehen prüfen!

Variante 5 (Bild 6)
Der Außenring (2) kann noch oben und unten verschoben werden. Eingerastet befindet sich der Ring unten. Auch beim Aufdrücken sollte der Ring betätigt werden.
■ Steckkupplung (1) etwas auf den Anschluss drücken.
■ Den Außenring (2) nach oben schieben und Steckkupplung abziehen.
■ Beim Einbau Farbzuordnung beachten.
■ Steckkupplungen müssen beim Verriegeln »hörbar« einrasten.
■ Den festen Sitz der Steckkupplung durch Gegenziehen prüfen!

Variante 6 (Bild 7)
Hier kann ähnlich wie bei Variante 2 die Sicherungsklammer (2) nach links oder rechts verschoben werden. Sie sichert die Steckverbindung zweifach. Die Sicherungsklammer (2) sichert die Rasten (4) gegen Betätigung, da die Klammer im eingeschoben Zustand eine Rastenbetätigung verhindert.
■ Entriegelungstasten (2) rechts und links zusammendrücken.
■ Die Sicherungsklammern (2) gegen die Pfeilrichtung (1) bis Anschlag herausziehen.
■ Entriegelungstasten (4) drücken und Steckkupplung abziehen.
■ Beim Einbau Farbzuordnung beachten.
■ Steckkupplungen müssen beim Verriegeln »hörbar« einrasten.
■ Den festen Sitz der Steckkupplung durch Gegenziehen prüfen!

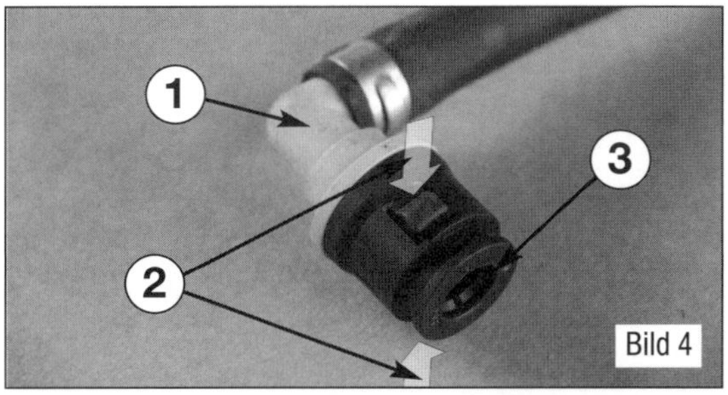

Bild 4
Variante 3.
1 Kupplungsgehäuse
2 Entriegelungstasten
3 Schiebestück

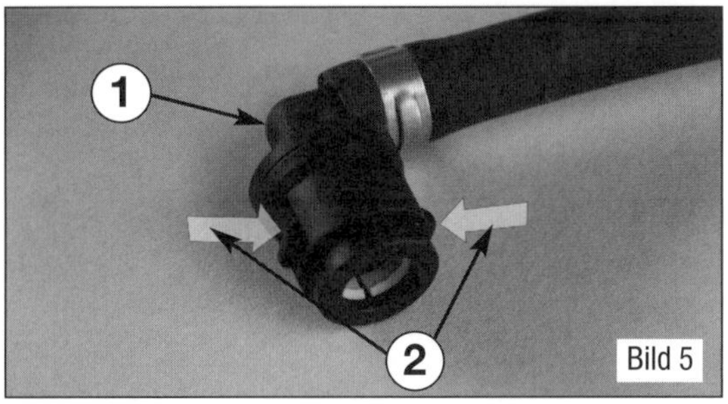

Bild 5
Variante 4.
1 Kupplungsgehäuse
2 Entriegelungstasten

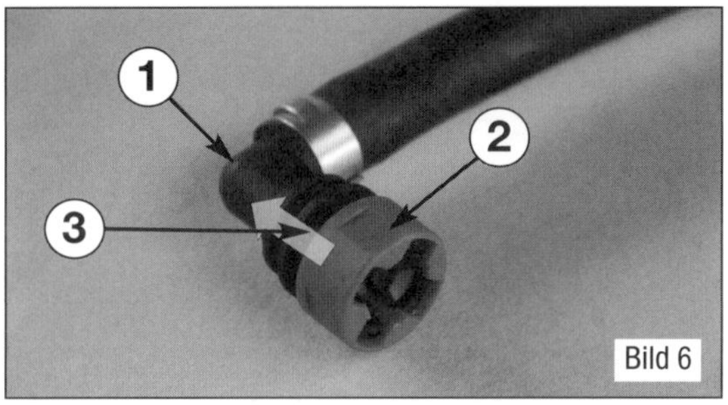

Bild 6
Variante 5.
1 Kupplungsgehäuse
2 Außenring
3 Bewegungsrichtung

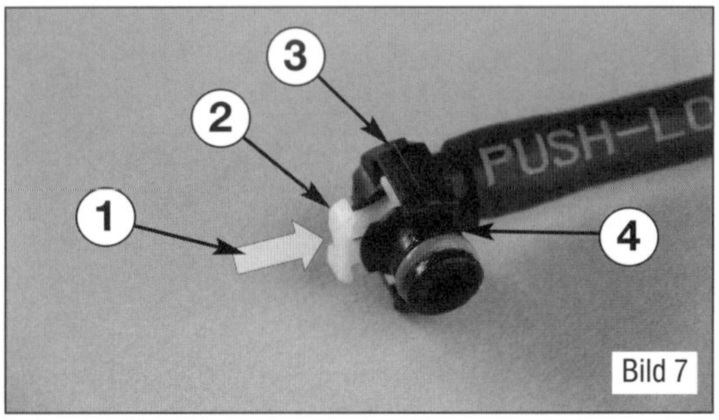

Bild 7
Variante 6.
1 Bewegungsrichtung (sichern)
2 Sicherungsklammer
3 Kupplungsgehäuse
4 Entriegelungstaste

Kraftstoffbehälter entleeren und befüllen

Die Montagearbeiten für die einzelnen Motorvarianten und Fahrzeugaufbauten unterscheiden sich nur unwesentlich. Grundsätzlich sollten Sie den Kraftstofftank niemals im gefüllten Zustand demontieren oder mit hohem Füllstand die Verschlussschraube öffnen. Der Kunststofftank kann sich verziehen und so auch der Verschluss zum Tankgeber undicht werden.

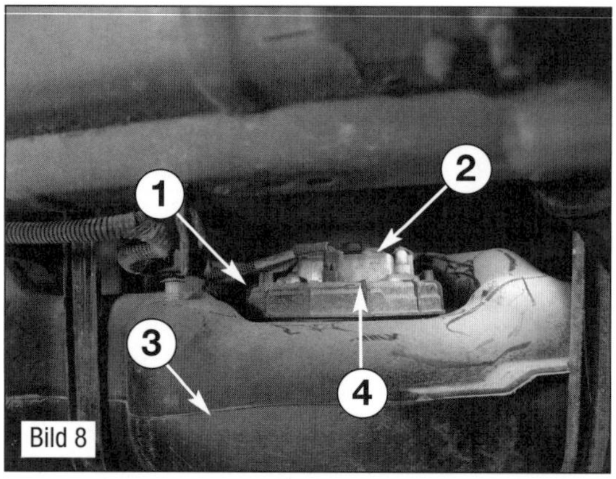

Bild 8
Ansicht hinter dem Reserverad.
1 Kabelbaum
2 Kraftstoffleitungen
3 Kraftstofftank
4 Überwurfmutter

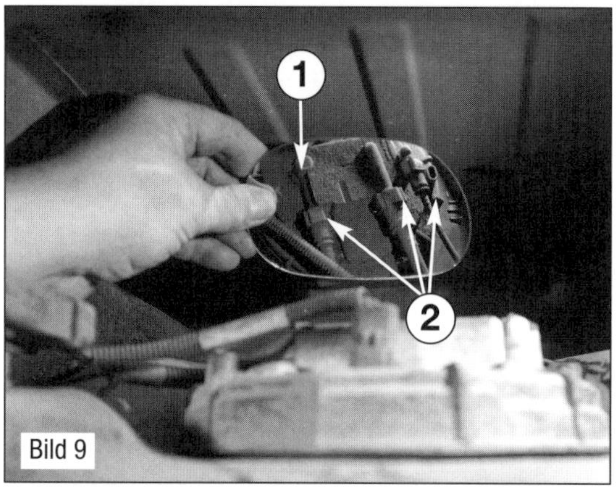

Bild 9
Ansicht über einen Spiegel.
1 Spiegel
2 Kraftstoffleitungen

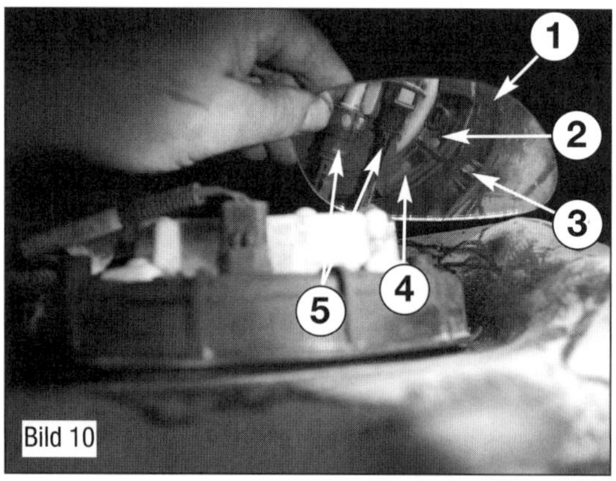

Bild 10
Einbaulage des Tankmoduls.
1 Spiegel
2 Markierung auf der Überwurfmutter
3 Markierung auf dem Tank
4 Überwurfmutter
5 Kraftstoffleitungen

Tank absaugen (Teilentleerung):
Der Kraftstofftank ist bei den meisten Fahrzeugen mit Abstandhaltern an der Karosserie montiert. Der Platz reicht gerade so aus, um den Tankgeber zu montieren. Allerdings müssen die Oberseite des Tanks sowie der Fahrzeugboden im Bereich des Tanks gründlich gereinigt werden.

■ Die Tankoberseite und gerade den Bereich um die Überwurfmutter (4 im Bild 8) des Tankpumpenelements gründlich reinigen.

i Mit einem Spiegel lässt sich die Tankoberseite sehr gut betrachten.

■ Einen Lappen im Bereich der Kraftstoffleitung (5 im Bild 10) legen und die Leitung abziehen.

■ Stecken Sie eine Adapterleitung oder einen passenden Schlauch auf.

■ Das andere Ende des Ablassschlauches in einen geeigneten Sicherheitsbehälter einführen.

■ Die Tankklappe öffnen und den Verschlussdeckel des Kraftstoffbehälters abschrauben.

Ansteuerung über den Motortester:

■ Die Kraftstoffpumpe mit einem Diagnosetester über die geführten Funktionen des jeweiligen Motorsteuergerätes ansteuern.

■ Den Kraftstoff in geeigneten Sicherheitsbehälter abpumpen.

Manuelle Ansteuerung der Kraftstoffpumpe:

■ Öffnen Sie die Sicherungsbox im Motorraum links und ziehen Sie das Kraftstoffpumpenrelais heraus.

■ Klemmen Sie auf die Klemme 87 des Relaisplatzes ein Pluskabel, am besten mit Schalter als Fernbedienung, an.

■ Den Kraftstoff in geeigneten Sicherheitsbehälter abpumpen.

⚠ Die Kraftstoffpumpe mit Tankgeber darf nicht trocken laufen, sonst kann sie beschädigt werden.

■ Den Ablassschlauch von dem Vorlaufanschluss abziehen.

■ Den Kraftstoff aus dem Ablassschlauch in den Sicherheitsbehälter ablaufen lassen.

■ Den Ablassschlauch aus dem Sicherheitsbehälter herausziehen.

■ Den Kraftstoffvorlauf wieder auf das Tankmodul aufstecken.

Tank absaugen (komplette Entleerung):
Diese Arbeit wird immer dann erforderlich, wenn eine Falschbetankung passiert ist oder aufgrund eines Schadens die Tankanlage gereinigt oder ausgebaut werden muss. Zum Absaugen dürfen nur »Ex-geschützte Sauger« verwendet werden.

■ Die Tankklappe öffnen und den Verschlussdeckel des Kraftstoffbehälters abschrauben.

■ Die Innenraumklappe über dem Tankpumpenelement ausbauen.

■ Den Bereich um die Abdeckung des Tankpumpenelements gründlich reinigen.

■ Drehen Sie die Schrauben heraus und nehmen Sie die Abdeckung (soweit verbaut) heraus.
■ Reinigen Sie den Bereich um das Tankpumpenelement mit Druckluft gründlich.
■ Einen Lappen im Bereich der Kraftstoffleitung legen und die Leitung abziehen.
■ Bauen Sie die Tankfördereinheit aus.
■ Saugen Sie den Kraftstoff mit einem geeigneten Absauggerät aus dem Tank ab.
■ Nehmen Sie den restlichen Kraftstoff mit einem Lappen auf.

Kraftstofftank befüllen:

Tipp: Bei Fahrzeugen mit Partikelfilter enthält der aufgefangene Kraftstoff ein Additiv für die Funktion des Partikelfilters. Die in den Tank eingespritzte Additivmenge entspricht der Kraftstoffmenge und wird durch das Steuergerät für das Kraftstoffadditivsystem definiert.

■ Den Kraftstoffbehälter über den Einfüllstutzen wie beim normalen Betanken befüllen.
■ Den Verschlussdeckel des Kraftstoffbehälters anschrauben und Tankklappe schließen.
■ Die Zündung einschalten, den Nachlauf der Kraftstoffpumpe mit Tankgeber abwarten.
■ Zündung wieder ausschalten und die Dichtheit der Kraftstoffleitung am Kraftstoffverteiler oder am Anschluss an der Hochdruckpumpe prüfen.
■ Innenraumklappe über Motor wieder einbauen.
■ Den Fehlerspeicher auslesen, wenn erforderlich löschen.

Kraftstofffördereinheit im Tank aus- und einbauen

Soll die Kraftstofffördereinheit getauscht werden, ist zuvor die Kraftstoffpumpe zu prüfen (Funktion und Spannungsversorgung, Kraftstoffdruck und Haltedruck sowie Kraftstofffördermenge, Stromaufnahme). Prüfen Sie zuerst die Steckverbindung auf festen Sitz, indem Sie am Stecker ziehen, ohne die Verriegelung zu betätigen. War der Stecker nicht richtig gesteckt, kann er einen Fehler verursacht haben. Damit soll ein Fehltausch der Kraftstofffördereinheit vermieden werden. Diese komplexen Prüfungsarbeiten erfordern eine Reihe von Prüf- und Messgeräten wie Druckmessgerät mit verschiedenen Adaptern, Mengenvergleichsmessgerät und einen Fahrzeugdiagnosetester, die in der heimischen Garage kaum vorhanden sein dürften. Eventuell hilft eine Mietwerkstatt. Wir halten für diese Prüfung eine Fachwerkstatt für die beste Empfehlung.

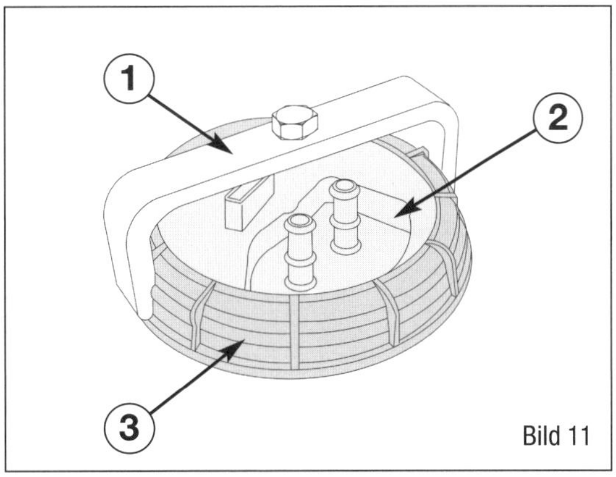

Bild 11

Bild 11
1 Schlüssel für Überwurfmutter
2 Tankfördereinheit
3 Überwurfmutter

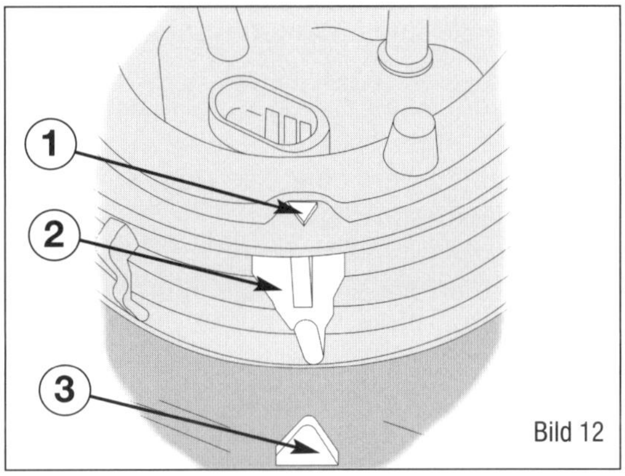

Bild 12

Bild 12
1 Markierung der Einbaurichtung auf der Tankfördereinheit
2 Nase
3 Markierung der Einbaurichtung auf dem Tank

Achtung: Kraftstoffsystem steht unter Druck! Tragen Sie Schutzbrille und Schutzhandschuhe um Verletzungen und Hautkontakt zu vermeiden. Vor dem Lösen von Schlauchverbindungen Putzlappen um die Verbindungsstelle legen. Dann durch vorsichtiges Abziehen des Schlauchs Druck abbauen.

■ Kraftstoffbehälter zumindest bis auf 1/3 Füllstand leeren.
■ Die Innenraumklappe über dem Tankpumpenelement ausbauen.
■ Den Bereich um die Abdeckung des Tankpumpenelements gründlich reinigen.
■ Drehen Sie die Schrauben heraus und nehmen Sie die Abdeckung (soweit verbaut)

heraus.
- Reinigen Sie den Bereich um das Tankpumpenelement mit Druckluft gründlich.
- Einen Lappen im Bereich der Kraftstoffleitung legen und die Leitung abziehen.
- Ziehen Sie den elektrischen Anschluss und die Kraftstoffleitungen von der Tankfördereinheit ab.

Kontrollieren Sie, ob Vor- und Rücklaufleitung markiert sind. Ist das nicht der Fall, markieren Sie die Anschlüsse mit beschriftetem Klebeband.

- Ziehen Sie den Entlüftungsschlauch zum Tank ab.
- Überwurfmutter mit dem Schlüssel für Überwurfmutter abschrauben.
- Kraftstofffördereinheit aus dem Kraftstoffbehälter herausnehmen.

Der Einbau erfolgt sinngemäß in umgekehrter Reihenfolge.
- Der Pfeil auf der Kraftstofffördereinheit (1 im Bild 12) zeigt zum Pfeil (3) am Kraftstoffbehälter. Die Nase der Kraftstofffördereinheit (2) muss mit der Aussparung am Kraftstoffbehälter übereinstimmen.
- Die markierten Rücklaufleitung Vorlaufleitung sind auf dem Flansch des Gebers für Kraftstoffvorratsanzeige durch (Flussrichtungspfeile) gekennzeichnet.

Geber für Kraftstoffvorratsanzeige

De- und Montage
Die Montagearbeiten für die einzelnen Modelle unterscheiden sich nur unwesentlich. Die hier beschriebenen Arbeitsschritte können als Arbeitsschema für alle Modelle übernommen werden. Die Komponenten

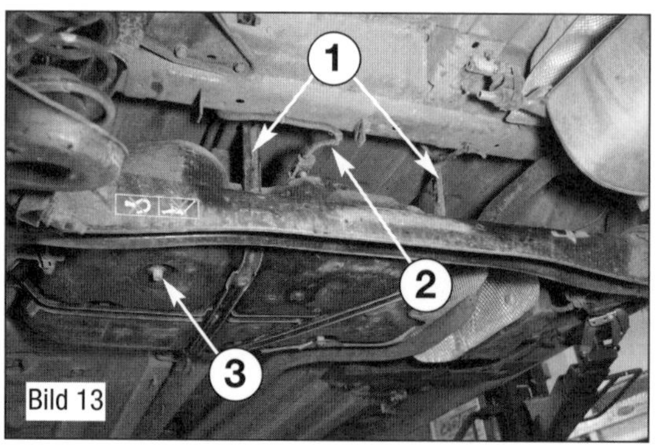

Bild 13
Tankbänder am Berlingo/Partner.
1 Tankbänder
2 elektrischer Anschluss
3 Tank

von Kraftstoffgebereinheit, Pumpe und Füllstandsgeber sind im Zubehörmarkt durchaus einzeln zu beschaffen und können somit auch einzeln ersetzt werden. Der offizielle Weg ist aber grundsätzlich der Ersatz der gesamten Einheit.
- Kraftstoffbehälter zumindest bis auf 1/3 Füllstand leeren.
- Kraftstofffördereinheit ausbauen.
- Kraftstofffördereinheit entleeren und auf einen sauberen Untergrund stellen.
- Steckverbindung vom Geber für Kraftstoffvorratsanzeige abziehen und Leitung freilegen.
- Verrastung entriegeln und Geber für Kraftstoffvorratsanzeige herausziehen.

Der Einbau erfolgt sinngemäß in umgekehrter Reihenfolge.
- Geber für Kraftstoffvorratsanzeige in den Führungen an der Kraftstoffpumpe einsetzen und bis zum Einrasten nach unten drücken.
- Achten Sie darauf, dass Sie den Schwimmerhebel nicht verbiegen.
- Kontrollieren Sie die Schwimmereinstellung wie bereits beschrieben.

Kraftstofftank aus- und einbauen

⚠ Es kann beim Ausbau des Kraftstofftanks immer Restkraftstoff austreten. Legen Sie sich Bindemittel und einige Lappen bereit, um den austretenden Kraftstoff aufzufangen. Um zu vermeiden, dass Dreck in die Anschlüsse oder in den Tank selber eintritt, kann man die Anschlussstücke mit Klebeband abkleben oder durch Lappen verschließen.

- Prüfen Sie zuerst, ob ein codiertes Radio eingebaut ist. In diesem Fall erfragen Sie bitte die Anti-Diebstahl-Codierung.
- Klemmen Sie bei ausgeschalteter Zündung das Masseband der Batterie ab.
- Entleeren Sie den Kraftstofftank wie bereits beschrieben.
- Demontieren Sie die linke hintere Radhausschale.
- Das Umfeld am Kraftstoffeinfüllstutzen reinigen.
- Demontieren Sie den Schutz des Additivbehälters (soweit vorhanden).

■ Drehen Sie die Befestigungsschraube (2 im Bild 14) heraus.
■ Ziehen Sie den Tankeinfüllstutzen aus seiner Halterung heraus.
■ Demontieren Sie den hinteren Teil der Auspuffanlage.
■ Bauen Sie den Hitzeschild unter dem Tank aus.
■ Lösen Sie die Anschlussleitungen zum Kraftstofftank.
■ Demontieren den Additivtank (soweit vorhanden).
■ Unterbauen Sie den Tank mit einem geeigneten Hebewerkzeug (Getriebeheber oder Hubtisch).
■ Entriegeln Sie das Steckergehäuse und ziehen Sie den Stecker der Kraftstoffpumpe ab.
■ Drehen Sie die Halterungsschrauben des Tankfangbandes heraus.
■ Verschließen Sie den Einfüllstutzen mit sauberen und fusselfreien Lappen.
■ Führen Sie beim Absenken den Einfüllstutzen mit nach unten.
■ Nehmen Sie die Auflage des Kraftstofftanks heraus.
■ Reinigen Sie den Bereich um das Tankpumpenelement mit Druckluft gründlich.

Kontrollieren Sie, ob Vor- und Rücklaufleitung markiert sind. Ist das nicht der Fall, markieren Sie die Anschlüsse mit beschriftetem Klebeband.

■ Einen Lappen im Bereich der Kraftstoffleitung (2 im Bild 9) legen und die Leitung abziehen.
■ Clipsen Sie die Kraftstoffleitungen des Tankfördermoduls ab. Verschließen Sie die Leitungsanschlüsse, um das Eindringen von Verschmutzungen zu vermeiden.

Die Kraftstoffvorlaufleitung steht unter Umständen unter Druck! Schutzbrille und Schutzbekleidung tragen, um Verletzungen und Hautkontakt zu vermeiden. Vor dem Lösen von Schlauchverbindungen Putzlappen um die Verbindungsstelle legen. Dann durch vorsichtiges Abziehen des Schlauchs Druck abbauen.

■ Ziehen Sie den elektrischen Anschluss und die Kraftstoffleitungen von der Tankfördereinheit ab.

Bei Fahrzeugen mit Zusatzheizung zusätzliche Kraftstoffleitung trennen.

■ Eventuell auslaufenden Kraftstoff mit einem Putzlappen auffangen.

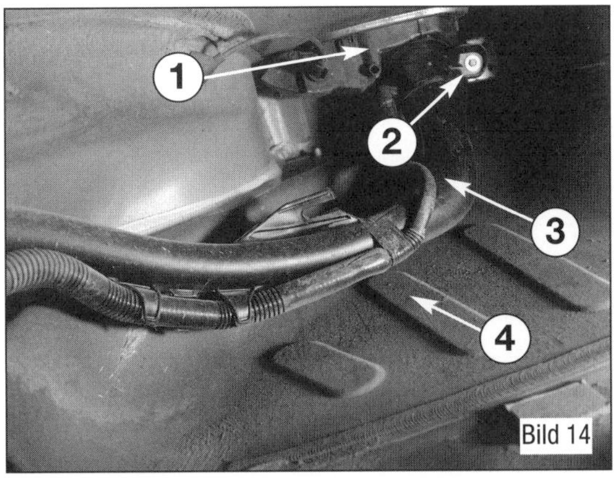

Bild 14
Tankstutzen im Radkasten.
1 Tankklappenmodul
2 Schraube
3 Tankstutzen
4 Radhaus links

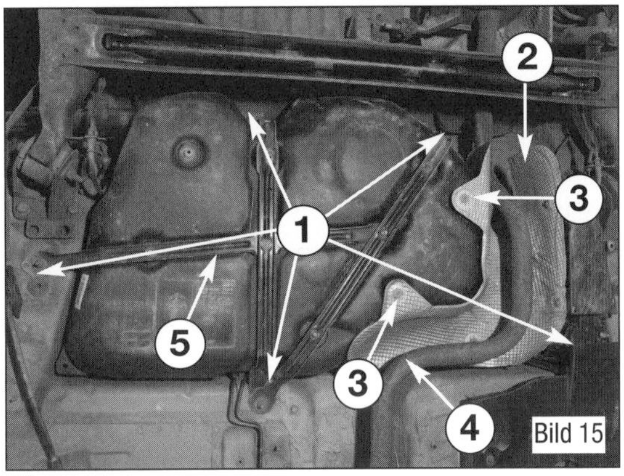

Bild 15
Spannbänder von unten.
1 Verschraubung
2 Schirmblech (Hitzeschild)
3 Schrauben
4 Auspuffrohr
5 Tankfangband

■ Senken Sie den Tank mit dem Einfüllstutzen vorsichtig ab.

Der Tankstutzen muss zwischen Karosserie und Hinterachse hindurchgeschoben werden. Hierzu muss der Tank so weit geschwenkt werden, dass er herausgenommen werden kann.

Der Einbau erfolgt in umgekehrter Reihenfolge.

Die Kraftstoffpumpe darf nicht bei leerem Kraftstoffbehälter anlaufen, da es sonst zu Verpuffungen kommen kann! Kraftstoffbehälter muss mit mindestens 5 Liter Kraftstoff gefüllt sein.

■ Einbaulage der Spannbänder beachten.
■ Die Steckverbindungen der Entlüftungs- und Kraftstoffleitungen müssen beim Zusammenstecken hörbar einrasten.
■ Vor- und Rücklaufschlauch nicht vertauschen.
■ Entlüftungs- und Kraftstoffschläuche knickfrei verlegen.
■ Auf festen Sitz der Leitungsanschlüsse achten.
■ Ziehen Sie die Muttern des Tankfang-

bandes mit 15 Nm fest.
- Ziehen Sie die Schraube am Einfüllstutzen mit 10 Nm fest.

Verhalten bei Falschbetankung

Falschbetankung beim Ottomotor
Eigentlich gibt es nur beim Dieselmotor ein massives Problem bei Falschbetankung. Das stimmt aber für die Ottomotoren aufgrund der Abgasaufbereitungssysteme nicht mehr ganz.
Ottokraftstoff mit geringerer Oktanzahl wird über die Klopfsensoren erfasst und über Veränderungen im Zündzeitpunkt angepasst. Bei Falschbetankung mit Dieselkraftstoff würde je nach Menge der Falschbetankung der Motor nicht mehr oder schlecht anspringen. Abgassonden könnten bei einer Vermischung mit Dieselkraftstoff verrußen. Das Kraftstoffsystem kann aber durch Ablassen, Reinigung und Neubefüllung wieder in Betrieb genommen werden

Falschbetankung beim Dieselmotor
Durch eine Falschbetankung kann es wegen mangelnder Schmierung durch den falschen Kraftstoff (z. B. Ottokraftstoff) beim Dieselmotor zu irreversiblen Schäden an den Hochdruckkomponenten, insbesondere der Hochdruckpumpe kommen. Hierin sind Schäden in Form von Fressern und Partikelabtrag zu erwarten. Durch diese Partikel wiederum sind weitere Schäden im Druckregelventil und in den Injektoren als sicher anzunehmen. Betrachten wir als Nächstes zwei mögliche Szenarien genauer.

Der Dieselmotor wurde mit falschem Kraftstoff gestartet
Verunreinigter, beziehungsweise falscher Kraftstoff ist in das Kraftstoffsystem eingedrungen und hat die Hochdruckkomponenten erreicht.
- Zündung nicht einschalten.
- Kraftstofffördereinheit ausbauen und gegen eine neue tauschen.
- Kraftstoffbehälter mit einem geeigneten Kraftstoffabsauggerät über die Öffnung der Kraftstofffördereinheit vollständig entleeren.

Kraftstoffbehälter auf Verschmutzung und Späne kontrollieren.

- Gegebenenfalls den Kraftstoffbehälter reinigen.

Keine Späne im Kraftstoffbehälter des Dieselmotors:
- Den Kraftstoffbehälter mit 5 Liter Dieselkraftstoff befüllen.
- Kraftstoffbehälter nochmals wie oben beschrieben vollständig entleeren.
- Hochdruckpumpe ersetzen.
- Schrauben herausdrehen und Zumesseinheit von der ALTEN Hochdruckpumpe abnehmen.

Zumesseinheit und Hochdruckpumpe auf Späne kontrollieren. Falls Späne in der Hochdruckpumpe vorhanden, folgende Komponenten ersetzen:
a) Hochdruckleitungen,
b) Hochdruckspeicher (Kraftstoffverteiler) inklusive Regelventil für Kraftstoffdruck und Kraftstoffdruckgeber,
c) Einspritzeinheiten,
d) Kraftstoffrücklaufleitungen (Leckölleitungen),
e) Kraftstofffilter.

- Fahrzeug volltanken.
- Kraftstoffsystem entlüften.
- Probefahrt durchführen.

Keine Späne in der Hochdruckpumpe:
- Kraftstofffilter erneuern.
- Kraftstoffsystem entlüften.
- Fahrzeug volltanken und Probefahrt durchführen.

Späne im Kraftstoffbehälter:
Kraftstoffbehälter auf Verschmutzung und Späne kontrollieren.

- Alle Hochdruckkomponenten ersetzen:

a) Hochdruckpumpe,
b) Hochdruckleitungen,
c) Hochdruckspeicher (Kraftstoffverteiler) inklusive Regelventil für Kraftstoffdruck und Kraftstoffdruckgeber,
d) Einspritzeinheiten,
e) Kraftstoffrücklaufleitungen (Leckölleitungen),
f) Einspritzeinheiten/Hochdruckspeicher (Rail).

- Kraftstofffördereinheit einbauen.
- Kraftstoffbehälter einbauen.

■ Kraftstofffilter ersetzen.

⚠ Um einen Trockenlauf der Hochdruckpumpe zu vermeiden und einen raschen Motorstart nach Teiletausch zu erzielen, sind folgende Punkte unbedingt zu beachten:

■ Kraftstoffbehälter mit 5 Liter Dieselkraftstoff befüllen.

⚠ Anschließend in den »Geführten Funktionen« die Funktion »Kraftstoffsystem entlüften« durchführen. Bei Austausch bzw. Ausbau von Bauteilen/Komponenten des Kraftstoffsystems zwischen Kraftstoffbehälter und Hochdruckpumpe muss dieses entlüftet werden. Dieser Vorgang dauert 2 Minuten. Dabei werden die Kraftstoffpumpen insgesamt 3 Mal angesteuert. Der Vorgang darf nicht vorzeitig abgebrochen werden.

■ Kraftstoffbehälter vollständig mit Dieselkraftstoff befüllen.
■ Kraftstoffsystem entlüften.
■ Probefahrt durchführen.

Falschbetankung des Dieselmotors wurde VOR dem Start des Motors bemerkt
Der Motor wurde NICHT gestartet.

■ Zündung nicht einschalten.

⚠ Bei Ausführungen, bei denen die Kraftstoffpumpe durch den Türöffner angesteuert wird, muss der Kraftstofffilter ersetzt werden! Bei allen anderen Fahrzeugen kann das zumindest nicht schaden.

■ Steckverbindung Kraftstoffpumpe für Vorförderung und Geber für Kraftstoffvorratsanzeige im Bereich Unterboden Mitte links entriegeln und abziehen.
■ Kraftstofffördereinheit ausbauen und entleeren.
■ Sieb auf Verschmutzung prüfen und ggf. reinigen.
■ Kraftstoffbehälter mit einem geeigneten Kraftstoffabsauggerät über die Öffnung der Kraftstofffördereinheit vollständig entleeren.
■ Ist der Kraftstoffbehälter vollständig entleert, den Kraftstoffbehälter mit einem fusselfreien Lappen innen reinigen.
■ Kraftstofffördereinheit einbauen.
■ Kraftstoffbehälter einbauen.

⚠ Um einen Trockenlauf der Hochdruckpumpe zu vermeiden und einen raschen Motorstart nach Teiletausch zu erzielen, sind folgende Punkte unbedingt zu beachten:
a) Kraftstoffbehälter mit 5 Liter Dieselkraftstoff befüllen.
b) Kraftstoffsystem entlüften.

⚠ Werden Bauteile/Komponenten des Kraftstoffsystems zwischen Kraftstoffbehälter und Hochdruckpumpe abgebaut, ausgebaut oder ersetzt, muss zur Entlüftung des Kraftstoffsystems mit dem Fahrzeugdiagnosetester in den »Geführten Funktionen« die Funktion »Kraftstoffsystem Entlüften« durchgeführt werden. Dieser Vorgang dauert etwa 2 Minuten. Dabei werden die Kraftstoffpumpen insgesamt 3 Mal angesteuert. Der Vorgang darf nicht vorzeitig abgebrochen werden.

■ Kraftstoffbehälter vollständig mit Dieselkraftstoff befüllen.
■ Probefahrt durchführen.
■ Fehlerspeicher auslesen und gegebenenfalls löschen.

8 Kraftstoffaufbereitung und Einspritzung

Gemischaufbereitung, Einspritzung und (Selbst-)Zündung werden durch elektronisch gesteuerte Einspritzsysteme realisiert. Die Aufladung über Abgasturbolader gehört zur Ausrüstung einiger Ottomotoren und der Dieselmotoren.

Ottomotoren

Viele Fahrzeughersteller entwickeln heute Ottomotoren mit Direkteinspritzung und Turboaufladung. Die Direkteinspritzung kam beim Partner/Berlingo nicht zum Einsatz. Bei einem konventionellen Einspritzsystem für Ottomotoren befindet sich das Einspritzventil im Saugrohr vor dem Einlassventil. Durch die Einspritzung in das Saugrohr werden diese Systeme Saugrohreinspritzer »SRE« genannt.

Hauptkomponenten der SRE-Anlage
Einige Anmerkungen zu einzelnen Komponenten der Einspritzanlage gemäß Bild 1. Das Schema zeigt die Anlage für die TU5- und EP6-Motoren. Es handelt sich um rücklauffreie Systeme. Der Kraftstoffdruckregler ist in diesem Falle im Kraftstofffördermodul verbaut.
Die zweite Leitung dient zur Entgasung des Aktivkohlefilters beziehungsweise stellt die Zuleitung zur Tankentlüftung dar.

Kraftstoffversorgung
Die Druckerzeugung, Förderung und Druckregelung wird genauso wie der Tankfüllstand vom Tankfördermodul (4) im Tank (1) realisiert.
Eine verbaute Rollenzellenpumpe ist für die Kraftstoffförderung aus dem Tank zuständig. Bei 3,5 bar Kraftstoffdruck wird im Tankfördermodul ein Ventil geöffnet und der überschüssige Kraftstoff wird wieder in den Tank entlassen. Einen Rücklauf gibt es bei diesem System nicht. Der Kraftstofffilter (15) ist ein Feinfilter, der auch kleinste Partikel von der Einspritzanlage fernhält. Vor der Rollenzellenpumpe im Tankfördermodul ist ein Grobsiebfilter verbaut, der verhindert, dass größere Verschmutzungen in die Pumpe eindringen können.

Kraftstoffdosierung
Der Kraftstoff wird nach dem Kraftstofffilter in ein Sammelrohr (Verteilerrohr) (12) gedrückt, an dem die Einspritzdüsen (13) angeschlossen sind. Die Einspritzdüsen werden mit Spannung versorgt und über ein Massesignal vom Motorsteuergerät angetaktet. Je nach Ansteuerungslänge wird dann eine entsprechende Kraftstoffmenge in das Saugrohr eingespritzt. Das Entlüftungsventil (11) wird zum Druckablassen, Kraftstoffdruckmessen, zum Entlüften und zum Entleeren der Anlage verwendet.

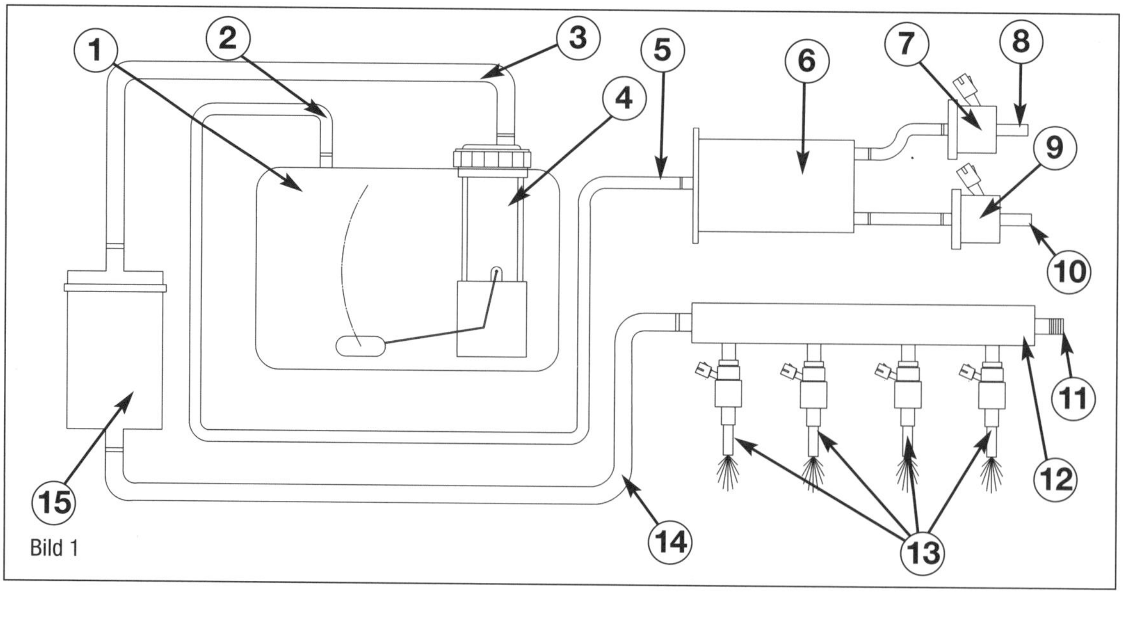

Bild 1

Bild 1
Bauteile der SRE (Saugrohreinspritzung).
1 Tank
2 Tankentlüftungsleitung
3 Vorlaufleitung
4 Tankfördermodul
5 Tankentlüftungsleitung
6 Aktivkohlefilter
7 Außenluftventil
8 Anschluss zur Außenluft
9 Regenerierventil
10 Anschluss zum Ansaugstutzen
11 Entlüftungsventil
12 Sammelrohr
13 Einspritzdüsen
14 Vorlaufleitung
15 Kraftstofffilter

Kraftstoffdampfaufbereitung
Restgase aus dem Kraftstofftank dürfen nicht in die Umwelt geraten. Austretende Dämpfe werden im Aktivkohlefilter (6) gesammelt und im unteren Lastsystem bei aktiver Lambdaregelung dem Saugrohr über das Regenerierventil zugeführt.

Dieselmotoren

Alle Dieselmotoren, die wir in diesem Buch vorstellen, haben direkte Kraftstoffeinspritzung über Hochdruckspeicher »Common Rail« (Bild 2) mit Aufladung über Abgasturbolader. Der Kraftstoff für die Diesel mit einer Cetanzahl (CZ) von mindestens 51, wird von der Fördereinheit (1) im Tank (19) über Vorlaufleitung (17) und Kraftstofffilter (18) zur Hochdruckpumpe (11) geschafft. Diese drückt ihn ins »Common Rail«, Kraftstoffsammler und Verteilerrohr (4) und von dort in die Magnet-Injektoren (8), die hier als Einspritzventil zum Einsatz kommen. Diese Düsen schaffen bis zu 5 Voreinspritzungen. Die Kraftstoffvorlauf- und Rücklaufleitungen (auch Leckölleitungen genannt) (16 und 17) sind aus besonders druckfestem Material gefertigt. Die Hochdruckleitungen bestehen aus Stahlrohr. Der Zustand muss von Zeit zu Zeit in Augenschein genommen werden.

Hauptkomponenten der Anlage
Einige Anmerkungen zu einzelnen Komponenten der Einspritzanlage gemäß Bild 2. Das Ventil für Kraftstoffdosierung (12) an der Hochdruckpumpe (11) darf nicht geöffnet werden. Wenn die Kraftstoff-Hochdruckpumpe (11) erneuert wurde, muss eine Kraftstoff-Erstbefüllung vorgenommen werden, auf jeden Fall muss Trockenlauf vermieden werden. Die Einspritzventile (8) werden als Bauteil (»1331-1334«) durchnummeriert. Der Injektor für Zylinder 1 ist demnach »1331«, der Injektor für Zylinder 4 ist »1334«.

Die Kraftstoffrücklaufleitungen (15) dürfen nicht zerlegt werden. Sie dürfen werksmäßig nur komplett mit Druckhalteventil, das entweder am Kraftstofffilter (18) oder an der Koppelstation (15) verbaut ist, erneuert werden.

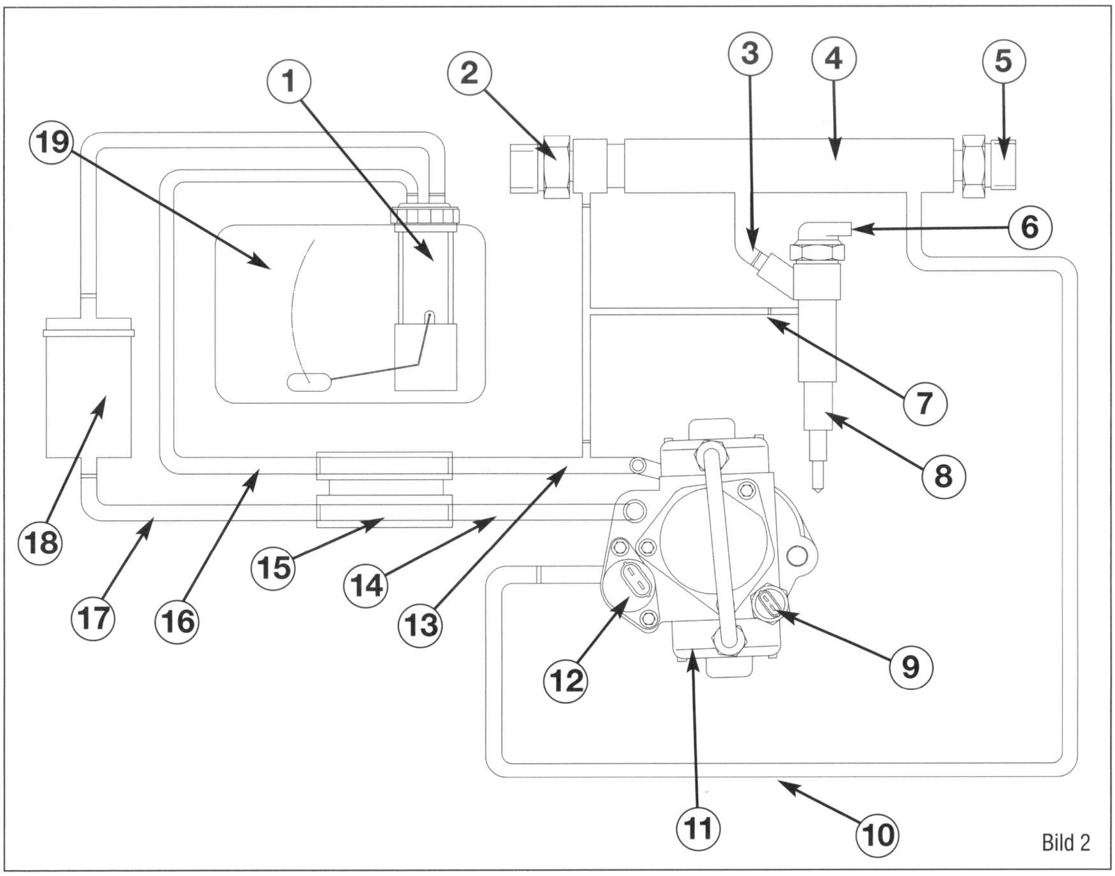

Bild 2

Bild 2
Bauteile der Common Rail.
1 Tankfördermodul
2 Druckmodellierventil
3 Hochdruckleitung
4 Rail (Verteilerrohr)
5 Raildrucksensor
6 elektrischer Anschluss am Injektor
7 Leckölleitung Injektor
8 Injektor (nur einer exemplarisch dargestellt)
9 Kraftstofftemperatursensor
10 Hochdruckleitung zum Rail
11 Hochdruckpumpe (2-Zylinderpumpe)
12 Mengendosierventil
13 Leckölanschluss der Hochdruckpumpe
14 Vorlaufanschluss der Hochdruckpumpe
15 Kraftstoffleitung Kompensation (teilweise mit Druckminderer)
16 Rücklauf(Lecköl)-Leitung
17 Vorlaufleitung
18 Kraftstofffilter (teilweise mit Druckminderer)
19 Kraftstoffbehälter

Dieses Druckhalteventil hat die Aufgabe, in den Kraftstoffrücklaufleitungen immer einen Restdruck (Steuermenge) von ca. 1 bar zu halten. Die Injektoren benötigen diese Steuermenge für ihre Funktion. Das Druckhalteventil ist innerhalb der Kraftstoffrücklaufleitungen kurz vor der (Metall-)Rücklaufleitung einzubauen. Nach Austausch (Ventil plus Leitungen) muss der Motor für ca. 2 Minuten im Leerlauf laufen, um das Kraftstoffsystem zu entlüften. Anschließend müssen die Kraftstoffrücklaufleitungen auf Dichtigkeit geprüft werden. Der eigentlich bei den meisten Herstellern verbaute Kraftstoffkühler muss nicht zwingend eingebaut sein. Auch ein separates Vorwärmventil ist nicht zwingend erforderlich.

Die Komponenten in der Montageübersicht Bild 2 vermitteln einen Eindruck von der konkreten Umsetzung des Schemas in Funktionsgruppen und Bauteile. Wir geben hier einige der direkt aufs Bauteil bezogenen Arbeitshinweise von PSA und Bosch wieder, um auf die Sensibilität des Systems aufmerksam zu machen. Daran darf nur mit Kenntnis, Sachverstand und Fingerspitzengefühl gearbeitet werden.

Die Hochdruckleitung (10) verläuft zwischen Hochdruckpumpe und Rail-Element (Common Rail, Hochdruckspeicher). Sie muss spannungsfrei eingebaut werden. Korrodierte Leitungen dürfen nicht mehr verwendet werden. Die Hochdruckleitungen (3) verlaufen zwischen dem Rail-Element (Hochdruckspeicher (4) und den Einspritzventilen (8). Sie dürfen nicht vertauscht und müssen spannungsfrei eingebaut werden.

Die Hochdruckleitung kann wiederverwendet werden, wenn ihr Dichtkonus ohne Beanstandungen auf Verformungen und Risse geprüft wurde und wenn die Leitungsbohrung nicht verformt, verengt oder beschädigt ist.

Bei Wiederverwendung der Hochdruckleitungen nach den genannten Überprüfungen muss ihre zylinderspezifische Kennzeichnung beachtet werden.

Im Rail (Verteilerrohr/Hochdruckspeicher) (4) sind der Raildrucksensor und das Druckmodellierventil verbaut. Der Sensor erfasst den tatsächlich anliegenden Druck im Railrohr/Verteilerrohr. Das Druckmodellierventil verschließt oder öffnet den Zugang zum Rücklauf (Lecköl), um den Druck im Hochdruckbereich (zu dem das Railrohr auch gehört) zu regeln. Das Railrohr selbst ist aus Gussstahl hergestellt, es darf nicht zerlegt werden. Eine Reinigung ist nicht vorgesehen. Werden Ablagerungen festgestellt oder auch nur ein Schaden an der Hochdruckpumpe angenommen, muss es ersetzt werden.

In der Hochdruckpumpe (11) sind zum einen die beiden Hochdruckelemente verbaut, die den Einspritzdruck erzeugen. Angetrieben wird die Hochdruckpumpe von dem Zahnriemen. Der verbaute Kraftstofftemperaturfühler überwacht und erfasst die Kraftstofftemperatur. Dieser Wert ist wichtig für die Zumessung der eingespritzten Kraftstoffmenge durch die Einspritzdüsen (8). Weiterhin befindet sich das Kraftstoffzumessventil (Dosierventil) (12) in der Hochdruckpumpe (Denso-Systeme). Dieses Ventil öffnet und schließt wie das Druckmodellierventil (Dosierventil) den Zugang des Kraftstoffes zum Rücklauf (13). So kann bedarfsgerecht eine ausreichende Kraftstoffmenge bereitgestellt werden. Ohne dieses Ventil würde immer die volle Menge im Hochdruckbereich verarbeitet und durch den Druck auch erhitzt werden. Die Kraftstofftemperatur würde stetig ansteigen. Im Normalbetrieb kann die Temperatur durchaus bei 80 °C liegen. Aus diesem Grund ist bei einigen Ausführungen auch ein Kraftstoffkühler erforderlich.

Die Druckregelung im Niederdruckkreis im Filter (18) oder im Anschluss (15) ist fest in die Kraftstoffleitungen integriert. Auch hier finden sich bei PSA – aber auch bei allen anderen Herstellern, die mit dem Commonrail-System arbeiten – Besonderheiten, die man so zumindest auf den ersten Blick nicht erwartet. Der Kraftstoffdruck wird durch ein Druckregelventil (Druckhalteventil) auf etwa 3 bar heruntergeregelt. Die dafür erforderlichen Druckregler sind entweder im Anschluss zum Kraftstofffilter oder im Verbindungsanschluss der Kraftstoffleitungen zwischen Kraftstofffilter und den Zuleitungen am

Motor. Diese Druckregelung ergibt eine Zirkulation von frischem kühlen Kraftstoff vor der eigentlichen Kraftstoffhochdruck-Aufbereitung. Wie schon erwähnt, sollten Sie hier nur Leitung und Regeleinheiten zusammen ersetzen.

Einspritzdüsen (Injektor) wechseln

Demontage der Einspritzdüsen am TU5-Ottomotor

- Demontieren Sie die Batterieblende und klemmen Sie die Batterie ab.
- Schließen Sie am Entlüftungsventil (11 im Bild 1) einen Schlauch an und lassen Sie den noch anstehenden Kraftstoffdruck ab.

Fangen Sie austretenden Kraftstoff mit einem geeigneten Lappen auf.

- Lösen Sie das Magnetventil des Aktivkohlefilters von seiner Halterung.
- Nehmen Sie die Motorentlüftungsleitung zum Luftfilter auf.
- Demontieren Sie den Abgastemperaturfühler.
- Bauen Sie die Unterdruckleitung zum Bremskraftverstärker aus.
- Entriegeln Sie das Steckergehäuse und ziehen Sie den Steckkontakt zum Drosselklappengehäuse ab.
- Bauen Sie das Luftfiltergehäuse oben ab.
- Legen Sie den Kabelstrang zur Seite.
- Drehen Sie die Befestigungsmuttern des Ansaugkrümmers von unten am Zylinderkopf los.
- Ziehen Sie den Anschlussstecker ab.
- Schieben Sie den Ansaugkrümmer unter dem Bremsflüssigkeitsbehälter über die Batterie seitlich nach vorne heraus.
- Halten Sie den Ansaugkrümmer so, dass der verbliebene Kraftstoff aus dem Sammelrohr abtropfen kann. Fangen Sie den Kraftstoff in einem geeigneten Gefäß auf.
- Entriegeln Sie das Steckergehäuse und ziehen Sie den Steckkontakt zu den Einspritzdüsen ab.
- Legen Sie das Ansaugrohr auf einer sauberen Ablage ab.
- Drehen Sie die beiden Befestigungsschrauben heraus und ziehen Sie das Sammelrohr (3 im Bild 3) mit den Einspritzdüsen (4) vorsichtig aus dem Ansaugrohr heraus.
- Lösen Sie die Halteklammern (2) und nehmen Sie die Einspritzdüsen aus dem Sammelrohr heraus.

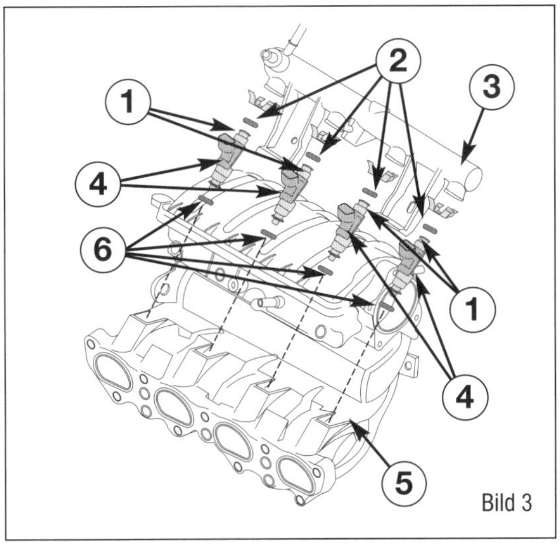

Bild 3

Bild 3
Ansaugkrümmer mit Einspritzdüsen am TU5.
1 Dichtringe
2 Klammern
3 Sammelrohr
4 Einspritzdüsen
5 Ansaugrohr
6 Dichtringe

Decken Sie die Anschlüsse mit Abdeckkappen ab um zu vermeiden, dass Verschmutzungen in das Einspritzsystem eindringen können.

Die Montage erfolgt sinngemäß in umgekehrter Reihenfolge.

- Kontrollieren Sie den Zustand aller Dichtringe und erneuern Sie diese, wenn erforderlich.
- Kontrollieren Sie abschließend die Dichtheit des Kraftstoffsystems und des Ansaugsystems.
- Lesen Sie den Fehlerspeicher aus.

Demontage der Einspritzdüsen am EP6-Ottomotor

- Demontieren Sie die Batterieblende und klemmen Sie die Batterie ab.
- Demontieren Sie die Luftführungsrohre zwischen Lüfterzarge/Frontmaske und dem Luftfiltergehäuse.
- Bauen Sie den Luftfilterdeckel ab.
- Drehen Sie die beiden Schrauben im Luftfilterkasten heraus und nehmen Sie das mittlere und untere Teil des Luftfilterkastens heraus.

Verschließen Sie das Ansaugrohr zum Luftfilterkasten mit einem passenden Stopfen, um das Eindringen von Fremdkörpern zu verhindern.

- Schließen Sie am Entlüftungsventil (11 im Bild 1) einen Schlauch an und lassen Sie den noch anstehenden Kraftstoffdruck ab.
- Klemmen Sie die Kraftstoffvorlaufleitung ab und verschließen Sie sie mit einem passenden Stopfen.

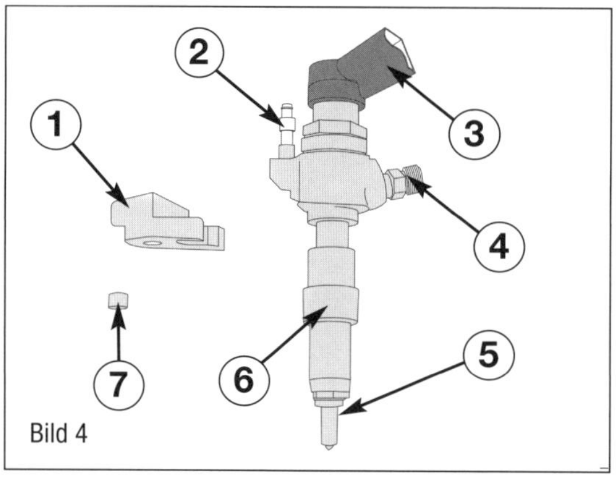

Bild 4
Ansaugkrümmer mit Einspritzdüsen am EP6-Motor.
1 Entlüftungsventil
2 Verschraubung
3 Anschluss Vorlaufleitung
4 Halteclip
5 Einspritzdüsen
6 Schutzhülle
7 Druckstück (im Zylinder)

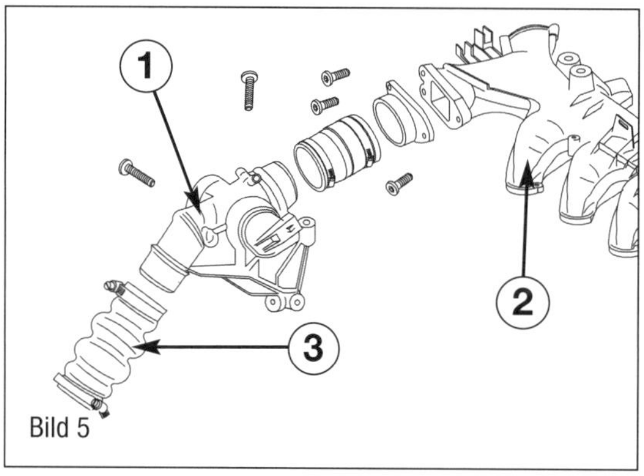

Bild 5
Luftführung DV6-Motor.
1 Saugrohrklappenstück
2 Ansaugrohr
3 Luftführungsschlauch

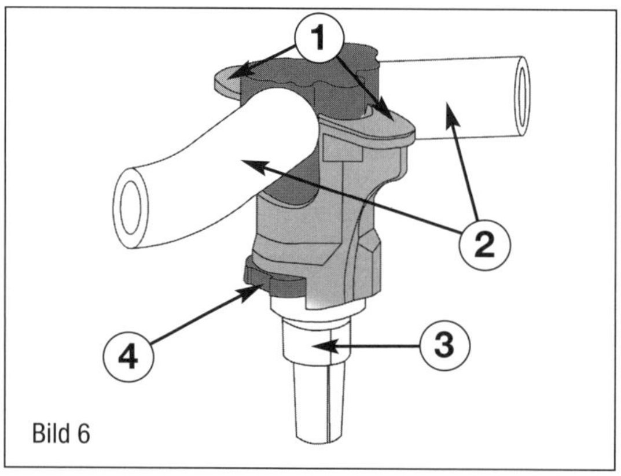

Bild 6
Leckölleitungsanschluss am DV6-Motor.
1 Außenhülse
2 Leckölleitungen
3 Anschluss an der Einspritzdüse
4 Innenhülse (Kupplung)

■ Clipsen Sie die Leitung auf dem Sammelrohr aus und legen Sie sie zur Seite.
■ Drehen Sie die beiden Befestigungsschrauben am Sammelrohr (2 im Bild 4) heraus.
■ Heben Sie das Sammelrohr mit den Einspritzventilen leicht an.
■ Entriegeln Sie das Steckergehäuse und ziehen Sie den Steckkontakt zu den Einspritzdüsen ab.
■ Lösen Sie die Halteklammern (2) und nehmen Sie die Einspritzdüsen aus dem Sammelrohr heraus.

☞ Decken Sie die Anschlüsse mit Abdeckkappen ab um zu vermeiden, dass Verschmutzungen in das Einspritzsystem eindringen können.

Die Montage erfolgt sinngemäß in umgekehrter Reihenfolge.
■ Kontrollieren Sie den Zustand aller Dichtringe und erneuern Sie diese, wenn erforderlich.
■ Kontrollieren Sie abschließend die Dichtheit des Kraftstoffsystems und des Ansaugsystems.
■ Lesen Sie den Fehlerspeicher aus.

Demontage der Einspritzdüsen (Injektoren) am DV6-Ottomotor

⚠ Kennzeichnen Sie die Zuordnung der Einspritzeinheiten zum Zylinder. Der Anpassungswert der Injektoren ist im Motorsteuergerät gespeichert.

⚠ Sauberkeitsregeln bei Arbeiten an der Einspritzanlage beachten. Verschließen Sie sofort die offenen Anschlüsse mit einem geeigneten Verschlussdeckel.

■ Öffnen Sie den Tankdeckel und lassen Sie den eventuell anstehenden Druck ab.
■ Motorabdeckung oben, soweit vorhanden, abbauen.
■ Demontieren Sie Motorabdeckung oben (soweit verbaut).
■ Demontieren Sie den Luftfilterkasten.
■ Bauen Sie die Geräuschdämmung um die Einspritzdüsen aus.
■ Demontieren Sie den Luftführungsschlauch (3 im Bild 5) und das Saugrohrklappenstück/Ansaugluftdosiersystem (1).
■ Entriegeln Sie das Steckergehäuse und ziehen Sie den Steckkontakt zu den Einspritzdüsen ab.
■ Lösen Sie die Überwurfmuttern der Hochdruckleitungen. Halten Sie die Konterfläche der Anschlussstutze grundsätzlich mit einem passenden Schlüssel gegen.
■ Ziehen Sie die Außenhülse (1 im Bild 6) des Schnellverschlusses der Leckölleitung an der Einspritzdüse nach oben.
■ Nehmen Sie die Leckölleitung (2) vorsichtig nach oben ab. Achten Sie darauf, die Leckölleitung nicht zu verkanten oder abzuknicken.
■ Lösen Sie die Spannschraube auf dem Düsenhalter (1 im Bild 7) und nehmen Sie sie heraus.
■ Nehmen Sie den Düsenhalter (1) heraus.

■ Nehmen Sie das Gegenlager (7) im Zylinderkopf heraus.
■ Sprühen Sie ein Injektorenlösungsmittel im Bereich des Düsenschachtes auf und lassen Sie es etwa 30 Minuten einwirken. Bei hartnäckig verkokten Düsen im Düsenschacht kann die Einwirkphase über mehrere Stunden sinnvoll sein.
■ Setzen Sie ein geeignetes Ausziehwerkzeug (1 im Bild 8) auf den Injektor auf und ziehen Sie ihn heraus. Entsprechende Werkzeugsätze können Sie auf bekannten Versteigerungsportalen im Internet meist unter 100 Euro beschaffen.
■ Legen Sie die ausgebauten Einspritzeinheiten auf einem sauberen Lappen ab.
■ Verschließen Sie die Öffnungen des Injektors mit passenden Stopfen.

Einbau einer gebrauchten Einspritzeinheit:
■ Sprühen Sie die Spitze der Einspritzeinheit mit einem Rostlösespray ein. Nach ca. 5 Minuten entfernen Sie mit einem Lappen die Ruß- bzw. Ölpartikel.
■ Festsitzende Kupferdichtringe vorsichtig in einen Schraubstock spannen, bis der Kupferdichtring gerade am Durchdrehen zwischen den Spannbacken gehindert wird. Die Einspritzeinheit mit leicht drehenden und ziehenden Bewegungen von Hand aus dem Kupferdichtring ziehen. Der Dichtring kann aber durchaus auch im Zylinderkopf festhängen. Hier muss er mit einem Drahthaken oder mit einem speziellen Auszugswerkzeug entfernt werden.
■ Dichtfläche unterhalb des Kupferdichtrings reinigen.
■ Montieren Sie den neuen Kupferdichtring.
■ Um eine Beschädigung des O-Rings zu vermeiden, den neuen O-Ring für den Kraftstoff-Rücklaufanschluss vorsichtig aufschieben.
■ Zum Entfernen der Rußpartikel auf der Dichtfläche der Einspritzeinheit reinigen Sie im Zylinderkopf den Injektorschacht mit einem in Motoröl bzw. Rostlöser getränkten Lappen oder mit dem Injektorenlösemittel. Die Dichtfläche dabei nicht beschädigen. Auch hier lässt sich für etwa 30 Euro ein professionelles Reinigungsset für die Düsenschächte im Internet beschaffen.

Einbau der Einspritzeinheiten:
■ Bestreichen Sie den Injektor im Bereich (2 im Bild 9) mit Hochtemperaturpaste.
■ Setzen Sie die Einspritzeinheiten in den Zylinderkopf ein.
■ Bauen Sie die Spannbratzen (Spannbügel) (3 im Bild 2) ein und ziehen Sie die Befestigungsschraube mit 7 Nm fest und mit 80° nach.
■ Ziehen Sie die Überwurfmuttern der Hochdruckleitungen zunächst handfest an.
■ Achten Sie auf spannungsfreien Sitz der Hochdruckleitungen.
■ Ziehen Sie die Überwurfmuttern der Hochdruckleitungen an den Einspritzeinheiten mit Drehmomentschlüssel 25 Nm fest.

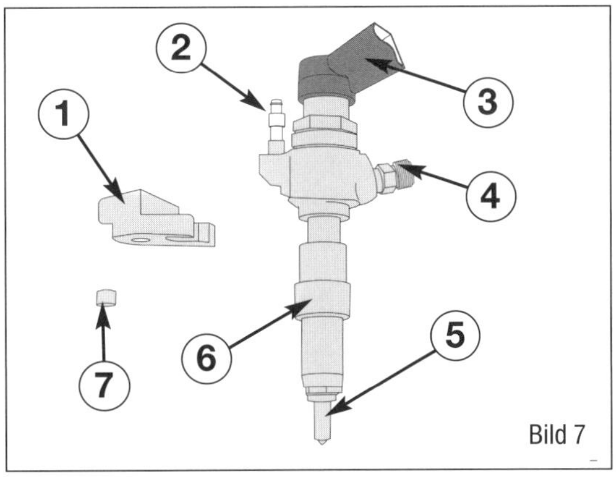

Bild 7
Injektor beim Dieselmotor.
1 Spannbügel (Spannbratzen)
2 Leckölanschluss
3 elektrischer Anschluss
4 Hochdruckanschluss
5 Kupferdichtring
6 Schutzhülle
7 Druckstück (im Zylinder)

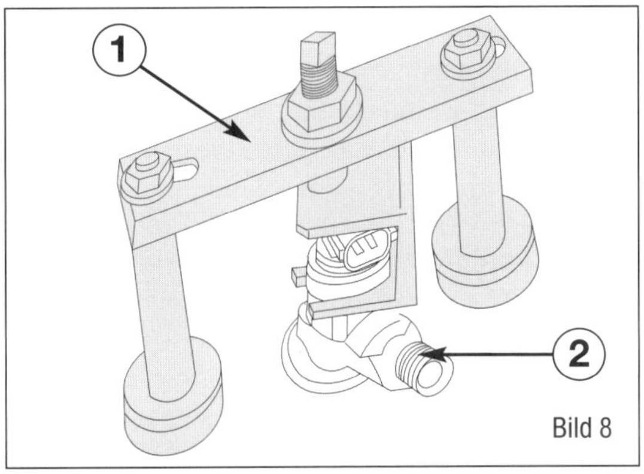

Bild 8
Ausziehen des Injektors.
1 Ausziehwerkzeug
2 Injektor

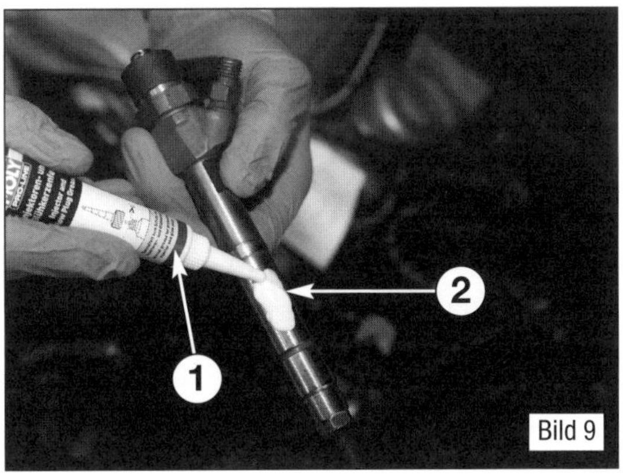

Bild 9
Montagevorbereitung des Injektors.
1 Hochtemperaturpaste
2 Auftragebereich auf dem Injektor

■ Ziehen Sie die Überwurfmuttern der Hochdruckleitungen am Hochdruckspeicher mit 25 Nm fest.
■ Drücken Sie die Anschlüsse der Rücklaufleitungen vorsichtig über den O-Ring auf den Injektor (O-Ring vorher auf Beschädigung kontrollieren). Der Verschluss muss hörbar einrasten, danach drücken Sie den Entriegelungsbolzen vorsichtig nach unten. Stecken Sie die Stecker an den Einspritzeinheiten auf.

Gebrauchte Injektoren immer in den gleichen Zylinder einbauen, in dem er verbaut war. Bei neuen Injektoren muss die Klassifizierungsnummer der Diesel-Injektoren (6 Zeichen) abgelesen und in das Steuergerät neu einprogrammiert werden.

Nach dem Erneuern eines oder mehreren Injektoren müssen der »Injektor-Mengen-Abgleich« und »Injektor-Spannungs-Abgleich« für die neuen Injektoren ins Motorsteuergerät geschrieben werden. Prüfen Sie zusätzlich alle anderen Injektoren auf »Injektor-Mengen-Abgleich« und »Injektor-Spannungs-Abgleich«, ob alle Abgleich-Werte richtig eingegeben sind. Wenn die richtigen Abgleich-Werte im Motorsteuergerät gespeichert sind, dürfen diese Abgleich-Werte auf keinen Fall neu eingegeben werden.

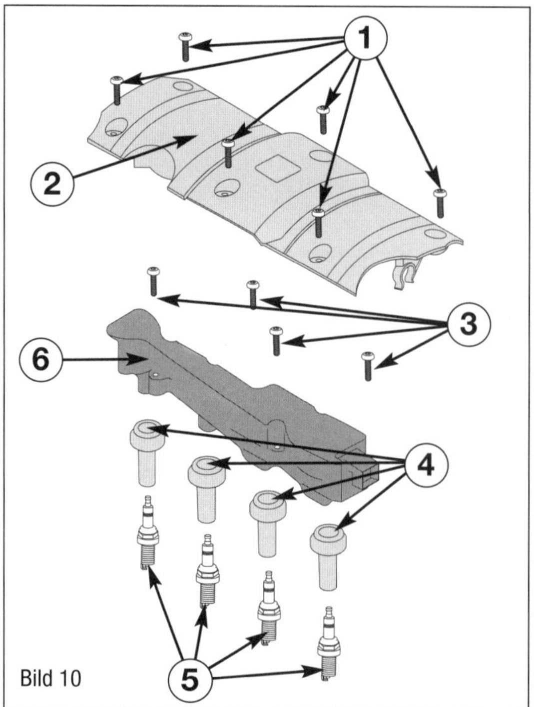

Bild 10

Bild 10
Zündanlage am TU5-Motor.
1 Schrauben
2 Motorabdeckung
3 Schrauben
4 Gummiisolator
5 Zündkerzen
6 Zündmodul

■ Kraftstoffsystems entlüften und Dichtigkeitsprüfung durchführen.
■ Lassen Sie den Motor einige Minuten im Leerlauf laufen und stellen Sie den Motor dann wieder ab.
■ Schalten Sie die Zündung aus.
■ Prüfen Sie das gesamte Kraftstoffsystem und die Anschlüsse der Rücklaufleitungen auf Dichtigkeit. Bei Undichtigkeit trotz korrekten Anzugsdrehmoments tauschen Sie das betroffene Bauteil.
■ Führen Sie anschließend eine Probefahrt durch. Dabei muss der Motor seine Betriebstemperatur erreichen und mindestens einmal mit Volllast beschleunigt werden. Anschließend ist das Hochdrucksystem nochmals auf Dichtigkeit zu prüfen.
Wenn noch Luft im Kraftstoffsystem ist, kann der Motor während der Probefahrt in den Notlauf gehen. Stellen Sie dann den Motor ab und löschen Sie den Ereignisspeicher mit dem Fahrzeugdiagnosetester.
■ Setzen Sie die Probefahrt fort.

Zündkerzen wechseln

Zündkerzenwechsel am TU5-Motor
■ Klemmen Sie die Batterie ab.
■ Motorentlüftungsleitungen am Luftfiltergehäuse lösen.
■ Demontieren Sie das Luftfiltergehäuse und den Ansauggeräuschdämpfer.
■ Drehen Sie die Schrauben (1 im Bild 10) heraus und nehmen Sie die Motorabdeckung (2) ab.
■ Die Motorentlüftungsleitungen am Ansaugfilter und beide Anschlüsse am Zylinderkopf lösen.
■ Drehen Sie die Schrauben (3) heraus und nehmen Sie das Zündmodul (6) ab.
■ Kontrollieren Sie, dass die Gummiisolatoren (4) noch am Zündmodul hängen.
■ Entriegeln Sie das Steckergehäuse und ziehen Sie den Steckkontakt zu dem Zündmodul ab.
■ Reinigen Sie die Zündkerzenbohrungen gründlich mit Druckluft.
■ Drehen Sie die Zündkerzen (5) heraus.

Die Montage erfolgt sinngemäß in umgekehrter Reihenfolge.
■ Kontrollieren Sie den Zustand aller Gummiisolatoren.
■ Lesen Sie den Fehlerspeicher des Motorsteuergerätes aus.

Zündkerzenwechsel am EP6-Motor
Bei diesem Motor sind Einzelfunkenspulen für jeden Zylinder über den einzelnen Zündkerzen verbaut.

- Klemmen Sie die Batterie ab.
- Drehen Sie die beiden Schrauben der Motorabdeckung heraus und nehmen Sie die Motorabdeckung ab.
- Klappen Sie den Hubbügel (3 im Bild 11) nach oben und ziehen Sie das Anschlusskabel (2) aus dem Stecker heraus.
- Ziehen Sie die Zündspule gerade nach oben heraus.
- Reinigen Sie die Zündkerzenbohrungen gründlich mit Druckluft.
- Drehen Sie die Zündkerzen (5) heraus.

Die Montage erfolgt sinngemäß in umgekehrter Reihenfolge.

- Kontrollieren Sie den Zustand aller Gummiisolatoren.
- Lesen Sie den Fehlerspeicher des Motorsteuergerätes aus.

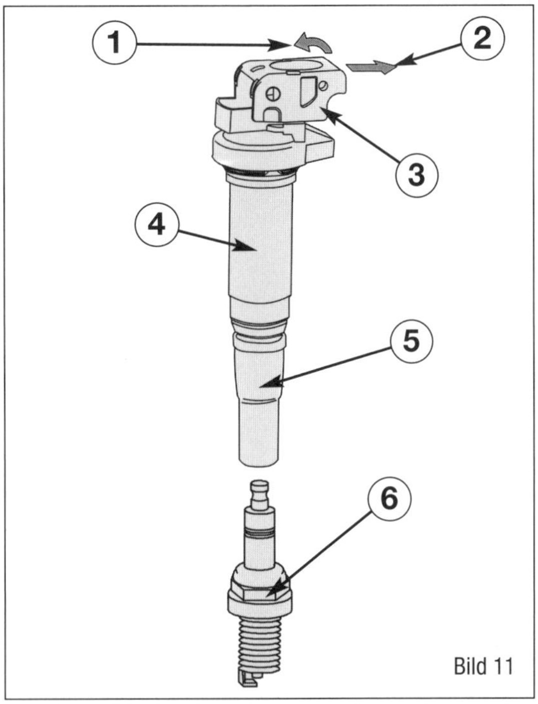

Bild 11

Bild 11
Zündanlage am EP6-Motor.
1 Bewegung Aufklappen
2 Kabel ausziehen
3 Hubbügel
4 Zündspule
5 Gummiisolierung
6 Zündkerzen

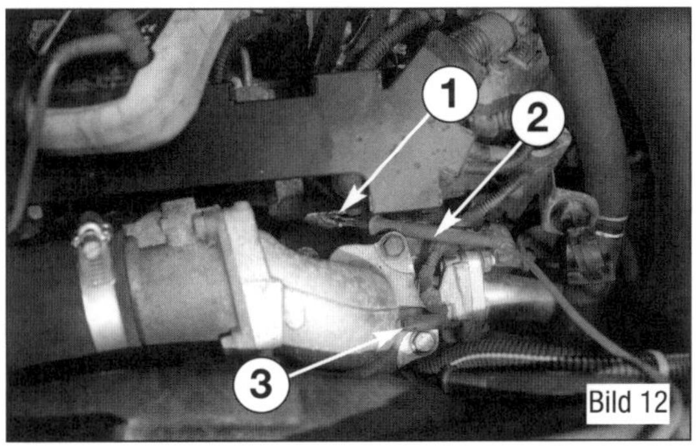

Bild 12

Bild 12
Glühkerze prüfen.
1 Steckanschluss der Glühkerze
2 Prüfspitze der Glühkerze
3 Anschlussstecker der Glühkerze

Glühkerzen prüfen

Glühkerzenprüfung bei den DV6-Dieselmotoren
Die eigentliche Prüfungsarbeit unterscheidet sich nicht. Wir stellen Ihnen eine allgemeingültige Beschreibung zur Verfügung.

Vor der Demontage einer Glühkerze können Sie zumindest eine Widerstandsmessung durchführen, um zu überprüfen, ob die Glühkerze wirklich defekt ist. Es können aufgrund der hohen Ströme durchaus auch Defekte an den Anschlusskabeln vorliegen.

- Legen Sie die Anschlusskabel frei.
- Ziehen Sie den Anschlussstecker ab.
- Kontrollieren Sie den Zustand und den festen Sitz der Stecker auf den Glühkerzen.
- Stellen Sie das Multimeter auf einen Widerstand von 200 Ω ein
- Messen Sie den Widerstand der Glühkerze gegen Masse (Zylinderkopf).

Der Widerstand sollte weniger als 1Ω betragen.

Glühkerzen wechseln

Glühkerzenwechsel bei den DV6-Dieselmotoren
Die eigentliche Montagearbeit unterscheidet sich nicht wesentlich für die unterschiedlichen Bauweisen. Wir stellen Ihnen eine allgemeingültige Beschreibung zur Verfügung. Im Partner/Berlingo können unterschiedliche Glühkerzentypen verbaut sein. Achten Sie darauf, möglichst nicht einzelne Glühkerzen zu wechseln. Zumindest sollten Sie den gleichen Bautyp und Hersteller verwenden.

Die Keramik-Glühkerzen sind wegen ihrer besonderen Materialeigenschaften sehr empfindlich und bedürfen einer besonderen Handhabung bei der Montage und Demontage. Halten Sie sich beim Aus- und Einbau unbedingt an die hier beschriebenen Vorgehensweisen. Der Transport und die Lagerung dürfen nur in Original-Transportbehältern oder einzeln verpackt in Luftpolsterfolien erfolgen. Die Keramik-Glühkerzen sind erst unmittelbar vor dem Einbau aus der Verpackung zu nehmen! Keramik-Glühkerzen sind gegen Stoß und Biegung empfindlich. Deshalb dürfen heruntergefallene Keramik-Glühkerzen (selbst aus geringer Höhe ca. 2 cm) nicht mehr verwendet werden, auch wenn augenscheinlich keine Beschädigung (z. B. Haarriss) vorliegt. Bestehen Zweifel am einwandfreien Zustand der Keramik-Glühkerzen, so sind diese immer zu ersetzen. Beschädigungen oder Stiftbruch an einer Keramik-Glühkerze führen immer zu einem Motorschaden. Bei einem Stiftbruch müssen alle Bruchstücke vor dem nächsten Motorstart aus dem Verbrennungsraum entfernt werden, da es sonst immer zu einem Motorschaden (Kolbenfresser) kommt. Ein Mischverbau von Keramik- und Metall-Glühstiftkerzen gleichzeitig ist nicht zulässig.

Beim Aus- und Einbau dürfen die Keramik-Glühkerzen nicht verkanten. Behindernde Bauteile sind bei der Montage zusätzlich auszubauen.

⚠ Sollte eine Keramik-Glühkerze gebrochen sein, entfernen Sie alle Bruchstücke aus dem Motor, da es sonst zu Motorschäden kommen kann.

- Groben Schmutz mit einem Staubsauger aussaugen.
- Bremsenreiniger oder einen geeigneten Reiniger in den Glühstiftkerzenkanal sprühen, kurz einwirken lassen und mit Pressluft ausblasen.

Kraftstofffilter wechseln

Kraftstofffilter beim Ottomotor

Der externe Kraftstofffilter der Benzinmotoren TU5 und EP6 sind wie im Bild 1 in diesem Kapitel dargestellt vor dem Tank auf der rechten Fahrzeugseite verbaut.

- Öffnen Sie den Tankdeckel, um eventuell vorhanden Restdruck im Kraftstoffbehälter abzubauen.
- Legen Sie ausreichend Lappen zum Aufnehmen des abtropfenden Kraftstoffes unter dem Filtergehäuse aus.
- Reinigen Sie den Bereich um die Anschlusskupplungen am Kraftstofffilter gründlich mit Druckluft.
- Öffnen Sie die Schnellverschlüsse am Kraftstofffilter wie auch auf der Seite ((XX)) beschrieben.

⚠ Die Kraftstoffvorlaufleitung steht unter Umständen unter Druck! Schutzbrille und Schutzbekleidung tragen, um Verletzungen und Hautkontakt zu vermeiden. Vor dem Lösen von Schlauchverbindungen Putzlappen um die Verbindungsstelle legen. Dann durch vorsichtiges Abziehen des Schlauchs Druck abbauen.

- Lassen Sie den Kraftstoff ablaufen und lösen Sie den Kraftstofffilter aus dem Halter.

Die Montage erfolgt sinngemäß in umgekehrter Reihenfolge.

- Beachten Sie die Einbaurichtung des Kraftstofffilters.
- Kontrollieren Sie den Zustand aller Gummidichtringe in den Schlauchkupplungen.
- Kontrollieren Sie die Dichtheit von Leitungen und Filter.

Kraftstofffilter beim Dieselmotor

Für die Dieselmotoren sind bei den hier beschriebenen Modellreihen zwei unterschiedliche Kraftstofffiltersysteme verbaut worden. Entsprechend können wir Ihnen eine allgemeingültige Anleitung für beide Systeme zur Verfügung stellen.

Vorbereitungsarbeiten

- Fahren Sie das Fahrzeug auf eine Hebebühne.
- Klemmen Sie die Batterie ab.
- Öffnen Sie den Tankdeckel, um eventuell vorhandenen Restdruck im Kraftstoffbehälter abzubauen.
- Demontieren Sie den Motorschutz unten und oben wie bereits beschrieben.
- Klemmen Sie die elektrischen Anschlüsse am Kraftstofffilter ab.
- Legen Sie ausreichend Lappen zum Aufnehmen des abtropfenden Kraftstoffes unter dem Filtergehäuse aus.

⚠ Die Kraftstoffvorlaufleitung steht unter Umständen unter Druck! Schutzbrille und Schutzbekleidung tragen, um Verletzungen und Hautkontakt zu vermeiden. Vor dem Lösen von Schlauchverbindungen Putzlappen um die Verbindungsstelle legen. Dann durch vorsichtiges Abziehen des Schlauchs Druck abbauen.

Demontage des Filtereinsatzes (Version 1) (Bild 13 und 14)

- Stellen Sie einen Auffangbehälter unter den Ablaufschlauch (5 im Bild 13).
- Reinigen Sie die Oberfläche des Kraftstofffilters und die Anschlüsse gründlich.
- Entriegeln Sie die Schlauchanschlüsse siehe Seite ((XX)) und ziehen Sie sie ab.
- Verschließen Sie die Anschlüsse mit geeigneten Dichtstopfen (5 im Bild 14).

Tipp: Fangen Sie austretenden Restkraftstoff mit einem Lappen auf.

- Entriegeln Sie den Steckkontakt zum Kraftstoffvorheizer (1) und ziehen Sie den Stecker ab.
- Entriegeln Sie den Steckkontakt zum Wassersensor (2) und ziehen Sie den Stecker ab.
- Verdrehen Sie den Wassersensor (2) in Pfeilrichtung (4) und lassen Sie den Kraftstoff aus dem Filter ablaufen. Der Sensor ist gleichzeitig der Ablasshahn für den Kraftstofffilter. Er ist fest mit dem Filterdeckel (1 im Bild 13) verbunden.
- Demontieren Sie die Befestigungsschrauben (2).
- Nehmen Sie das Kraftstofffiltergehäuse (1 und 8) gerade nach oben heraus.
- Drehen Sie die Schrauben (3 im Bild 14) heraus und nehmen Sie das Filterelement (8 im Bild 13) vom Filterdeckel (1) ab.

Montage des Filtereinsatzes (Version 1) (Bild 13 und 14)

- Kontrollieren Sie, dass der Wassersensor nach links auf Anschlag verdreht ist (in der hohen Position = Ablaufen).
- Setzen Sie das neue Filterelement auf. Achten Sie darauf, dass die Führungsstifte (9 im Bild 13) einsitzen.
- Ziehen Sie die Schrauben (3 im Bild 14) fest.
- Drehen Sie den Wassersensor (2 im Bild 14) ganz nach rechts (gegen den Uhrzeigersinn) und verschließen Sie so den Ablauf.
- Montieren Sie den Filter wieder im Halter. Kontrollieren Sie, ob im Ablauf das Führungs- und Dichtgummi montiert ist.
- Ziehen Sie die Dichtstopfen auf den Anschlüssen ab und montieren Sie die Leitungen wieder am Kraftstofffilter.
- Betätigen Sie die Handpumpe und fördern Sie Kraftstoff in den Filter (10-15 Hübe).

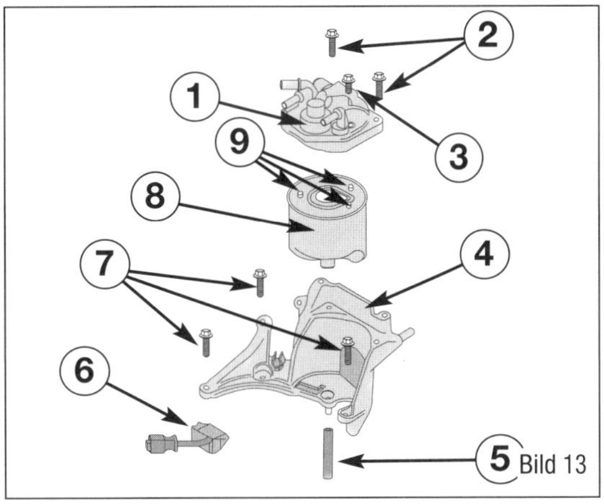

Bild 13

Bild 13
Filtereinsatz Version 1.
1 Filterdeckel
2 Schrauben
3 Schraube
4 Halter
5 Ablaufschlauch
6 Wassersensor
7 Schrauben
8 Filtereinsatz
9 Führungsstifte

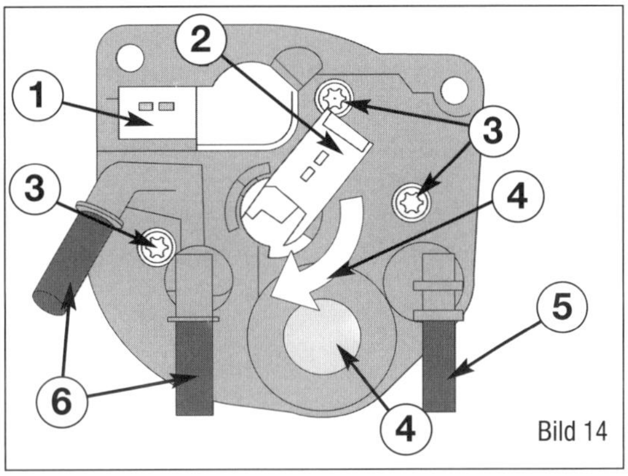

Bild 14

Bild 14
Filtereinsatz Version 1.
1 Steckkontakt Vorheizung
2 Wassersensor
3 Schrauben
4 Drehrichtung zum Öffnen
5 Dichthülsen
6 Handpumpe

Die weitere Montage erfolgt sinngemäß in umgekehrter Reihenfolge.

Entwässern des Filtereinsatzes (Version 1) (Bild 13 und 14)

- Stellen Sie einen Auffangbehälter unter den Ablaufschlauch (5 im Bild 13).
- Entriegeln Sie den Steckkontakt zum Wassersensor (2 im Bild 14) und ziehen Sie den Stecker ab.
- Verdrehen Sie den Wassersensor (2) in Pfeilrichtung (4) und lassen Sie den Kraft-

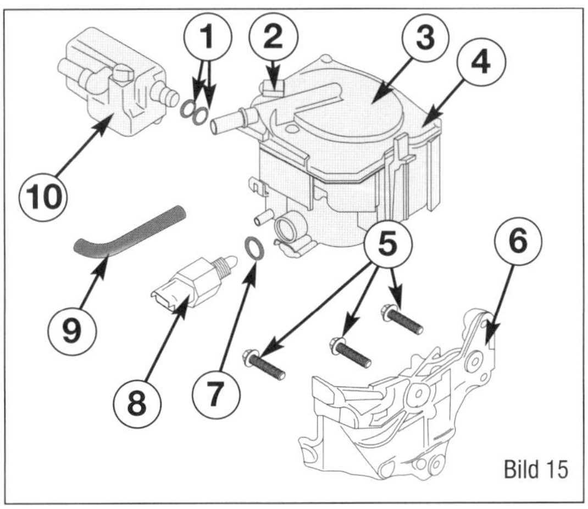

Bild 15

Bild 15
Filterbox Version 2.
1 Dichtringe
2 Entlüftungsschraube
3 Kraftstofffilter
4 Raste
5 Schrauben
6 Halter
7 Dichtring
8 Wassersensor
9 Entlüftungsleitung
10 Kraftstoffvorwärmer

stoff aus dem Filter ablaufen. Der Sensor ist gleichzeitig der Ablasshahn für den Kraftstofffilter. Er ist fest mit dem Filterdeckel (1 im Bild 13) verbunden.

■ Drehen Sie den Wassersensor (2 im Bild 14) ganz nach rechts (gegen den Uhrzeigersinn) und verschließen Sie so den Ablauf.

■ Betätigen Sie die Handpumpe (4) und fördern Sie Kraftstoff in den Filter (10-15 Hübe).

Demontage des Filtereinsatzes (Version 2) (Bild 15)

■ Nehmen Sie die Handentlüftungspumpe vor dem Luftfilterkasten aus den Clipsen heraus.

■ Ziehen Sie den Stecker zum Luftmassenmesser ab.

■ Bauen Sie den Luftfiltergehäusedeckel mit dem Luftmassenmesser aus.

■ Entriegeln Sie das Steckergehäuse und ziehen Sie den Stecker zur Kraftstoffvorheizung (10 im Bild 15) ab.

■ Entriegeln Sie das Steckergehäuse und ziehen Sie den Stecker zum Wassersensor (8) ab.

■ Reinigen Sie die Oberfläche des Kraftstofffilters und die Anschlüsse gründlich.

■ Entriegeln Sie die Schlauchanschlüsse siehe Seite ((XX)) und ziehen Sie sie ab.

í Fangen Sie austretenden Restkraftstoff mit einem Lappen auf.

■ Verschließen Sie die Anschlüsse mit geeigneten Dichtstopfen.

■ Betätigen Sie die Raste (4) und ziehen Sie den Kraftstofffilter (3) nach oben.

■ Stecken Sie einen Schraubendreher zwischen Kraftstoffvorheizung (10) und Kraftstofffilter (3) und hebeln Sie ihn gerade zur Seite aus dem Kraftstofffilter heraus. Hierbei muss am Kraftstofffilter die Rastnase seitlich entsichert werden.

■ Drehen Sie den Wassersensor (8) heraus.

Montage des Filtereinsatzes (Version 2) (Bild 15)

■ Nehmen Sie den neuen Filter aus der Verpackung heraus.

■ Ersetzen Sie die Dichtringe (1 und 7).

■ Montieren Sie den Wassersensor (8), die Kraftstoffvorheizung (10) und die Entlüftungsleitung vor.

☞ Der Wassersensor durchstößt selbsttätig die Abdichtung im Kraftstofffilter.

■ Schieben Sie den Kraftstofffilter wieder in der Halterung ein.

■ Schließen Sie die Steckkontakte an den Wassersensor (8) und an die Kraftstoffvorheizung (10) wieder an.

■ Schließen Sie die Kraftstoffleitungen wieder an den Kraftstofffilter an.

■ Betätigen Sie etwa 2 min die Handentlüftungspumpe vor dem Luftfilterkasten.

■ Starten Sie den Motor mit Hilfe einer zweiten Person und betätigen Sie die Handentlüftungspumpe während des Startvorgangs wiederholt.

■ Lassen Sie den Motor einige Minuten im Leerlauf laufen und kontrollieren Sie die Dichtheit der Anschlüsse.

Die weitere Montage erfolgt sinngemäß in umgekehrter Reihenfolge.

Entwässern des Filtereinsatzes (Version 2) (Bild 15)

■ Stellen Sie einen Auffangbehälter unter den Ablaufschlauch (9 im Bild 15).

■ Öffnen Sie die Entwässerungsschraube (2) und betätigen Sie dreißig Mal die Handentlüftungspumpe vor dem Luftfilterkasten.

■ Betätigen Sie etwa 2 min. die Handentlüftungspumpe vor dem Luftfilterkasten.

■ Starten Sie den Motor mit Hilfe einer zweiten Person und betätigen Sie die Handentlüftungspumpe während des Startvorgangs wiederholt.

■ Lassen Sie den Motor einige Minuten im Leerlauf laufen und kontrollieren Sie die Dichtheit der Anschlüsse.

Luftfilter wechseln

Reinigung des Luftfilterkastens

■ Beim Ausblasen des Luftfiltergehäuses mit Pressluft ist Folgendes zu beachten: Zur Vermeidung von Funktionsstörungen, putzen Sie bitte die kritischen luftführenden Motorbauteile wie Luftmassenmesser, Lufteinlassrohre usw. mit einem sauberen Putzlappen ab. Schlauchstutzen und Schläuche für Ladeluftsystem müssen vor dem Montieren öl- und fettfrei sein. Verwenden Sie keine silikonhaltigen Gleitmittel bei der Montage.

■ Besser ist es, mit einem Werkstattstaubsauger das Luftfiltergehäuse auszusaugen.

Wechsel des Luftfiltereinsatzes beim TU5-Ottomotor (Bild 16)

■ Ziehen Sie den Anschluss zur Motorentlüftung (10 im Bild 16) ab.

■ Drehen Sie die Schrauben (9) heraus und lösen Sie den Luftfilterkastendeckel (3).

■ Lösen Sie die Schelle (1) und ziehen Sie den Luftfilterdeckel ab.

■ Nehmen Sie den Luftfiltereinsatz (4) nach oben heraus.

Montage

■ Bauen Sie den neuen Luftfiltereinsatz ein. Beachten Sie beim Einbau den richtigen Sitz des Luftfiltereinsatzes im Gehäuse und kontrollieren Sie die korrekte Auflage der umlaufenden Dichtung!

■ Achten Sie auf den richtigen Sitz des Luftfilterdeckels auf dem Luftfiltergehäuseunterteil.

Die weitere Montage erfolgt sinngemäß in umgekehrter Reihenfolge.

Wechsel des Luftfiltereinsatzes beim EP6-Ottomotor (Bild 17)

■ Demontieren Sie das Luftführungsrohr (4).

■ Drehen Sie die Verschraubungen des Luftfilterdeckels (1) heraus.

■ Lösen Sie den Luftfilterkastendeckel (1) und nehmen Sie ihn ab.

■ Nehmen Sie den Luftfiltereinsatz (4) nach oben heraus.

Montage

■ Bauen Sie den neuen Luftfiltereinsatz ein. Beachten Sie beim Einbau den richtigen Sitz des Luftfiltereinsatzes im Gehäuse und kontrollieren Sie die korrekte Auflage der umlaufenden Dichtung!

■ Achten Sie auf den richtigen Sitz des Luftfilterdeckels auf dem Luftfiltergehäuseunterteil.

Die weitere Montage erfolgt sinngemäß in umgekehrter Reihenfolge.

Wechsel des Luftfiltereinsatzes beim DV6-Ottomotor (Bild 18)

■ Demontieren Sie das Luftführungsrohr (7).

■ Entriegeln Sie das Steckergehäuse und ziehen Sie den Stecker zum Luftmassenmesser (6) ab.

■ Drehen Sie die Verschraubungen (4) des Luftfilterkastendeckels heraus.

■ Nehmen Sie den Luftfilterkastendeckel (5) nach vorne ab. Er ist hinten im Kunststoff eingehängt.

■ Nehmen Sie den Luftfiltereinsatz (3) nach oben heraus.

Montage

■ Bauen Sie den neuen Luftfiltereinsatz (3) ein. Beachten Sie beim Einbau den richtigen Sitz des Luftfiltereinsatzes im Gehäuse (8) und kontrollieren Sie die korrekte Auflage der umlaufenden Dichtung!

■ Achten Sie auf den richtigen Sitz des Luftfilterdeckels (5) auf dem Luftfiltergehäuseunterteil (8).

Die weitere Montage erfolgt sinngemäß in umgekehrter Reihenfolge.

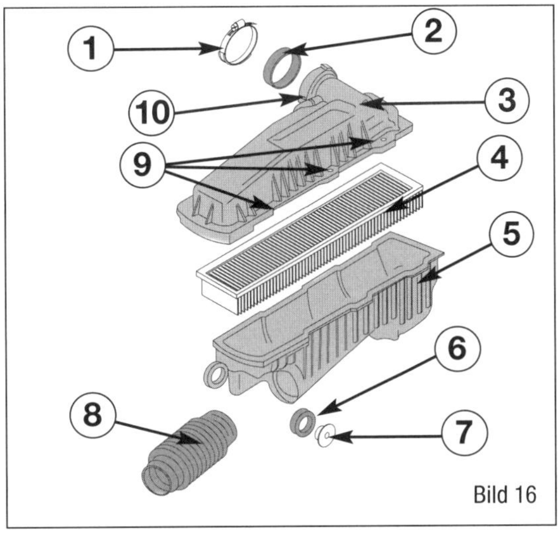

Bild 16

Bild 16
Luftfilter am TU5-Ottomotor.
1 Schelle
2 Dichtring
3 Luftfilterdeckel
4 Luftfiltereinsatz
5 Luftfiltergehäuse unten
6 Lagergummi
7 Stützring
8 Ansauggummi
9 Schrauben
10 Motorentlüftungsanschluss

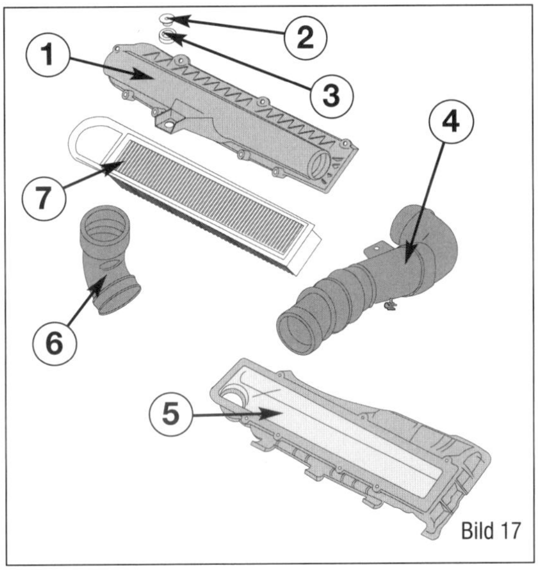

Bild 17

Bild 17
Luftfilter am EP6-Ottomotor.
1 Luftfilterdeckel
2 Stützring
3 Lagergummi
4 Luftführung
5 Luftfiltergehäuse unten
6 Luftführung
7 Luftfiltereinsatz

Bild 18
Luftfilter am (DV6) Dieselmotor.
1 Kugelkopfschrauben
2 Stützring
3 Luftfiltereinsatz
4 Schrauben
5 Luftfilterkastendeckel
6 Luftmassenmesser
7 Luftführungsrohr
8 Luftfiltergehäuse unten
9 Lagergummi

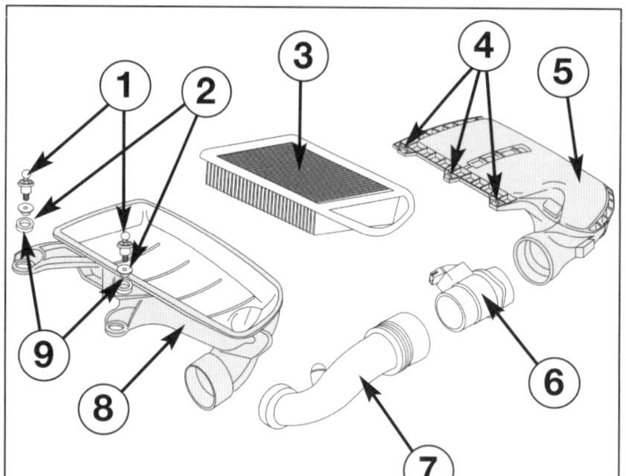

Bild 18

Fahrzeugdiagnosetester einsetzen

Es gibt eine Reihe von Arbeiten im Bereich der Einspritz- und Zündanlage, die man ohne Tester mit Übung und Erfahrung, unter Einsatz bestimmter Spezialwerkzeuge und am besten auch mit fachkundiger Beratung in einer Mietwerkstatt ausführen kann. Darauf gehen wir mit den folgenden Arbeitsbeschreibungen ein. Vielfach aber kann man an den elektronisch gesteuerten Einspritzsystemen nur selbst Hand anlegen, wenn man über einen Diagnosetester verfügt. Das Steuergerät kann zwar viele Fehler an elektrischen Teilen der Einspritz- und Zündanlage per Selbstdiagnose erkennen und sie in einem Fehlerspeicher ablegen. Dabei wird auch eine Entscheidung getroffen, ob es sich um permanente Fehler oder um sporadische Mängel handelt.

Diagnosegeräte
Die Marken-Werkstätten verwenden ein eigenes Diagnosesystem, das für die einzelne Marke abgestimmt ist. Mit geeigneter Software und gewisser Kenntnis der Funktions- und Vorgehensweise sind auch andere Werkstattsysteme zu verwenden, wie sie in vielen Mietwerkstätten vorhanden sind. Wir haben schon auf das System vom »VCDS«-Vertreiber PSA-Com hingewiesen. Es ist absehbar, dass sich dieser hochwertige Tester in freien Werkstätten verbreitet. Die Firma PCI-Tuning bietet auf Internetseiten Informationen und Unterstützung auch für diesen Ableger ihrer Testerreihe an.

Auch zu diesem Thema stellen wir Ihnen den Einsatz des Diagnosetesters vor. Hier möchten wir die Istwerte für die Gemischaufbereitung erfassen und darstellen. Die Fehlerspeicherauslese unterscheidet sich kaum von den Arbeitsschritten, die wir Ihnen bereits auf Seite (37) vorgestellt haben.

Anschluss am Fahrzeug
Je nachdem, ob Sie einen Tester verwenden, welcher speziell für die Diagnose über OBD ausgelegt ist, erfolgt die Spannungsversorgung für den Tester über die OBD-Anschlussdose.

Bei den meisten Laptops oder Tablet-Lösungen muss darauf geachtet werden, dass die Akkuladung ausreichend groß ist oder eine Spannungsversorgung über das Ladegerät hergestellt werden kann. Auch das Fahrzeug sollte mit einem Dauerladegerät mit Spannung versorgt werden. Bei eingeschalteter Zündung wird die Batterie entladen.

- Schließen Sie ein Erhaltungsladegerät an die Batterie an.
- Schließen Sie den Tester an die OBD-Anschlussdose im Fahrerfußraum an.
- Legen Sie das Anschlusskabel zum Tester so, dass es nicht im Fußraum stören kann.
- Starten Sie die Diagnosesoftware und schalten Sie die Zündung ein.
- Folgen Sie den Anzeigen auf dem Bildschirm, um die gewünschten Funktionen zu starten.

Istwerte-Erfassung für den Luftmassenmesser
Exemplarisch werden wir im Folgenden die »Istwerte« des Luftmassenmessers überprüfen. Im Einspritzsystem ist er auch für die Kontrolle der Abgasrückführungsrate zuständig. Fehlerhafte Messwerte führen schnell zu einer geringeren Motorleistungsabgabe. Hier findet ganz klassisch ein Soll-Istwertevergleich statt. Die Sollwerte werden aus dem Kennfeld des Steuergerätes ausgelesen. Die Istwerte werden vom Luftmassenmesser übernommen. Diese beiden Werte werden als grafischer Verlauf dargestellt. Nach einigen Gasstößen kann die Auswertung erfolgen.

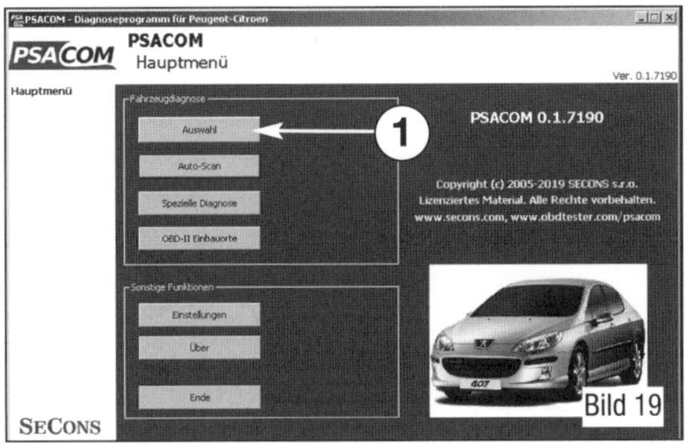

Bild 19 Startmaske beim PSA-Com.
1 Direkte Anwahl des Steuergerätes (Electronic Control Unit)

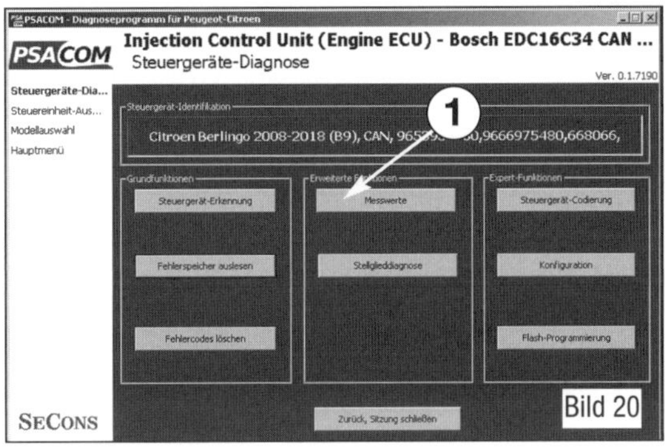

Bild 20 Auswahlmaske für das Motorsteuergerät.
1 Direkte Anwahl der Messwertebene

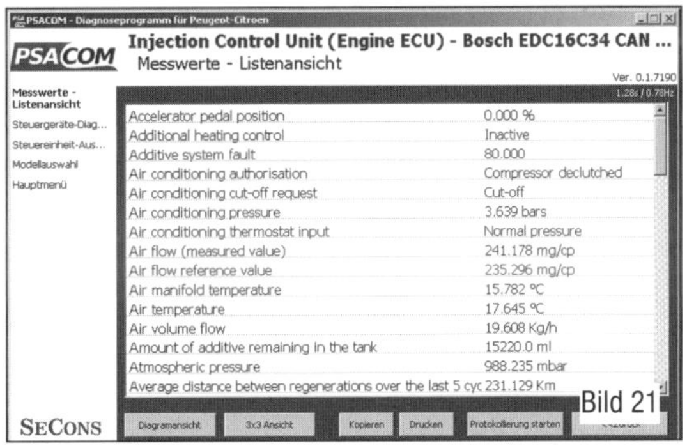

Bild 21 Messwerte, Listenansicht.

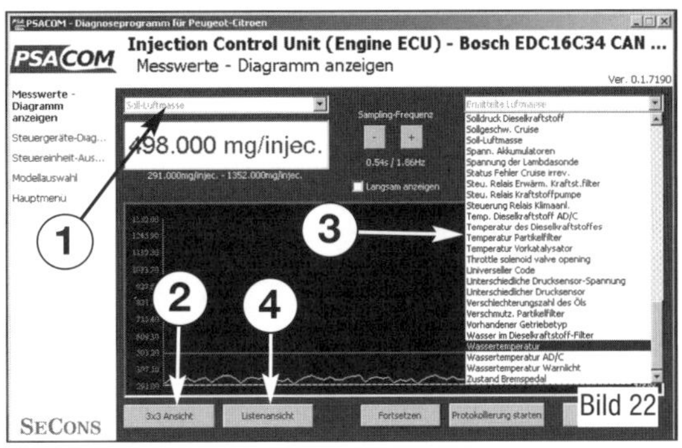

Bild 22 Auswahl der Messwerte.
1 Messwertzeile mit Auswahl beim Anklicken
2 Feldansicht der Messwerte
3 Auswahlliste mit Schieberegler
4 Listenansicht aller Werte

■ Lassen Sie den Motor im Leerlauf laufen.
■ Klicken Sie mit der Maus die Taste »ECU auswählen« (1 im Bild 19) an. Nach der Fahrzeuganwahl kontaktiert der Tester das Motorsteuergerät und öffnet die Maske des Motorsteuergerätes.
■ Wählen Sie durch einen Mausklick die Taste »Messwerte« (1 im Bild 20) an. Das Programm öffnet nun eine Maske für die Messwertanwahl.

Grafische Darstellung (Bild 24):
■ Wählen Sie in der linken Spalte den Sollwert für die Luftmasse »Soll-Luftmasse« an.
■ Wählen Sie in der rechten Spalte den Istwert für die Luftmasse »Ermittelte Luftmasse« an. Die Messwerte und die Sollwerte werden nun zusammen grafisch dargestellt.
■ Treten Sie nun das Gaspedal kurz voll durch und lassen Sie das Gaspedal wieder los.
■ Wiederholen Sie die Gasstöße zwei bis drei Mal.
■ Klicken Sie mit der Maus die Taste »Graph-Pause« an. Die Messung wird nun angehalten.
■ Vergleichen Sie die beiden Verlaufskurven miteinander:
■ Im Bild 24 wird der Sollwert (links) etwas höher dargestellt als der erfasste »Istwert« (rechts). Der »Istwert« verläuft erwartungsgemäß etwas unruhiger als der »Sollwert«. Die Spannungspegel (1) und (2) für den Gasstoß und (3) und (4) im Leerlauf verlaufen hinsichtlich der Messwerte und des Kurvenverlaufs fast parallel. In diesem Fall entspricht die erfasste Luftmasse den Sollwerten. Der Luftmassenmesser ist in Ordnung.
■ Wenn die Messwertkurve oder die Messwerte für den Istwert in allen Punkten deutlich geringer ausfällt, muss der Luftmassenmesser überprüft oder meist dann auch erneuert werden.
■ Zeigt die Messwertkurve oder die Messwerte keine Reaktion muss die Spannungsversorgung aber auch der Luftmassenmesser überprüft werden.

Listen-Ansicht (4 im Bild 22):
Die Listenansicht stellt alle Messwerte untereinander dar. Hier lässt sich zumindest eine Übersicht der möglichen Messwerte gewinnen. Über das Herunterscrollen mit dem Seitenschieber in der Liste lassen sich die Messwerte einsehen.

3x3-Ansicht (Bild 23 und 2 im Bild 22):
Diese Ansicht ermöglicht die Zusammenstellung aus den erfassten Messwerten zum sehr übersichtlichen Messwerteblock. Gerade zur Übersicht in der Fehlersuche lassen sich hier bis zu neun Messwerte auf

dem Bildschirm darstellen. So lassen sich auch zusammenhängende Veränderungen, wie sie beispielsweise durch die Ansteuerung des AGR-Ventils verursacht werden, gut lesbar darstellen.

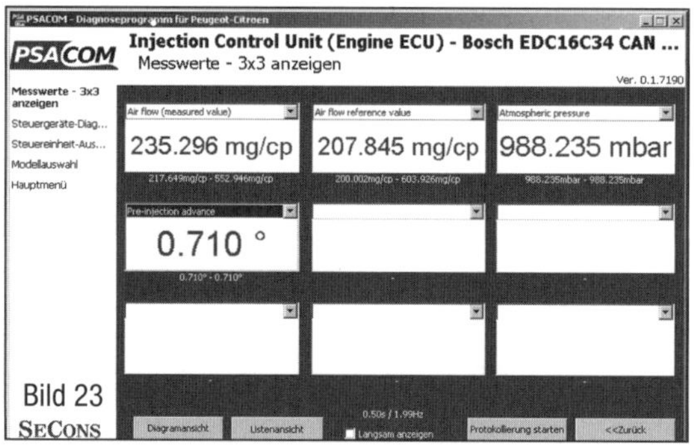

Bild 23
Zusammenstellung als Messwertblock. Wir haben die Luftmasse und die Ansauglufttemperatur als Messwertblock zusammengestellt

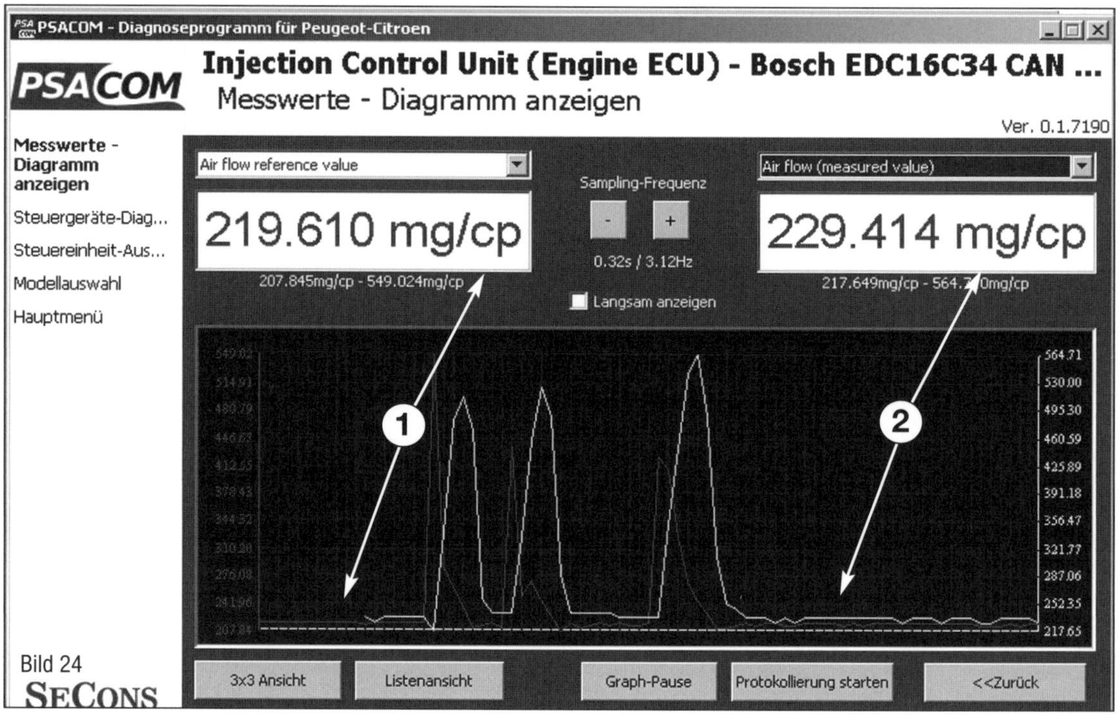

Bild 24
Signalbild Ist- und Sollwerte mit der grafischen Darstellung der Messwertauswertung.

1 Zahlenwert und Messwertlinie für die Sollwerte
2 Zahlenwert und Messwertlinie für die Istwerte

9 Abgasanlage

Die Abgas- oder Auspuffanlage am Unterboden des Vans reinigt zumindest bei den neueren Varianten mit Partikelfilter plus Oxidationskatalysator und Abgasvorrohr oder mit Katalysator und Abgasvorrohr die Verbrennungsabgase und leitet sie mit geringem Gegendruck ins Abgasrohr mit Schalldämpfer und Endrohr am Fahrzeugheck (Bilder 1 bis 3). Der Schalldämpfer reduziert die Verbrennungsgeräusche auf ein Minimum. Der Differenzdruckgeber und der Abgastemperaturgeber mit Regelsystem tragen dazu bei, die Motorleistung zu optimieren. Der Auspuff moderner Pkw ist für mehr als 60.000 Kilometer gut, wobei die Lebensdauer natürlich auch von den Einsatzbedingungen des Fahrzeugs abhängt. Ist man überwiegend auf kurzen Strecken unterwegs, fallen mehr Kondensat, Ruß und aggressive Säuren im Innern der Anlage an, als beim Langstreckenbetrieb mit voll durchgewärmtem Motor. Das Abgasvorrohr ist seltener als die anderen Teile vom Rost bedroht, weil dort die Verbrennungsgase noch mit Temperaturen zwischen 800 und 1000 °C einströmen. Danach verlieren die Abgase an Temperatur und sind am Endrohr nur noch 150 bis 300 °C heiß. Dort tritt das meiste Kondenswasser aus. Es mischt sich mit Verbrennungsrückständen zu aggressiven Säuren und lässt das Auspuffblech von innen nach außen durchrosten. Falls das Endrohr nicht aus besonders korrosionsbeständigem Material hergestellt wurde, ist Arbeit angesagt: Ausbau des alten und Einbau eines neuen Abgasrohrs mit Schalldämpfer.

Hinweise und Regeln für Arbeiten an der Auspuffanlage

Reparaturen an durchgerosteten Auspuffanlagen, z. B. mit Auspuffkitt und Bandagen, haben nur kurzzeitig Erfolg. Das Blech bricht bald neben der Reparaturstelle. Werkstätten wechseln Auspuffanlagen meist komplett aus. Vor weiteren Arbeiten daher Zustand der Anlage genau prüfen und dann entscheiden, ob einzelne Teile oder das ganze System erneuert werden sollen. Die Abgasanlage hinten kann, bei der Demontage abgestützt, komplett mit Schalldämpfer ausgebaut werden.

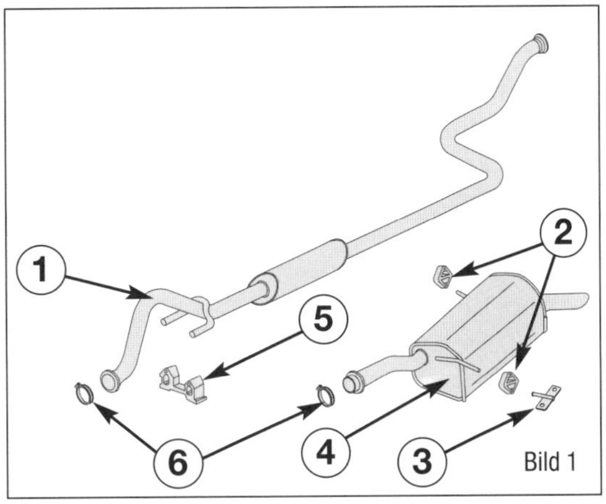

Bild 1
Auspuffanlage am Ottomotor (TU5 und EP6).
1 Auspuffrohr mit Mittelschalldämpfer
2 Haltegummi
3 Halterung
4 Endschalldämpfer
5 Haltegummi
6 Schellen

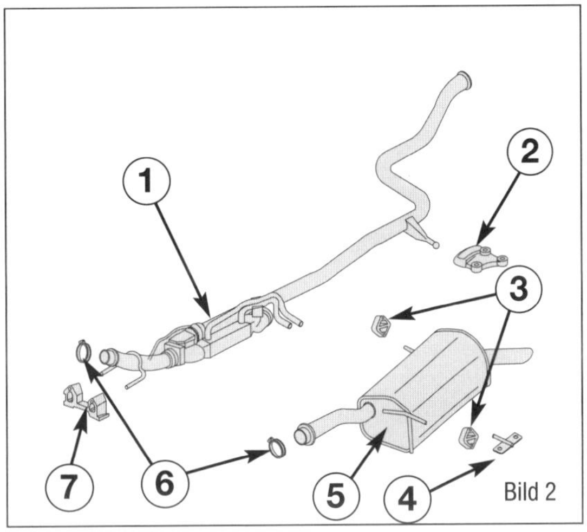

Bild 2
Auspuffanlage am Dieselmotor (mit Zusatzheizung).
1 Zwischenrohr
2 Halterung
3 Haltegummi
4 Halterung
5 Endschalldämpfer
6 Schellen
7 Halterung

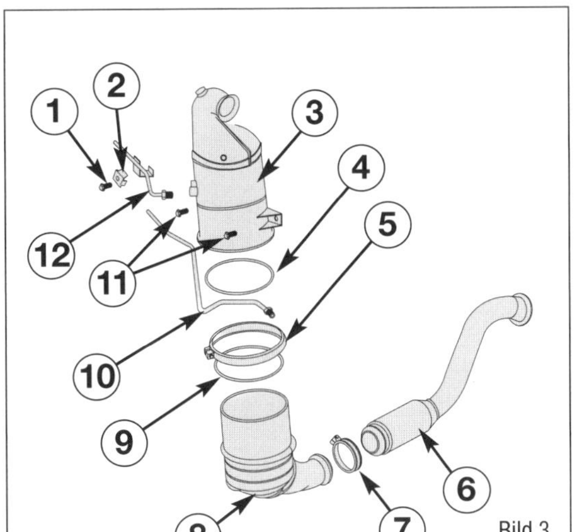

Bild 3
Auspuffanlage am Dieselmotor.
1 Schraube
2 Haltebügel
3 Katalysator
4 Dichtring
5 Schelle
6 Dichtring
7 Schelle
8 Partikelfilter
9 Dichtring
10 Druckleitung Partikelfilter (Differenzdruck)
11 Schrauben
12 Druckleitung Partikelfilter (Differenzdruck)

Tipp: Wird nach gründlicher Prüfung an der Abgasanlage gearbeitet, sollten folgende Grundregeln beachtet werden:

- Bei einer Demontage darf die Abgasanlage keinesfalls herunterfallen. Dabei könnten wichtige Teile beschädigt werden.

■ Dichtungen und selbstsichernde Muttern immer ersetzen.

■ Verschraubungen der Auspuffanlage lassen sich beim nächsten Mal leichter lösen, wenn die Gewinde beim Einbau mit hochhitzefestem Kupferfett bestrichen werden.

⚠ Werden Partikelfilter oder Differenzdruckgeber gewechselt, muss der Differenzdruckgeber zwingend über den Fahrzeugdiagnosetester angepasst werden (Tester erforderlich).

■ Werden Partikelfilter ausgebaut und ersetzt, müssen die Altteile vorschriftsmäßig entsorgt werden. Sie dürfen nicht wie Schrott behandelt werden, weil sie wertvolles Edelmetall enthalten, das wieder in den Produktionsprozess eingebracht werden kann.

☞ Für Arbeiten an Lambdasonden gilt: Nur das Gewinde mit Heißschraubenpaste fetten. An die Schlitze des Sondenkörpers darf kein Fett kommen. Aus- und Einbau am besten mit Ringschlüsselsatz für Lambdasonde-Dichtring bei Undichtigkeit aufkneifen und ersetzen. Festziehen mit 50 bzw. 55 Nm.

■ Alle Schlauchverbindungen mit Schlauchschellen sichern, die dem Serienstand entsprechen.

■ Alle Kabelbinder, die beim Ausbau gelöst werden, sind beim Einbau an der gleichen Stelle wieder anzubringen.

■ Nach Montagearbeiten an der Abgasanlage darauf achten, dass die Anlage nicht verspannt wird und ausreichend Abstand zum Aufbau hat. Gegebenenfalls Doppelschelle lösen und Schalldämpfer und Abgasrohr so ausrichten, dass überall ausreichend Abstand zum Aufbau vorhanden ist und die Aufhängungen gleichmäßig belastet werden.

■ Nach getaner Arbeit immer Motorprobelauf durchführen und »Auspuffanlage auf Dichtheit prüfen« (Bild 5). Ansonsten gelten für Arbeiten an Abgasanlage und Abgasrückführung hinsichtlich Sauberkeit und Sicherheit die Vorschriften, die auch für Arbeiten an Motor, Kraftstoff- oder Einspritzsystem üblich sind.

Zustand der Auspuffanlage kontrollieren

■ Fahrzeug auf einer Hebebühne anheben oder absolut rüttelsicher aufbocken. Es darf nicht kippeln, wenn heftig an den Rohren der Auspuffanlage gedreht oder gezerrt wird. Die Aufhängungen und Gummiösen dürfen keine Schäden aufweisen.

■ Zur Kontrolle die Abgasanlage an den Schraubbefestigungen rütteln. Komponenten auf Brüchigkeit, Einrisse oder sonstige Schäden überprüfen, bei Bedarf ersetzen.

■ Wenn sich beim Demontieren eine Verschraubung nicht lösen lässt, mit Rost lösendem Mittel behandeln oder durch Überdrehen abreißen. Beim Festziehen von Verschraubungen z. B. am Abgaskrümmer die Reihenfolge von innen nach außen und über Kreuz einhalten.

■ Wenn Teile der Anlage schon einmal ersetzt wurden, trennt man die Steckverbindung der Rohrenden am besten in erwärmtem Zustand. Schweißbrenner oder Propangasbrenner verwenden und Feuerlöscher bereithalten.

■ Schalldämpfer mit einem Hammer rundum gründlich abklopfen, auch an den Stirnseiten (Übergang von den Töpfen zu den Rohren). Nicht zu zaghaft hämmern. Klingt es bei jedem Schlag hell, ist das Blech noch gesund. Wird das Klopfgeräusch an manchen Stellen dumpfer, ist die Außenhaut bereits geschwächt und wird bald durchbrechen.

☞ Ein sehr dumpfer Auspuffton und Knallen im Schiebebetrieb können auf einen durchgerosteten Auspuff hinweisen.

■ Dichtheit der Auspuffanlage prüfen (nachfolgende Anleitung).

Abgasanlage auf Dichtheit prüfen

■ Motor anlassen und im Leerlauf drehen lassen.

■ Auspuffendrohr für die Dauer der Dichtheitsprüfung verschließen (Lappen, Stöpsel im Bild 5). Der Motor kann ausgehen. Grundsätzlich sollten Sie keine lauten Zisch-

geräusche wahrnehmen können.
■ Verbindungsstellen Zylinderkopf/Abgaskrümmer, Abgasturbolader/ Abgasvorrohr usw. durch Abhören auf Dichtheit prüfen. Gibt es zischelnde Geräusche an Verbindungsstellen, ist die Anlage an der Geräuschstelle undicht.
■ Festgestellte Undichtigkeiten beseitigen.

Teile der Abgasanlage aus- und einbauen

Es besteht Gefahr durch Verbrennung. Teile der Abgasanlage können heiß sein. Vor dem Ausbau Abgasanlage abkühlen lassen. Bei allen Montagearbeiten, insbesondere im Motorraum aufgrund der engen Bauverhältnisse, ist Folgendes zu beachten:
■ Leitungen aller Art (z. B. für Kraftstoff, Hydraulik, Aktivkohlebehälteranlage, Kühl- und Kältemittel, Bremsflüssigkeit, Unterdruck) und elektrische Leitungen sind so zu verlegen, dass die ursprüngliche Leitungsführung wieder hergestellt wird.
■ Um Beschädigungen an den Leitungen zu vermeiden, ist auf ausreichenden Freigang zu allen beweglichen oder heißen Bauteilen zu achten.
■ Kabelbinder vorsichtig durchtrennen und beim Einbau wieder an gleicher Stelle anbauen.

Abgaszwischenrohr aus- und einbauen
Abgasanlagen mit Partikelfilter sind ähnlich aufgebaut. Wir stellen Ihnen an dieser Stelle eine allgemeingültige Arbeitsbeschreibung zur Verfügung.
■ Motor und Auspuffanlage abkühlen lassen.
■ Demontieren Sie die Befestigungsschrauben /Muttern am Vorkatalysator.
■ Demontieren Sie die Befestigungsschrauben /Muttern am Katalysator.
■ Nehmen Sie die Dichtungen und das Zwischenohr (Flexrohr) heraus.

Die Montage erfolgt sinngemäß in umgekehrter Reihenfolge.
■ Erneuern Sie die Dichtungen und die Schrauben und/oder Muttern grundsätzlich.
■ Bei verpressten Gewindebolzen prüfen Sie den Zustand der Bolzen und erneuern Sie sie bei Bedarf.

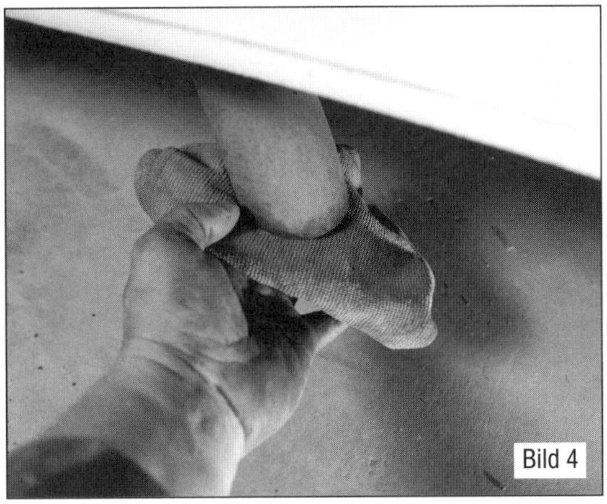
Bild 4
Zuhalten des Abgasrohres zur Dichtheitsprüfung.

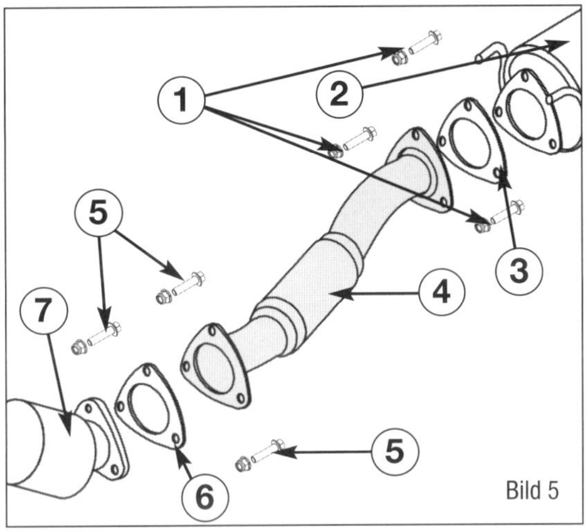

Bild 5
Abgaszwischenrohr (Flexrohr) wechseln,
1 Verschraubung am Kat
2 Katalysator
3 Dichtung
4 Zwischenrohr (Flexrohr)
5 Verschraubungen am Vorkatalysator
6 Dichtung
7 Vorkatalysator

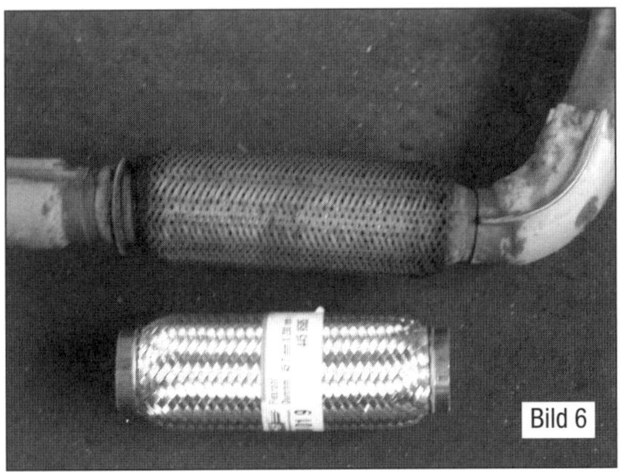
Bild 6
Reparatureinsatz für das Abgaszwischenrohr (Flexrohr) zum Einschweißen.

Werden Schäden am Flexrohr festgestellt, muss es ersetzt werden. Es gibt im Zubehör universale Flexrohre zu kaufen, die dann eingeschweißt werden müssen und einen kostengünstigen Ersatz darstellen.

Nachschalldämpfer aus- und einbauen
■ Motor und Auspuffanlage abkühlen lassen.
■ Schraube lösen und die Schelle (4) etwas zurück auf das Abgasrohr schieben.

Bild 7
Endschalldämpfer wechseln.
1 Endschalldämpfer
2 Halterungsgummi
3 Halter am Fahrzeug
4 Auspuffschelle

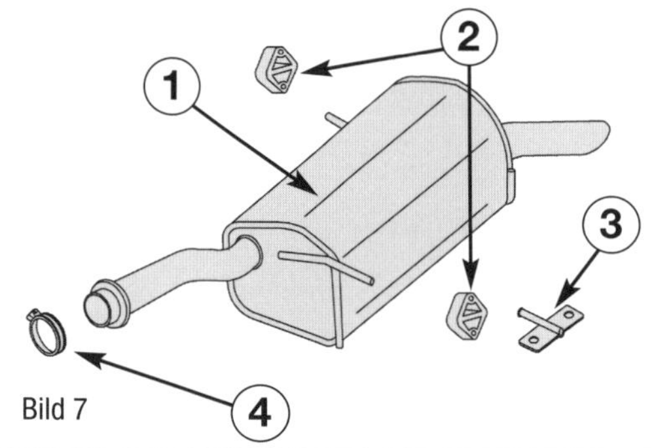

Bild 7

■ Nachschalldämpfer (1) nach hinten aus den Haltegummis (2) vorn und hinten ziehen.
■ Nachschalldämpfer abnehmen.

Der Einbau erfolgt sinngemäß in umgekehrter Reihenfolge.
■ Achten Sie auf den richtigen Sitz (Einbauposition) der Schelle.
■ Richten Sie die Abgasanlage spannungsfrei aus.
■ Prüfen Sie die Dichtheit der Auspuffanlage.

Abgasanlage spannungsfrei einrichten

■ Der Motor muss kalt sein.
■ Verschraubungen der vorderen Klemmschelle lösen.
■ Die vordere Schraube handfest anziehen.
■ Die Abgasanlage so ausmitteln, dass diese nirgends gegenstößt und spannungsfrei sitzt. Die Haltegummis der Abgasanlage sollten möglichst nicht in ihre Aufsteckrichtung gezogen werden.
■ Die Verschraubungen der Schellen und Klemmhülsen sollten so ausgerichtet werden, dass sie möglichst nicht nach unten herausstehen.

Fahrzeuge mit langer Abgasanlage:
■ Zusätzlich das hintere Abgasrohr ausmitteln, hierzu Schellen lösen und Abgasanlage anschließend ausrichten.

Alle Fahrzeuge:
■ Nach dem Anziehen der Klemmhülse die Freigängigkeit der Auspuffanlage prüfen und gegebenenfalls korrigieren.
■ Prüfen Sie abschließend die Dichtheit der Auspuffanlage.

Partikelfilter

Die meisten der neueren Vans mit Dieselmotor in dieser Baureihe sind mit einem Partikelfilter ausgerüstet. Das ist eine der Voraussetzungen, um die geforderten Grenzwerte erreichen zu können. Ein Nachrüsten eines Fahrzeuges von Euro 4 auf Euro 5 (beide mit grüner Plakette) ist oftmals möglich. Derzeit kommen in Deutschland regelmäßig neue Systeme und Umbausätze auf den Markt, die das Abgasverhalten und vor allem auch den Feinstaub reduzieren sollen. Die Kosten für diese Systeme liegen zwischen 500 und 2500 Euro. Die Umrüstungen müssen von Betrieben durchgeführt werden, die auch berechtigt sind, die Abgasuntersuchung durchzuführen. Der Einbau muss bestätigt werden und wird dann meist nach einer TÜV-Abnahme in die Fahrzeugpapiere übernommen.

Unterscheidungen der Systeme
Wir wollen auch in diesem Band die Reparatur des Fahrzeuges in den Vordergrund stellen, möchten Ihnen aber einige Besonderheiten der beiden auf dem Markt befindlichen Systeme kurz vorstellen. Für die tiefergehenden Funktions- und Reaktionsabläufe verweisen wir auf die üblichen Quellen wie Fachbücher und auch das Internet.

Systeme mit Kraftstoffnacheinspritzung (Speicherkatalysatoren):
In der »Beladungsphase« erfolgt die Stickoxidanlagerung an der Katalysatorbeschichtung. Ist der Katalysator »Voll«, werden durch die Nacheinspritzung in der »Regenerationsphase« von Kraftstoff die Stickoxide in Stickstoff und Wasser umgewandelt. Die Nacheinspritzung kann mit einer Temperatur über 650 °C über mehr als 5 Minuten auch zur Regenerierung der Schwefelanlagerungen genutzt werden. Für die Regeneration sind bestimmte Fahrzustände erforderlich. Werden diese nicht erreicht oder unterbrochen, kann die Regenerationsfahrt auch mit Hilfe des Diagnosetesters ausgelöst werden. Der Nachteil dieses Systems, das übrigens durchaus von mehreren Fahrzeugherstellern eingesetzt wird oder wurde, liegt im leicht erhöhten Kraftstoffverbrauch und dem erhöhten Dieselkraftstoffeintrag im Motoröl.

Die Einspritzung des zusätzlich benötigten Kraftstoffs erfolgt über die Einspritzdüsen jeweils im Auslasstakt.

SCR-Katalysatoren (Adblue-Systeme):
Zwar findet sich dieses System serienmäßig nicht in allen Vans dieser Baujahre, eine Nachrüstung könnte aber durchaus möglich werden. Die Basis für sehr viele Vans und Kleintransporter ist dieses Fahrzeug mit einem serienmäßigen Abgassystem. Der Wirkungsgrad dieses Systems ist deutlich höher. Allerdings ist eine Nachrüstung nur mit Nachrüstung von »Hardware« möglich.

Partikelfilter reinigen (lassen)
Die Partikelfilter sollten eigentlich je nach System in unterschiedlicher Art und Weise sich selbst reinigen. Diese Regenerationsphase wird alle paar hundert Kilometer durch das Motorsteuergerät eingeleitet und brennt dann die Ablagerungen aus dem Filter ab. Wird die Regenerationsphase oder besser die Bedingungen dazu nicht erreicht oder die Regeneration aufgrund der Fahrsituation abgebrochen, setzt sich der Partikelfilter zu. Einmal verstopft, muss er dann eigentlich ersetzt werden. Die Preise sind recht unterschiedlich und liegen oft zwischen 500 und 1500 Euro im Zubehörhandel. Aufgrund der Nach- und Umrüstsätze, die auch gleichzeitig eine andere Abgaseinstufung erlauben, und Spezialfirmen, die sich auf die Reinigung verstopfter Filter spezialisiert haben, lässt sich hier durchaus sinnvoll Geld einsparen. Suchen Sie nach aktuellen Angeboten im Internet.

Differenzdruckgeber ausbauen
Der Differenzdruckgeber (1 im Bild 9) ist in der Regel rechts neben dem Anschluss zum Ladeluftkühler befestigt. Auch bei nachgerüsteten Systemen finden Sie diesen Sensor, oft auch mit dem dazugehörigen Steuergerät, an dieser Einbauposition.

■ Schalten Sie den Motor ab und lassen Sie ihn abkühlen.
■ Demontieren Sie die Schlauchschellen an den Sondenröhrchen (3) zum Partikelfilter.
■ Ziehen Sie die elektrische Steckverbindung (2) ab.
■ Drehen Sie die Halterungsschrauben heraus und nehmen Sie den Sensor ab.

Die Montage erfolgt sinngemäß in umgekehrter Reihenfolge.
Wird ein neuer Partikelfilter eingebaut, schließen Sie nach dem Einbau den Fahrzeugdiagnosetester an.
■ Führen Sie je nach Tester die Funktion »Dieselpartikelfiltertausch« durch. Der Differenzdruckgeber muss an das Abgassystem und die Steuergeräte angelernt werden.

Partikelfilter ausbauen
Wir stellen Ihnen die Arbeitsschritte an der kurzen Auspuffanlage vor. Die Arbeiten an der langen Anlage verlaufen ähnlich.

■ Schalten Sie den Motor ab und lassen Sie ihn abkühlen.
■ Schelle (4 im Bild 9) lösen.
■ Endschalldämpfer ausbauen oder zumindest vom Katalysator mit Partikelfilter (6) lösen.
■ Drehen Sie die Schraube (7) heraus und nehmen Sie die Halterung ab.
■ Demontieren Sie die untere Rohrleitungen (3).
■ Öffnen Sie die Schelle (7) so weit wie möglich.
■ Ziehen Sie den Partikelfilter nach unten heraus.

Der Einbau erfolgt sinngemäß in umgekehrter Reihenfolge.
■ Ersetzen Sie die Dichtungen am Flansch und setzen Sie den Partikelfilter gerade in das Katalysatorgehäuse wieder ein.
■ Richten Sie das Entkopplungselement gewissenhaft aus.

Tipp: Das Entkopplungselement (Flexstück) (5) des Partikelfilters darf nicht mehr als 10° geknickt werden, sonst kann es beschädigt werden.

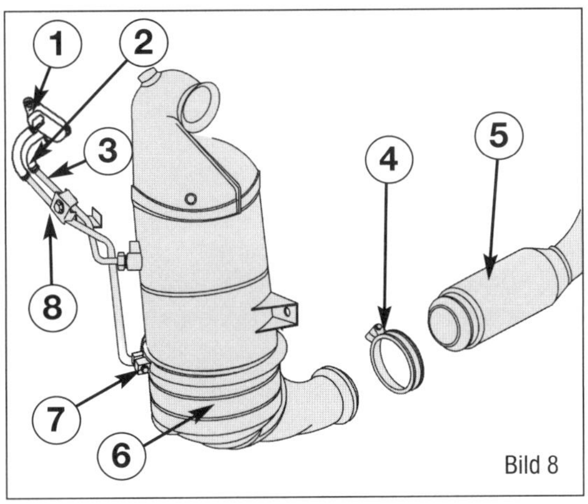

Bild 8
Partikelfilter und Differenzdruckgeber.
1 Differenzdruckgeber
2 elektrischer Anschluss
3 Rohrleitung (Sondenröhrchen) zum Partikelfilter
4 Schelle zum Endschalldämpfer
5 Flexstück
6 Partikelfilter
7 Schelle
8 Schraube

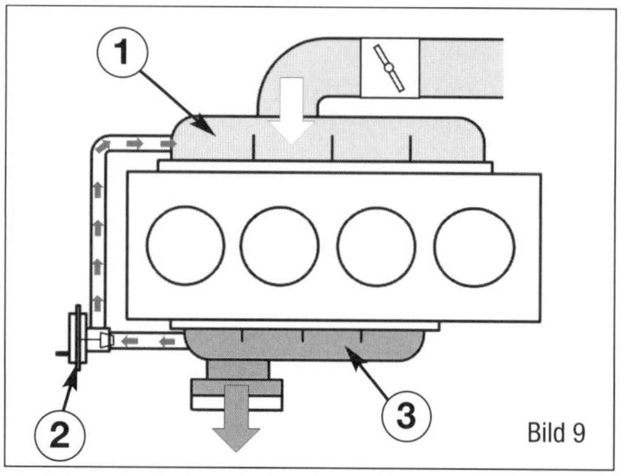

Bild 9
AGR-(EGR)System in der Übersicht:
1 Abgaskrümmer
2 AGR-(EGR)Ventil
3 Abgaskrümmer

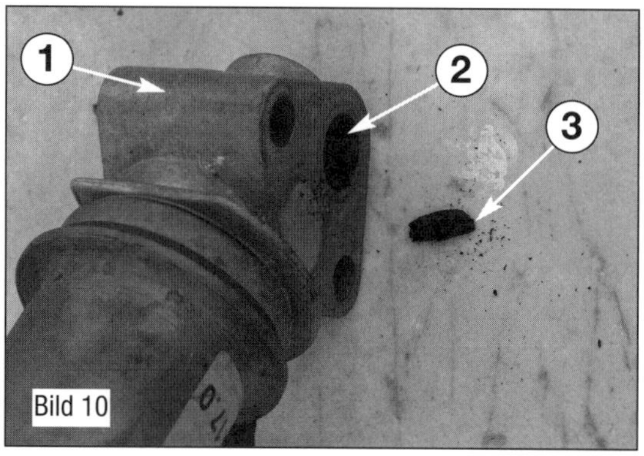

Bild 10
AGR-Ventil mit Verkokung.
1 Elektrisches AGR-Ventil
2 Kanal zum Zylinderkopf
3 Ablagerung (Ruß)brocken

- Setzen Sie das Abgasrohr mit dem Entkopplungselement (Flexstück) mit etwas Montagepaste ein.

Arbeiten am Abgasrückführungssystem

Ob nun die Abkürzung für das deutsche Wort »AbGasRückführung« oder das englische »ExhaustGasRecirculation« gemeint ist, ist das gleiche. Ein Teil der bereits verbrannten Gase werden aus dem Abgaskrümmer (3 im Bild 10) erneut in den Ansaugtrakt des Motors (1) geleitet. Die Abgasrückführungssysteme sind auch im Peugeot und Citroën in unterschiedlichen Ausführungen verbaut worden. Wir stellen Ihnen die beiden Varianten für die drei Motorvarianten vor.

Klassische AGR-(EGR)Fehler

Die Abgasrückführung hängt trotz AGR-Kühler und viel Leitung immer zwischen den heißen Abgasen und der recht kühlen Ansaugluft. Schon das allein kann zum Ablagern von Reststoffen, ob nun fest oder flüssig, führen.

Ablagerungen:
Im Laufe der Zeit sorgen die Ablagerungen für eine geringere Rückführungsrate durch zugesetzte Rohrverbindungen oder das AGR-Ventil (2), was dem Steuergerät anhand der angesaugten Luftmasse auffällt. Die Motorkontrolllampe geht an, und es wird ein Fehler im Fehlerspeicher abgelegt.

Klemmen:
Die Ablagerungen können aber auch für ein Verklemmen des Ventils sorgen. Die AGR-Ventile (2) der 2,3-l- und der 3,0-l-Motoren werden aber lediglich über die Luftmasse überwacht. Lediglich die 2,2-l-Motorvariante liefert eine Lagerückmeldung des Ventils und kann so ein Verklemmen schnell erkennen, leider aber auch Schaden am Antrieb dabei erleiden. Auch hier geht die Motorkontrolllampe an, und es wird ein Fehler im Fehlerspeicher abgelegt.

Innere Undichtigkeit:
Das Steuergerät steuert lediglich das Magnetventil an. Die eigentliche Ventilbewegung wird nur indirekt erfasst. Sind nun Ablagerungen im Bereich des Ventilsitzes vorhanden, bleiben die pneumatischen Varianten offen. Ab einer gewissen Grenze erfolgt die Rückmeldung über eine »unplausible Luftmasse«, wie schon bei den Ablagerungen beschrieben.

AGR-(EGR)Reinigung

Je nach Zustand des Ventils können Sie es erneuern, aber auch mit »Hausmittel« reinigen. Die Kosten für ein neues Ventil liegen zwischen 50 Euro und 300 Euro. Als Hausmittel eignet sich ein Backofenspray sehr gut.

- Bauen Sie das Ventil aus.
- Entfernen Sie vorsichtig die groben, größeren Ablagerungen mit einem Schraubendreher oder einem anderen geeigneten Werkzeug.
- Sprühen Sie das Ventil, vor allem die Kanäle und Bohrungen im Inneren, mit einem AGR-Ventilreiniger oder mit Backofenreiniger ein.
- Lassen Sie das Reinigungsmittel (Lösemittel) auf das Ventil etwa 15 bis 30 Minuten einwirken.
- Waschen Sie das Ventil mit klarem Wasser aus.
- Trocknen Sie das Ventil mit Druckluft.

■ Untersuchen Sie das Ventil und den Ventilsitz auf Schäden.
■ Bauen Sie das Ventil mit neuen Dichtungen wieder ein.

Bauteilprüfung über den Stellgliedtest (Antriebstest)

Vor der Demontage sollten Sie das System über einen Diagnosetester ansteuern, um die Verschlauchung und alle Anschlüsse zu prüfen. Für die Abgasrückführungsrate ist die verbaute Drosselklappe mit verantwortlich. Auch diese sollte über den Stellgliedtest mit geprüft werden.
■ Schließen Sie den Tester wie schon beschrieben an die Diagnoseschnittstelle im Sicherungskasten an.
■ Klicken Sie, wie auf der Seite (38) beschrieben, mit der Maus die Taste »ECU auswählen« an. Nach der Fahrzeuganwahl kontaktiert der Tester das Motorsteuergerät und öffnet die Maske des Motorsteuergerätes.
■ Wählen Sie durch einen Mausklick die Taste »Antriebe Aktivierung« (1 im Bild 12) an. Das Programm öffnet nun eine Maske für die »Antriebe Aktivierung«.
■ Wählen Sie hier »EGR-Valve« aus. Je nach Ausführung wird nun das Magnetventil angesteuert. Die Ansteuerung können Sie fühlen oder durch den veränderten Motorlauf im Leerlauf hören. Bei demontiertem (und vielleicht gereinigtem Ventil) können Sie die Funktion optisch bewerten.

Tipp: Wird das Ventil nicht angesteuert, muss der Fehler in der Elektrik oder aber am Ventil selber gesucht werden.

■ Wird der Motor für das Ventil nicht angesteuert, kann das Magnetventil oder einfach die Verkabelung defekt oder abgefallen sein.

Tipp: Eine Reparatur des Ventils ist nicht vorgesehen. Bei einem Defekt muss es ersetzt werden.

Ausbau des AGR-Ventils beim Dieselmotor ohne Partikelfilter

Achtung: Der AGR-Kühler (5 im Bild 14) und der Modulträger (3) wurden werkseitig mit einer Montageschablone montiert. Eine Montage ohne Schablone kann zu Spannungen bei der Positionierung am Zylinderkopf führen, wobei die Abdichtung und die Befestigungen des Abgasrückführungsmoduls (5) beeinträchtigt werden kann.

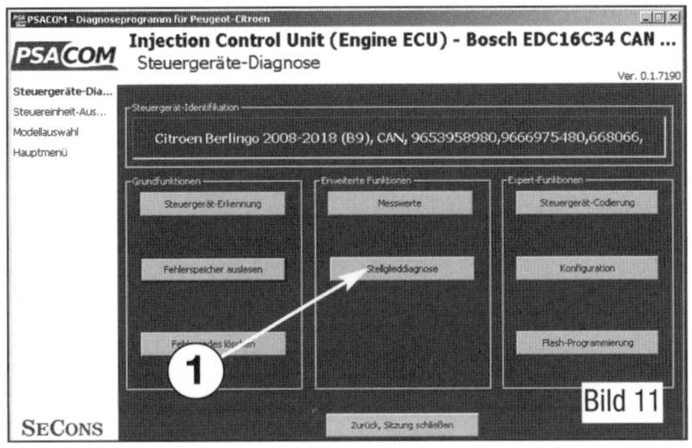

Bild 11

Bild 11
Anwahlmaske des Motorsteuergerätes.
1 Anwahl »Antriebe Ansteuerung«

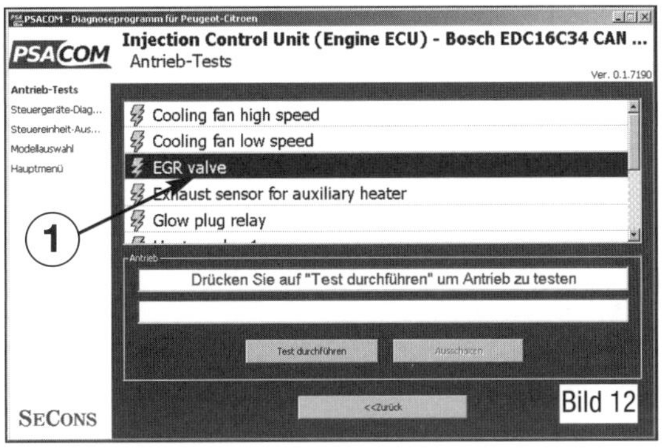

Bild 12

Bild 12
Auswahl der möglichen Stellgliedtests.
1 Anwahl »EGR-Valve = AGR-Ventil«

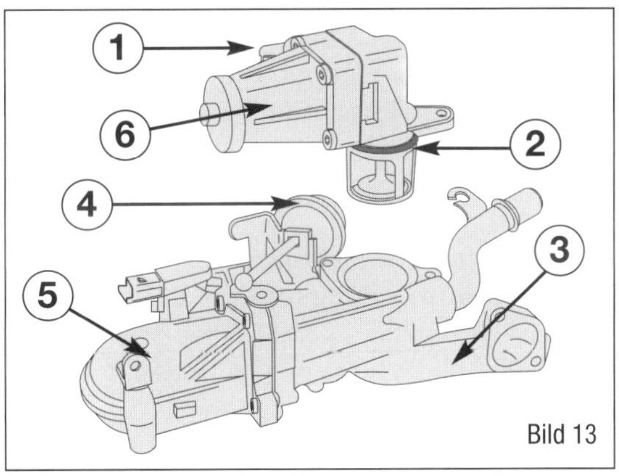

Bild 13

Bild 13
Variante AGR ohne Partikelfilter.
1 elektrischer Anschluss
2 Dichtring
3 Modulträger
4 pneumatische Ansteuerung Klappe
5 AGR-Kühler
6 AGR-(EGR)Ventil

Das AGR-(EGR)Ventil ist auf der Motorrückseite Mitte verbaut.
■ Demontieren Sie die Motorabdeckung oben.
■ Bauen Sie das Luftfiltergehäuse aus.
■ Demontieren Sie die Batterie und das Batteriefach (je nach Ausstattung des Fahrzeugs).
■ Klemmen Sie die Unterdruckleitungen an der Unterdruckpumpe ab und legen Sie sie zur Seite.
■ Entriegeln Sie den Steckkontakt und ziehen Sie ihn ab.
■ Drehen Sie die beiden Schrauben des AGR-(EGR)Ventils (6) heraus.
■ Ziehen Sie das AGR-(EGR)Ventil gerade nach oben heraus.

Sichtprüfung   Messen

Bild 14
Variante AGR ohne Partikelfilter.
1 elektrischer Anschluss
2 elektrisches Magnetventil
3 Schrauben
4 AGR-Ventilgehäuse

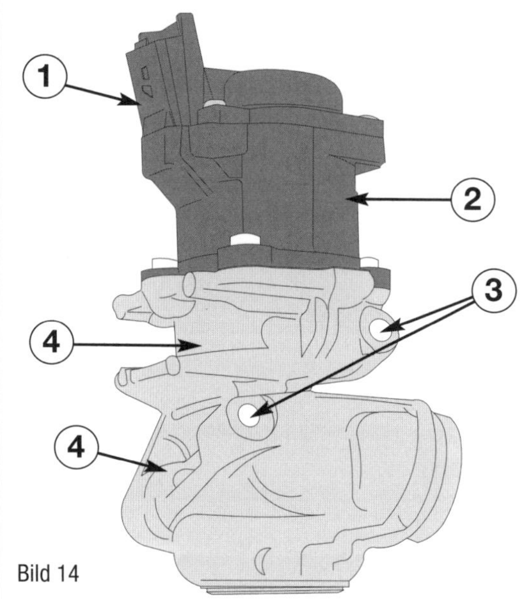

Bild 14

Der Einbau erfolgt sinngemäß in umgekehrter Reihenfolge.

⚠ Die Dichtflächen mit zugelassenem Reinigungsmittel reinigen, keine Schneidewerkzeuge oder Schleifmittel verwenden. Die Dichtflächen dürfen keine Spuren von Schlägen oder Kratzer enthalten.

■ Ersetzen Sie den Dichtring (2).

Ausbau des AGR-Ventils beim Dieselmotor mit Partikelfilter

Dieses AGR-System (Bild 15) ist mit AGR-Kühler und ohne AGR-Kühler verbaut worden.

Die Montagearbeiten für das AGR-Ventil unterscheiden sich nicht wesentlich. Das AGR-Ventil ist auf der Motorrückseite Mitte verbaut.

■ Demontieren Sie die Motorabdeckung oben.

■ Bauen Sie das Luftfiltergehäuse und das integrierte Ansaugsystem aus. Die Arbeitsschritte dazu haben wir bereits im Kapitel 4 auf Seite (115) beschrieben.

■ Klemmen Sie die Batterie ab.

■ Demontieren Sie den Kraftstofffilter wie bereits auf Seite (112) beschrieben.

■ Demontieren Sie den Kraftstofffiltertäger.

■ Klemmen Sie die Glühkerzen ab und bauen Sie den Kabelstrang aus.

Demontieren Sie die Halterungen des Luftfiltergehäuses und des Kabelstrangs.

Fahrzeuge ohne AGR-Kühler:

■ Bauen Sie das Abgasrohr zwischen AGR und Ansauggehäuse aus.

Fahrzeuge mit AGR-Kühler:

■ Lösen Sie die Schellen im Abgasrohrsystem zum AGR-Ventil und zum Ansauggehäuse. Die Anschlüsse zum Kühlsystem bleiben unberührt.

■ Entriegeln Sie den Steckkontakt (1) und ziehen Sie den Stecker ab.

■ Drehen Sie die beiden Schrauben (3) heraus und nehmen Sie das AGR-Ventil ab.

Der Einbau erfolgt sinngemäß in umgekehrter Reihenfolge.

■ Verwenden Sie neue Schellen, die dem Serienstand entsprechen. Als Ersatz werden Schraubschellen geliefert.

■ Ersetzen Sie die Dichtungen.

Arbeiten am Aufladesystem

Alle Diesel-Modelle der hier beschriebenen Vans sind mit Aufladesystemen wie dem Turbolader ausgerüstet. Die sich ergebende Mehrleistung und das steigende Drehmoment erlauben den Einsatz von Motoren mit kleinerem Hubraum bei erstaunlichen Fahrleistungswerten. Im Laufe der Betriebszeit kann ein Schaden oder einfach normaler Verschleiß am Turbolader den Ausbau und oder Ersatz erforderlich machen. Auch wenn extrem günstige Preise mancher Händler im Netz locken, sollten Sie immer genau nachsehen und sich informieren, wie die Qualität der oftmals aufbereiteten Lader ist. Schließlich kann ein Schaden am Lader auch einen kapitalen Motorschaden zur Folge haben. Wenn es in einem solchen Fall um die Beweislasten geht, werden Sie als privater Schrauber kaum die Möglichkeit haben nachzuweisen, dass die Reparatur sachgemäß war und die Schadensursache im Bauteil zu finden ist. Fragen Sie deshalb auch in einer Fachwerkstatt nach, was eine Reparatur mit Garantie kosten würde. Das kann durchaus auch eine freie Werkstatt oder oft auch der Lieferant des Turboladers sein.

☞ Sämtliche Schlauchverbindungen sind durch Schellen gesichert. Sichern Sie alle Schlauchverbindungen mit Schlauchschellen, die dem Serienstand entsprechen. Ladeluftsystem muss dicht sein. Selbstsichernde Muttern sind zu ersetzen. Motor nach dem Einbau des Turboladers ca. 1 Minute im Leerlauf laufen lassen und nicht gleich hochdrehen, damit die Ölversorgung des Abgasturboladers sichergestellt ist.

I Wird am Abgasturbolader ein mechanischer Schaden festgestellt, z. B. ein zerstörtes Verdichterrad, genügt es nicht nur den Turbolader zu ersetzen. Um Folgeschäden zu vermeiden müssen:
a) Luftfiltergehäuse, der Luftfiltereinsatz und die Ansaugschläuche auf Verunreinigungen geprüft werden.
b) die gesamte Ladeluftstrecke und der Ladeluftkühler auf Fremdkörper überprüft werden. Werden Fremdkörper im Ladeluftsystem festgestellt, muss die Ladeluftstrecke gereinigt und der Ladeluftkühler gegebenenfalls ersetzt werden.

I Verschließen Sie die Zugänge zum Ladeluftsystem sowohl beim verbleibenden Restsystem am Fahrzeug als auch bei den ausgebauten Teilen, um versehentliches Hineinfallen von Kleinteilen und Verschmutzungen zu verhindern.

Vorbereitungsarbeiten zum Ausbau des Turboladers

Der Turbolader ist vor dem Motor verbaut. Die Montagearbeiten erfolgen überwiegend von oben.

- Lassen Sie den Motor abkühlen.
- Klemmen Sie die Batterie ab.

Ausbau des Turboladers 1,6-l-16V-Dieselmotor (DV6TED4)

- Lassen Sie das Kühlmittel wie schon beschrieben ablaufen.
- Bauen Sie die Motorabdeckungen unten und oben ab.
- Bauen Sie den Kühler wie bereits beschrieben aus.
- Bauen Sie das Luftführungsrohr zwischen Luftfilter und Turbolader aus.
- Demontieren Sie die Verschraubung (4 im Bild 18) zum Geräuschdämpfer des Turboladers (3).
- Lösen Sie die Schelle am Luftführungsrohr.
- Legen Sie das Luftführungsrohr (2) und den Geräuschdämpfer (3) frei und nehmen Sie die beiden Bauteile heraus.
- Demontieren Sie den vorderen Teil der Abgasanlage am Motor (vom Turbolader bis zum Flexstück).

Bild 15

Bild 15
Ölverschmiertes Ladeluftsystem: Starke Öleinlagerungen können durch einen verschlissenen oder beschädigten Lader verursacht werden. Hier muss unbedingt nachgeforscht werden.

Bild 16

Bild 16
Verdichterrad lose: Nebengeräusche und Ölverlust sind die ersten Anzeichen. Gerade noch rechtzeitig wurde dieser Schaden entdeckt. Die Mutter des Verdichterrades ist aufgelaufen und fand sich im Ladeluftkühler. Lader-Totalschaden.

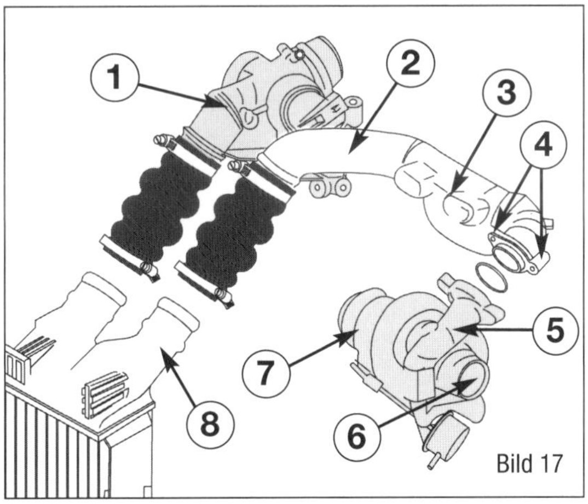

Bild 17

Bild 17
Turbolader beim 16V-Dieselmotor.

1 Luftverteilergehäuse
2 Luftführungsrohr zum Ladeluftkühler
3 Geräuschdämpfer Turbolader
4 Verschraubung
5 Turbolader
6 Anschluss zum Luftfilter
7 Anschluss zum Abgassystem
8 Ladeluftkühler

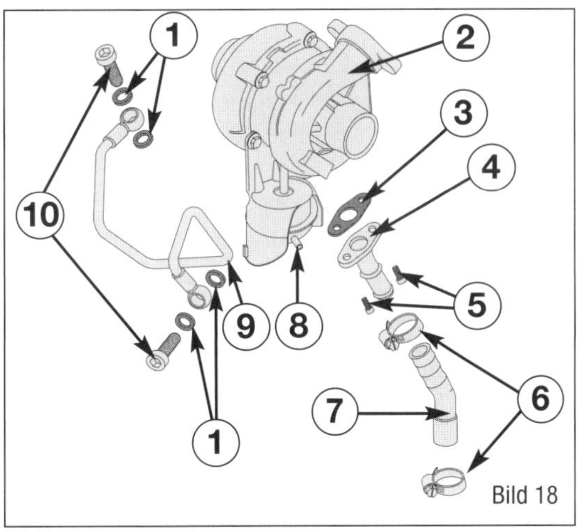

Bild 18

Bild 18
Ölversorgung für den 16V-Dieselmotor.

1 Dichtringe
2 Turbolader
3 Dichtung
4 Ablaufstutzen
5 Schrauben
6 Schellen
7 Schlauchstück
8 VTG-Steller
9 Öldruckleitung
10 Hohlschraube

■ Bauen Sie das Hitzeschild des Turboladers aus.
■ Drehen Sie die Schrauben (5 im Bild 19) heraus.
■ Lösen Sie die Schellen (6) und demontieren Sie den Ablaufschlauch (7).
■ Lösen Sie die Hohlschrauben (10) und demontieren Sie die Öldruckleitung (9).

ə Die Hohlschraube am Motorblock ist mit einem Sieb ausgestattet. Der Zustand und das Vorhandensein des Siebes müssen kontrolliert werden.

⚠ Verschließen Sie alle Öffnungen des Turboladers, um das Eindringen von Fremdkörpern und Verschmutzungen zu verhindern.

■ Lösen Sie die Halterung zwischen Turbolader und Motorblock am Turbolader.
■ Sprühen Sie die Befestigungsmuttern Abgaskrümmer/Turbolader mit Rostlöser ein.
■ Drehen Sie die Befestigungsmuttern des Turboladers am Abgaskrümmer/Turbolader los.
■ Nehmen Sie den Turbolader heraus.

Ausbau des Turboladers 1,6-l-16V-Dieselmotor (DV6ATED4/BTED4, DV6AUTED4, DV6BUTED4)
■ Lassen Sie das Kühlmittel wie schon beschrieben ablaufen.
■ Bauen Sie die Motorabdeckungen unten und oben ab.
■ Saugen Sie den Bremsflüssigkeitsbehälter ab und legen Sie ihn zur Seite.
■ Ziehen Sie den Ölmessstab heraus.
■ Legen Sie das Luftführungsrohr (2 im Bild 18) und den Geräuschdämpfer (3) frei und nehmen Sie die beiden Bauteile heraus.
■ Lösen Sie die Schelle am Luftführungsrohr (2) und demontieren Sie die Verschraubung (4 im Bild 18) zum Geräuschdämpfer des Turboladers (3).
■ Bauen Sie das Luftführungsrohr zwischen Luftfilter und Turbolader aus.
■ Bauen Sie das äußere Hitzeschild des Turboladers aus.
■ Bauen Sie das hintere Hitzeschild des Abgaskrümmers aus.
■ Drehen Sie die Schrauben (5 im Bild 19) heraus.
■ Lösen Sie die Schellen (6) und demontieren Sie den Ablaufschlauch (7).
■ Lösen Sie die Hohlschrauben (10) und demontieren Sie die Öldruckleitung (9).

Die Hohlschraube am Motorblock ist mit einem Sieb ausgestattet. Der Zustand und das Vorhandensein des Siebes müssen kontrolliert werden.

ı Verschließen Sie alle Öffnungen des Turboladers, um das Eindringen von Fremdkörpern und Verschmutzungen zu verhindern.

■ Demontieren Sie den vorderen Teil der Abgasanlage am Motor (vom Turbolader bis zum Flexstück).
■ Lösen Sie die Halterung zwischen Turbolader und Motorblock am Turbolader.
■ Sprühen Sie die Befestigungsmuttern Abgaskrümmer/Turbolader mit Rostlöser ein.
■ Drehen Sie die Befestigungsmuttern des Turboladers am Abgaskrümmer/Turbolader los.
■ Nehmen Sie den Turbolader heraus.

Ausbau des Turboladers 1,6-l-8V-Dieselmotor (DV6)
Der Kühler muss nicht demontiert werden. Er muss aber vor Beschädigung geschützt werden. Stellen Sie ein passend zugeschnittenes Sperrholzbrett oder eine festere Pappe vor die Lamellen des Kühlers.

■ Drehen Sie die Schrauben des Geräuschdämpfers am Turbolader heraus.
■ Lösen Sie die Schellen (1 im Bild 20) am Schlauchstück.
■ Legen Sie die Geräuschdämpfung des Turboladers (2) frei und nehmen Sie ihn mit dem Schlauchstück (14) heraus. Achten Sie auf den Verbleib der Dichtung (3).
■ Demontieren Sie den vorderen Teil der Abgasanlage am Motor (vom Turbolader bis zum Flexstück).
■ Bauen Sie das Hitzeschild des Turboladers aus.
■ Drehen Sie die Schrauben (7) heraus.
■ Lösen Sie die Schellen (9) und demontieren Sie den Ablaufschlauch (8).
■ Lösen Sie die Hohlschrauben (13) und demontieren Sie die Öldruckleitung (10).

Die Hohlschraube am Motorblock ist mit einem Sieb ausgestattet. Der Zustand und das Vorhandensein des Siebes müssen kontrolliert werden.

Verschließen Sie alle Öffnungen des Turboladers, um das Eindringen von Fremdkörpern und Verschmutzungen zu verhindern.

■ Ziehen Sie die Unterdruckleitung und den Steckkontakt an dem Ladedrucksteller (VTG-Steller) (11) ab.
■ Lösen Sie die Halterung zwischen Turbolader und Motorblock am Turbolader.
■ Besprühen Sie die Befestigungsmuttern Abgaskrümmer/Turbolader mit Rostlöser.
■ Drehen Sie die Befestigungsmuttern des Turboladers am Abgaskrümmer/Turbolader los und nehmen Sie den Turbolader heraus.

Einbau des Turboladers 1,6-l-Dieselmotor
Der Einbau erfolgt sinngemäß in umgekehrter Reihenfolge zur jeweiligen Demontagearbeit.
■ Erneuern Sie alle Dichtungen und Dichtringe vor der Montage.
■ Reinigen Sie die Dichtfläche zwischen Turbolader und Abgaskrümmer gründlich.
■ Legen Sie zum Anziehen der Öldruckleitung am Turbolader einen 7,5 mm-Bohrer zwischen Anschlussstück und Turbinengehäuse ein, um die Öldruckleitung nicht zu verformen.
■ Legen Sie zum Anziehen der Öldruckleitung am Motorblock einen 8,5 mm-Bohrer zwischen Anschlussstück und Anschlussflansch ein, um die Öldruckleitung nicht zu verformen.

Achten Sie darauf, dass die Ölleitung einen gleichmäßigen Abstand zu ihrer Außenhülle einhält. Eine Verspannung kann zum Bruch der Ölleitung führen.

Die Hohlschraube am Motorblock ist mit einem Sieb ausgestattet. Der Zustand und das Vorhandensein des Siebes müssen kontrolliert werden.

■ Entlüften Sie die Ölversorgung des Turboladers und lassen Sie den Motor einige Minuten im Leerlauf laufen.
■ Kontrollieren Sie die Dichtheit der Anschlüsse gründlich.
■ Lesen Sie den Fehlerspeicher des Motorsteuergerätes aus und arbeiten Sie ihn ab, wenn erforderlich.

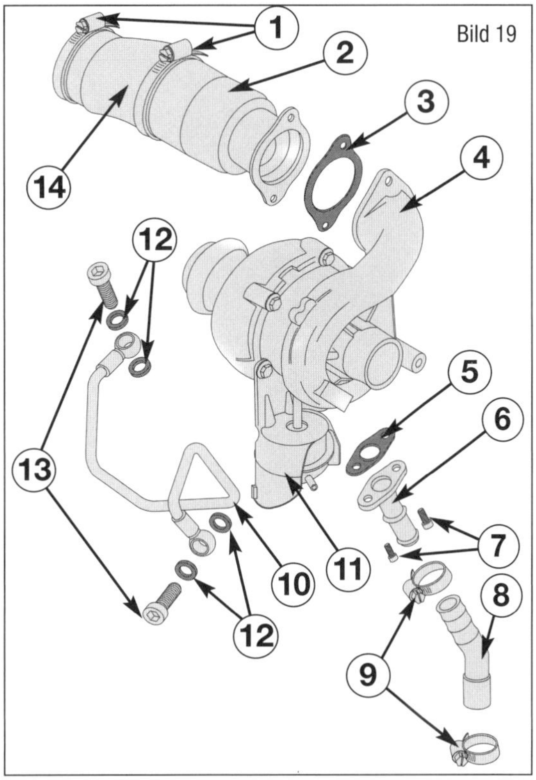

Bild 20
Turbolader am 8V-Dieselmotor.
1 Schellen
2 Geräuschdämpfung Turbolader
3 Dichtung
4 Turbolader
5 Dichtung
6 Ablaufstutzen
7 Schrauben
8 Schlauchstück
9 Schellen
10 Öldruckleitung
11 VTG-Steller
12 Dichtringe
13 Hohlschraube
14 Schlauchstück

Turbolader in Betrieb nehmen
Wenn der Turbolader eingebaut wurde, sind die Ölleitungen leer und die Ölversorgung noch nicht gewährleistet.
■ Um den Öldruck aufzubauen, ohne dass der Motor anspringt, empfiehlt der Hersteller die Einspritzdüsen abzuklemmen und den Motor zu starten. Genauso gut ist es möglich Nockenwellen und Kurbelwellengeber abzuklemmen oder die KL15 am Anlasser bei abgeschalteter Zündung zu überbrücken. Der Motor sollte 10 bis 15 Sekunden mit dem Anlasser gedreht werden.
■ Lassen Sie anschließend den Motor einige Minuten im Leerlauf laufen, bevor Sie Motordrehzahl und damit die Turboladerdrehzahl erhöhen.

Ausbau des Ladeluftkühlers
Es ist zwar etwas fummelig aber durchaus möglich, den Ladeluftkühler ohne den Ausbau des Klimakühlers und des Wasserkühlers auszubauen. Der Ladeluftkühler ist an der Lüfterzarge verschraubt.
■ Lassen Sie den Motor abkühlen.
■ Demontieren Sie die Motorabdeckungen unten und oben.
■ Sprühen Sie die Verschraubung (7) im Bild 21 gründlich mit Rostlöser ein und lassen Sie ihn einwirken.

Sichtprüfung Messen

Bild 20
Einbaulage des Ladeluftkühlers beim Diesel.
1 Schellen
2 Verbindungsschläuche zum Ladeluftkühler
3 Ladeluftkühler
4 Schrauben
5 Lüfterzarge
6 Lagergummis in der Lüfterzarge
7 Schrauben

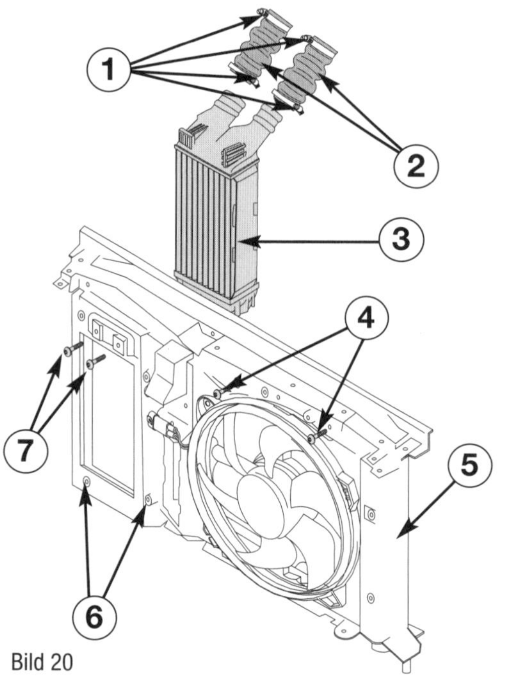

Bild 20

Fahrzeuge ohne Klimaanlage:

■ Drehen Sie die Verschraubungen (7) durch das Lüftungsgitter des Kühlergrills hindurch heraus.

■ Bauen Sie die Ladeluftschläuche vom Ladeluftkühler ab.

Verschließen Sie die Öffnungen sofort mit geeigneten Stopfen oder fusselfreien Lappen.

■ Heben Sie den Ladeluftkühler aus den Lagergummis in der Lüfterzarge heraus.

■ Nehmen Sie den Ladeluftkühler nach unten heraus.

Fahrzeuge mit Klimaanlage:

■ Bauen Sie das Frontgitter und den Stoßfänger aus.

■ Bauen Sie den Ansaugschlauch zum Luftfilter vom Schlossträger ab.

■ Drehen Sie die Befestigungsschrauben des Kühlers am Schlossträger und am Lampenträger rechts und links heraus.

■ Nehmen Sie den Schlossträger ab.

■ Drehen Sie die Schrauben (4) heraus.

■ Ziehen Sie die Lüfterzarge (5) vorsichtig etwas nach vorne.

■ Ziehen Sie die Motorkühler und den Kühler der Klimaanlage vorsichtig in Richtung Motor.

■ Nehmen Sie den Ladeluftkühler (3) vorsichtig nach oben heraus.

Die Montage erfolgt sinngemäß in umgekehrter Reihenfolge.

■ Prüfen Sie grundsätzlich die Dichtigkeit der Anschlüsse und Schläuche.

■ Lesen Sie den Fehlerspeicher des Motorsteuergerätes aus.

Reinigung des Ladeluftkühlers

Immer dann, wenn ein Schaden am Turbolader oder im Ansaugbereich vorliegt, sollten Sie den Ladeluftkühler ausbauen und gründlich reinigen.

■ Bauen Sie den Ladeluftkühler aus.

⚠ Tragen Sie beim Umgang mit Reinigungsmittel grundsätzlich Handschuhe und eine geeignete Schutzbrille.

■ Füllen Sie etwa einen halben Liter Reinigungsmittel (Kaltreiniger oder Bremsenreiniger) in den Ladeluftkühler ein.

■ Halten Sie beide Anschlüsse zu und kippen Sie den Ladeluftkühler hin und her, um die Flüssigkeit gut zu verteilen.

■ Lassen Sie das Reinigungsmittel einwirken und kippen Sie den Ladeluftkühler erneut hin und her.

■ Lassen Sie das Reinigungsmittel ablaufen. Füllen Sie erneut frisches Reinigungsmittel ein und wiederholen Sie den beschriebenen Vorgang so lange, bis nur noch saubere Flüssigkeit beim Ablaufen austritt.

■ Kontrollieren Sie, dass keine Fremdteile wie Späne oder andere Verunreinigen sich noch im Ladeluftkühler befinden.

■ Trocknen Sie den Ladeluftkühler gründlich mit Druckluft und lassen Sie ihn über Nacht austrocknen.

☞ Achten Sie darauf, ihn so abzulegen, dass verbliebene Restflüssigkeit ablaufen kann.

10 Kraftübertragung

Getriebetypen Berlingo und Partner

Zum System der Kraftübertragung bei Fahrzeugen mit Schaltgetriebe gehören Getriebe, Kupplung und Achsantrieb. Damit alle Akteure perfekt zusammenarbeiten und die vom Motor produzierte Leistung an die Antriebsräder übertragen, sind sie durch Gelenke, Wellen und Zahnräder miteinander verbunden. Welche Kraft tatsächlich an den Rädern benötigt wird, hängt davon ab, was dem Fahrzeug während der Fahrt abverlangt wird. Der Motor bietet jedoch nur in einem begrenzten Drehzahlbereich eine verwertbare Leistung an. Damit der Wagen beim Beschleunigen und bei Bergfahrten trotzdem genügend Zugkraft entwickelt, ist das Getriebe nötig. Mit seinen verschiedenen Gängen gewährleistet es eine jeweils passende Übersetzung. Je nach Motor werden verschiedene Getriebe verbaut. Gerade beim Ersetzen des Getriebes aus dem Gebrauchtmarkt ist es wichtig, die Getriebe unterscheiden zu können.

Position der Getriebekennung
Im Normalfall ist die Getriebekennnummer, wie wir schon im Kapitel 2 erwähnt haben, am Getriebedeckel (1 im Bild 1) des Getriebes eingeprägt oder eingraviert. Die Kennnummer ist je nach Alter und Verschmutzungsgrad schwer zu entziffern. Oftmals muss zuerst dieser Bereich mit einer Drahtbürste gereinigt werden.

Getriebe und Motorisierung
Die Vans sind mit 5- und 6-Gang-Schaltgetrieben ausgerüstet. Das automatisierte Schaltgetriebe basiert auf dem Schaltgetriebe. Die Ansteuerung erfolgt dann über eine Steuereinrichtung, die oben auf dem Getriebe verbaut ist. Die Steuereinrichtung beinhaltet das Steuergerät, die Stellglieder für die Ansteuerung der Kupplung und der Schaltung sowie alle erforderlichen Betriebshilfsstoffe. Natürlich muss auch hier das verwendete DOT4 in regelmäßigen Zeitabständen gewechselt werden.

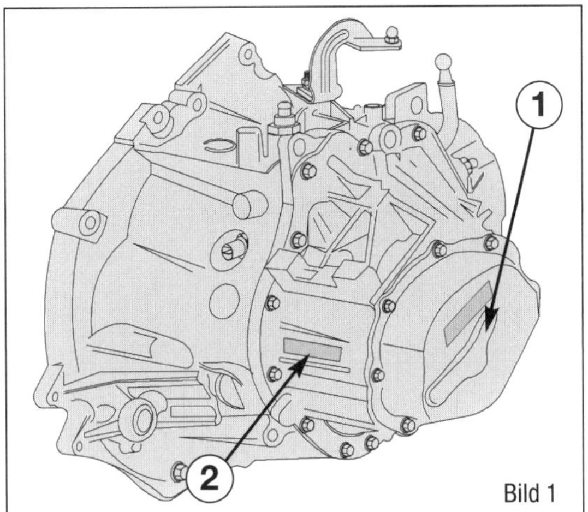

Bild 1
Getriebekennzeichnung am 5-Ganggetriebe.
1 Gravur am Deckel mit Kennbuchstabe und Getriebenummer
2 Klebeetikette mit Kennbuchstabe und Getriebenummer

Zuordnung Motoren und Getriebe
Bei gleicher Bezeichnung kann sich das Übersetzungsverhältnis für ein Getriebe in Abhängigkeit zur Motorvariante unterscheiden. Hieraus ergeben sich dann die Getriebekennbuchstaben. Wird ein Getriebe gebraucht verbaut, sollte die Verwendung nach Motortyp geprüft werden. Die Untergruppierungen der Getriebe lässt sich bestimmten Fahrzeugen und Bauzeiträumen zuordnen. Die Aufschlüsselung sollten Sie aufgrund von Aktualität über einen Marken-Händler durchführen. Oder Ihr Getriebelieferant kann Ihnen hierbei unter die Arme greifen. Eine Zuordnungsliste haben wir bereits auf Seite (14) zusammengestellt.

Montagearbeiten am Getriebe

Die Demontage des Getriebes erfordert einige spezielle Werkzeuge und auch Erfahrung in der Montage. Zum einen wirkt sich das auf die Preise der frei erhältlichen Austauschgetriebe aus. Der werkseitig aufgerufene Teilepreis ist oftmals nicht mit dem Fahrzeugwert zu vereinbaren. Speziell auf das Thema ausgerichtete Anbieter können oftmals die Getriebe schon um 1000 Euro liefern. Da die Einzelteile, sobald es über die Lager hinausgeht, in der Regel recht teuer sind, wird eine Reparatur in eigener Regie schnell unwirtschaftlich.
Im Rahmen dieses Buches gehen wir nur auf Arbeiten ein, die üblicherweise in privater Hand von Schraubern angegangen werden.
Hinzu kommt, dass der Umfang der Arbeitsbeschreibungen für die Demontage den

Bild 2
Sehr auffällig und auch heute noch spektakulär: Peugeot 505-Umbau von Dangel

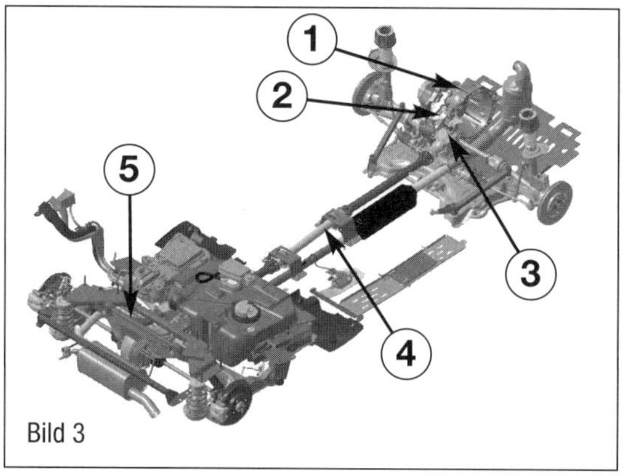

Bild 3
Antriebskonzept.
1 Serienschaltgetriebe
2 Getriebeabtrieb über das Differenzialgehäuse
3 Verteilergetriebe der Vorderachse
4 Kardanwelle
5 Hinterachsgetriebe mit Viscokupplung

Rahmen dieses Buches sprengen würde. Wir werden Ihnen im Rahmen dieses Buches einige Arbeiten vorstellen, die Sie durchaus in Eigenregie durchführen können.

Allradsystem von Dangel

Dass das Antriebskonzept für den Peugeot und Citroën 4x4 nicht von den Herstellern selbst, sondern vom Allradspezialisten Dangel aus Sentheim in Frankreich stammt, wissen meist nur gut informierte Insider. In Deutschland ist die Firma De Bond Fahrzeugaufbauten in 59073 Hamm der kompetente Kontaktpartner, der im Schadensfall auch im Ausland Hilfe durch Know-how und Teile auf den Weg bringen kann.

Wer ist Dangel?
In den 70er-Jahren erarbeitete sich Henry Dangel, der Gründer der Firma, einen Namen im Motorsport. Ab 1975 beginnt er sich für Allradfahrzeuge zu interessieren und plant zunächst, Bausätze für die Umrüstung des Peugeot 504 vom Zweirad- zum Vierradantrieb zu vermarkten. Nach einer ersten Studienphase stellt er 1978 sein Projekt direkt der Firma Peugeot vor, die ihm zwei Peugeot 504 Kombiwagen zur Verfügung stellt. Im Frühjahr 1979 kommt es zum Abschluss einer Partnerschaft zum Vertrieb des allradgetriebenen Peugeot 504, und Automobiles Dangel wird ins Leben gerufen. Henry Dangel wird zum Pionier für französische Automobile mit Allradantrieb. Das tägliche Ziel von Automobiles Dangel ist es, ein Fahrzeug von extrem hoher Qualität herzustellen. Über 100 hoch qualifizierte Mitarbeiter stellen bis zu 60 Fahrzeuge täglich her. Eigene Konstruktion und auf die Kunden speziell angepasste Konzepte sind für Dangel Alltag.

Systemaufbau und Baugruppen
Das Konzept von Dangel ist nicht nur im technischen Detail genial, sondern auch darin, dass möglichst viele Teile der Basisfahrzeuge im Serienzustand bleiben. Da Baugruppen wie die Tankanlage und die Auspuffanlage im Serienzustand bleiben, sind hier auch die spätere Verfügbarkeit der Teile und natürlich auch die Kosten dafür absehbar weltweit auch im Zubehör lieferbar. Das Allradsystem ist eben nicht elektronisch geregelt und erfordert eine umfangreiche Anpassung der Serienelektrik. Die elektrische Ansteuerung der optionalen Differenzialsperre hinten erfolgt über einen eigenen Kabelbaum mit Sicherung im Handschuhfachbereich rechts. Das Allradsystem selbst erfordert keinen elektronischen Eingriff. Die Regelung des Kraftflusses wird über die Viscokupplung selbsttätig geregelt. Das Prinzip dazu werden wir im Anschluss vorstellen.

Baukomponenten im System
Wie schon erwähnt, liegt ein klarer Vorteil des Dangel-Allradsystems darin, dass möglichst viele Komponenten vom Serienfahrzeug erhalten bleiben.

Die Vorderachse (1-3 in Bild 3):
Das Differenzialgehäuse des Getriebes wird durch ein verändertes Gehäuse (2) mit dem parallelen Abtrieb für die Hinterachse ersetzt.

Die Hinterachse mit Viscokupplung (Bild 3):
Die Viscokupplung (5) wird zusätzlich am Unterboden befestigt. Sie ist die Komponente, die die Kraftverteilung zur Hinterachse regelt. Eine Übertragung erfolgt nur dann, wenn ein Drehzahlunterschied, also

Bedarf für den Antrieb der Hinterachse besteht. Die Baukomponente stammt von Dangel und ist auch nur im Dangelwerk verbaut worden.

Die Hinterachse (Bild 4):
Die Komponenten der Hinterachse sind fast vollständig aus dem Hause Dangel, natürlich angepasst auf die serienmäßigen Komponenten für Bremssysteme und Achsaufhängung. Klar erkennbar sind die Kardanwellen (4), das Verteilergetriebe (vorne), das Achsgetriebe (5) und die Antriebswellen (hinten). Das Achsgetriebe kann je nach Variante dauerhaft »teil«-gesperrt aber auch elektrisch betätigt voll gesperrt werden. Natürlich ist die Kombination aus beidem bei Dangel auch möglich.

Funktionsprinzip des Allradantriebes
Das entscheidende Bauteil für den Antrieb der Hinterachse ist nach dem Zuschalten über das Klauengetriebe auf dem vorderen Differenzial, die Viscokupplung. Besteht ein Drehzahlunterschied zwischen Eingangs- und Ausgangswelle wird die Kupplung kraftschlüssig.

Antrieb über die Vorderachse:
Die Kraftabgabe erfolgt über das Differenzial (1 im Bild 3) vorne und parallel dazu über das Verteilergetriebe (3) vorne. Es besteht kein Drehzahlunterschied an der Viscokupplung zwischen Vorder- und Hinterachse. Das Fahrzeug wird über die Vorderachse angetrieben. Die Antriebsbauteile der Hinterachse laufen »leer« mit.

Antrieb über Allradbetrieb:
Die Kraftabgabe erfolgt über das Differenzial (1) vorne und parallel dazu über das Verteilergetriebe (3) vorne. Der Antrieb wird über eine Schaltklaue zugeschaltet. Es besteht ein Drehzahlunterschied (ein kleiner reicht bereits aus) an der Viscokupplung zwischen Vorder- und Hinterachse. Die Viscokupplung (3) schließt und gibt die Kraft an die hintere Antriebsachse weiter. Die Antriebsbauteile der Hinterachse laufen mit und treiben das Fahrzeug mit an.

Allradbetrieb mit Schlupf-Vorderrad:
Die Kraftabgabe erfolgt über das Differenzial (1) vorne und parallel dazu über das Verteilergetriebe (3) vorne. Es besteht ein Drehzahlunterschied (ein kleiner reicht bereits aus) an der Viscokupplung zwischen Vorder- und Hinterachse. Die Viscokupplung schließt und gibt die Kraft an die hintere Antriebsachse weiter. Die Antriebsbauteile der Hinterachse laufen und treiben das Fahrzeug mit an. Das freidrehende Rad auf der Vorderachse beeinflusst lediglich die Antriebskraft des zweiten Antriebsrades der Vorderachse. Dangel verzichtet auf den Einsatz eines Mitteldifferenzials. Der Antrieb der beiden Achsen erfolgt parallel. Der Vorteil liegt darin, dass auch dann, wenn keine Kraftübertragung der Vorderachse über die Räder mehr möglich ist, weiterhin die Übertragung auf die Hinterachse ohne Einschränkung erfolgt. Mitteldifferenzial und die dann dazugehörige Sperre werden somit überflüssig. Die Sperre des Hinterachsdifferenzials macht den Van dann schon fast zum echten Geländewagen. In jedem Fall stehen so auch im beladenen Zustand auch auf unbefestigtem Gelände verblüffende Traktionseigenschaften zur Verfügung.

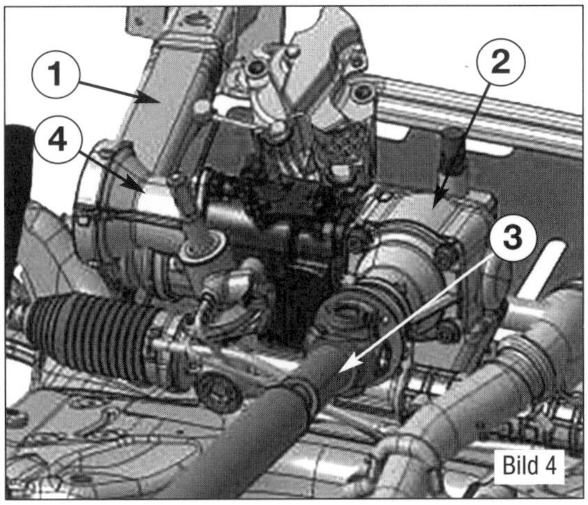

Bild 4

Bild 4
Antriebskonzept Vorderachse.
1 Differenzialgehäuse am originalen Getriebe
2 Verteilergetriebe vorne
3 Kardanwelle nach hinten
4 pneumatisches Stellglied zum Klauengetriebe (zuschalten Allrad)

Ölwechsel am Getriebe

Das automatisierte Schaltgetriebe basiert auf den normalen Schaltgetrieben. Anstatt der manuellen Ansteuerung mittels Fußpedal und Schalthebel erfolgt eine automatische Kupplungssteuerung sowie eine Gangwechselsteuerung über ein Schaltmodul. Die Arbeiten zum Thema Ölwechsel unterscheiden sich nicht.

Ölfüllmengen und Anforderungen
Die hier angegebene Ölmenge soll lediglich als Richtmaß gelten. Fragen Sie die aktuellen Ölfüllmengen für Ihr Getriebe über

Ihre Fahrgestellnummer beim Marken-Händler oder Ihren Öllieferanten nach.

Schaltgetriebe (Vorderachsgetriebe):
Das Ablassen und Befüllen des Getriebes erfolgt bei beiden Getriebetypen ähnlich. Die Füllung ist für den lebenslangen Betrieb ausgelegt.

Getriebe	Öl	Menge
5-Gang	SAE 75 W-80 API GL4, EZL 848	1,8 - 1,9 l
6-Gang		2,1 - 2,2 l

Verteilergetriebe vorne:
Das Antriebssystem stammt vom Allrad-spezialisten »Dangel« aus Frankreich.

Öl (Menge)	Erster Wechsel	Wartung
80W90 API GL5 (0,65 l)	1500–2500 km	25.000 km oder alle 2 Jahre (was früher eintritt). 15.000 km (intensive Nutzung) oder 1x im Jahr (was früher eintritt).

Verteiler- und Achsgetriebe hinten:
Das Antriebssystem stammt vom Allrad-spezialisten »Dangel« aus Frankreich.

Öl (Menge)	Erster Wechsel	Wartung
80W90 API GL5 (1,10 l)	1500–2500 km	25.000 km oder alle 2 Jahre (was früher eintritt). 15.000 km (intensive Nutzung) oder 1x im Jahr (was früher eintritt).

Kardangelenkwellen:
Das Antriebssystem stammt vom Allrad-spezialisten »Dangel« aus Frankreich. Einige Gelenkwellen sind mit Schmiernippel (je nach dem Kardanwelle Modell) ausgerüstet.

Fett	Wartung
	1x im Jahr, bei intensiver Nutzung (Offroad) regelmäßige Abstände.

Ölwechsel am 5- und 6-Ganggetriebe

- Fahrzeug anheben.
- Geräuschdämpfung unten in der Mitte abbauen (soweit verbaut).
- Luftfilterkasten komplett ausbauen.
- Reinigen Sie den Bereich um die Einfüllschraube und die Ablassschraube gründlich.
- Gehäuseentlüftungsstopfen (1 im Bild 5) abziehen oder den Stutzen herausdrehen.
- Die Ölablassschraube (2) herausschrauben.
- Nachdem das Getriebeöl ausgelaufen ist, Ölablassschraube (2) wieder hineinschrauben und mit 22 Nm anziehen.

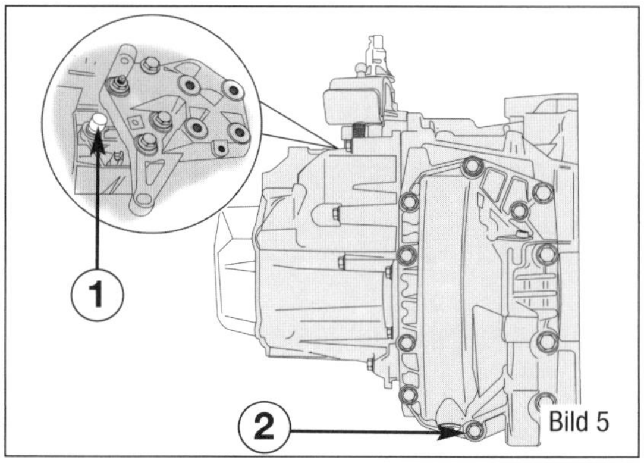

Bild 5
Ölwechsel für 5- und 6-Gangschaltgetriebe.
1 Entlüftung und Einfüllstutzen
2 Ablassschraube am Differenzialgehäuse

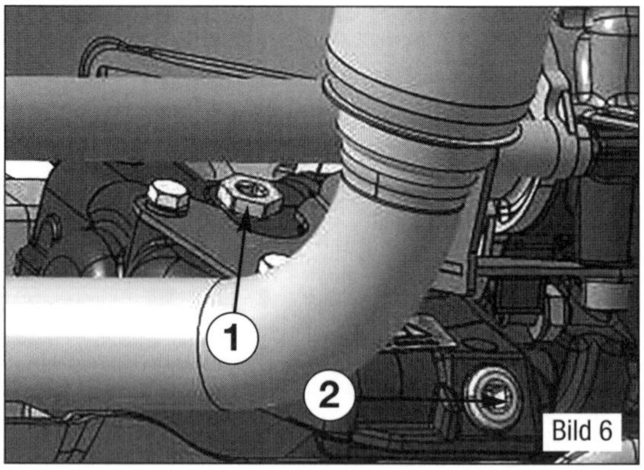

Bild 6
Ölwechsel für das Verteilergetriebe vorne.
1 Kontroll- und Einfüllschraube
2 Ablassschraube

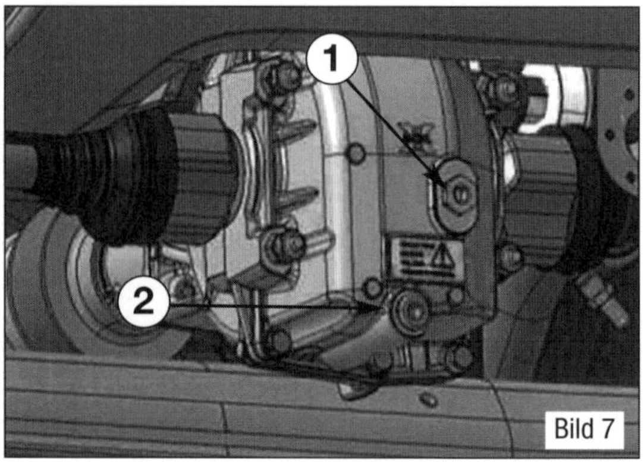

Bild 7
Ölwechsel für das Verteilergetriebe hinten.
1 Kontroll- und Einfüll schraube
2 Ablassschraube

■ Getriebeöl auffüllen. Die Füllmenge entnehmen Sie der Tabelle am Anfang dieses Kapitels. Es gibt keine Kontrollbohrung und keinen Peilstab. Es muss genau die richtige Ölmenge eingefüllt werden.
■ Überfüllen des Getriebes unbedingt vermeiden, da es sonst zu Undichtigkeiten kommen kann.
■ Ersetzen Sie die Dichtung der Ablassschraube.
■ Öleinfüllschraube (1) hineinschrauben und mit 22 Nm anziehen oder den Stopfen wieder aufdrücken.
■ Falls vorhanden, Geräuschdämpfung an das Getriebe und unterhalb des Motors/Getriebe anbauen.

Ölwechsel beim Allrad angetriebenen Fahrzeug:

Auch hier muss die angegebene Füllmenge des Herstellers genau beachtet werden. Die Füllschrauben sind keine Ölstandskontrollschrauben. Bei Undichtigkeiten muss die Restflüssigkeit abgelassen werden und das entsprechende Getriebe neu befüllt werden.
■ Fahrzeug anheben.
■ Geräuschdämpfung unten in der Mitte abbauen (soweit verbaut).
■ Je nach Ausrüstung können unter den Achsen oder Antriebselementen Schutzplatten für den Offroadeinsatz verbaut sein. Diese Platten sollten für die Wartung demontiert werden. Prüfen Sie die Aufhängungen und die Platten auf Schäden und Korrosion.
■ Demontieren Sie die verbauten Schutzplatten und Bügel unter den Achsgetrieben.

Verteilergetriebe vorne (Bild 6):
■ Reinigen Sie den Bereich um die Einfüllschraube (1) und die Ablassschraube (2) gründlich.
■ Drehen Sie die Einfüllschraube (1) heraus.
■ Drehen Sie die Ablassschraube (2) heraus.
■ Nachdem das Getriebeöl ausgelaufen ist, Ölablassschraube (2) wieder hineinschrauben und mit 20 Nm anziehen.
■ Erneuern Sie den Dichtring.
■ Getriebeöl auffüllen. Die Füllmenge entnehmen Sie der Tabelle am Anfang dieses Kapitels. Ist der Füllstand erreicht, läuft das überschüssige Öl aus der Kontrollbohrung ab.

Das Fahrzeug muss auf einer ebenen Fläche abgestellt sein.
■ Öleinfüllschraube (2) hineinschrauben und mit 20 Nm anziehen oder den Stopfen wieder aufdrücken.
■ Falls vorhanden, Geräuschdämpfung oder/und Unterfahrschutz an das Getriebe und unterhalb des Motors/Getriebe anbauen.

Verteiler- und Achsgetriebe hinten (Bild 7):
■ Reinigen Sie den Bereich um die Einfüllschraube (1) und die Ablassschraube (5) gründlich.
■ Drehen Sie die Einfüllschraube (1) heraus.
■ Drehen Sie die Ablassschraube (2) heraus.
■ Nachdem das Getriebeöl ausgelaufen ist, Ölablassschraube (2) wieder hineinschrauben und mit 20 Nm anziehen.
■ Erneuern Sie jeweils den Dichtring.
■ Getriebeöl auffüllen. Die Füllmenge entnehmen Sie der Tabelle am Anfang dieses Kapitels. Ist der Füllstand erreicht, läuft das überschüssige Öl aus der Kontrollbohrung ab.

Das Fahrzeug muss auf einer ebenen Fläche abgestellt sein.
■ Öleinfüllschraube (2) hineinschrauben und mit 20 Nm anziehen oder den Stopfen wieder aufdrücken.
■ Falls vorhanden, Geräuschdämpfung oder/und Unterfahrschutz an das Getriebe und unterhalb des Motors/Getriebe anbauen.

Die Kupplung

Der Kraftfluss vom Motor zum Achsantrieb muss nach Wunsch hergestellt und unterbrochen werden können. Das ist erforderlich, wenn Sie das Fahrzeug starten, mit laufendem Motor fahrbereit stehen oder die Gänge wechseln wollen. Dieses Ankoppeln und Trennen übernimmt bei Fahrzeugen mit Schaltgetriebe die Kupplung. Sie ermöglicht auch ruckfreies Anfahren, indem sie die unterschiedlichen Drehzahlen von Kurbelwelle und Antriebswelle des Getriebes ausgleicht. Kernstück des hydraulischen Systems Kupplung ist die Mitnehmerscheibe. Vans mit Schaltgetriebe haben eine

Bild 8
Kupplung.
1 Zweimassenschwungrad
2 Kupplungsscheibe
3 Druckplatte
4 Membranfeder

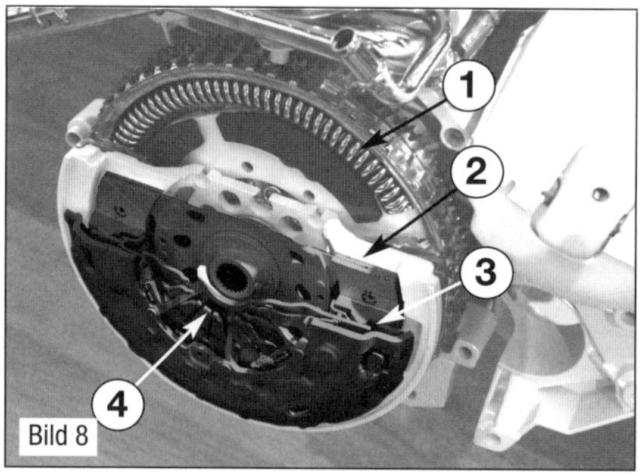

hydraulisch betätigte Einscheiben-Trockenkupplung mit asbestfreien Belägen und Zweimassen-Schwungrad. Fahrzeuge mit Automatik-Getriebe arbeiten mit der gleichen Kupplung, die aber automatisch betätigt wird. Kupplungen sind komplizierte Konstruktionen. Ihr Verschleißteil, die Mitnehmerscheibe, ist nicht ohne Weiteres zugänglich. Dazu muss das Getriebe vom Motor getrennt und nach unten ausgebaut werden. Diese Arbeit erfordert Know-how und Spezialwerkzeuge. Nun ist aber auch jede Kupplung so gut wie wartungsfrei, weil das System den Verschleiß selbsttätig ausgleicht. Die Mitnehmerscheibe ist gewöhnlich erst nach mehr als 200.000 - 300.000 Kilometern zu erneuern. Allerdings hängt ihr Verschleiß von Belastung (zum Beispiel Anhängerbetrieb) und sehr wesentlich von der Fahrweise ab.

Die wichtigsten Teile der Kupplung
Je nach Getriebebauweise und Motorisierung weichen die Kupplungen in konstruktiven Details voneinander ab. Im Wesentlichen aber arbeitet jede Kupplung mit den gleichen Komponenten:

- Das Schwungrad (Motorschwungscheibe) ist fest mit der Kurbelwelle verbunden. Das Zweimassen-Schwungrad reduziert mit seinem Feder- und Dämpfersystem die Weitergabe von Motorschwingungen an das Getriebe.
- Die Kupplungsscheibe (Mitnehmerscheibe) sitzt auf der Getriebe-Eingangswelle. Auf beiden Seiten sind Beläge aufgenietet.
- Die Druckplatte ist mit dem Schwungrad fest verschraubt. Beim Tritt aufs Kupplungspedal löst sich über Kupplungshydraulik und Ausrückplatte die Kupplungsscheibe gegen die Kraft der Tellerfeder (Membranfeder) von der Schwungscheibe. Druckplatten sind korrosionsgeschützt und gefettet. Sie dürfen nur an der Anlauffläche gereinigt werden, sonst wird die Lebensdauer der Kupplung verringert.

Das hydraulische System
Geberzylinder am Kupplungspedal und Nehmerzylinder am Getriebe sind über eine hydraulische Leitung verbunden. In ihr fließt Bremsflüssigkeit. Ein Defekt in der Kupplungsbetätigung kann daher einen sinkenden Pegel im Bremsflüssigkeitsbehälter verursachen. Ein ausreichender Flüssigkeitsrest für die Bremse ist allerdings immer garantiert. Beim Einkuppeln drückt die Tellerfeder der Druckplatte die Mitnehmerscheibe langsam gegen das Motorschwungrad, bis sie sich mit der gleichen Drehzahl dreht. So werden die Kräfte sanft übertragen. Dabei schleifen die Anlageflächen kurze Zeit aufeinander, ehe die Reibung wieder so groß ist, dass die Motorleistung vollständig auf das Getriebe übertragen wird. Wenn Sie das Kupplungspedal treten, überwindet das Ausrücklager die Kraft der Tellerfeder. Die Druckplatte wird entlastet und bei völlig durchgetretenem Pedal zurückgezogen. Die Mitnehmerscheibe kann nun im Raum dazwischen frei umlaufen. Das Kupplungsspiel sorgt dafür, dass das Ausrücklager nicht ständig unter Druck steht. Es verringert sich mit der Abnutzung der Beläge. Die Druckplatte nähert sich dem Ausrücklager. Liegt das Lager ohne Spiel am Ausrückhebel an, stützt sich die Tellerfeder der Druckplatte gegen das Ausrücklager ab. Die Feder wird entlastet und die Kupplung rutscht durch.

Kupplung prüfen

- Schleift nach Ihrem Eindruck die Kupplung, wenn Sie Ihr Fahrzeug im höchsten Gang beschleunigen, dreht der Motor also hoch, ohne dass die Fahrgeschwindigkeit zunimmt, sollten Sie einmal kurz die Funktion der Kupplung prüfen. Unternehmen Sie diese Probe allerdings wirklich nur gelegentlich!
- Ziehen Sie die Handbremse an, die natürlich in Ordnung sein muss.
- Starten Sie den Motor.
- Legen Sie den 3. Gang ein; dann langsam einkuppeln und Gas geben.
- Bei einwandfreier Kupplung wird der Motor dadurch abgewürgt.

Trennen der Kupplung prüfen

■ Treten kratzende oder krachende Geräusche beim Schalten auf, trennt meistens die Kupplung nicht mehr richtig. Machen Sie deshalb eine Probe, und zwar mit dem nicht synchronisierten Rückwärtsgang, damit Sie die mögliche Ursache der Geräusche durch ein defektes Getriebe ausschließen.
■ Lassen Sie den Motor im Leerlauf drehen.
■ Kupplungspedal voll durchtreten, etwa drei Sekunden warten, dann Rückwärtsgang einlegen. Wenn Sie jetzt das kratzende Geräusch hören, läuft die Mitnehmerscheibe nicht ganz frei. Dann trennt die Kupplung nicht sauber.
■ Kontrollieren Sie die Funktion der hydraulischen Übertragungselemente. Eventuell muss die Kupplungsbetätigung entlüftet werden.
■ Teile der Kupplungsbetätigung auf Undichtigkeiten untersuchen.
■ Prüfen Sie, ob das Zweimassenschwungrad in Ordnung ist. Zu viel Spiel verursacht schnell ein zu hohes Arbeitsspiel und damit reicht der Betätigungsweg der Kupplungshydraulik nicht mehr aus.

Montagearbeiten am Kupplungspedal

Demontage des Kupplungspedals

Das Kupplungspedal gibt es in zwei unterschiedlichen Ausführungen. Die Montagearbeiten für beide Bautypen unterscheiden sich aber nicht nennenswert. Wir stellen Ihnen hier eine allgemeingültige Arbeitsbeschreibung zur Seite.
■ Klemmen Sie die Batterie ab.
■ Bauen Sie die Verkleidung unter dem Armaturenbrett aus.
■ Clipsen Sie den Geberzylinder der Kupplung (4 im Bild 9) vom Kupplungspedal (6) ab.
■ Binden Sie mit einem Kabelbinder die Hilfskraftfeder (7) zusammen. Befindet sich die Feder hinter dem Pedal (Kunststoffhebel), markieren Sie zusätzlich die Einbaurichtung der Feder.
■ Drücken Sie das Kupplungspedal (6) halb durch und ziehen Sie den Kabelbinder fest.
■ Nehmen Sie die Hilfskraftfeder (7) heraus.

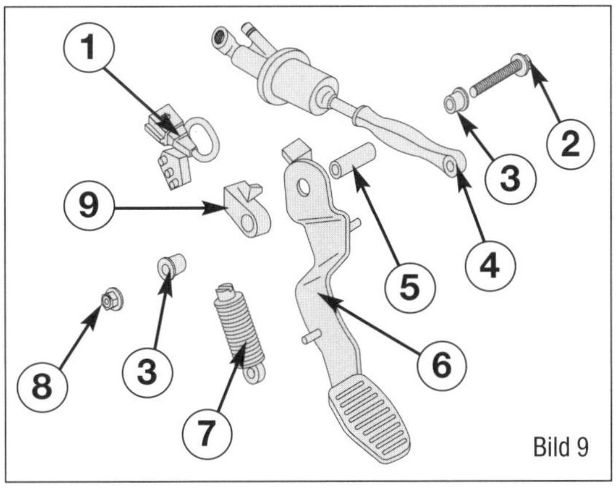

Bild 9

Bild 9
Kupplungspedal und Kupplungsbetätigung.
1 Kupplungsschalter
2 Schraube
3 Buchse
4 Geberzylinder Kupplungsbetätigung
5 Hülse
6 Kupplungspedal
7 Hilfskraftfeder
8 selbstsichernde Mutter
9 Nocken Kupplungspedal

■ Drehen Sie die Mutter (8) ab und schieben Sie die Schraube (2) heraus.
■ Nehmen Sie das Kupplungspedal heraus.

Die Montage erfolgt sinngemäß in umgekehrter Reihenfolge.
■ Achten Sie darauf, dass die Bolzen für den Geberzylinder und die Pedallagerung richtig einsitzen.
■ Schmieren Sie die Lagerstellen mit einem säurefreien Fett.

Demontage des Kupplungsschalters

Sie finden den Kupplungsschalter (1 im Bild 9) links neben dem Kupplungspedal.
■ Entsichern Sie den Steckkontakt und ziehen Sie ihn ab.
■ Clipsen sie den Kupplungsschalter aus dem Pedalwerkträger und nehmen Sie ihn heraus.

Die Montage erfolgt sinngemäß in umgekehrter Reihenfolge.
■ Prüfen Sie, ob der Schalter oder seine Befestigung Schäden aufweisen.
■ Prüfen Sie die Funktion über den Diagnosetester. Er ist wichtig für die Funktion des Tempomaten oder der Startfunktion.
■ Prüfen Sie, ob die Rückholfeder des Kupplungspedals noch ausreichend gefettet ist.
■ Achten Sie auf den richtigen Sitz der Rückstellfeder.

Zylinder der Kupplungshydraulik aus-/einbauen

Die hydraulische Anlage zur Kupplungsbetätigung besteht aus einem Geber- und

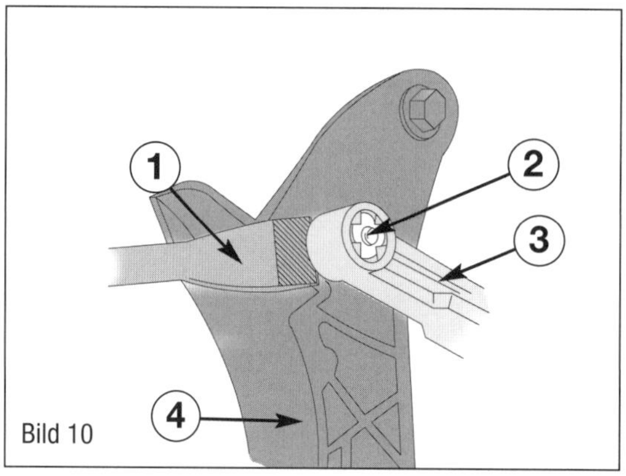

Bild 10
Druckclip seitlich am Gelenkbolzen.
1 Kunststoffhebel
2 Druckclip
3 Druckstange
4 Kupplungspedal

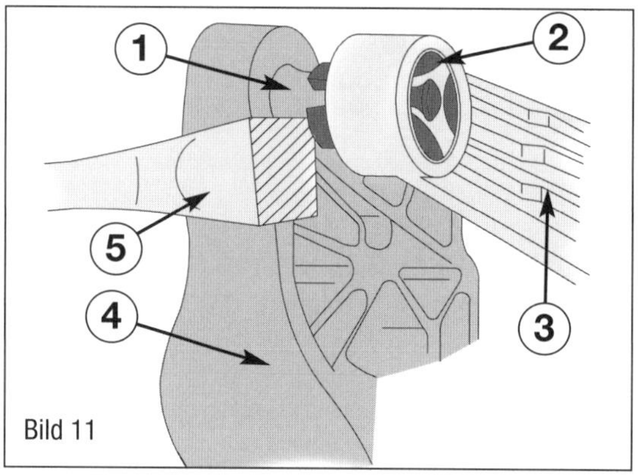

Bild 11
Spreizclip seitlich am Gelenkbolzen.
1 Kugelgelenkbolzen
2 Spreizclip
3 Druckstange
4 Kupplungspedal
5 Kunststoffhebel

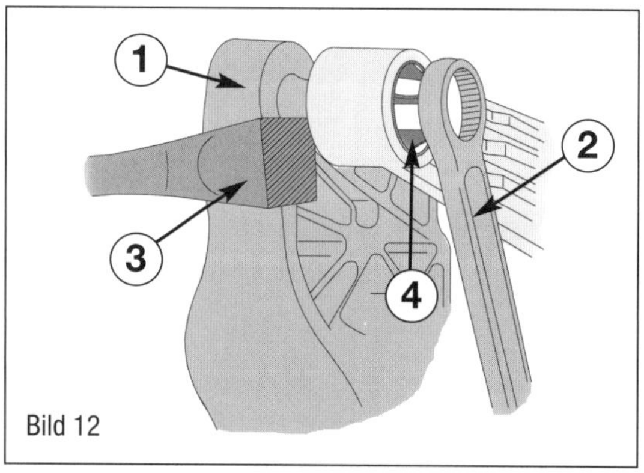

Bild 12
Clip mit Rastnasen seitlich am Gelenkbolzen.
1 Kupplungspedal
2 gerader Ringschlüssel
3 Kunststoffhebel
4 Rastnasen des Clips

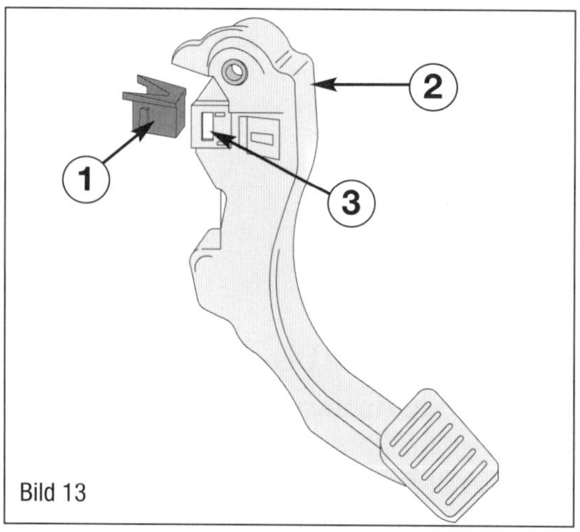

Bild 13
Halteclip im Kupplungspedal und Kugelkopf am Geber Zylinder.
1 Halteclip
2 Kupplungspedal
3 Rastnasenaussparung seitlich am Pedal

einem Nehmerzylinder und den dazugehörigen Leitungen und Schläuchen. Wir beschreiben das prinzipielle Vorgehen beim Aus- und Einbau der beiden Zylinder in unterschiedlichen Varianten.

Kupplungsgeberzylinder beim Schaltgetriebe aus- und einbauen
Es gibt drei unterschiedliche Geberzylinder, deren Besonderheiten wir hier vorstellen werden. Die Unterscheidungsmerkmale beschränken sich im Wesentlichen auf die Verrastung am Kupplungspedal. Ein weiteres System ist an der Einrastung im Kupplungspedal erkennbar.

Alle Varianten:
■ Demontieren Sie den Kupplungsschalter, wie bereits beschrieben.

Druckclip am Gelenkbolzen (Bild 10):
■ Drücken Sie auf die Außenseite des Verriegelungsclips (2) und halten Sie den Clip gedrückt.
■ Setzen Sie einen Kunststoffhebel (1) zwischen Kupplungspedal (4) und Kugelkopf an und hebeln Sie die Druckstange (3) vorsichtig ab.

Spreizclip am Gelenkbolzen (Bild 11):
■ Drücken Sie den Spreizclip auseinander und schieben Sie gleichzeitig den Kugelbolzen vom Kupplungspedal herunter.

Rastnasen am Gelenkbolzen (Bild 12):
■ Drücken Sie auf der Außenseite die Rastnasen mit einem SW10-Ringschlüssel (gerade Ausführung) zusammen.
■ Setzen Sie einen Kunststoffhebel zwischen Kupplungspedal und Kugelkopf an und hebeln Sie ihn vorsichtig ab.

Eingeclipst im Kupplungspedal:
■ Drücken Sie auf der Außenseite des Pedales (3) die Rastnasen des Halteclips (1) zusammen und schieben Sie den Halteclip (1) aus dem Pedal (2) heraus.
■ Ziehen Sie das Pedal vorsichtig nach hinten und nehmen Sie die Druckstange zusammen mit dem Halteclip aus dem Pedal heraus.

Weiter für alle Varianten:

■ Den Nachlaufschlauch am Bremsflüssigkeitsbehälter (am Hauptbremszylinder) abziehen und die Öffnung gegen Auslaufen von Bremsflüssigkeit verschließen.
Das Absaugen der Bremsflüssigkeit aus dem Vorratsbehälter ist aufgrund der beiden Behälter nicht sinnvoll möglich. Der Nachlaufschlauch des Kupplungsgeberzylinders ist am unteren Vorratsbehälter auf dem Hauptbremszylinder angeschlossen.
Vermeiden Sie Augen- und Hautkontakt. Tragen Sie Schutzhandschuhe und geeigneten Augenschutz.
Fangen Sie austretende Bremsflüssigkeit mit einem Lappen auf.
■ Sicherungsklammer (3) herausziehen.
■ Druckleitung (4 im Bild 14) herausziehen.
■ Verdrehen Sie den Geberzylinder (5) vom Motorraum aus etwa eine Achtel-Umdrehung im Uhrzeigersinn.
■ Nehmen Sie den Geberzylinder nach vorne zum Motorraum heraus.

Die Montage erfolgt sinngemäß in umgekehrter Reihenfolge.
■ Achten Sie darauf, dass der Geberzylinder richtig einsitzt.
■ Schmieren Sie die Lagerstellen mit einem säurefreien Fett.
■ Achten Sie darauf, dass der Sicherungsclip (3) richtig sitzt.

Kupplungsnehmerzylinder beim Schaltgetriebe aus- und einbauen
Es sind zwei unterschiedliche Systeme der Kupplungsnehmerzylinder in diesem Van verbaut. Ein System betätigt die Kupplung mit einem externeren Zylinder. Dieser kann ohne den Ausbau des Getriebes gewechselt werden. Bei den Zentralausrücksysteme muss für den Wechsel das Getriebe ausgebaut werden.

Externe Nehmerzylinder:
■ Einen nicht fasernden Lappen unter den Nehmerzylinder legen, um damit die austropfende Bremsflüssigkeit aufzufangen.
■ Öffnen Sie den Deckel des Bremsflüssigkeitsvorratsbehälters und verschließen Sie den Behälter luftdicht, um bei der Demontage das Nachlaufen der Bremsflüssigkeit zu verhindern.
■ Abdeckung des Entlüftungsnippels (7 im Bild 15) entfernen.

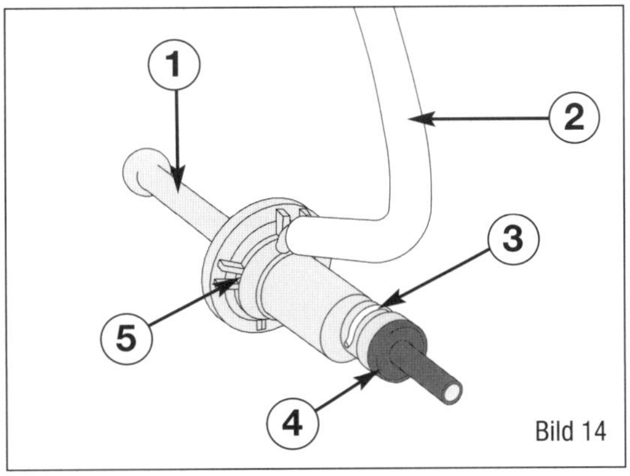

Bild 14

Bild 14
Geberzylinder (Ansicht vom Motorraum aus).
1 Druckstange
2 Zulaufschlauch
3 Sicherungsklammer
4 Druckleitung
5 Geberzylinder

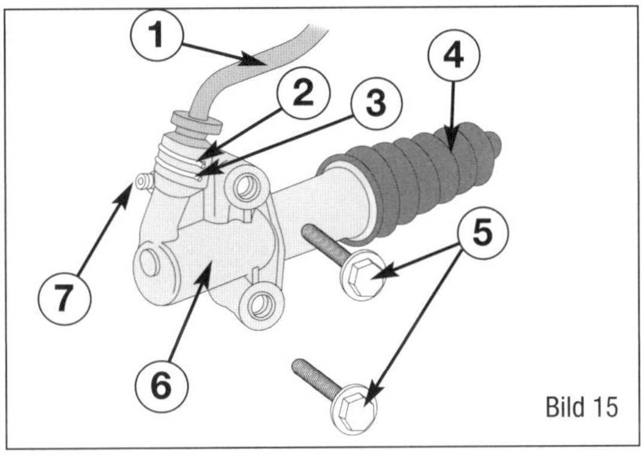

Bild 15

Bild 15
Externer Nehmerzylinder.
1 Druckleitung
2 Halteclip oben
3 Halteclip unten
4 Staubschutzmanschette
5 Schrauben
6 Nehmerzylinder
7 Entlüftungsnippel

■ Sicherungsclips (2 und 3) mit einem Schraubendreher aus dem Hydraulikzylinder ausclipsen. Es sind im Fahrzeug Zylindersysteme mit doppeltem und einfachem Halteclip der Druckleitung verbaut.
■ Hydraulikleitung gerade nach oben abziehen.
■ Die beiden Schrauben des Hydraulikzylinders am Getriebe herausdrehen.
Um das Auslaufen von Bremsflüssigkeit zu verhindern, verschließen Sie die abgezogene Hydraulikleitung mit der Verschlusskappe des Bremsentlüftungsventils.
■ Den Nehmerzylinder vom Getriebe abnehmen.

Der Einbau erfolgt sinngemäß in umgekehrter Reihenfolge.
■ Die Anlagestelle am Ausrückhebel mit einem Molybdänsulfid-Schmierfett fetten.
■ Entlüften Sie die Kupplungsbetätigung.

Zentral ausrückender Zylinder:
■ Legen Sie einen nicht fasernden Lappen unter den Nehmerzylinder, um damit die austropfende Bremsflüssigkeit aufzufangen.
■ Öffnen Sie den Deckel des Bremsflüssigkeitsvorratsbehälters und verschließen Sie

Bild 16
Zentralausrücker als Nehmerzylinder.
1 Entlüftungsschraube
2 Sicherungsclip
3 Druckanschluss
4 Schrauben
5 Staubschutzbalg
6 Nehmerzylinder

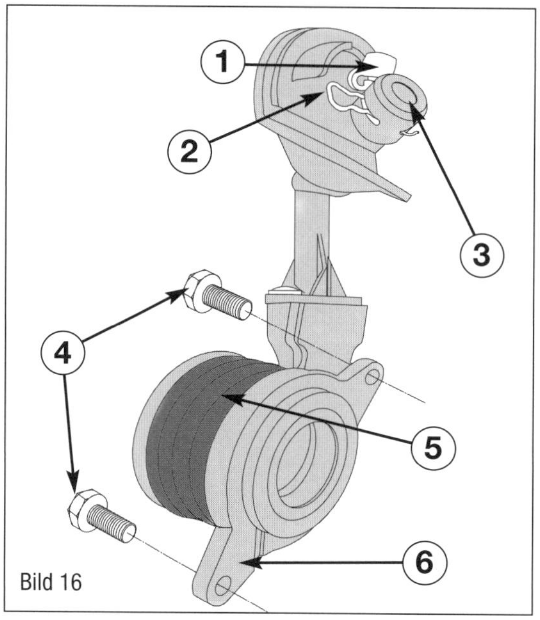

Bild 16

■ Abdeckung des Entlüftungsnippels (1 im Bild 16) entfernen.
■ Sicherungsclips (2) mit einem Schraubendreher aus dem Hydraulikzylinder ausclipsen.
■ Hydraulikleitung abziehen.
■ Bauen Sie das Getriebe aus. Die Arbeitsschritte hierzu werden wir am Ende dieses Kapitels beschreiben.
■ Drehen Sie die Schrauben (4) heraus.
■ Hebeln Sie den Gummischutz aus der Getriebeglocke heraus.
■ Nehmen Sie den Kupplungsnehmerzylinder (Zentralausrücker) von der Getriebeeingangswelle ab.

Der Einbau erfolgt sinngemäß in umgekehrter Reihenfolge.
■ Die Führungshülse wird im Bereich des Ausrücklagers, der Ausrückhebel im Bereich der Anlagestelle am Kugelzapfen und das Lager im Bereich der Anlagestellen an den Ausrückhebeln mit Molybdänsulfid-Schmierfett gefettet.
■ Bauen Sie das Getriebe ein.
■ Entlüften Sie die Kupplungsbetätigung.

Kupplungsnehmerzylinder beim automatisierten Schaltgetriebe aus- und einbauen
Das automatisierte Schaltgetriebe basiert auf dem manuellen Schaltgetriebe. Die Betätigung der Kupplung und der Schaltung erfolgt elektrohydraulisch. Die Vorgehensweise für den Wechsel der Zentralausrückung unterscheidet sich den beiden Schaltgetriebetypen nur geringfügig. In einem zusätzlichen Vorratsbehälterblock ist die Flüssigkeit für die Kupplungsbetätigung und die Schaltungsbetätigung untergebracht. Der eigentliche Wechsel der Zentralausrückung erfolgt wie bereits beim manuellen Schaltgetriebe beschrieben.
■ Legen Sie einen nicht fasernden Lappen um den Anschluss des Nehmerzylinders, um damit die austropfende Hydraulikflüssigkeit aufzufangen.
■ Öffnen Sie den Deckel des Kupplungsflüssigkeitsvorratsbehälters (sitzt vorne links vor dem Getriebe) und verschließen Sie den Behälter luftdicht, um bei der Demontage das Nachlaufen der Bremsflüssigkeit zu verhindern.
■ Abdeckung des Entlüftungsnippels (1 im Bild 16) entfernen.
■ Sicherungsclips (2) mit einem Schraubendreher aus dem Hydraulikzylinder ausclipsen.
■ Hydraulikleitung abziehen.
■ Bauen Sie das Getriebe aus. Die Arbeitsschritte hierzu werden wir am Ende dieses Kapitels beschreiben.
■ Drehen Sie die beiden Schrauben (4) heraus.
■ Hebeln Sie den Gummischutz aus der Getriebeglocke heraus (2,3-l-Motoren).
■ Nehmen Sie den Kupplungsnehmerzylinder (Zentralausrücker) von der Getriebeeingangswelle ab.

Der Einbau erfolgt sinngemäß in umgekehrter Reihenfolge.
■ Die Führungshülse wird im Bereich des Ausrücklagers, der Ausrückhebel im Bereich der Anlagestelle am Kugelzapfen und das Lager im Bereich der Anlagestellen an den Ausrückhebel mit Molybdänsulfid-Schmierfett gefettet.
■ Bauen Sie das Getriebe ein.
■ Entlüften Sie die Kupplungsbetätigung mit Hilfe eines Diagnosetesters.
■ Lernen Sie die Kupplung und Getriebe mit Hilfe des Diagnosetesters neu an.

Kupplungshydraulik entlüften

Fahrzeuge mit automatisiertem Schaltgetriebe
Die Ansteuerung der Kupplungsbetätigung kann je nach Tester und Softwarestand über

den Stellgliedtest erfolgen. Oftmals ist aber eine leer Ein- und Auskupplung nur über das Gangeinlegen bei laufendem Motor möglich. Eine Entlüftung ist aber auch ohne diesen Arbeitsschritt möglich. Die Entlüftung des Kupplungssystems der automatisierten Schaltgetriebe muss grundsätzlich mit einem geeigneten Tester erfolgen. Viele Testersysteme können diese Funktion nicht abdecken, da die Getriebe nicht sehr häufig zum Einsatz kamen und Nachfrage nach dieser Funktion entsprechend selten benötigt wird. Der Austausch der hydraulischen Flüssigkeit ist nicht erforderlich. Es handelt sich nicht um eine Bremsflüssigkeit.

Fahrzeuge mit manuellem Schaltgetriebe

Ausgetretene Bremsflüssigkeit sofort aufnehmen und mit Bremsenreiniger abspülen.

Vermeiden Sie Augen- und Hautkontakt. Tragen Sie Schutzhandschuhe und geeigneten Augenschutz.

Das Entlüften der Anlage ohne ein Entlüftungsgerät ist nicht zu empfehlen. Die Leitungsführung und das geringe Fördervolumen der Zylinder machen eine Druckentlüftung oder ein Absaugen über den Entlüftungsnippel erforderlich. Beim Absaugen muss dringend darauf geachtet werden, dass der Vorratsbehälter nicht leergesaugt wird und der Geberzylinder keine Luft zieht.

- Geeignetes Bremsenfüll- und Entlüftungsgerät anschließen. Zum Entlüften ist ein Entlüfterschlauch zu verwenden.
- Entlüfterschlauch dann mit der Auffangflasche des Bremsenentlüftungsgeräts verbinden.
- Abdeckung des Entlüftungsnippels entfernen.
- Entlüfterschlauch auf den Entlüfter des Nehmerzylinders stecken.
- System mit dem Entlüftungsgerät am Vorratsbehälter mit einem Druck von 1-2 bar beaufschlagen.
- Entlüftungsventil ca. 1/4 Umdrehung öffnen.
- Ca. 100 cm³ Bremsflüssigkeit ausströmen lassen.
- Entlüftungsventil schließen.
- Kupplungspedal 15- bis 20mal sehr schnell von Anschlag zu Anschlag bewegen.
- Entlüftungsventil ca. 1/4 Umdrehung öffnen.
- Ca. 50 cm³ Bremsflüssigkeit ausströmen lassen.
- Entlüftungsventil schließen.
- Nach Beendigung des Entlüftungsvorgangs, wenn der Druck von 2 bar abgebaut ist, das Kupplungspedal bitte noch 10mal mit dem Fuß treten.
- Prüfen Sie die Funktion der Kupplung.
- Machen Sie eine Probefahrt.

Kupplung demontieren

In diesem Fahrzeugtyp finden sich zwei unterschiedliche Kupplungssysteme. Zum einen eine konventionelle Einscheiben-Trockenkupplung mit Tellerfeder und eine SAC-Kupplung (**S**elf-**A**djust-**C**lutch). Wir beschreiben die Vorgehensweise für beide Systeme.
Selbstnachstellende Kupplungssysteme sind von LUC und auch von Sachs erhältlich. Weiterhin findet sich, wie bei allen modernen Dieseln, ein Zweimassenschwungrad zur Schwingungsdämpfung auf der Kurbelwelle. Betrachten wir die Prüfung und den Wechsel etwas genauer.

Prüfung des Zweimassenschwungrades
Bei jedem Kupplungswechsel sollten Sie das Zweimassenschwungrad überprüfen, um es als Ursache für den Kupplungsschaden oder für einen erneuten Kupplungsschaden auszuschließen.

Optische Prüfung:

- Untersuchen Sie die Reibflächen des Zweimassenschwungrades auf Verfärbungen oder Rissbildung.
- Achten Sie auf austretendes Fett oder sogar Rostspuren.
- Kontrollieren Sie auch die Getrie-

Bild 17
Ausbau des Zweimassenschwungrades: Die Fixierung über den Zahnkranz ist sehr wichtig um Schäden am Geberrad oder am Zweimassenschwungrad (ZMS) zu vermeiden.

Bild 18
Ansetzen des Zentrierdorns.
1 Klemmstück Mitnehmerscheibe
2 Klemmstück Schwungscheibe
3 Annahme Schwungscheibe

beglocke auf metallischen Abrieb und herausstehende Teile.

Verdrehung:
Der Arbeitsweg kann am eingebauten Schwungrad überprüft werden.

- Der Leerhub sollte auch bei gebrauchten Zweimassenrädern etwa 2 - 3 Zähne betragen.
- Von der Ruhelage in der Mitte sollte sich das Zweimassenschwungrad mit dem gleichen Kraftaufwand nach links oder rechts zum jeweiligen Anschlag bewegen lassen.
- Geräusche, Klemmen und/oder unterschiedlicher Kraftaufwand weisen auf Schäden in der Mechanik hin.
- Ein sehr kleiner Bewegungsspielraum könnte auch auf eine Fettverhärtung im Inneren hinweisen.

Kippen:

- Um den Zustand der Lagerung zu prüfen, kippen Sie das Schwungrad radial mit etwa 10 Nm seitlich an.
- Das Kippspiel darf bis etwa 0,25 mm betragen. Wiederholen Sie die Messung zweimal, jeweils um 120° versetzt.

Ausbau des Zweimassenschwungrades

- Bauen Sie das Getriebe wie auf Seite (153) beschrieben aus.
- Prüfen Sie den Zustand des Zweimassenrades wie bereits beschrieben.
- Demontieren Sie die Kupplung.
- Fixieren Sie das Zweimassenschwungrades mit einem Feststeller/Gegenhalter.
- Lösen Sie die Befestigungsschrauben.
- Demontieren Sie den Feststeller/Gegenhalter.
- Nehmen Sie die Befestigungsschrauben heraus und nehmen Sie die Schwungscheibe ab.

Der Einbau erfolgt sinngemäß in umgekehrter Reihenfolge.

- Prüfen Sie den Zustand des Kurbelwellensimmerrings.
- Setzen Sie das Schwungrad an und richten Sie es entsprechend der Bohrungen aus.

Das Schwungrad passt nur in einer Stellung auf die Gewinde der Kurbelwelle.

- Drehen Sie die Schrauben handfest ein.
- Fixieren Sie das Zweimassenschwungrades mit einem Feststeller/Gegenhalter.
- Ziehen Sie die Schrauben der Schwungscheibe in der ersten Stufe mit 30 Nm an und im zweiten Schritt mit 90° nach.
- Demontieren Sie den Feststeller/Gegenhalter.

De- und Montage einer selbst nachstellenden Kupplung
Die selbstnachstellende Kupplung gleicht die dünner werdenden Kupplungsreibbeläge durch einen Nachtstellmechanismus nach. Für die Demontage und die Montage muss die Druckplatte vorgespannt werden, um eine Beschädigung des Verstellmechanismus durch ungleichmäßige Belastung zu vermeiden.

- Bauen Sie das Getriebe wie auf Seite (153) beschrieben aus.
- Drehen Sie drei der sechs Befestigungsschrauben (2 im Bild 19) der Druckplatte heraus.
- Montieren Sie die Stehbolzen (1) der Spannvorrichtung in den nun freien Bohrungen.
- Montieren Sie einen passenden Zentrierdorn (Bild 19) und spannen Sie ihn in der Verzahnung der Kupplungsscheibe ein.
- Setzen Sie das Druckstück (2 im Bild 21) mit dem Spindelträger (3) auf die Stehbolzen auf.
- Setzen Sie die Rändelmuttern (3 im Bild 20) auf und drehen Sie sie so weit ein, dass die Rändelmutter (3) bündig mit dem Stehbolzen (2) sitzt.
- Drehen Sie die Spindel (2) des Druckstückes so weit an, bis die Druckplatte spürbar von der Kupplungsscheibe abhebt.
- Demontieren Sie die drei verbliebenen Befestigungsschrauben (2 im Bild 19) der Druckplatte im Zweimassenschwungrad.
- Drehen Sie die Spindel des Druckstückes los, um die Tellerfeder wieder zu

entspannen

■ Wenn die Tellerfeder komplett entspannt ist, die Rändelmuttern und das Druckstück entfernen.

■ Die Stehbolzen herausschrauben und Kupplungsdruckplatte abnehmen.

■ Ziehen Sie den Zentrierdorn mit Kupplungsscheibe aus der Schwungscheibe heraus.

■ Demontieren Sie den Zentrierdorn aus der Schwungscheibe.

Die Montage erfolgt sinngemäß in umgekehrter Reihenfolge.

■ Prüfen Sie vor der Montage der Kupplung den Zustand des Zweimassenschwungrades.

■ Reinigen Sie die Reibflächen mit einem fettlösenden Reiniger und etwas Schleifpapier.

■ Ziehen Sie die Schrauben des Kupplungsautomaten an der Schwungscheibe (M8) mit 25 Nm fest.

■ Bei allen Ausrücksystemen mit konventionellen Ausrücklager fetten Sie die Lagerstellen des Ausrückhebels und die Führungshülse.

■ Reinigen Sie die Getriebewelle vor der Montage und fetten Sie sie leicht ein.

De- und Montage einer konventionellen Kupplung

■ Bauen Sie das Getriebe wie auf Seite (153) beschrieben aus.

■ Setzen Sie einen passenden Zentrierdorn in die Zahnung der Kupplungsscheibe (Bild 24) ein.

■ Drehen Sie die sechs Befestigungsschrauben (2) der Druckplatte gleichmäßig in mehreren Schritten heraus.

■ Nehmen Sie die Druckplatte (2 im Bild 22) und die Kupplungsscheibe (1) ab.

Die Montage erfolgt sinngemäß in umgekehrter Reihenfolge.

■ Prüfen Sie vor der Montage der Kupplung den Zustand des Zweimassenschwungrades.

■ Reinigen Sie die Reibflächen mit einem fettlösenden Reiniger und etwas Schleifpapier.

■ Ziehen Sie die Schrauben des Kupplungsautomaten an der Schwungscheibe (M8) mit 25 Nm fest.

■ Bei allen Ausrücksystemen mit kon-

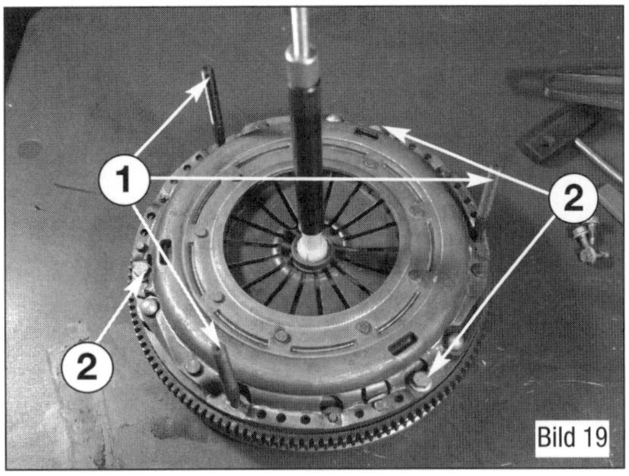

Bild 19

Bild 19
Ansetzen des Spannwerkzeuges.
1 Stehbolzen
2 Schrauben Kupplungsautomat

Bild 20

Bild 20
Ausrichten des Spannwerkzeuges.
1 Spindelträger
2 Stehbolzen
3 Rändelmutter

Bild 21

Bild 21
Vorspannen des Kupplungsautomaten.
1 Schlüssel
2 Druckstück mit Spindel
3 Spindelträger

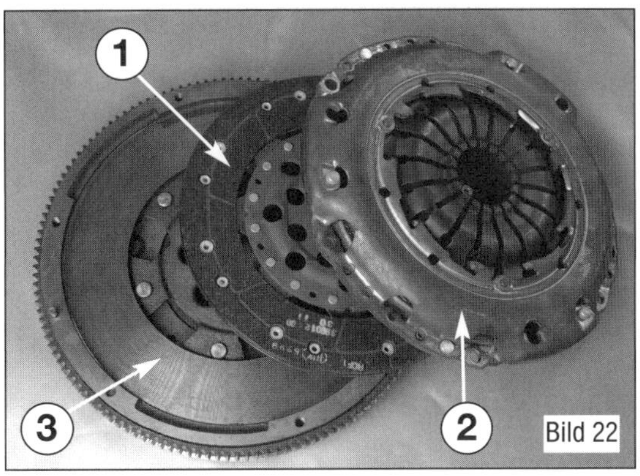

Bild 22

Bild 22
Konventionelles Kupplungsset.
1 Mitnehmerscheibe
2 Druckplatte
3 Zwei-Massen-Schwungscheibe

Bild 23
Zentrierwerkzeug.
1 Pilotstab
2 Passstück im Schwungrad
3 Kurbelwelle

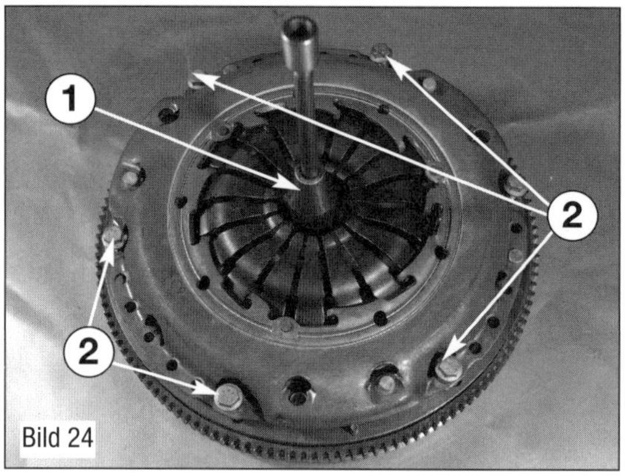

Bild 24
Kupplungsmontage.
1 Zentrierhülse für die Mitnehmerscheibe
2 Schrauben der Druckplatte

ventionellen Ausrücklager fetten Sie die Lagerstellen des Ausrückhebels und die Führungshülse.

■ Reinigen Sie die Getriebewelle vor der Montage und fetten Sie sie leicht ein.

Schaltzüge und Betätigung

Manuelle Schaltgetriebe

Die gewünschten Gänge des Schaltgetriebes werden über die Schaltbetätigung gewählt und eingelegt. Mit dem Schalthebel wählen Sie bei den verschiedenen Getrieben den gewünschten Gang. Knopf und Manschette des Schalthebels sollten nicht voneinander getrennt und im Reparaturfall immer gemeinsam ersetzt werden. Zwei Gestängeteile im Getriebe, die Schaltstange und die Schubstange, übertragen die Bewegung des Schalthebels über Seilzüge auf Getriebeschalthebel und Umlenkhebel am Getriebe. Die am Schalthebel eingeleitete Wahlbewegung (rechts/links) wird über den Wählhebel auf das Gestänge in Vor- und Rückbewegung übertragen. Diese Bewegung wiederum wird durch die äußere Mechanik in eine Auf-/Ab-Bewegung der Schaltwelle umgesetzt.

⚠ Alle Betätigungs- und Übertragungselemente sowie Getriebe, Kupplung und Kupplungsbetätigung müssen einwandfrei, die Schaltbetätigung leichtgängig sein.

Schaltzüge wechseln

☞ Es gibt unterschiedliche Schaltseilausführungen. Achten Sie darauf, dass Sie die aufgedruckten Ersatzteilnummern auf den Schaltseilen bei der Bestellung der neuen Schaltzüge vergleichen können.

■ Bringen Sie das Getriebe in Leerlaufstellung.

■ Demontieren Sie die Batterie und den Sicherungskasten auf der Batterie.

■ Lösen Sie die Kabelstränge, die am Batteriekasten befestigt sind und legen Sie sie aus dem Arbeitsbereich heraus.

■ Bauen Sie den Batteriekasten aus.

TU5-Motoren:

■ Demontieren Sie die Motorentlüftungsleitung und das Luftfiltergehäuse.

DV6-Dieselmotoren:

■ Bauen Sie den Lufteinlasskanal zum Luftfilter aus.

■ Hebeln Sie die Kugelkupplung der beiden Schaltseile (Schaltzüge) von den Betätigungshebeln am Getriebe (2 im Bild 25) ab.

■ Schieben Sie die Haltehülse (5) in Pfeilrichtung (4) zurück und nehmen Sie die Schaltzüge aus den Halterungen am Getriebe (6) heraus.

■ Clipsen Sie den Schaltsack aus und nehmen Sie ihn nach oben ab. Der Schaltknauf muss nicht zwingend demontiert werden.

■ Demontieren Sie die Verkleidungsecken unten um die Schalthebelverkleidung.

■ Demontieren Sie die Verkleidung um den Schalthebel.

■ Drücken Sie die Verrastung (2 im Bild 26) und hebeln Sie die Kugelkupplung des Schaltzuges vom Kugelkopf ab (3).

■ Ziehen Sie die Haltehülse (5) in Pfeilrichtung (6) und nehmen Sie den Schaltzug aus der Halterung (4) heraus.

■ Demontieren Sie den mittleren Teil der Auspuffanlage.

■ Bauen Sie das Hitzeschild der Auspuffanlage ab.

■ Demontieren Sie den mittleren Teil der Auspuffanlage.
■ Bauen Sie das Hitzeschild der Auspuffanlage ab.
■ Drücken Sie das Abdichtgummi im Fahrzeugboden um die Schaltzüge herum heraus.
■ Nehmen Sie die Schaltzüge heraus. Die Schaltzüge sind nur zusammen mit dem Abdichtgummi lieferbar.

Die Montage erfolgt sinngemäß in umgekehrter Reihenfolge.
■ Reinigen Sie die Anlagestelle der Züge gründlich.
■ Schaltung auf einwandfreie Funktion prüfen.
■ Die Kugelgelenke an Schalthebel und Getriebe der Anlagestelle am Kugelzapfen mit Molybdänsulfid-Schmierfett fetten.

Schaltzüge einstellen

Die Grundeinstellung erfolgt in der Neutralstellung des Getriebes. Beide Schaltzüge müssen eingehängt und in Ordnung sein.
■ Clipsen Sie den Schaltsack aus und nehmen Sie ihn nach oben ab. Der Schaltknauf muss nicht zwingend demontiert werden.
■ Demontieren Sie die Verkleidungsecken unten um die Schalthebelverkleidung.
■ Demontieren Sie die Verkleidung um den Schalthebel.
■ Hebeln Sie die Sicherungen (9 im Bild 26) etwas heraus.
■ Setzen Sie den Schalthebel in Mittelstellung fest (hierfür gibt es ein Spezialwerkzeug).
■ Drücken Sie die Sicherungen (9) hinein.

Die weitere Montage erfolgt sinngemäß in umgekehrter Reihenfolge.

Achs- und Achsgelenkwellen

Der Serien-Van ist eigentlich ein frontgetriebenes Fahrzeug. Es kommen Antriebswellen zum Einsatz die radseitig mit einem Kugelgleichlaufgelenk und getriebeseitig mit einem Tripoidgelenk ausgerüstet sind. Das getriebeseitige Gelenk übernimmt den Längenausgleich beim Ein- oder Ausfedern.

Achswellen prüfen

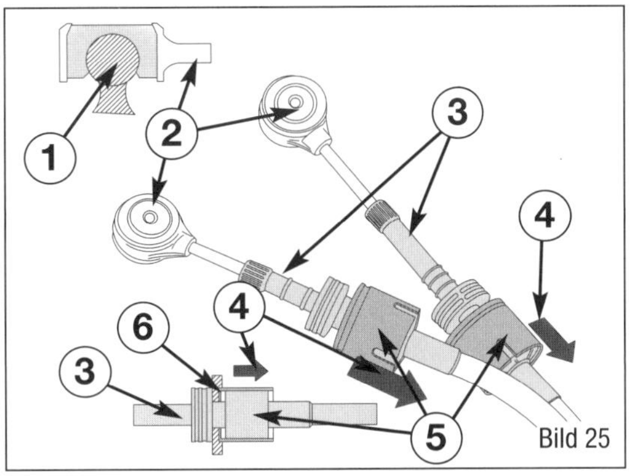

Bild 25

Bild 25
Schaltzüge am Getriebe.
1 Kugelkopf am Getriebe
2 Kugelkupplung am Schaltzug
3 Schaltzug
4 Bewegungsrichtung zum Ausclipsen
5 Haltehülse
6 Halter am Getriebe

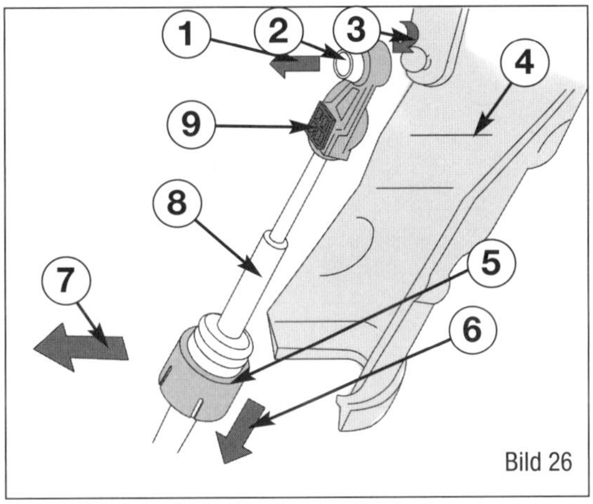

Bild 26

Bild 26
Schaltzüge an der Schalthebelkonsole.
1 Demontagerichtung
2 Kugelkupplung
3 Abhebelrichtung
4 Schalthebel Konsole
5 Haltehülse
6 Bewegungsrichtung zum Öffnen
7 Bewegungsrichtung zum Abnehmen aus der Schalthebelkonsole
8 Schaltzug
9 Sicherung

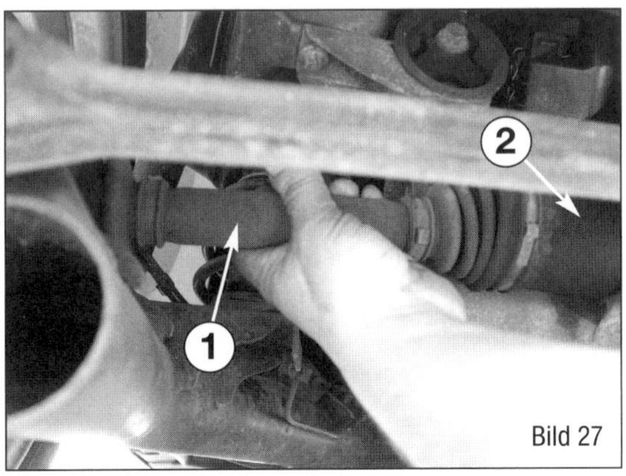

Bild 27

Bild 27
Spiel an den Gelenken der Achswellen prüfen.
1 Gelenkwelle
2 Gelenkwellentopf (Lageraußenring)

Es gibt eigentlich nur drei Gründe eine Achsgelenkwelle zu zerlegen. Zuerst einmal möchten wir den Hintergrund für diese Arbeiten genauer beleuchten:
Spiel an den Gelenken (Bild 27):
Halten Sie den Lageraußenring (2) mit der Hand fest und verdrehen Sie die Achswelle (1). Sie sollte möglichst kurze schnelle Bewegungen machen (einfach schnell hin- und herdrehen). So bemerken Sie ein mögliches Lagerspiel in den Achswellen sehr schnell. Spiel an den Gelenken sollte immer nachgegangen werden.

Bild 28
Beschädigte Achswellenmanschette.
1 Gelenkwelle
2 Gelenkwellentopf
3 Achswellenmanschette

Bild 29
Gelenkmanschette anheben.
1 Manschette
2 Innenring des Gelenks
3 Gelenktopf

mindest sollte das Fahrzeug auf dem Boden stehen. Eine Grube in der Garage oder eine Mutterbühne ist hier sehr hilfreich. Stellen Sie übermäßiges Spiel fest, sollte die Gelenkwelle erneuert oder zerlegt und repariert werden. Zumeist zeigen sich bei der Demontage erhebliche Schäden an Lagerflächen oder Kugeln. Wird das Spiel zu groß (mehr als 2 mm Spiel in der Verdrehung), kann die Antriebswelle »auseinanderfliegen« und sorgt dann im günstigsten Fall für eine Panne. Im schlimmsten Fall kann die Achswelle weitere Schäden verursachen, wenn sie aus den Führungen herausrutscht.

Geräusche:
Die Prüfung der Achsgelenkwellen auf diese Schäden erfolgt in der Regel bei einer Probefahrt. Es sollten hier enge Radien gefahren werden können (Supermarktparkplatz!) und auch der Lastwechsel vom Beschleunigen zum Schiebebetrieb (Gefahren vermeiden! Auf den Verkehr achten!) simuliert werden. Geräusche an den Achswellen lassen sich leider nur für das radseitige Gelenk sicher orten. Die Getriebeseite wird oftmals als »Getriebeschaden« wahrgenommen. Sollten also Geräusche beim Lastwechsel entstehen, nehmen Sie auch die Antriebswellen einmal genauer unter die Lupe. Ein deutliches »Klackern« oder durchaus schon »Schläge« gerade beim Kurvenfahren in engen Radien weisen auf einen Achswellenschaden hin. Je lauter diese Geräusche werden, umso dringender besteht Handlungsbedarf. Auch hier sind oft an den zerlegten Wellen sehr gut sichtbare Schäden vorhanden.

Manschette beschädigt (Bild 28):
Das Ende der Lagerungen einer Achswelle wird natürlich schneller erreicht, wenn Schmutz, Wasser und Straßendreck durch eine defekte Manschette eindringen können. Kontrollieren Sie die Lenkmanschetten und die Gelenkmanschette regelmäßig. Bei Schäden führt an einer Reinigung des Gelenkes und dem Ersatz der Manschette kein Weg vorbei. Achten Sie auch auf kleine Fettspritzer im Radlaufbereich oder an den Bremsteilen. Oftmals zeichnen schon kleinste Schäden an der Manschette deutliche Spuren. Durch die hohe Drehzahl wird das Fett im Gelenk sehr schnell in der Landschaft verteilt. Daraufhin läuft das Gelenk trocken und wird mit der Unterstützung des eindringenden Schmutzes ein erhebliches Verschleißverhalten entwickeln.

Achswellen überholen
Die Antriebswellen beim Berlingo/Partner unterliegen natürlich auch dem Verschleiß und auch die Manschetten können beschädigt werden. Grundsätzlich sollten Sie beim Zerlegen von Achsgelenken die Übertragungsteile wie die Kugeln oder Lager wieder in die gleiche Position einbauen, in der sie vor der Demontage gewesen sind. Sie können die Bauteile mit einem Lackstift oder wasserfesten Filzstift markieren. Hilfreich ist es aber auch eine Ablage aus Pappe zur Ablage der Einzelteile vorzubereiten.

Wechsel der radseitigen Manschette:
Die beiden radseitigen Gelenke sind Kugelgelenkwellen. Die Montagearbeit ist identisch.

- Bauen Sie die entsprechende Antriebswelle wie auf Seite (149) beschrieben aus.
- Entfernen Sie die beiden Klemmbänder auf der entsprechenden Manschette.

■ Schneiden Sie die Achsmanschette (1 im Bild 29) mit einem Cuttermesser auf und nehmen Sie sie ab.
■ Wischen Sie das Fett am Rand des Gelenktopfes (3) ab, damit Sie den Innenring (2) des Gelenks erkennen können.
■ Klappen Sie den Gelenkinnenring von der Achswelle ab und schlagen Sie das Gelenk von der Achswelle herunter (Bild 31).
■ Nehmen Sie das Gelenk von der Achswelle ab.
■ Kippen Sie den Innenring zur Seite und nehmen Sie eine Kugel nach der anderen, wie im Bild 37 gezeigt heraus.
■ Verdrehen Sie den Gelenkinnenring so weit, dass Sie ihn wie im Bild 35 gezeigt herausnehmen können.
■ Verdrehen Sie den Kugelkäfig so weit, dass Sie ihn über die Aussparungen (Bild 34) vom Gelenkwellenkopf abnehmen können.
■ Achten Sie darauf, dass die Kugeln nicht auf den Boden fallen.
■ Reinigen Sie alle Bauteile gründlich und untersuchen Sie sie nach Schäden oder Verschleißspuren.

Sind Schäden oder Verschleiß erkennbar, muss das Gelenk erneuert werden. Es sind beide Gelenke als Ersatzteil lieferbar.

Die Montage erfolgt sinngemäß in umgekehrter Reihenfolge.
■ Stecken Sie die kleine Schelle auf die Manschette auf.
■ Stecken Sie die neue Manschette auf die Achswelle auf.
■ Tragen Sie etwas Fett auf die Laufbahnen der Kugeln und auf die Kugeln auf.
■ Montieren Sie das Kugelgelenk.
■ Geben Sie den Rest des Fettes in das Kugelgelenk hinein.
■ Stecken Sie die Achswelle in das Innengelenk ein.
■ Schlagen Sie das Gelenk mit einem Kunststoffhammer auf die Welle auf.
■ Positionieren Sie die Achswellenmanschette so, dass sie beim Bewegen des Gelenkes nicht zu straff gespannt wird. Sie könnte sonst vom Gelenktopf rutschen.
■ Montieren Sie die beiden neuen Klemmbänder (Schellen) auf der entsprechenden Manschette.

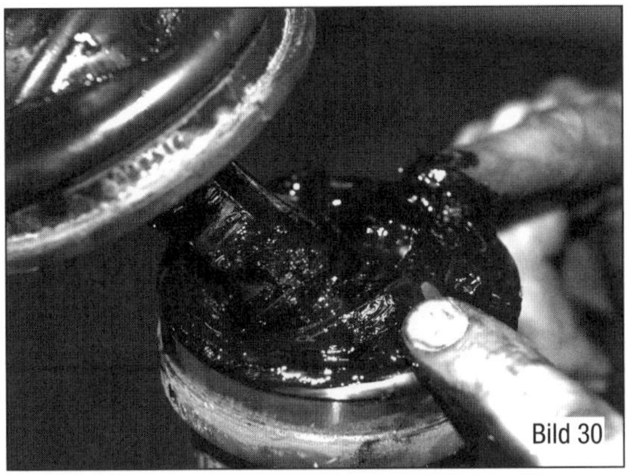

Bild 30
Gelenk abwischen, um es besser erkennen zu können.

Bild 31
Gelenk von der Welle mit einem Kunststoffhammer abschlagen.

Bild 32
Teile einer Gelenkwelle mit Hilfe eines Stück Pappe vertauschungssicher ablegen.

■ Die Klemmbänder werden mit einer speziellen Zange zugebogen. Mit etwas Geschick gelingt das auch mit einer Beißzange (1 im Bild 38).

Biegen Sie die Klemmbänder (1 im Bild 39) über einer Spraydose (2) vor, so lassen sie sich leichter montieren.

Wechsel der getriebeseitigen Manschette:
Der Aufbau der Antriebswelle ist nicht bei allen Wellenhersteller genau gleich. Die folgende Montageanweisung lässt sich aber durchaus universell verwenden.
■ Bauen Sie die entsprechende Antriebswelle wie auf Seite (149) beschrieben aus.

Bild 33
Radseitiges Gelenk der Achswelle.
1 Gelenktopf
2 Kugelkäfig
3 Kugeln
4 Innenring

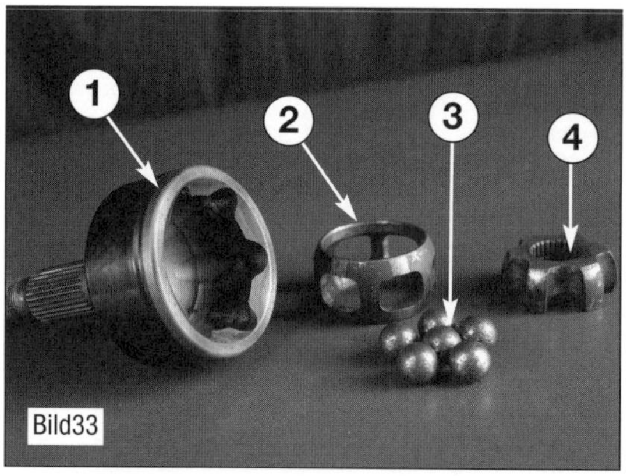

Bild33

Bild 34
Kugelkäfig hochkant in den Gelenktopf einsetzen.

Bild 34

Bild 35
Zusammenbau: Gelenkinnenring in den Kugelkäfig einfädeln.

Bild 35

Bild 36
Im Detail: Gelenkinnenring in den Kugelkäfig einfädeln.

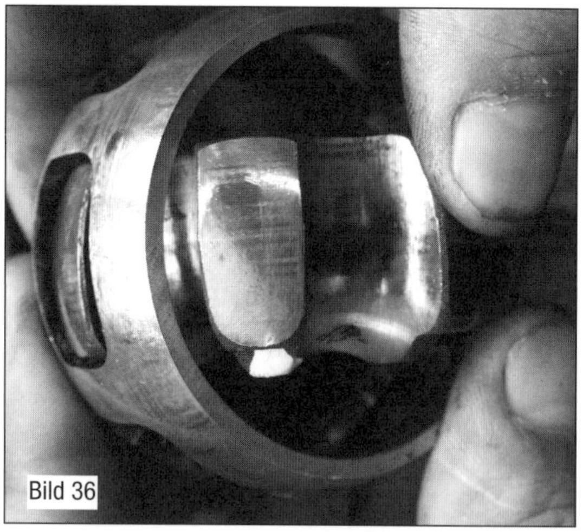

Bild 36

Bild 37
Kugeln in den angekippten Kugelkäfig und den noch etwas stärker angekippten Innenring einlegen.

Bild 37

- Entfernen Sie die beiden Klemmbänder (Bild 39) auf der entsprechenden Manschette (4).
- Schneiden Sie die Achsmanschette (4) mit einem Cuttermesser auf und nehmen Sie sie ab.
- Ziehen Sie die Achswelle (5) zusammen mit dem Tripoidlagerträger (8) aus dem Gelenktopf heraus.
- Demontieren Sie den vorderen Sicherungsring (3).
- Ziehen Sie den Tripoidlagerträger (8) ab.
- Demontieren Sie den hinteren Sicherungsring (3).
- Ziehen Sie den Ausgleichsring vom Lagertopf ab.
- Reinigen Sie alle Bauteile des Gelenkes gründlich.
- Prüfen Sie die Bauteile auf eventuelle Schäden.

Sind Schäden oder Verschleiß erkennbar, muss das Gelenk erneuert werden. Es sind beide Gelenke als Ersatzteil lieferbar.

Die Montage erfolgt sinngemäß in umgekehrter Reihenfolge.

- Stecken Sie die kleine Schelle auf die Manschette auf.
- Stecken Sie die neue Manschette auf die Achswelle auf.
- Montieren Sie den hinteren Sicherungsring (3).
- Schieben Sie den Tripoidlagerträger (8) auf und montieren Sie den vorderen Sicherungsring (3).
- Montieren Sie den Ausgleichsring (9) auf dem Lagertopf.
- Tragen Sie etwas Fett auf die Laufbahnen auf.
- Geben Sie den Rest des Fettes in das Tripoidgelenk (Gelenktopf) hinein.
- Schieben Sie den Tripoidlagerträger etwa

Bild 38
Klemmbänder montieren.
1 Beißzange
2 Klemmband
3 Spannblock auf dem Klemmband
4 Gelenkwellmanschette

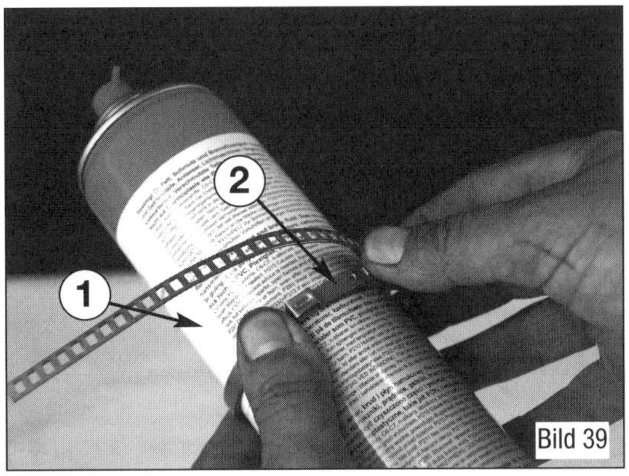

Bild 39
Klemmband vorbiegen.
1 Spraydose
2 Klemmband

Tripoidgelenk (Gelenktopf) hinein.

- Schieben Sie den Tripoidlagerträger etwa mittig in den Lagertopf ein.
- Befestigen Sie die vordere Klemmschelle (7).
- Verrutschen Sie die Manschette (4) auf der Achswelle (5) so weit, dass sie im mittleren Bereich entspannt und kurz vor dem Auseinanderziehen des Gelenkes straff sitzt.
- Befestigen Sie die hintere Klemmschelle (6).

Biegen Sie die Klemmbänder (1 im Bild 39) über einer Spraydose (2) vor, so lassen sie sich leichter montieren.

- Reinigen Sie die Achsgelenkwelle und bauen Sie sie wieder ein.

Achswellen ausbauen

Die linke Achswelle unterscheidet sich kaum zu den Achswellen in anderen Fahrzeugen.

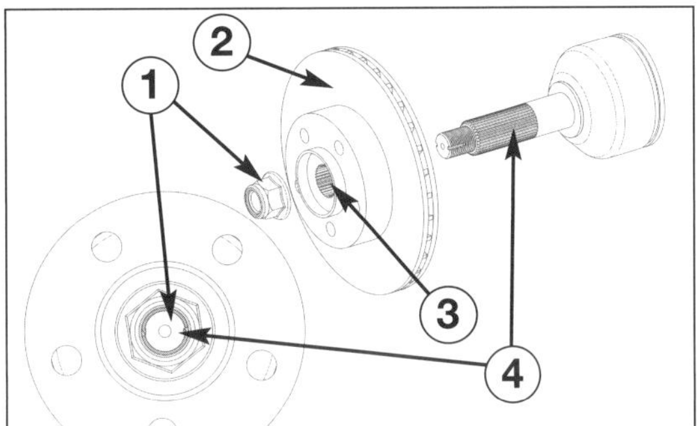

Bild 40

Bild 40
Verschraubung radseitig.
1 Achsmutter
2 Bremsscheibe
3 Radnabe
4 Achswelle

Für die rechte Achsgelenkwelle gibt es eine Besonderheit, die sich schon seit Jahrzehnten in der PSA-Gruppe bewährt hat. Die Gelenkwelle wird über ein Zwischenlager (3 im Bild 42) geführt, was am Motorblock verschraubt ist.

Gelegentlich kommt es vor, dass die Achs-

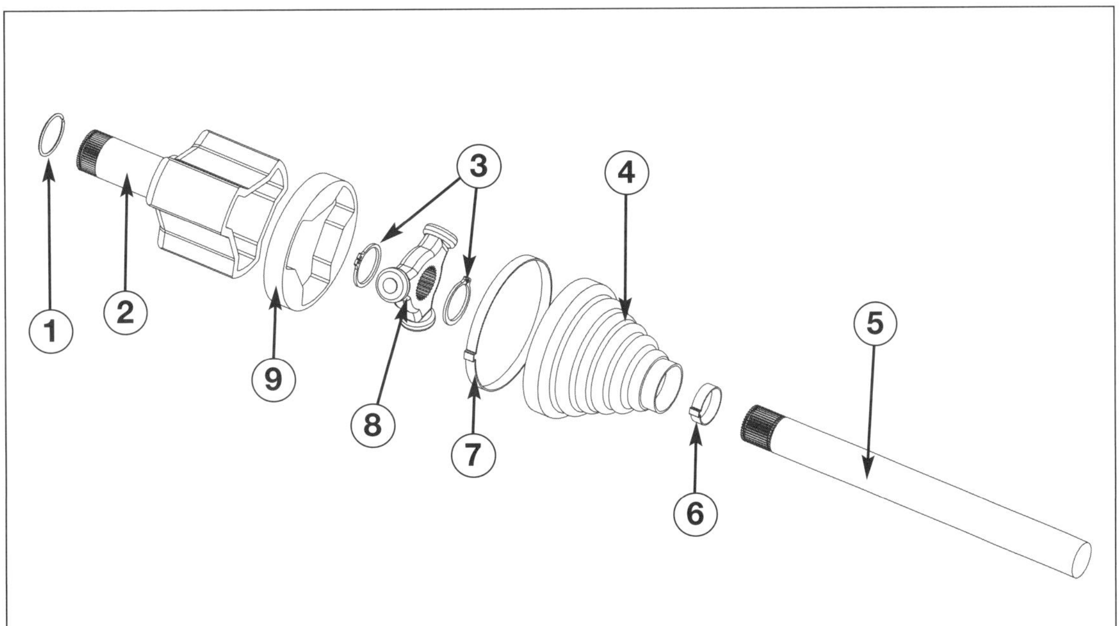

Bild 41

Bild 41
Tripoidgelenk (getriebeseitig).
1 Sprengringe
2 Lagertopf
3 Sicherungsring
4 Manschette
5 Antriebswelle
6 Klemmschelle
7 Klemmschelle
8 Tripoidlagerträger
9 Ausgeichsring

Sichtprüfung Messen

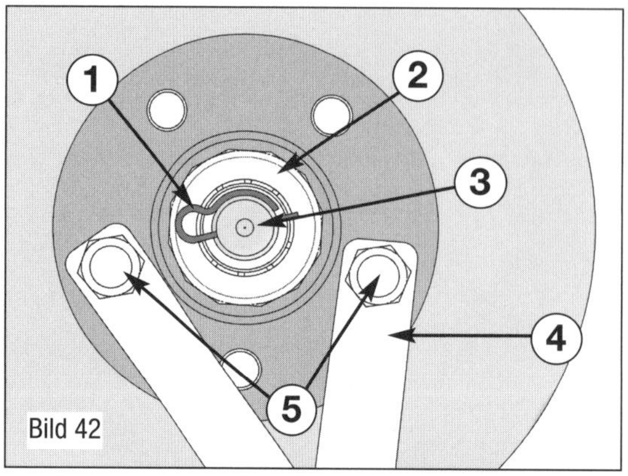

Bild 42
Achsmutter sichern.
1 Sicherungssplint
2 Sicherungskappe
3 Achswelle
4 Gegenhalter
5 Radschrauben

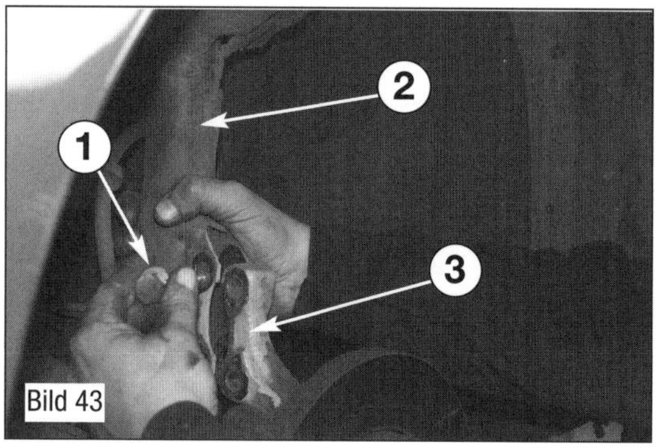

Bild 43
Achsschenkel aushängen.
1 Schraube
2 Federbein vorne
3 Achsschenkel

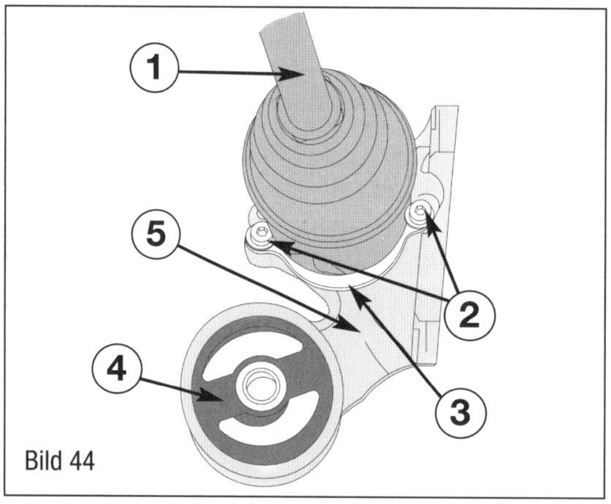

Bild 44
Achswellenaufnahme am Motorblock.
1 Antriebswelle rechts
2 Sicherungsschrauben
3 Sicherungsbügel
4 Motorstützlager
5 Motorhalter hinten

welle im Differenzial festklemmt oder angerostet ist. Hebeln Sie zwischen Lagertopf und Getriebegehäuse beziehungsweise zwischen Lagertopf und Zwischenlagerbock die Achswelle heraus.

■ Lassen Sie das Getriebeöl wie beschrieben ab.

■ Erneuern Sie den Dichtring und ziehen Sie die Ablassschraube wieder an.

Achswelle links aus- und einbauen:

■ Bauen Sie das linke Rad ab und bocken Sie das Fahrzeug auf der entsprechenden Seite auf.

■ Ziehen Sie mit einem Seitenschneider den Sicherungssplint (1 im Bild 42) der Achsmutter heraus.

■ Nehmen Sie die Sicherungskappe (2) ab.

■ Lösen Sie die Achsmutter und drehen Sie sie ab.

■ Drehen Sie die Lenkung ganz nach rechts.

■ Lösen Sie beide Schrauben (1 im Bild 43), belassen sie aber die obere weiterhin eingesteckt.

■ Hebeln Sie die Achswelle aus dem Differenzial heraus.

■ Stellen Sie einen Getriebeheber oder eine andere geeignete Stütze bereit, um den Achsschenkel abstützen zu können.

■ Entfernen Sie die verbliebene Schraube im Federbein (1 im Bild 43).

■ Ziehen Sie hierbei den Achsschenkel vorsichtig nach außen und schlagen sie hierbei mit einem Kunststoffhammer oder Dorn die Achswelle aus der Radnabe heraus.

■ Nehmen Sie die Achswelle (3) heraus. Fangen Sie austretendes Restöl mit einem Lappen auf.

Die Montage erfolgt sinngemäß in umgekehrter Reihenfolge.

■ Reinigen Sie die Anlagestelle der Wellendichtringe und die Anlagestellen an der Achswelle gründlich.

■ Reinigen Sie die Verzahnungen von Achswelle und Radnabe gründlich und fetten Sie sie leicht ein.

■ Achten Sie darauf, dass die Achswelle beim Einschieben in das Differenzial vollständig einsitzt und einrastet.

■ Ziehen Sie die Achsmutter mit dem vorgegebenen Anzugsdrehmoment fest.

■ Füllen Sie das Getriebeöl wie bereits beschrieben wieder auf.

Achswelle rechts aus- und einbauen:

■ Bauen Sie das rechte Rad ab und bocken Sie das Fahrzeug auf der entsprechenden Seite auf.

■ Ziehen Sie mit einem Seitenschneider den Sicherungssplint (1 im Bild 42) der Achsmutter heraus.

■ Nehmen Sie die Sicherungskappe (2) ab.

■ Lösen Sie die Achsmutter und drehen Sie sie ab.

■ Schlagen Sie die Lenkung ganz nach links ein.

■ Lösen Sie die beiden Schrauben (2 im

■ Hebeln Sie die Achswelle aus dem Differenzial heraus. Achten Sie darauf, dass sich die Achswelle auch im Motorlager hinten löst. Ist das mal nicht der Fall, bauen Sie den Motorhalter mit der Achswelle zusammen aus. Oftmals lässt sich das Lager im ausgebauten Zustand einfacher aus dem Motorbock lösen.
■ Stellen Sie einen Getriebeheber oder eine andere geeignete Stütze bereit, um den Achsschenkel abstützen zu können.
■ Entfernen Sie die verbliebene Schraube im Federbein (1 im Bild 43).
■ Ziehen Sie hierbei den Achsschenkel vorsichtig nach außen und schlagen Sie hierbei mit einem Kunststoffhammer oder Dorn die Achswelle aus der Radnabe heraus.
■ Nehmen Sie die Achswelle (3) heraus. Fangen Sie austretendes Restöl mit einem Lappen auf.

⚠ Achten Sie darauf, die Achswelle nicht auseinanderzuziehen oder zu überstrecken. Sie kann leicht beschädigt werden.

Die Montage erfolgt sinngemäß in umgekehrter Reihenfolge.
■ Reinigen Sie die Anlagestelle der Wellendichtringe und die Anlagestellen an der Achswelle gründlich.
■ Reinigen Sie die Verzahnungen von Achswelle und Radnabe gründlich und fetten Sie sie leicht ein.
■ Achten Sie darauf, dass die Achswelle beim Einschieben in das Differenzial vollständig einsitzt und einrastet.
■ Füllen Sie das Getriebeöl wieder auf.
■ Ziehen Sie die Schrauben am Zwischenlagerbock zum Motorblock mit 12 Nm an.
■ Ziehen Sie die Achsmutter mit 150 Nm in der ersten Stufe vor und mit 35° nach.

Zwischenlager auf der Achswelle demontieren:
■ Bauen Sie die rechte Achswelle wie bereits beschrieben aus.
■ Lösen Sie die beiden Schrauben (2 im Bild 44) und nehmen Sie den Sicherungsbügel (3) heraus.
■ Schlagen Sie das Motorstützlager (4) vorsichtig mit einem Kunststoffhammer von der Achswelle oder dem Zwischenlager (je nachdem was sich löst) herunter.
■ Schlagen Sie das Lager von der Achswelle oder aus dem Zwischenlager (je nachdem was sich löst) herunter.
■ Reinigen Sie die Anlageflächen auf der Achswelle und im Lagerträger gründlich.
■ Montieren Sie das neue Zwischenlager vorsichtig mit einem Rohr, welches über die Achswelle passt.
■ Schieben Sie den Lagerträger auf das neue Lager auf.
■ Verschrauben Sie die Schrauben (2) wieder und ziehen Sie mit dem entsprechenden Drehmoment an.

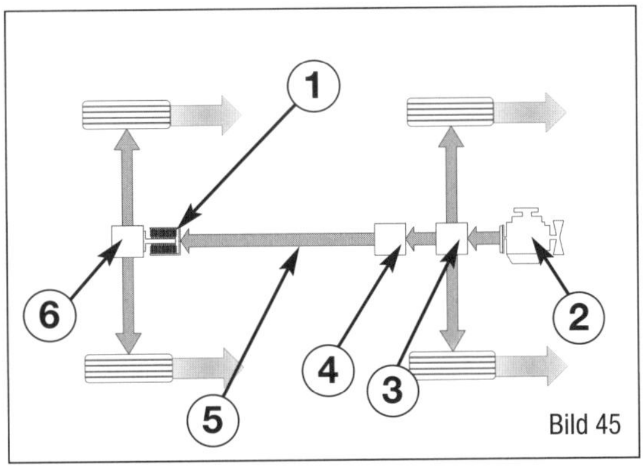

Bild 45
Dangel-Prinzip.
1 Viscokupplung im Achsgetriebe hinten
2 Motor
3 Differenzial
4 Verteilergetriebe (Zuschaltung pneumatisch über Schaltklaue)
5 Kardanwelle
6 Differenzial Hinterachse (auch in sperrbar lieferbar)

4x4 Van von Dangel
Dangel liefert und montiert ein Allradsystem, das einen eigentlich serienmäßigen Van in ein allradgetriebenes Fahrzeug verwandelt. Wie bei allen Allradfahrzeugen kommen neben Zwischen- und Radgetrieben auch noch zusätzliche Wellen hinzu. Das sind bei diesen Offroad-Vans zwei Antriebswellen für die hinteren Räder und den Kardan zum Achsgetriebe hinten. Wichtig auch die zweiteilige Kardanwelle zwischen den beiden Verteilergetrieben. Diese ist nach der Viscokupplung mit einem Zwischenlager aufgehängt und ist mit zwei Längenausgleichelementen (6) ausgerüstet.

Grundregeln zum Umgang mit Kardanwellen und mehrteiligen Wellen
☞ Kardanwelle mit einem zweiten Monteur aus- und einbauen. Vor dem Ausbauen die Position aller Teile zueinander kennzeichnen. Alle Teile in gleicher Stellung zusammenbauen. Andernfalls können Unwuchten entstehen, die Schäden an der Lagerung und Brummgeräusche verursachen.

⚠ Kardanwelle nicht knicken, sondern nur gestreckt lagern und transportieren.

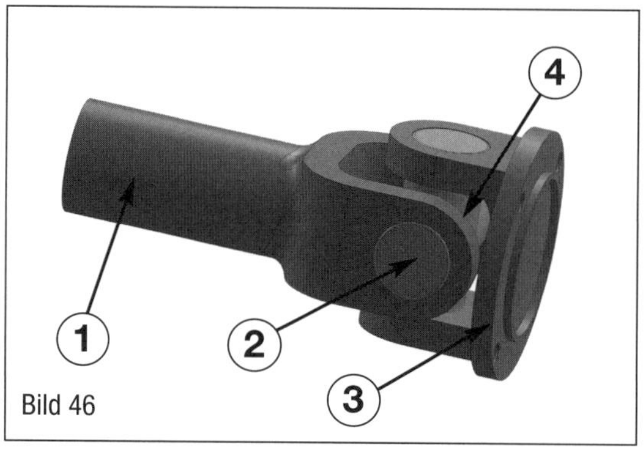

Bild 46
Kreuzgelenk am Kardan.
1 Welle
2 Lagerbuchse mit Dichtring
3 Flansch
4 Kreuzgelenk

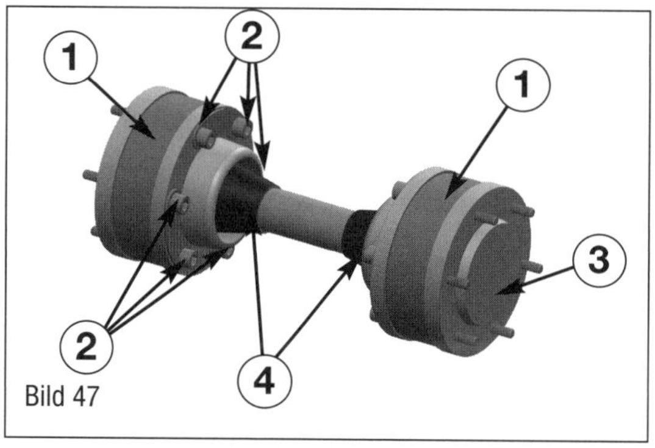

Bild 47
Zwischenwelle am Dangel 4x4.
1 Welle
2 Schrauben
3 Staubschutzdeckel
4 Manschette

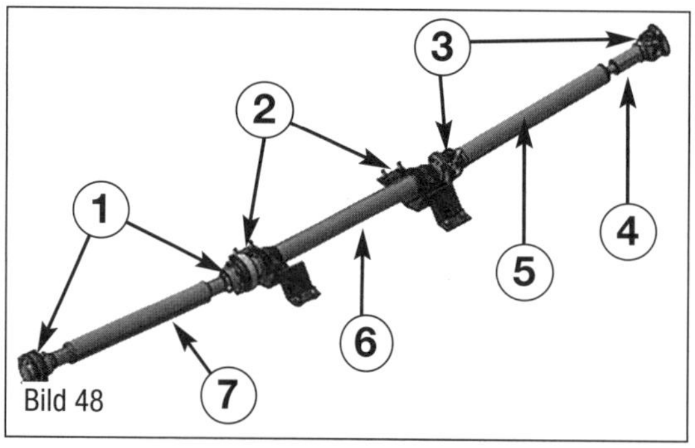

Bild 48
Kardanwelle am Dangel 4x4.
1 Kugelgelenk
2 Zwischenlager
3 Kreuzgelenk
4 Schiebeelement
5 hintere Welle
6 mittlere Welle
7 vordere Welle

Je nach Ausstattung ist eine Gelenkscheibe an der Kardanwelle verbaut, die beim Ausbau an der Kardanwelle verbleibt.

Prüfen der Kardanwellen und Lager

Natürlich unterliegen auch Kardanwellen und Zwischenwellen dem Verschleiß. Entsprechend sollten Sie die Wellen regelmäßig genauer unter die Lupe nehmen. Die Kontrolle kann durch Drücken und Ziehen von Hand, aber auch vorsichtig mit einem Schraubendreher erfolgen.

■ Heben Sie alle Räder frei (auf einer Hebebühne) und drehen Sie die Kardanwelle langsam durch.

■ Achten Sie auf Beschädigungen und einen runden Lauf.

■ Achten Sie auf den Zustand der Zwischenlager (2 im Bild 48).

■ Längenausgleichselemente (3) müssen spiel- und kippelfrei arbeiten. Die Manschetten müssen unbeschädigt sein. Es darf kein Fett austreten.

■ Achten Sie auf spielfreie Kreuzgelenke (4 und 2 im Bild 46). Die Dichtringe zu den Lagern (2) innen müssen intakt sein, Rostspuren oder Verfärbungen weisen auf einen Lagerschaden hin.

Im Zweifel über den Zustand eines Gelenkes oder im Rahmen der Suche nach einem Brumm- oder Vibrationsgeräusch demontieren Sie die Kardanwelle und überprüfen Sie, dass keine Rastpunkte vorhanden sind und die Gelenke gleichmäßig leichtgängig sind.

■ Kontrollieren Sie, ob die Verschraubungen an den Flanschen und den Getriebehalterungen noch fest angezogen sind.

De- und Montage der Kardanwelle vorne am Dangel 4x4

■ Die Stellung der Kardanwelle zum Kardanwellenflansch (Topfgelenk auf Gelenkscheibe der Mittelwelle) kennzeichnen.

■ Die Stellung der Gelenkscheibe der Mittelwelle zum Kardanwellenflansch (Kreuzgelenk auf Gelenkscheibe der Mittelwelle) kennzeichnen.

■ Kardanwelle bzw. die Gelenkscheibe am Kardanwellenflansch des Getriebes der Hinterachse lösen und bis auf jeweils eine Schraube abschrauben.

■ Lösen Sie die Verschraubungen der Zwischenlager (2 im Bild 48).

Für die folgenden Arbeitsschritte sollten Sie einen zweiten Mechaniker hinzuziehen oder die Kardanwelle entsprechend unterbauen.

■ Die verbliebene Schraube im vorderen Flansch herausdrehen.

■ Das Längenausgleichselement etwas zusammenschieben und die Kardanwelle vom vorderen Flansch abnehmen.

■ Die verbliebene Schraube im hinteren Flansch herausdrehen.

■ Die Kardanwelle am hinteren Flansch abnehmen.

■ Legen Sie die ausgebaute Kardanwelle auf einer Werkbank ab.

Die Montage erfolgt sinngemäß in umgekehrter Reihenfolge.

Wenn Sie die Kardanwelle zerlegen wollen, markieren Sie die Stellung der Einzelteile zueinander mit Körnerschlägen oder einem wasserfesten Stift.

- Kontrollieren Sie die Kreuzgelenke und Längenausgleichselemente und ihre Abdichtungen auf Schäden.
- Erneuern Sie die Fettfüllung an den Schmierstellen.

De- und Montage der Kardanwelle hinten am Dangel 4x4

Wenn Sie die Kardanwelle zerlegen wollen, markieren Sie die Stellung der Einzelteile zueinander mit Körnerschlägen oder einem wasserfesten Stift.

- Die Stellung aller Kardanwellenbestandteile zueinander kennzeichnen.
- Die Schrauben der Kardanwelle bzw. die Gelenkscheibe am Kardanwellenflansch des Hinterachsgetriebes lösen und bis auf eine Schraube herausdrehen.
- Die Schrauben der Kardanwelle bzw. die Gelenkscheibe am Kardanwellenflansch der mittleren Welle lösen und bis auf eine Schraube herausdrehen.
- Die verbliebenen Schrauben im vorderen Flansch herausdrehen.
- Das Längenausgleichselement etwas zusammenschieben und die Kardanwelle abnehmen.
- Legen Sie die ausgebaute Kardanwelle auf einer Werkbank ab.

Der Einbau erfolgt sinngemäß in umgekehrter Reihenfolge.

- Kontrollieren Sie die Kreuzgelenke und Längenausgleichselemente und ihre Abdichtungen auf Schäden.
- Erneuern Sie die Fettfüllung an den Schmierstellen.
- Zwischenlager spannungsfrei ausrichten.

Getriebe aus- und einbauen

Die Getriebe werden prinzipiell nach unten ausgebaut. Benötigt werden Abfangvorrichtung, Motor- und Getriebeheber, diverse Adapter und Zusatzhaken für die Anhängevorrichtung. Für den Ausbau des Getriebes muss der Motor mit ausgebaut oder zumindest so weit abgesenkt werden, dass der Ausbau kaum Mehrarbeit verursacht. Reparaturen an ausgebauten Getrieben gehören allerdings in die darauf spezialisierte Fachwerkstatt.

Schaltgetriebeausbau

Die Montagearbeiten zwischen den manuell geschalteten Getrieben und den automatisch geschalteten Getrieben unterscheiden sich nur geringfügig. Wir werden die Besonderheiten gesondert in dieser Beschreibung hervorheben.

Die Verschraubungen rund um den vorderen Stoßfänger unterliegen im Frontbereich unter dem Einfluss von Spritzwasser durchaus starker Korrosion. Die Gewindeklammern und vergossenen Gewindestück lassen sich oft nicht oder nur sehr schwer öffnen. Sprühen Sie alle Verschraubungen im Motorraum gründlich mit Rostlöser ein und lassen Sie ihn ausreichend einwirken.

- Falls im Fahrzeug ein Radiogerät mit Sicherungscode eingebaut ist, muss diese Antidiebstahlcodierung abgefragt und notiert werden.
- Die Zündung ausschalten.
- Das Masseband der Batterie abklemmen.
- Das Fahrzeug anheben und das Fahrzeug auf der Hebebühne sichern.
- Lösen Sie die Muttern der Antriebswellen rechts und links.
- Beide Vorderräder demontieren.
- Bauen Sie den Unterfahrschutz komplett aus.
- Bauen Sie die Radhausverkleidung links aus.
- Hängen Sie den Sicherungsträger auf der Batterie aus und legen Sie ihn zur Seite.
- Demontieren Sie die Batterie und den Batteriekasten.
- Die Bremsflüssigkeit aus dem Vorratsbehälter absaugen.
- Demontieren Sie den Bremsflüssigkeitsbehälter.
- Lassen Sie das Getriebeöl ab.
- Demontieren Sie beide Antriebswellen wie bereits beschrieben.
- Clipsen Sie die hydraulische Leitung zum Nehmerzylinder am Getriebe vom Halter am Getriebe ab.
- Drehen Sie die beiden Befestigungsschrauben heraus.
- Nehmen Sie den Kupplungsnehmer-

Sichtprüfung Messen

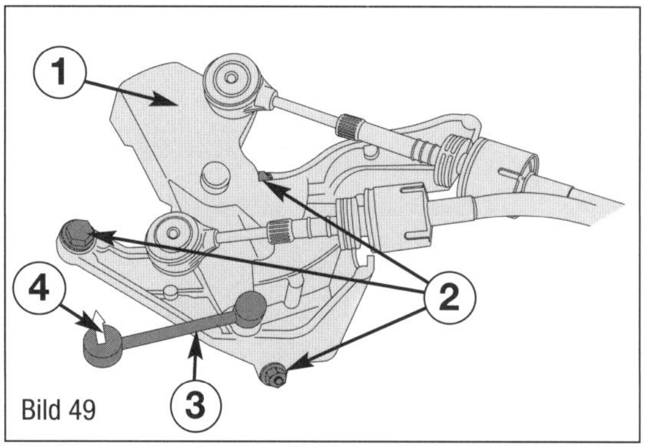

Bild 49

Bild 49
Aufnahme der Schaltzüge.
1 Seilzugkonsole
2 Verschraubungen
3 Schubstange
4 Bewegungsrichtung zum Abziehen

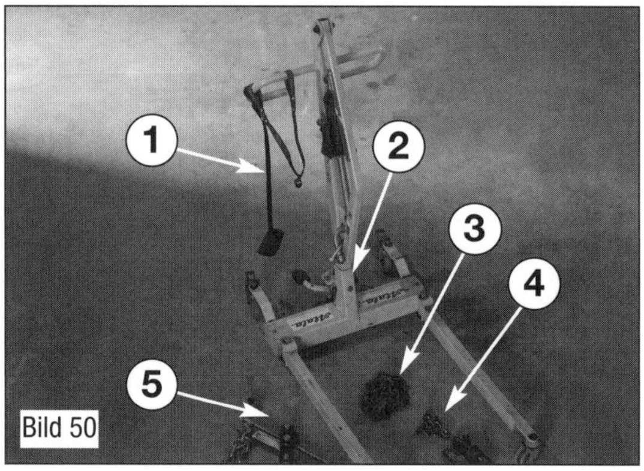

Bild 50

Bild 50
Motor- und Getriebeheber.
1 Hebegurt
2 Motorheber
3 Hebeketten
4 Spanngurte
5 Ausgleichsbalken verstellbar

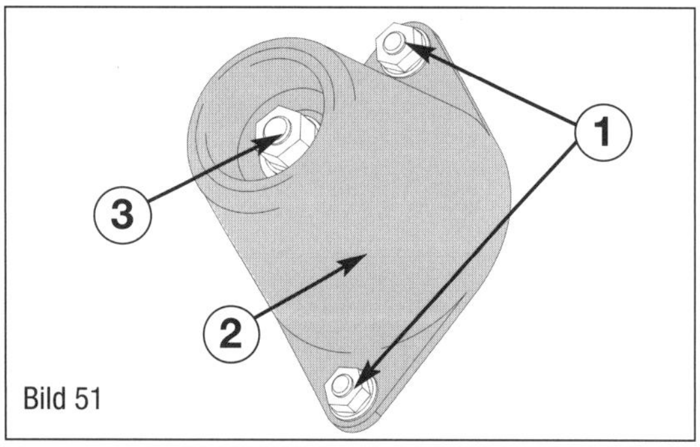

Bild 51

Bild 51
Motor- und Getriebeheber.
1 Verschraubung des Lagerbocks
2 Lagerbock
3 Zentralschraube

zylinder ab.

■ Bauen Sie das Massekabel am Getriebe ab.

■ Entriegeln Sie das Steckergehäuse und ziehen Sie den Steckkontakt zum Rückwärtsgangschalter ab.

■ Ziehen Sie die Unterdruckleitung zum Bremskraftverstärker ab.

■ Hebeln Sie die Kugelgelenkkupplungen der Schaltzüge am Getriebe ab.

■ Hebeln Sie das Kugelgelenk der Schubstrebe (3 im Bild 49) am Getriebe ab.

■ Drehen Sie die Verschraubungen (2) heraus und nehmen Sie die Seilzugkonsole (1) heraus.

■ Bauen Sie den Katalysator und je nach Ausführung den Partikelfilter wie bereits im Kapitel 9 beschrieben aus.

■ Bauen Sie soweit verbaut, den Unterdruckspeicher vom hinteren Motorträger ab.

■ Demontieren Sie den Anlasser (Starter). Auf diese Arbeit werden wir im Kapitel 14 noch genauer eingehen.

■ Demontieren Sie den vorderen Stoßfänger mit dem Stoßfängerträger innen.

■ Bauen Sie die Fahrschemelverlängerung und je nach Ausführung die Verstrebung nach oben auf der linken Seite ab.

■ Lösen Sie die unteren Befestigungsschrauben des Getriebes am Motor.

■ Fangen Sie das Getriebe mit einem Werkstattkran ab.

■ Fangen Sie den Motor mit einem Werkstattwagenheber ab.

Allradfahrzeuge:

■ Die Kardanwelle zum Hinterachsgetriebe ausbauen. Das am Differenzial angeflanschte Winkelgetriebe kann es erforderlich machen die Pendelstütze auszubauen, um den Motor etwas (und sehr vorsichtig) nach vorne zu ziehen.

Fahrzeuge mit automatisiertem Schaltgetriebe:

■ Klemmen Sie die elektrischen Anschlüsse am Schaltsystem auf dem Getriebe ab.

■ Verschließen Sie die Ausgleichsbehälter luftdicht, indem Sie unter den jeweiligen Deckel eine Folie einlegen.

Weiter für alle Fahrzeuge:

■ Zur Entlastung der Motorlager Motor und Getriebe leicht anheben.

■ Drehen Sie die Zentralschraube des Getriebelagerbocks (3) heraus.

■ Bauen Sie die Verschraubungen (1) aus.

■ Demontieren Sie die Trägerplatte für das Getriebelager.

■ Bauen Sie den Halter der Zentralschraube am Getriebe ab.

■ Drehen Sie die Verschraubungen zwischen Motor und Getriebe heraus

■ Ziehen Sie den Motor aus der Kupplungsmitnehmerscheibe heraus und lassen Sie das Getriebe nach unten ab.

Der Einbau erfolgt sinngemäß in umgekehrter Reihenfolge.

■ Die Kupplungsbetätigung überprüfen, gegebenenfalls erneuern.

■ Den Bremsflüssigkeitsstand im Brems-

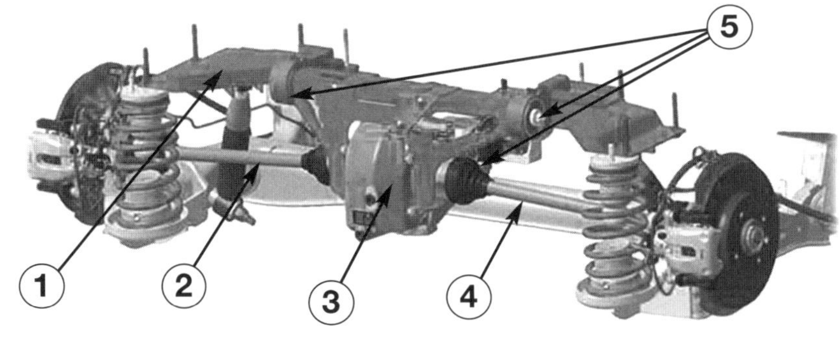

Bild 52

Bild 52
Hinterachse beim 4x4.
1 Achsträger
2 Antriebswelle links
3 Hinterachsgetriebe
4 Antriebswelle rechts
5 Verschraubungen Lagerung

flüssigkeitsvorratsbehälter prüfen, ggf. richtigstellen.

- Das Getriebeöl einfüllen.
- Kupplung und Schaltung auf Funktion prüfen.
- Probefahrt durchführen und den Fehlerspeicher mit dem Diagnosegerät auslesen.

Die Anzugsdrehmomente haben wir Ihnen im Kapitel 17 zusammengestellt.

Hinterachsgetriebe aus- und einbauen
Das Hinterachsgetriebe ist nur bei den Allradvarianten (Dangel 4x4) verbaut. Wir stellen Ihnen auch hier eine allgemeingültige Anweisung zur Verfügung. Das hintere Achsgetriebe ist über einen Hilfsrahmen am Heckrahmen verschraubt. Es ist von unten gut zugänglich.

- Demontieren Sie die Unterfahrschutzplatten hinten (soweit verbaut).
- Bauen Sie Kardanwelle aus.
- Lösen Sie die Zentralmutter der Hinterachswellen links und rechts (ähnlich Bild 52).
- Heben Sie das Fahrzeug an.
- Bauen Sie die beiden hinteren Antriebswellen (Achswellen) aus. Legen Sie die Achswellen auf der Werkbank ab.

Wenn das Fahrzeug ohne die Antriebswellen bewegt werden soll, müssen die Radlager mit einer Schraube verschraubt werden, damit sie nicht beschädigt werden (siehe Bild 53).

- Fangen Sie das Achsgetriebe hinten mit einem Getriebeheber ab.

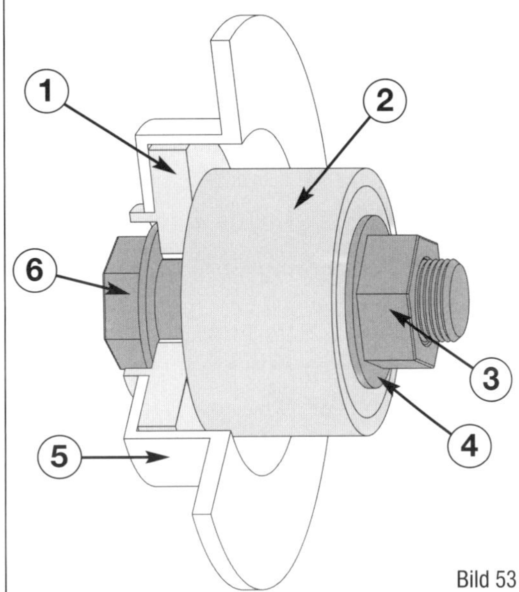

Bild 53

- Drehen Sie die Befestigungsschrauben am Hilfsrahmen heraus.
- Lassen Sie das Achsgetriebe hinten ab und nehmen Sie es heraus.

Der Einbau erfolgt sinngemäß in umgekehrter Reihenfolge.

- Wechseln Sie das Getriebeöl im Achsgetriebe. Der Ölstand kann nicht geprüft werden. Es muss die volle Menge neu eingefüllt werden.
- Probefahrt durchführen und den Fehlerspeicher mit dem Diagnosegerät auslesen.

Die Anzugsdrehmomente haben wir Ihnen im Kapitel 17 zusammengestellt.

Bild 53
Radlagerschutz zum Abstellen oder Bewegen ohne Achswellen.
1 Radnabe
2 Radlager
3 Mutter
4 Unterlagscheibe
5 Bremsscheibe
6 Schraube

11 Fahrwerk

Arbeiten am Fahrwerk

Bei der Instandsetzung von tragenden und radführenden Bauteilen zum Beispiel an Unfall-Fahrzeugen können Schäden am Fahrwerk unentdeckt bleiben. Diese unentdeckten Schäden führen unter Umständen im späteren Fahrbetrieb zu schweren Folgeschäden. Bei Unfall-Fahrzeugen müssen deshalb auf jeden Fall die im Folgenden aufgeführten Bauteile in der beschriebenen Weise und Reihenfolge kontrolliert werden. Wichtig ist immer auch eine Vermessung des Fahrwerks. Werden dabei keine Abweichungen von den Sollwerten festgestellt, liegen auch keine Verformungen am Fahrwerk vor.

Sicht- und Funktionsprüfung für das Lenksystem

- Sichtprüfung auf Verformung und Risse.
- Spielprüfung der Spurstangengelenke und des Lenkgetriebes.
- Sichtprüfung auf defekte Falten- und Fettbälge.
- Elektrische und hydraulische Leitungen, Schläuche auf Scheuer-, Schnitt- und Knickstellen untersuchen.
- Hydraulische Leitungen, Verschraubungen und Lenkgetriebe auf Dichtheit kontrollieren.
- Lenkgetriebe und Leitungen auf Festsitz überprüfen.
- Einwandfreie Funktion über den gesamten Lenkeinschlag prüfen, indem die Lenkung von Anschlag zu Anschlag betätigt wird. Dabei muss das Lenkrad mit gleichbleibender Betätigungskraft ohne zu haken drehbar sein.

Sicht- und Funktionsprüfung für das Fahrwerk

- Alle in den Montageübersichten dargestellten Bauteile auf Verformung, Risse und sonstige Beschädigungen überprüfen.
- Beschädigte Teile ersetzen.
- Fahrzeug auf einem von Peugeot/Citroën freigegebenen Achsmessstand vermessen lassen.
- Räder und Reifen auf Rundlauf und Unwucht untersuchen.
- Reifen auf Einschnitte und Stoßverletzungen im Profil und an den Flanken überprüfen.
- Bereifung auf Fülldruck (Angaben in der Tankklappe), Zustand, Reifenlaufbild und Profiltiefe prüfen.
- Bei Beschädigungen am Scheibenrad und/oder am Reifen ist der Reifen zu ersetzen. Dies gilt auch, wenn ein Unfallhergang und Schäden am Fahrzeug auf eine mögliche, wenngleich nicht sichtbare Beschädigung schließen lassen.
- Reifen sollten nicht älter als 6 Jahre sein.

Elektronische Fahrzeugsysteme

Sicherheitsrelevante Systeme, wie zum Beispiel: ABS/ESP; Airbag; elektromechanische Lenk- und sonstige Fahrerassistenzsysteme müssen mit einem Fahrzeugdiagnose-, Mess- und Informationssystem (FI-COM) auf eventuell gespeicherte Fehlermeldungen abgefragt werden. Wurden in den Fehlerspeichern der genannten Systeme Fehler gespeichert, sind diese entsprechend den Vorgaben von Peugeot/Citroën instand zu setzen. Nach erfolgter Reparatur sind die jeweils betroffenen Systeme nochmals auf Fehlerspeichereinträge zu prüfen, um sicher zu sein, dass die Funktion wieder gewährleistet ist.

Die Regelsysteme ESP und ABS

Alle Berlingo/Partner erhalten ab der ersten Stunde serienmäßig die neueste ESP-Generation. Dass die Bremse nicht nur zum Anhalten gedacht ist, wird in den heutigen Systemen eigentlich schon erwartet. Als Überblick möchten wir Ihnen die Nebenfunktionen vorstellen, die in dieses Thema »das Fahrwerk« eingreifen. Die Details zu diesen Systemen werden wir im Kapitel 13 genauer betrachten.

EBD (EBV):

Die Integration des elektronischen Bremskraftverteilers EBD (Electronic-Brakeforce-Distribution) ist im ABS-System integriert und optimiert die Bremskraftverteilung im Vergleich zu den alten mechanischen Systemen des Typs Ventil- und Bremskraftregelung. Die Systemfunktion basiert auf der Schlupfmessung der Vorder- und Hinterräder und passt die Bremskraft so an, dass der hintere Schlupf immer niedriger als der vordere Schlupf ist. Basierend auf der unterschiedlichen Raddrehzahl kann das

System die tatsächliche Bodenhaftung automatisch zur Druckanpassung infolge veränderter Ladezustände, Straßenneigung und Effizienzschwankungen durch den Straßenbelag (Reibung) des Reibungsmaterials des Fahrzeuges nutzen.

Hinweise und Vorschriften

Schweiß- und Richtarbeiten an tragenden und radführenden Bauteilen der Radaufhängung sind nicht zulässig.

- Selbstsichernde Muttern sowie korrodierte Schrauben und Muttern müssen immer ersetzt werden.
- Gummimetalllager haben einen begrenzten Verdrehbereich. Ziehen Sie deshalb die Schraubverbindungen an den Bauteilen mit Gummimetalllagern erst dann fest, wenn das Radlagergehäuse angehoben ist (siehe »Radlagerung in Leergewichtslage heben«).

Prüfungen an der Achslagerung

Achsgelenke und Achslager: Sichtprüfung

Bitte prüfen Sie die Dichtungsbälge der Achsgelenke auf Undichtigkeiten und Beschädigungen.

- Weiterhin prüfen Sie die Achslager: Es darf kein Spiel vorhanden sein, das vulkanisierte Gummilager darf keine Risse und poröse Stellen aufweisen.

Achsgelenk prüfen

Es darf bei beiden Prüfungen kein fühl- oder sichtbares »Spiel« vorhanden sein. Während der Prüfungen Achsgelenk beobachten. Eventuell vorhandenes Radlagerspiel oder »Spiel« im Federbeinlager oben berücksichtigen. Gummibalg auf Beschädigung prüfen, ggf. Achsgelenk ersetzen.

Axialspiel prüfen:

- Achslenker kräftig in Pfeilrichtung (Bild 1) nach unten ziehen und wieder hochdrücken.

Radialspiel prüfen:

- Rad unten kräftig in (Pfeilrichtung) nach innen und außen drücken (Bild 2).

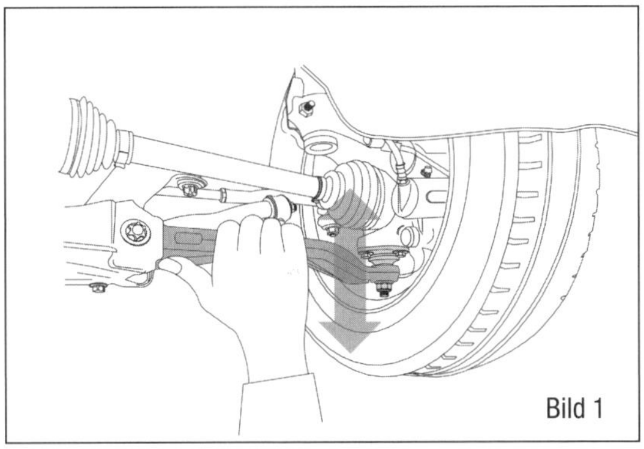

Bild 1

Bild 1
Axialspiel prüfen.

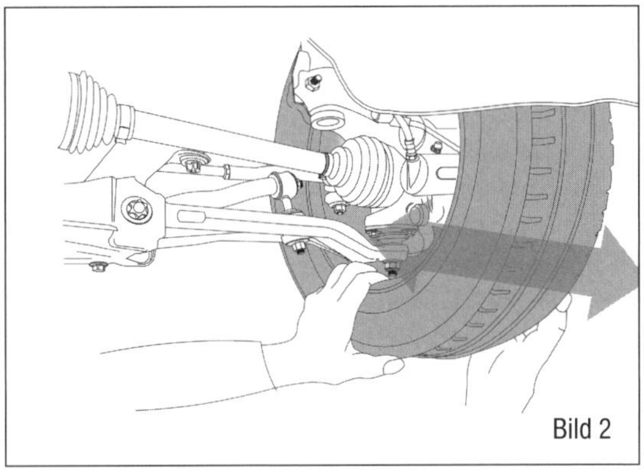

Bild 2

Bild 2
Radialspiel des Traggelenkbolzens prüfen.

Radlagerung in Leergewichtslage heben

Alle Schrauben an Fahrwerksteilen mit Gummimetalllagern müssen grundsätzlich in Leergewichtslage (unbeladener Zustand) festgezogen werden. Gummimetalllager haben einen begrenzten Verdrehbereich. Achsbauteile mit Gummimetalllagern müssen deshalb vor dem Festziehen in eine Position gebracht werden, die der Position im Fahrbetrieb entspricht (Leergewichtslage). Anderenfalls wird das Gummimetalllager verspannt, eine geringere Lebensdauer wäre dann die Folge. Durch Anheben der entsprechenden Radaufhängung mit einem Motor- und Getriebeheber und einer passenden Aufnahme (2 im Bild 3) kann diese Position auf der Hebebühne simuliert werden. Bevor die entsprechende Radaufhängung angehoben wird, muss das Fahrzeug auf beiden Fahrzeugseiten an den Tragarmen der Hebebühne mit Spanngurten verzurrt werden.

Wird das Fahrzeug nicht verzurrt, besteht die Gefahr, dass das Fahrzeug von der Hebebühne abrutschen kann!

- Radnabe so weit drehen, bis eine der Bohrungen für Radschrauben oben steht.
- Aufnahme (2 im Bild 3) mit Radschraube

Bild 3
Leergewichtslage herstellen.
1 Abstand von Radmitte zum Radlauf als Ruhemaß
2 Adapter auf einem Getriebeheber

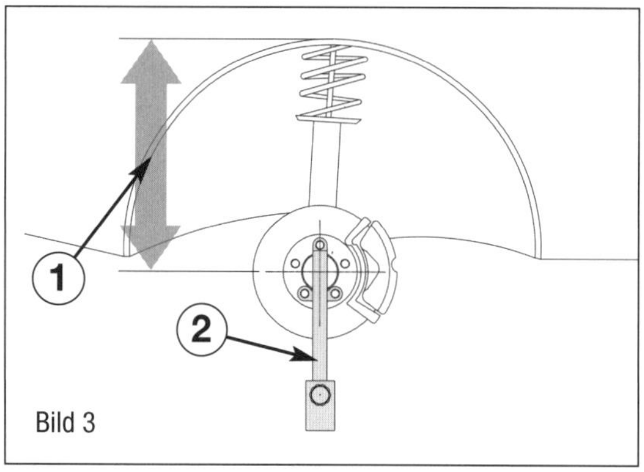

Bild 3

an die Radnabe anbauen.
■ Das Festziehen der betroffenen Schrauben/Muttern darf nur dann erfolgen, wenn das Maß (1) zwischen der Radnabenmitte und der Unterkante Radhaus erreicht ist.
■ Das Maß (1) ist abhängig von der Standhöhe des eingebauten Fahrwerks. Aufgrund der Vielfältigkeit von Nutzung, Ausrüstung gibt es kein sinnvoll vorgegebenes Maß.
■ Messen Sie vor Beginn der Arbeiten, wenn das Fahrzeug noch auf den Rädern steht, das Maß (1) von Radmitte bis Unterkante am Radhaus. Das Messen muss in Leergewichtslage (unbeladener Zustand) erfolgen.
■ Notieren Sie sich den gemessenen Wert. Dieser wird zum Festziehen der Schrauben/Muttern benötigt.
■ Radlagergehäuse mit einem Motor- und Getriebeheber oder einem anderen geeigneten Herber so weit anheben, bis das eben gemessene Maß erreicht ist.

⚠ Fahrzeug nicht anheben oder ablassen, wenn der Motor/Getriebeheber unter dem Fahrzeug steht. Den Motor- und Getriebeheber nicht länger als erforderlich unter dem Fahrzeug stehen lassen.

Bild 4
Lösen der Verschraubung.
1 Federbein vorne
2 Achsschenkel (Radlagergehäuse)
3 Schrauben

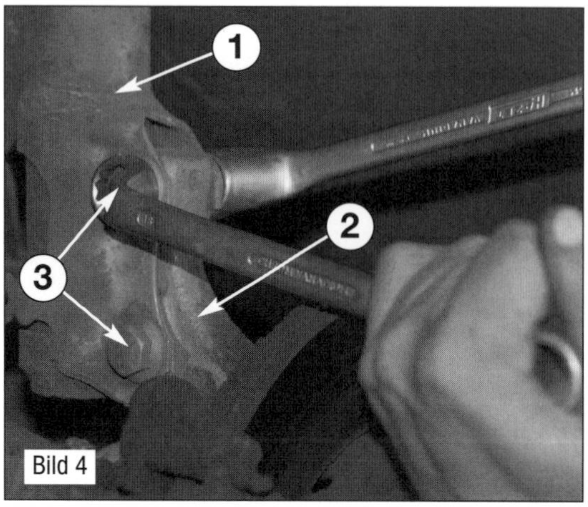

Bild 4

■ Betroffene Schrauben/Muttern festziehen.
■ Radlagergehäuse ablassen.
■ Den Motor -und Getriebeheber unter dem Fahrzeug wegziehen.
■ Aufnahme auf der Radnabe abbauen.

Die weitere Montage erfolgt sinngemäß in umgekehrter Reihenfolge zur Demontage.

Vorbereitung zu Montagearbeiten an der Vorderachse

Für die folgenden Arbeiten an der vorderen Radaufhängung werden die beschriebenen Arbeitsschritte grundsätzlich durchgeführt.
■ Lösen Sie die Achswellenmutter auf der entsprechenden Seite.
■ Bocken Sie das Fahrzeug vorne komplett auf.
■ Demontieren Sie das Rad auf der entsprechenden Seite.
■ Lösen Sie die Verschraubung am Stabilisator.

☞ Durch den verbauten Querstabilisator erschweren Sie sich die Montage erheblich, wenn Sie lediglich eine Seite des Fahrzeugs anheben.

Ausbau des Radlagergehäuses

Das Traggelenk ist in den Achsschenkel eingepresst. Es kann einzeln ersetzt werden. Der Preis im Zubehörhandel liegt bei unter 30 Euro. Für die Demontage sollten Sie den Achsschenkel ausbauen.

■ Führen Sie die beschriebenen Vorbereitungsarbeiten durch.
■ Demontieren Sie den Bremssattel und hängen Sie ihn mit einem Draht zur Entlastung des Bremsschlauches an der Fahrwerkfeder auf.
■ Demontieren Sie die Bremsbeläge. Markieren Sie die Einbaulage der Bremsbeläge.
■ Bauen Sie die Bremsscheibe ab.
■ Bauen Sie den ABS-Sensor aus und lösen Sie die Anschlusskabel für den

Bremsbelagverschleiß vom Achsschenkel.

■ Drücken Sie den Traggelenkbolzen vom Querlenker ab. Belassen Sie den Traggelenkbolzen aber noch im Querlenker.

■ Lösen Sie die Schrauben (3 im Bild 4) des Stoßdämpfers am Achsschenkel.

Drücken Sie die Achswelle aus dem Radlager heraus. So verhindern Sie, dass die Achswelle versehentlich auseinandergezogen wird.

■ Ziehen Sie die Querlenker vorsichtig nach unten und nehmen Sie das Achsgelenk (Traggelenkbolzen) aus dem Querlenker heraus.

■ Nehmen Sie die beiden Schrauben (3) heraus.

■ Nehmen Sie das Radlagergehäuse heraus.

Die Montage erfolgt sinngemäß in umgekehrter Reihenfolge zur Demontage.

■ Beachten Sie die Anzugsdrehmomente.

■ Reinigen Sie die Auflagefläche der Bremsscheibe auf der Radnabe gründlich.

■ Kontrollieren Sie die Leichtgängigkeit der Bremssattelführung.

Ausbau des Traggelenkbolzens

■ Führen Sie die beschriebenen Vorbereitungsarbeiten durch.

■ Bauen Sie das Radlagergehäuse (Achsschenkel) wie beschrieben aus.

■ Spannen Sie das Radlagergehäuse an der Bremssattelaufnahme in einen Schraubstock ein.

■ Hebeln Sie das Schutzblech (5 im Bild 6) mit einem Schraubendreher ab.

■ Ziehen Sie den Traggelenkbolzen mit einem entsprechenden Abzieher (Bild 5) aus dem Radlagergehäuse heraus.

■ Reinigen Sie die Anlagebereiche des Traggelenkbolzens (Achsgelenk) gründlich und fetten Sie es leicht ein.

Verwenden Sie kein spanendes Werkzeug. Das Sitzspiel des Traggelenkbolzens darf nicht verändert werden.

■ Setzen Sie das neue Schutzblech (5 im Bild 6) auf und sichern Sie es im Bereich der Nase (1) gegen Verdrehen.

■ Pressen Sie den neuen Traggelenkbolzen mit einer hydraulischen Presse vorsichtig und gerade in das Radlagergehäuse ein. Der weitere Einbau erfolgt sinngemäß in umgekehrter Reihenfolge.

■ Lassen Sie eine Achsvermessung durchführen.

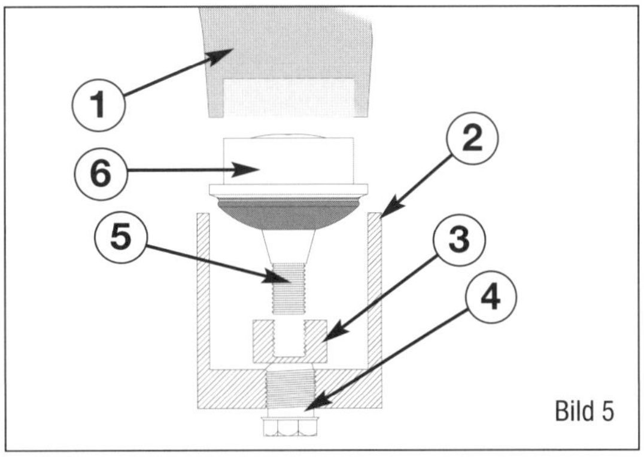

Bild 5

Bild 5
Traggelenkbolzen ausziehen.
1 Achsschenkel (Radlagergehäuse)
2 Abzieherhülse (hier im Schnitt)
3 Abzieherspindel
4 Gewindeaufnahme auf der Abzieher Spindel
5 Gewinde Traggelenkbolzen
6 Traggelenkbolzen

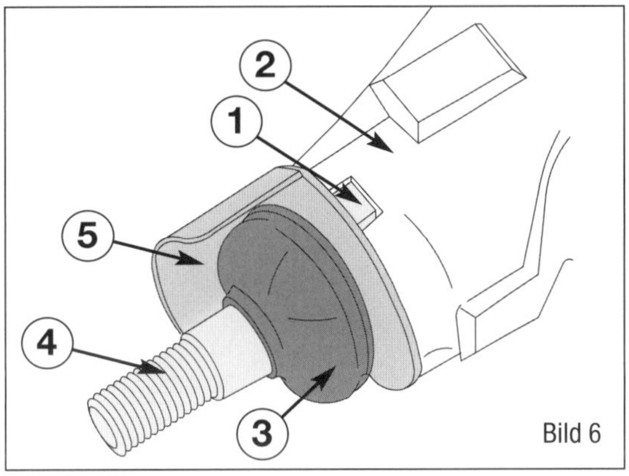

Bild 6

Bild 6
Montageposition Traggelenkbolzen.
1 Nase als Montagemarkierung
2 Radlager Gehäuse (Achsschenkel)
3 Manschette
4 Traggelenkbolzen
5 Schutzblech

Querlenker aus- und einbauen

Gummimetalllager haben einen begrenzten Verdrehbereich. Deshalb die Schraubverbindungen an den Bauteilen mit Gummimetalllagern erst dann festziehen, wenn das Radlagergehäuse in Leergewichtslage wie beschrieben angehoben ist.

Der Wechsel der Gummi-Metalllager
Es ist zwar grundsätzlich möglich, die Gummi-Metalllager zu tauschen, wirtschaftlich ist das aber nicht wirklich sinnvoll. Hierfür ist aber ein Pressensatz erforderlich. Die Gummi-Metalllager sind im Zubehör erhältlich und kosten etwa 30 Euro. Der Preis im Zubehörhandel für einen kompletten Querlenker liegt bei etwa 40 Euro, oftmals schon zusammen mit einem neuen Traggelenkbolzen. Es sollte der komplette Achslenker ersetzt werden. Aufgrund der unterschiedlichen Gummihärten zwischen altem und neuen Achslenker besser sogar auf beiden Seiten. Wir beschreiben Ihnen im Folgenden den Austausch der Achslenker.

Bild 7
Querlenker mit Lagern.
1 Schrauben
2 Unterlegscheiben
3 Gummi -Metalllager
4 Muttern
5 Querlenker

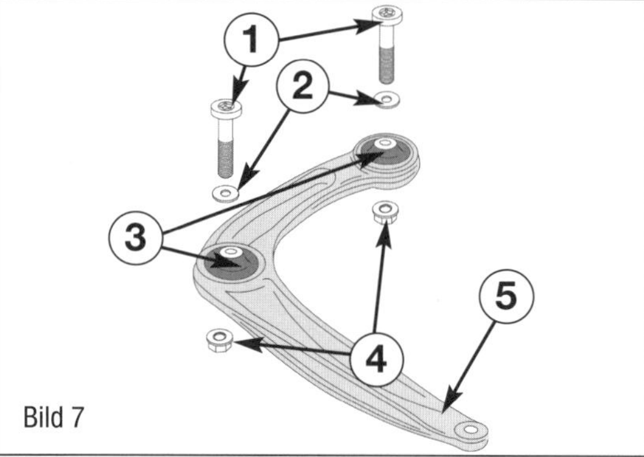

Bild 7

Bild 8
Ansicht Radaufhängung mit Stabi am Berlingo/Partner. Nicht mit einem Luftschrauber lösen!
1 Verschraubung unten
2 Verschraubung oben
3 Koppelstange

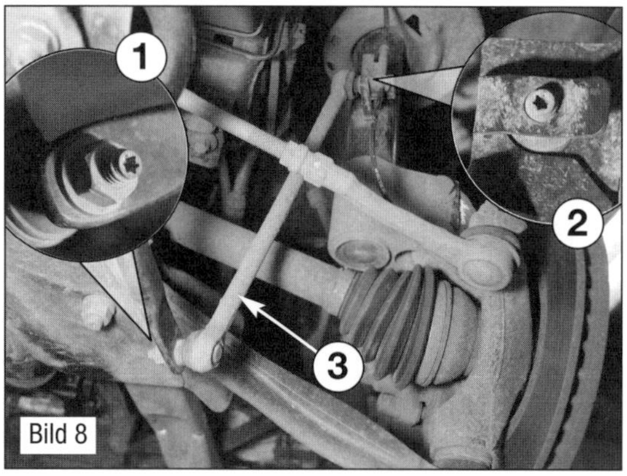

Bild 8

Aus- und Einbau des Achslenkers (Querlenkers):
■ Führen Sie die beschriebene Vorbereitung zu den Montagearbeiten an der Vorderachse durch.

☞ Durch den verbauten Querstabilisator erschweren Sie sich die Montage erheblich, wenn Sie lediglich eine Seite des Fahrzeugs anheben.

■ Geräuschdämpfung ausbauen.
■ Lösen Sie die Zentralschraube der Achswelle wie bereits beschrieben.
■ Lösen Sie die Verschraubung der Koppelstange am Stoßdämpfer.
■ Lösen Sie Schraube des Traggelenkbolzens und drücken Sie ihn mit einem passenden Abzieher ab.

☞ Drücken Sie die Achswelle aus dem Radlager heraus. So verhindern Sie, dass die Achswelle versehentlich auseinandergezogen wird.

■ Die Schraubverbindungen (1 im Bild 7) des Querlenkers lösen.
■ Ziehen Sie die Querlenker vorsichtig nach unten und nehmen Sie das Achsgelenk (Traggelenkbolzen) aus dem Querlenker heraus.
■ Nehmen Sie die Schrauben (1) und die Scheiben (2) vom Querlenker ab.
■ Ziehen Sie das Radlagergehäuse leicht nach außen und nehmen Sie den Querlenker (Achslenker) aus dem Achsträger heraus.

Der Einbau erfolgt sinngemäß in umgekehrter Reihenfolge.

Aus- und Einbau der Zugstrebe (Koppelstange) des Stabilisators
■ Führen Sie die beschriebenen Vorbereitungsarbeiten durch.
■ Demontieren Sie die Befestigungsschraube oben (2 im Bild 8). Halten Sie dazu mit einem Gabelschlüssel am Gelenkbolzen gegen.
■ Demontieren Sie die Befestigungsschraube (1) unten. Halten Sie dazu mit einem Gabelschlüssel am Gelenkbolzen gegen.
■ Nehmen Sie die Koppelstange (3) heraus.

Der Einbau erfolgt sinngemäß in umgekehrter Reihenfolge.
■ Setzen Sie die Koppelstange auf den Stabilisator auf und verschrauben Sie ihn.
■ Drücken Sie den Stabilisator mit einem Montierhebel passend und hängen Sie ihn am Stoßdämpfer ein.
■ Ziehen Sie die Verschraubungen mit dem entsprechenden Anzugsdrehmoment an.
■ Prüfen Sie den Zustand der Gummilager des Stabilisators.

Radlagereinheit aus- und einbauen

Radlagereinheit der Vorderachse
Verbaut sind beim diesem Van die klassischen Radlager mit einem Sicherungsring. Die Radlagereinheiten können mit Spezialwerkzeug aus dem Radlagergehäuse herausgepresst werden. Der Einsatz von Radlager-Ausziehwerkzeug ist auch recht problemlos möglich.

⚠ Das Radlager ist mit einem integrierten ABS-Sensorring ausgerüstet. Es handelt sich hierbei um einen magnetisierten Streifen auf der Seite des Lagers mit der Kunststoffabdichtung. Das Lager darf nicht mit magnetischem Werkzeug in Kontakt kommen. Fehler in der Magnetfeldbeschichtung verursachen ABS-Fehler.

Kontrollieren Sie vor der Montage des Lagers die Unversehrtheit des Sensorrings mit einer Testkarte für magnetische Sensorräder.

■ Führen Sie die beschriebenen Vorbereitungsarbeiten durch.

Montage mit einem hydraulischen Pressensatz:

■ Bauen Sie den Achsschenkel (Radlagergehäuse) wie bereits beschrieben aus.

■ Bauen Sie den ABS-Sensor (2 im Bild 9) aus.

■ Legen Sie den Achsschenkel so auf eine hydraulische Presse auf, dass Sie die Radnabe (7 im Bild 9) auspressen können.

■ Pressen Sie die Radnabe aus.

■ Demontieren Sie den Sicherungsring (3).

■ Pressen Sie das Radlager (5) aus dem Achsschenkel (Radlagergehäuse) (6) aus.

■ Reinigen Sie den Achsschenkel (Radlagergehäuse) (6) im Anlagebereich des Radlagers gründlich mit Schleifpapier.

■ Fetten Sie die Bohrung für das Radlager leicht ein.

■ Pressen Sie das Lager über den Außenring bis zur Anlage am Gehäuse in das Radlagergehäuse im Achsschenkel ein.

■ Setzen Sie den neuen Sicherungsring (3 im Bild 9) in das Radlagergehäuse über dem Radlager ein.

■ Wählen Sie ein Rohrstück aus, das etwas größer als der Durchmesser der Lageraufnahme der Radnabe ist, aber auf den Innenring des Radlagers passt.

■ Pressen Sie über den Innenring des Radlagers mit Hilfe des Rohrstückes das Radlager zusammen mit dem Achsschenkel (6 im Bild 9) auf den Lagersitz der Radnabe bis zur Anlage auf.

Der weitere Einbau erfolgt sinngemäß in umgekehrter Reihenfolge.

Montage mit einem Radlagerausziehsatz:

Die Vorgehensweise ist grundsätzlich auch vom Hersteller des Ausziehgerätes abhängig. Lesen und beachten Sie in jedem Fall die Bedienungsanleitung des Ausziehgerätes. Im Wesentlichen sind zwei unterschiedliche Systeme auf dem Markt. Ob mit hydraulischer Betätigung oder mit Gewindespindeln das Ausdrücken ausgeführt wird, ist auch eine Frage des Preises. Funktionieren werden beide Systeme.

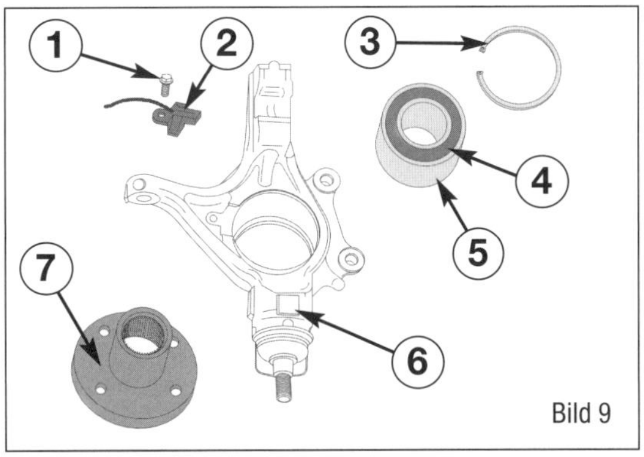

Bild 9

Bild 9
Radlagergehäuse in Teilen.
1 Schraube
2 ABS-Sensor
3 Sicherungsring
4 Sensorring
5 Radlager
6 Radlagergehäuse mit Traggelenkbolzen
7 Radnabe

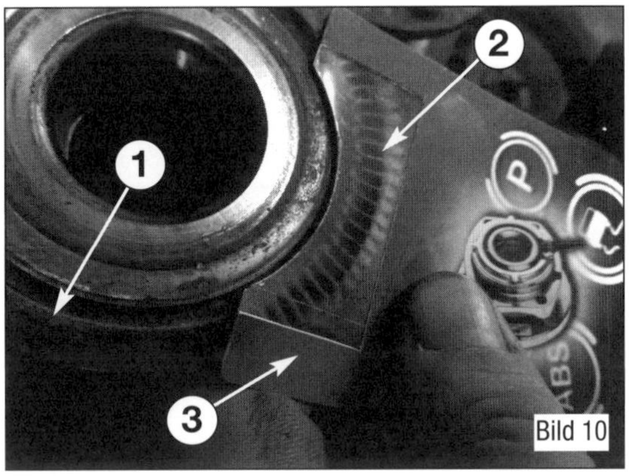

Bild 10

Bild 10
Testkarte für magnetische Sensorräder:
1 magnetischer Sensorring
2 Felddarstellung auf dem Kontrollfenster
3 Testkarte

■ Lösen Sie die Achswellenmutter auf der entsprechenden Seite.

■ Das entsprechende Rad abbauen.

■ Bauen Sie den ABS-Sensor aus.

■ Demontieren Sie die Bremsscheibe und den Bremssattel.

■ Bremssattel mit Draht befestigen, dass das Gewicht des Bremssattels den Bremsschlauch nicht belastet bzw. beschädigt.

■ Bauen Sie die Achswelle aus dem Sitz in der Radnabe aus und legen Sie sie zur Seite.

■ Sichern Sie die Achswelle gegen Herausrutschen.

■ Ziehen Sie die Radnabe (7 im Bild 9) mit dem Ausziehwerkzeug aus dem Radlagergehäuse heraus.

■ Demontieren Sie den Sicherungsring (3).

■ Ziehen Sie das Radlager (5 im Bild 9) mit dem Ausziehwerkzeug aus dem Radlagergehäuse heraus.

■ Reinigen Sie Radlagergehäuse im Achs-

Sichtprüfung Messen

Bild 12

Bild 12
Ausziehen der Radnabe mit einem Radlagerauszieher.

Bild 13

Bild 13
Ausziehen des Radlagers mit einem Lagerauszieher.

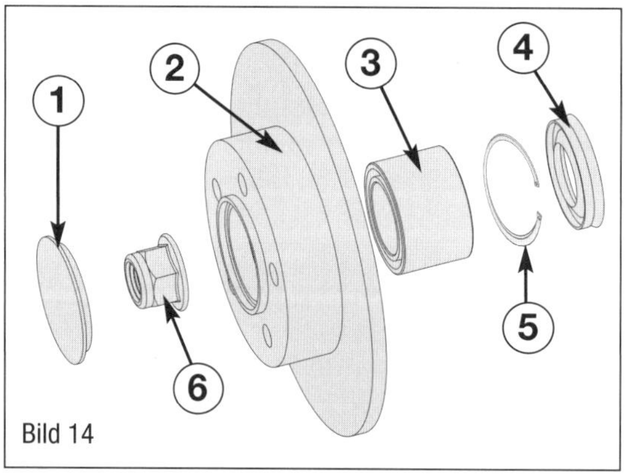

Bild 14

Bild 14
Radlagerset beim frontangetriebenen Berlingo/Partner hinten.

1 Staubschutzdeckel
2 Radnabe (Bremsscheibe)
3 Radlager (Set)
4 Wellendichtring mit Lippe
5 Sicherungsring
6 Mutter (Zentralmutter)
Position 2-5 sind Radlagerset oft bereits montiert

schenkel gründlich mit Schleifpapier.

- Fetten Sie die Bohrung für das Radlager leicht ein.
- Pressen Sie das Lager über den Außenring bis zur Anlage am Gehäuse in das Radlagergehäuse im Achsschenkel ein.
- Setzen Sie den neuen Sicherungsring (3 im Bild 9) in das Radlagergehäuse über dem Radlager ein.
- Pressen Sie die Radnabe (7 im Bild 9) mit dem Ausziehwerkzeug in das Radlagergehäuse bis zur Anlage hinein.

Der weitere Einbau erfolgt sinngemäß in umgekehrter Reihenfolge.

- Führen Sie eine Probefahrt durch und lesen Sie den Fehlerspeicher des ABS-Systems aus.

Radlagereinheit Hinterachse (Frontgetriebe Fahrzeuge)
Im Zubehör sind für die Radlagerreparatur auf der Hinterachse vom Radlagerset solo, Radnabensätze mit bereits verpressten Lagern bis hin zu kompletten Radstummeln mit Abweiserblech lieferbar. Aufgrund der geringen Preisunterschiede macht es durchaus Sinn, eine verpresste Radnabe oder sogar ein Set für beide Seiten zu verbauen. Sind Abweiserblech oder der Achsdorn auch in schlechtem Zustand, sollten Sie ein Nabenset verbauen. Die Kosten hierfür liegen bei etwa 150 Euro. Ein Radlagerset ist schon für etwa 60 Euro zu erstehen. Die Radlager sind in der Bremsscheibe verpresst. Beim Scheibenwechsel muss entsprechend das Radlager mitgewechselt werden.

- Heben Sie das Fahrzeug auf der entsprechenden Seite an und unterbauen Sie es.
- Sichern Sie das Fahrzeug gegen Wegrollen und Lösen Sie die Handbremse.
- Das entsprechende Rad abbauen.
- Drehzahlfühler hinten rechts beziehungsweise hinten links ausbauen.
- Demontieren Sie den Staubschutzdeckel (1 im Bild 14) auf der Radnabe.
- Drehen Sie die Sicherungsschraube für die Bremsscheibe heraus.
- Demontieren Sie die Bremsscheibe und den Bremssattel.
- Bremssattel mit Draht befestigen, dass das Gewicht des Bremssattels den Bremsschlauch nicht belastet bzw. beschädigt.
- Lösen Sie die Zentralmutter (6) auf dem Achsstummel.
- Drehen Sie die Zentralmutter (6) ab und nehmen Sie sie mit der Radnabe (2) vom Achsstummel ab.

⚠ Das Radlager ist mit einem integrierten ABS-Sensorring ausgerüstet. Es handelt sich hierbei um einen magnetisierten Streifen auf der Seite des Lagers mit der Kunststoffabdichtung. Das Lager darf nicht mit magnetischem Werkzeug in Kontakt kommen. Fehler in der Magnetfeldbeschichtung verursachen ABS-Fehler.

Kontrollieren Sie vor der Montage des Lagers die Unversehrtheit des Sensorrings mit einer Testkarte für magnetische Sensorräder.

Der Einbau erfolgt sinngemäß in umgekehrter Reihenfolge.

- Reinigen Sie den Achsstummel und die Anlagefläche des Wellendichtrings (4) auf dem Achsstummel gründlich.
- Prüfen Sie den Zustand des Wellendichtrings (4).
- Sichern Sie die Achsmutter gegen Verdrehen.

Radlagereinheit Hinterachse (DANGEL-Allrad-Fahrzeuge)
Im Zubehör sind für die Radlagerreparatur auf der Hinterachse der Dangel 4x4 kaum Lagerreparatursätze zu finden. Hier wenden Sie sich an Ihren Marken-Händler oder an den Dangel-Importeur De Bondt in Hamm/Westfalen.

Die Montage ist nur mit einem Radlagerausziehwerkzeug durchführbar.

Die Vorgehensweise ist grundsätzlich auch vom Hersteller des Ausziehgerätes abhängig. Lesen und beachten Sie in jedem Fall die Bedienungsanleitung des Ausziehgerätes. Im Wesentlichen sind zwei unterschiedliche Systeme auf dem Markt. Ob mit hydraulischer Betätigung oder mit Gewindespindeln das Ausdrücken ausgeführt wird, ist auch eine Frage des Preises. Funktionieren werden beide Systeme.

- Lösen Sie die Achswellenmutter auf der entsprechenden Seite.
- Das entsprechende Rad abbauen.
- Bauen Sie den ABS-Sensor aus.
- Lösen Sie die Handbremse.
- Demontieren Sie die Bremsscheibe und den Bremssattel.
- Den Bremssattel mit Draht am Aufbau befestigen, sodass das Gewicht des Bremssattels den Bremsschlauch nicht belastet, bzw. beschädigt.
- Bauen Sie die entsprechende Achswelle aus und legen Sie sie auf der Werkbank ab.
- Ziehen Sie die Radnabe mit dem Ausziehwerkzeug aus dem Radlagergehäuse heraus.
- Demontieren Sie den Sicherungsring.
- Ziehen Sie das Radlager mit dem Ausziehwerkzeug aus dem Radlagergehäuse heraus.
- Reinigen Sie Radlagergehäuse im Achsschenkel gründlich mit Schleifpapier.
- Fetten Sie die Bohrung für das Radlager und den ABS-Sensor leicht ein.
- Pressen Sie das Lager über den Außenring bis zur Anlage am Gehäuse in das Radlagergehäuse im Achsschenkel ein.
- Setzen Sie den neuen Sicherungsring in das Radlagergehäuse über dem Radlager ein.
- Pressen Sie die Radnabe mit dem Ausziehwerkzeug in das Radlagergehäuse bis zur Anlage hinein.

Der weitere Einbau erfolgt sinngemäß in umgekehrter Reihenfolge.

- Ziehen Sie die Schrauben und Muttern mit dem richtigen Anzugsdrehmoment an.
- Sichern Sie die Achsmutter gegen Verdrehen.

Dämpfer vorne aus- und einbauen

Ob nun allrad- oder frontgetriebener Van: die Federsysteme sind hinsichtlich der Montagearbeiten identisch. Allerdings sollten Sie darauf achten, ob Ihr Fahrzeug höhergelegt wurde und ob eventuell verstärkte Federn verbaut wurden. Es gibt auch Federn und Dämpfersysteme, die sowohl in der Höhenlage als auch Federrate anders ausgelegt sind.

Aufgrund des Verschleißes macht es keinen Sinn einen Dämpfer einzeln auszutauschen. Tauschen Sie die Stoßdämpfer immer paarweise aus.

Da auf dem Montageweg sowohl die Feder als auch das Domlager und der Faltenbalg (Protection-Kit) demontiert werden, stellen wir die Arbeiten in genau diesen Einzelschritten vor.

Ausbau des Federbeins vorne

- Bocken Sie das Fahrzeug vorne komplett auf.

Durch den verbauten Querstabilisator erschweren Sie sich die Montage erheblich, wenn Sie lediglich eine Seite des

Bild 15
Stoßdämpfer vorne in Montagereihenfolge.
1 Mutter
2 Anschlagring
3 Mutter
4 Platte
5 Domlager
6 Federunterlage
7 Staubschutz Faltenbalg
8 Führung
9 Anschlag-Puffer
10 Feder
11 Stoßdämpfer

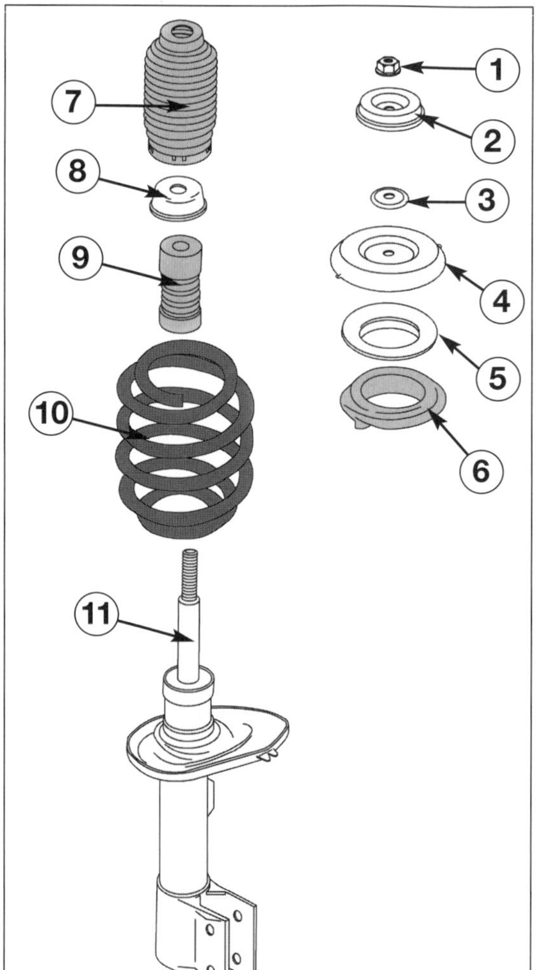

Bild 15

Bild 16
Verschraubungen am Federbein vorne.
1 Schrauben
2 Muttern
3 Sicherungsblech

Bild 16

Fahrzeugs anheben.
■ Beide Räder vorne abbauen.
■ Drehen Sie die Befestigungsmuttern (2 im Bild 16) an beiden Radseiten des Stabilisators ab.
■ Drehen Sie die Befestigungsmutter am Achsschenkel (1 im Bild 15) heraus.

⚠ Fangen Sie mit einem geeigneten Heber das Radlagergehäuse (Achsschenkel) auf, damit es nicht nach unten klappt und die Achswelle eventuell beschädigt.

■ Drehen Sie die Mutter (1 im Bild 15) ab. Halten Sie hierbei das Federbein fest. Die Mutter sollte nicht mit einem Schlagschrauber geöffnet werden. Halten Sie die Kolbenstange des Stoßdämpfers mit einem passenden Inbusschlüssel beim Lösen der Mutter fest.
■ Nehmen Sie das Federbein heraus.

Demontage des Domlagers
■ Demontieren Sie das Federbein wie bereits beschrieben.
■ Spannen Sie die Feder mit einem Federspanner (Bild 17) so weit vor, dass das Domlager entlastet ist.
■ Lösen Sie die Mutter (3 im Bild 15) mit einer Hohlratsche oder einem passenden gekröpften Ringschlüssel und einem Innensechskantschlüssel.
■ Nehmen Sie die Mutter (3), die Platte (4), das Domlager (5) und soweit verbaut, die Scheibe darunter ab.

Demontage der Feder
■ Demontieren Sie das Federbein wie bereits beschrieben.
■ Bauen Sie das Domlager (5 im Bild 17) wie bereits beschrieben ab.
■ Nehmen Sie die Federunterlage (6) ab.
■ Ziehen Sie die Staubschutzmanschette (7), die Führung und den Anschlagpuffer (9) von der Kolbenstange des Stoßdämpfers ab.
■ Entspannen Sie die Federspanner (Bild 17).
■ Nehmen Sie die Feder vom Dämpfer ab.

Demontage des Staubschutzsatzes (Protection Kit)
■ Demontieren Sie das Federbein wie bereits beschrieben.
■ Bauen Sie das Domlager wie bereits beschrieben ab.
■ Ziehen Sie den Staubschutz mit Anschlagpuffer von der Kolbenstange des Dämpfers ab.

Demontage des Stoßdämpfers
Der Stoßdämpfer hat auch Radführungsaufgaben. Es ist sehr wichtig, auf seinen Zustand zu achten.
■ Demontieren Sie das Federbein wie bereits beschrieben.

■ Bauen Sie das Domlager wie bereits beschrieben ab.
■ Demontieren Sie den Staubschutz mit Anschlagpuffer wie bereits beschrieben.

Die Stoßdämpfereinheit steht unter Druck. Sie darf nicht angebohrt oder gesägt werden. Sie wird über den Metallschrott entsorgt.

Die Montage für alle Teilarbeitsschritte erfolgt sinngemäß in umgekehrter Reihenfolge.
■ Achten Sie auf die Positionierung der Nasen im Anlagegummi und im Federbeindom.

Feder hinten aus- und einbauen

Rechte Fahrwerksfeder
■ Unterbauen Sie das Fahrzeug zumindest unter der hinteren Wagenheberaufnahme der entsprechenden Seite.
■ Heben Sie das Fahrzeug gerade so weit an, dass das entsprechende Rad gerade noch am Boden stehen bleibt.
■ Demontieren Sie den Endschalldämpfer (4 im Bild 20) wie bereits im Kapitel 9 beschrieben.
■ Bauen Sie das Hitzeschutzblech (3) des Endschalldämpfers aus.
■ Spannen Sie die Feder (2) mit einem Federspanner.
■ Nehmen Sie die Feder (2) heraus.
Linke Fahrwerksfeder
■ Unterbauen Sie das Fahrzeug zumindest unter der hinteren Wagenheberaufnahme der entsprechenden Seite.
■ Heben Sie das Fahrzeug gerade soweit an, dass das entsprechende Rad gerade noch am Boden stehen bleibt.
■ Bauen Sie das Reserverad und die Reserveradhalterung aus.
■ Spannen Sie die Feder mit einem Federspanner.
■ Nehmen Sie die Feder heraus.

Die Montage erfolgt jeweils sinngemäß in umgekehrter Reihenfolge.
■ Achten Sie darauf, dass bei der Montage das obere Federende im Lagergummi einsitzt und das Federende jeweils nach rechts zeigt.

Bild 17
Fahrwerksfeder mit Gewindespannern spannen.
1 Feder
2 Gewindestange
3 Halteklaue
4 Ratsche mit passender Stecknuss

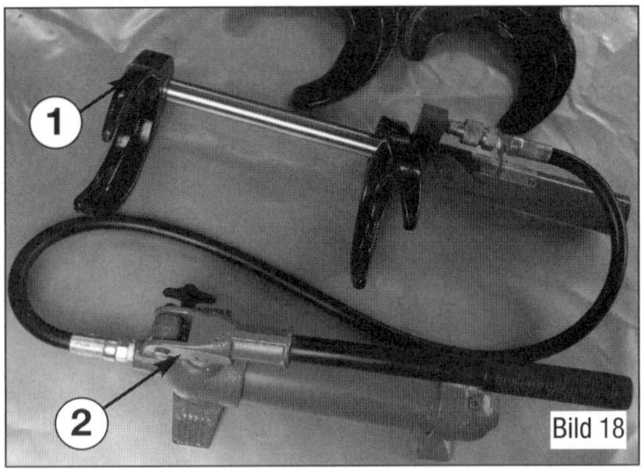

Bild 18
Hydraulischer Federspanner.
1 Zylinder mit Spannbacken
2 Handpumpe

Bild 19
Federbein zerlegen.
1 Federspanner
2 Feder
3 Kolbenstange
4 Domlager

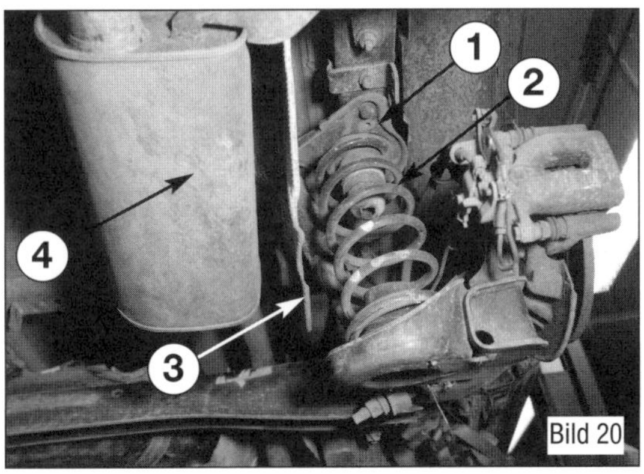

Bild 20
Einbaulage der rechten Fahrwerksfeder.
1 Federaufnahmeplatte oben
2 Feder
3 Hitzeschutzblech
4 Schalldämpfer

■ Ziehen Sie die Verschraubungen mit den im Kapitel 17 vorgegebene Anzugsdrehmoment an.

Bild 21
Einbaulage der linken Fahrwerksfeder.
1 Verschraubung oben
2 Schrauben
3 Verschraubung unten
4 Feder
5 Federaufnahmeplatte

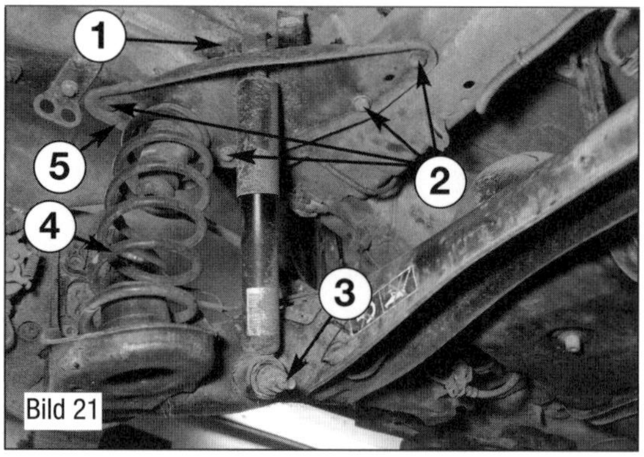

Bild 21

Bild 22
Ausrichtung an der Aufnahmeplatte.
1 Winkel zur Halterung oben 90°
2 Verschraubung oben
3 Stoßdämpfer hinten
4 Aufnahmeplatte

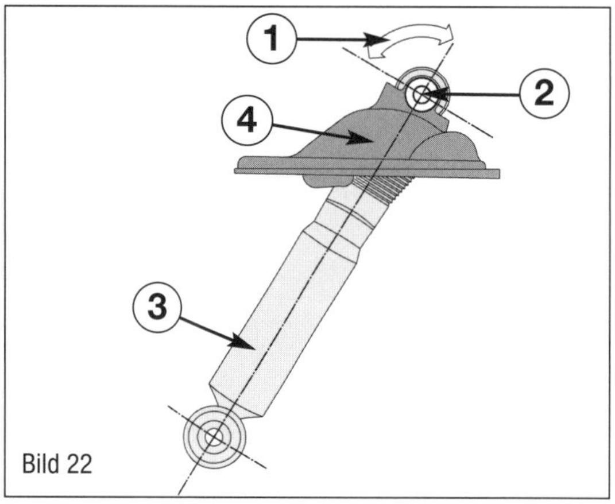

Bild 22

Stoßdämpfer hinten aus- und einbauen

Um den Stoßdämpfer hinten ausbauen zu können, muss die Aufnahmeplatte (4 im Bild 22) demontiert werden, die die obere Verschraubung des Stoßdämpfers aufnimmt. Ob nun allrad- oder frontgetriebener Van, die Federsysteme sind hinsichtlich der Montagearbeiten identisch. Allerdings sollten Sie darauf achten, ob Ihr Fahrzeug höhergelegt wurde und ob eventuell verstärkte Federn verbaut wurden. Es gibt auch Federn und Dämpfersysteme, die sowohl in der Höhenlage als auch Federrate anders ausgelegt sind.

Aufgrund des Verschleißes macht es keinen Sinn einen Dämpfer einzeln auszutauschen. Tauschen Sie die Stoßdämpfer immer paarweise aus.

- Unterbauen Sie das Fahrzeug zumindest unter der hinteren Wagenheberaufnahme der entsprechenden Seite.
- Bauen Sie die Achsverkleidung an der Hinterachse ab (soweit verbaut).
- Demontieren Sie hintere Feder wie bereits beschrieben.
- Fangen Sie die Hinterachse so weit ab, dass die Stoßdämpfer gerade spannungsfrei montiert sind.
- Drehen Sie die unteren Befestigungsschrauben (3 im Bild 21) des Stoßdämpfers heraus.
- Drehen Sie die oberen Befestigungsschrauben (1 im Bild 21) der Stoßdämpferaufnahmeplatte heraus.
- Nehmen Sie den Stoßdämpfer (3 im Bild 22) und die Stoßdämpferaufnahmeplatte (4) heraus.
- Montieren Sie den neuen Stoßdämpfer an der Stoßdämpferaufnahmeplatte. Richten Sie ihn wie gezeigt in 90° zur Aufnahme aus.

Gummimetalllager haben einen begrenzten Verdrehbereich. Deshalb die Schraubverbindungen an den Bauteilen mit Gummimetalllagern erst nach dem Ausrichten fest anziehen.

Die Montage erfolgt jeweils sinngemäß in umgekehrter Reihenfolge.

- Achten Sie darauf, dass bei der Montage das obere Federende im Lagergummi einsitzt und das Federende jeweils nach rechts zeigt.
- Ziehen Sie die Verschraubungen mit den im Kapitel 17 vorgegebene Anzugsdrehmoment an.

Anschlagpuffer wechseln

Der Anschlagpuffer verhindert das Durchschlagen der Federung. Er ist nicht als Ergänzung der Federkraft gedacht. Wenn Sie Ihr Fahrzeug überladen, wird dieser Kunststoffschaumanschlag schnell kaputtgehen. Bei diesem Van sind die hinteren Anschlagpuffer gleichzeitig die Lagerung der Fahrwerksfeder.

- Heben Sie das Fahrzeug hinten so weit an, dass die Räder geradeso entlastet sind.
- Bauen Sie die Fahrwerksfeder wie bereits beschrieben aus.
- Demontieren Sie den Staubschutzsatz wie bereits beschrieben.
- Nehmen Sie den inneren Anschlagpuffer (9 im Bild 15) heraus.

Auch hier sollten Sie beide Seiten gleichzeitig ersetzen.

Die Montage erfolgt sinngemäß in umgekehrter Reihenfolge.

Zusatzfedern und Bälge

Wechselnde Beladung
Unterschiedliche Beladungssituationen bedeuten auch immer eine unterschiedlich starke Einfederung. Die Wahl der passenden Fahrwerksfeder ist alles andere als einfach. Gerade beim Berlingo/Partner, ob nun Camper oder Transporter, ergibt sich unterschiedliche Nutzung: Schlägt die Federung auf der Hinfahrt bei vollgeladenem Fahrzeug schon fast durch, ist sie auf der Rücktour mit leerem Laderaum deutlich zu straff und unkomfortabel.

Statische Veränderung
Die einfachste Variante ist es die Federn durch den Ersatz durch verstärkte Federn etwas straffer zu gestalten. Günstiger wird es zusätzliche Federn zu dem originalen Federsystem nachzurüsten. Beide Varianten ergeben allerdings eine Veränderung, die sich nicht individuell anpassen lässt. Der schon beschriebene Effekt eines »bockharten« Fahrwerks bei leerem Fahrzeug gehört dann eben zu dem neuen Kompromiss.

Luftfederbälge zur Ergänzung
Deutlich aufwändiger ist die Nachrüstung von Luftfederbälgen. Neben der Bedieneinheit für den Fahrer wird ein kleiner Luftpresser nachgerüstet, der bei Bedarf die Federbälge mit Druckluft befüllt oder ablässt. So kann nicht nur die Höhenlage des Fahrzeugs beeinflusst werden, sondern auch die Federkraft. Die Federbälge werden ersatzweise für die Anschlagspuffer auf der Hinterachse verbaut und wirken parallel zur Blattfeder.

Bild 23
Bild 23
Zusatzluftfederbalg: Er erlaubt eine Anpassung der Federung auf den Beladungszustand.

Bild 24
Bild 24
Zusatzfeder: Hier wird die Serienfeder mit einer Zusatzfeder verstärkt. Unbeladen wird das Fahrzeug aber sehr straff.

12 Servolenkung

Die servounterstützte Zahnstangenlenkung Ihres Vans zeichnet sich durch besonders geringe Bedienungskräfte bei hoher Lenkpräzision aus. Servolenkungen erleichtern durch Hilfskraft erheblich die Lenkarbeit. Sie sorgen für größtmöglichen Komfort beim Rangieren und für präzises Lenkgefühl bei schnellen Autobahnfahrten. Die Möglichkeit, mit geringem Kraftaufwand am Lenkrad eine relativ direkte Lenkung zu erreichen, guten Kontakt zur Fahrbahn zu halten und dennoch den Fahrer relativ unbehelligt von den Fahrbahnstößen zu lassen, wird mit Hilfe eines hydraulischen Systems aus Pumpe, Ölvorratsbehälter und Hydraulikleitungen realisiert.
Als Hochdruck-Ölpumpe findet wegen ihrer gleichmäßig hohen und kontinuierlichen Förderrate eine doppelt wirkende Flügelpumpe Verwendung. Sie wird entweder über den Antriebsriemen vom Fahrzeugmotor angetrieben oder über einen Elektromotor. In diesem Fall ist dann eine Druckfördereinheit verbaut.
Das Drucköl wirkt auf Arbeitszylinder zu beiden Seiten der Zahnstange. Diese unterstützen mit ihrem Druck über ein Steuerteil die Lenkbewegung. Je nach Drehrichtung des Lenkrads wird jeweils der Arbeitszylinder angesteuert, der die Lenkung unterstützt.

Prüfungen an der Lenkung

Bei den Einstell- und Wartungsarbeiten ist die wohl häufigste Tätigkeit die regelmäßige Kontrolle des Ölstandes im Vorratsbehälter. Umfangreiche Reparaturen an der Servolenkung sind eine Sache für die Werkstatt. Nur so lassen sich Schäden an den Bauteilen und Folgeschäden mit dann erst recht teuren Reparaturen verhindern. Denn bei fehlerhafter Instandsetzung kann die Servounterstützung beim Lenken ausfallen. Die Lenkung ist aber eine Baugruppe, von der die Fahrsicherheit besonders stark abhängt. Defekte, falsche Einstellungen und fehlerhafte Reparaturarbeiten können fatale Auswirkungen haben. Nach Unfall und bei Beschädigung der Vorderachse können verschiedene Lenkungsteile ersetzt werden. Als Instandsetzung an der Servolenkung ist aber nur das Ersetzen der Faltenbälge sowie der Spurstangen und Spurstangenköpfe üblich. Für bestimmte Arbeiten kann es nötig sein, die Lenkzwischenwelle aus- und einzubauen, die das Kreuzgelenk unten an der Lenksäule mit dem Kreuzgelenk des Lenkritzels am Lenkgetriebe verbindet.

Lenkungsspiel prüfen

■ Die Räder geradeaus stellen. Von außen durchs geöffnete Fenster greifen und das Lenkrad kurz hin und her drehen.

Auf die Felge achten: Bewegt sich das Vorderrad wie erforderlich sofort mit? Eine Hilfsperson kann die Spurstangenköpfe umfassen und das Lagerspiel bei Lenkbewegung fühlen oder in Extremfällen sogar beobachten.

■ Falls Spiel bemerkt wird, muss das Nachstellen in der Werkstatt erfolgen. Wenn die Lenkung um die Geradeausstellung kein Spiel hat, aber bei stärkerem Einschlag spürbar klemmt, ist die Zahnstange verschlissen. Das dürfte zwar erst nach einer gehörigen Fahrstrecke der Fall sein, aber dann muss das Lenkgetriebe ausgetauscht werden!

Manschetten der Lenkzahnstange prüfen

Mit einer Taschenlampe die Gummimanschetten ableuchten, mit denen die aus ihrem Gehäuse austretende Zahnstange links und rechts geschützt wird. Gründlich auch auf kleinste Verschleißspuren prüfen. Dringen durch einen rissigen oder beschädigten Faltenbalg Schmutz und Feuchtigkeit ein, verbinden sie sich mit dem Fett des Lenkgetriebes zu einer zerstörerischen Schleifpaste.

■ Die Lenkung voll nach rechts oder links einschlagen. Um Risse in den Falten zu erkennen, muss der Faltenbalg Stück um Stück auseinandergezogen werden. Eine verschlissene Manschette sollte man sofort austauschen. Sie kann bei eingebautem Lenkgetriebe ersetzt werden.

■ Klemmschellen müssen fest auf der Manschette sitzen. Zum Wechseln des Faltenbalgs wird daher eine spezielle Schlauchbinderzange empfohlen.

Lenksäule überprüfen

■ Wenn an der Lenksäule gearbeitet wurde, muss danach auf sichtbare Schäden und

Funktion geprüft werden. Lässt sich die Säule ohne zu haken und ohne Schwergängigkeit drehen? Lässt sie sich in Längsrichtung und in der Höhe leicht verstellen?

- Lässt sich das Rohr der Säule deutlich nach vorn und hinten oder seitlich bewegen? Dann ist etwas faul, die Lenksäule muss ausgetauscht werden.

Arbeiten an der Lenkung

Spurstangenkopf aus- und einbauen

- Das entsprechende Rad abbauen.
- Mutter (3 im Bild 2) von Spurstangenkopf lösen, aber noch nicht abschrauben. Die Mutter zum Schutz des Gewindes einige Umdrehungen auf dem Zapfen lassen.
- Den Spurstangenkopf vom Radlagergehäuse mit einem Kugelgelenkabzieher abdrücken. Die Mutter (3) jetzt abschrauben.

Beim Abdrücken die Gummitülle und das Gewinde nicht beschädigen.

- Die Kontermutter (2) lösen.
- Die Position vom Spurstangenkopf (4) auf der Spurstange (1) kennzeichnen.
- Den Spurstangenkopf von der Spurstange abdrehen. Hierzu die Schlüsselflächen (1 im Bild 1) am Spurstangenkopf (4 im Bild 2) und an der Spurstange (1) nutzen.

Der Einbau erfolgt sinngemäß in umgekehrter Reihenfolge.

- Den Spurstangenkopf bis zur angebrachten Markierung auf die Spurstange drehen.
- Spurstangenkopf mit der Kontermutter sichern.
- Spurstangenkopf mit neuer Mutter verschrauben.
- Rad anbauen und mit Anzugsdrehmoment festziehen.
- Fahrzeugvermessung durchführen (lassen).

Ausbau und Einbau der Spurstangen

- Das entsprechende Vorderrad abbauen.
- Die Mutter (3 im Bild 2) vom Spurstangenkopf lösen, diese aber noch nicht ganz abschrauben. Die Mutter (3) zum Schutz des Gewindes noch einige Umdrehungen auf dem Gewinde des Spurstangenkopfs lassen.
- Den Spurstangenkopf vom Radlagergehäuse mit einem Kugelgelenkabzieher abdrücken.

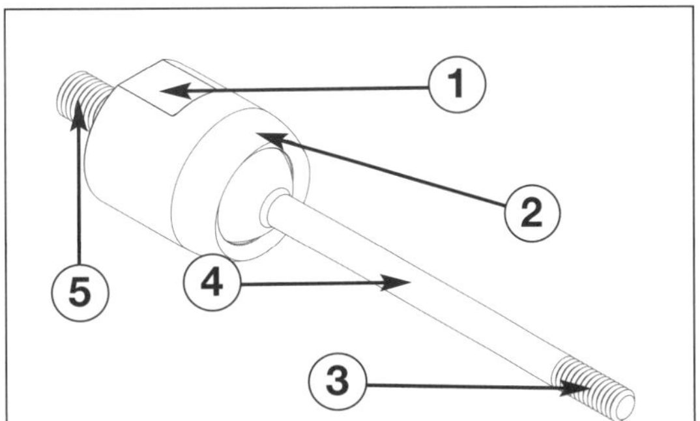

Bild 1

Bild 1
Spurstange demontiert.
1 Schlüsselfläche
2 Kugelgelenk an der Zahnstange
3 Gewinde Spurstangenkopf
4 Spurstange
5 Gewinde Zahnstange

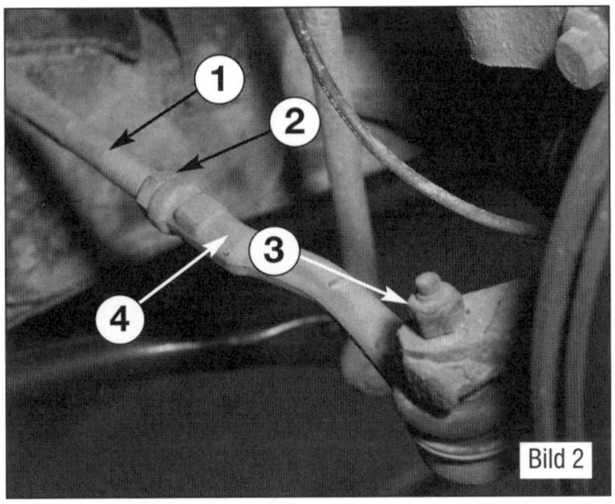

Bild 2

Bild 2
Spurstange am Radlagergehäuse.
1 Spurstange
2 Kontermutter
3 Sicherungsmutter
4 Spurstangenkopf

- Die Mutter (3) abschrauben.

Beim Abdrücken des Spurstangenkopfs die Gummitülle nicht beschädigen.

- Die Klemmschelle öffnen. Den Faltenbalg vom Lenkgetriebegehäuse herunter schieben.
- Die Federbandschelle vom Faltenbalg lösen und auf die Spurstange schieben.

Linke Spurstange:

- Das Lenkgetriebe, in Fahrtrichtung gesehen, bis zum Anschlag nach rechts drehen.

Rechte Spurstange:

- Das Lenkgetriebe, in Fahrtrichtung gesehen, bis zum Anschlag nach links drehen.

Fortsetzung für beide Seiten:

- Die Spurstange von der Zahnstange der Lenkung abschrauben.

Der Einbau erfolgt in umgekehrter Reihenfolge.

- Die Spurstange an der Zahnstange festziehen. Dabei die Spurstange mit einem passenden Werkzeug gegenhalten.

Bild 3
Bereiche, an denen auf der Zahnstange der Lenkung Fett aufgetragen werden muss.

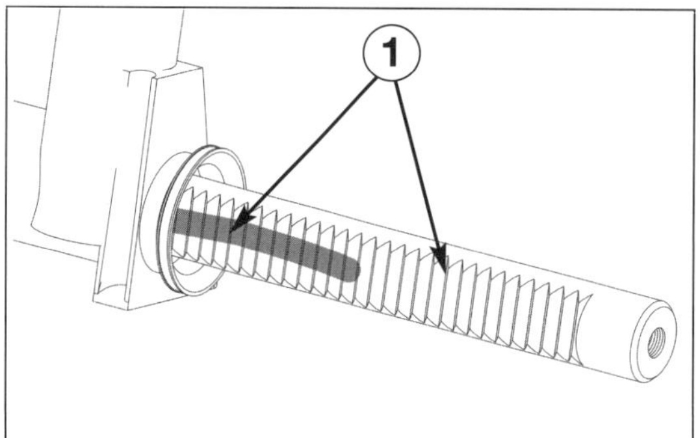

Bild 3

⚠ Wirkt das Anzugsmoment auf das Lenkgetriebe, kann die Zahnstangenführung beschädigt werden.

- Den Faltenbalg mit neuer Klemmschelle auf das Lenkgetriebegehäuse aufschieben.
- Klemmschelle mit einer speziellen Klemmzange befestigen.
- Die Federbandschelle auf die Manschette aufsetzen.

Spurstange ersetzen:

Wird die Spurstange ersetzt, sollten Sie die Einbaulänge der alten Spurstange mit verschraubtem Spurstangenkopf messen und dieses Maß dann wieder durch das Einschrauben des Spurstangengewindes erreichen.

- Den Spurstangenkopf mit neuer Mutter auf der Spurstange verschrauben.
- Den Spurstangenkopf mit neuer Mutter am Radlagergehäuse anschrauben.

☞ Wurde der Spurstangenkopf von der Spurstange gelöst, muss nach dem Einbau das Fahrzeug vermessen werden.

Faltenbalg aus- und einbauen

⚠ Bei defektem Faltenbalg dringen Feuchtigkeit und Schmutz in das Lenkgetriebe. Im Bereich der Verzahnung auf der Zahnstange muss ein fühlbarer Schmierfilm vorhanden sein. Ist der Schmierfilm nicht vorhanden, muss das Lenkgetriebe ersetzt werden. Auch bei Korrosion, einer Beschädigung oder Abnutzung der Zahnstange ist das Lenkgetriebe zu ersetzen.

- Das Lenkrad in Geradeausfahrt drehen.
- Das entsprechende Rad abbauen.
- Das Lenkgetriebe außen im Bereich vom Faltenbalg reinigen.

⚠ Dabei darf kein Schmutz durch den defekten Faltenbalg in das Lenkgetriebe gelangen.

- Den Spurstangenkopf wie bereits beschrieben ausbauen.
- Federbandschelle von Faltenbalg lösen und auf die Spurstange schieben.
- Schelle öffnen, und Faltenbalg von der Spurstange abziehen.
- Klemmschelle abbauen und Faltenbalg vom Lenkgetriebegehäuse abziehen.
- Den Faltenbalg mit Federbandschelle von der Spurstange abziehen.

Der Einbau erfolgt sinngemäß in umgekehrter Reihenfolge.

- Die Zahnstange im Bereich (1 im Bild 3) mit dem Fett bestreichen. Dazu die Lenkung nacheinander zu beiden Seiten bis zum Anschlag drehen.

⚠ Nur das im Reparatursatz beiliegende Fett verwenden.

- Lenkrad in Geradeausfahrt drehen.
- Faltenbalg auf die Spurstange und das Lenkgetriebe schieben. Den Faltenbalg mit neuer Schelle befestigen.
- Federbandschelle auf Faltenbalg setzen.
- Den Spurstangenkopf wie beschrieben einbauen.
- Die Kontermutter wieder anziehen.
- Das Rad wieder anbauen und mit Anzugsdrehmoment festziehen.
- Eine Fahrzeugvermessung durchführen (lassen).

Instandsetzen des Lenkgetriebes

Eine Instandsetzung des Lenkgetriebes ist nicht vorgesehen. Es muss bei Beanstandungen komplett ausgetauscht werden.

Ausbau des Lenkgetriebes

Je nach Ausstattung kann es erforderlich werden, den Fahrschemel abzusenken.

- Räder vorn abbauen.
- Batterie abklemmen.
- Geräuschdämpfung unter dem Motor rechts, links und in der Mitte ausbauen.
- Bauen Sie die rechte vordere Radhausschale aus.
- Demontieren Sie das Wärmeschutzblech über der Lenkung.

System mit Ausgleichsbehälter und riemengetriebener Servopumpe:

■ Drücken Sie den Zulaufschlauch (10 im Bild 7) vom Ausgleichsbehälter zur Servopumpe mit einer Schlauchklemmzange zu.

■ Reinigen sie den Ventilblock (5 im Bild 6) am Lenkgetriebe gründlich mit Schnellreiniger und blasen Sie den Bereich mit Druckluft sauber.

■ Klemmen Sie die Druckleitung (3 im Bild 6) und die Rücklaufleitung am Steuerventil der Lenkung ab. Dazu muss die Schraube (1 im Bild 4) herausgedreht und der Flansch (2) abgezogen werden.

■ Fangen Sie austretendes Restöl mit Lappen auf.

■ Verschließen Sie die Leitungen und Anschlüsse mit passenden Stopfen.

■ Lösen Sie die Spurstangenköpfe vom Radlagergehäuse wie bereits beschrieben.

■ Drehen Sie die Schraube im Kreuzgelenk heraus und ziehen Sie die Lenksäule vom Lenkgetriebe ab.

■ Stellen Sie das Lenkrad gerade und blockieren Sie es gegen Verdrehen.

Tipp: Darauf achten, dass während der Montagearbeiten das Lenkrad in dieser Stellung bleibt. Dadurch wird gewährleistet, dass sich die Wickelfeder für Airbag und Rückstellring mit Schleifring nicht verdreht.

■ Lösen Sie die Befestigungsschraube im Kreuzgelenk der Lenksäule unten und nehmen Sie sie heraus.

Montagearbeiten am Lenkgetriebe

Achtung: Folgende Hinweise sind bei Arbeiten am Lenkgetriebe zu beachten:

■ Bei Arbeiten an der Servolenkung ist größte Sauberkeit erforderlich. Die Verbindungsstellen und deren Umgebung ist vor dem Lösen gründlich zu reinigen.

■ Ausgebaute Teile auf einer sauberen Unterlage ablegen und abdecken, wenn die Reparatur nicht umgehend weiter ausgeführt wird.

■ Keine fasernden Lappen verwenden.

■ Geöffnete Bauteile sorgfältig abdecken bzw. verschließen, wenn die Reparatur nicht umgehend weiter ausgeführt wird.

■ Ersatzteile erst unmittelbar vor dem Einbau aus der Verpackung entnehmen.

■ Nur originalverpackte Teile verwenden.

■ Bei geöffneter Anlage nicht mit Druckluft arbeiten.

■ Das Fahrzeug nicht bewegen

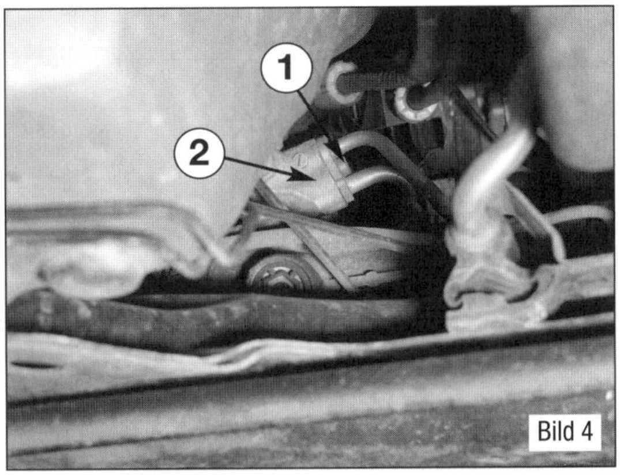

Bild 4

Bild 4
Anschlüsse am Lenkgetriebe.
1 Schraube
2 Flansch

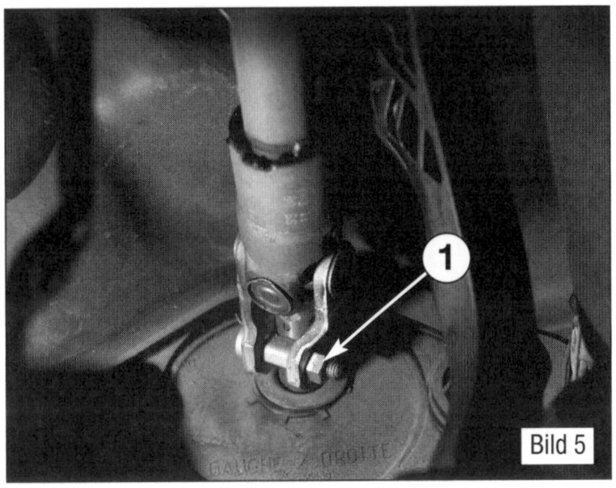

Bild 5

Bild 5
Kreuzgelenk im Fußraum.
1 Sicherungsverschraubung im Kreuzgelenk

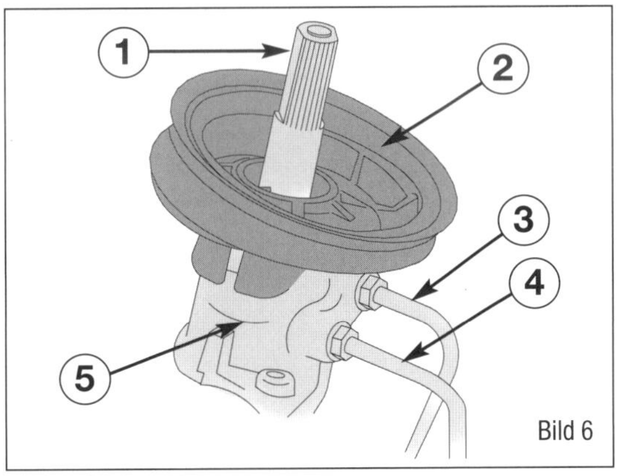

Bild 6

Bild 6
Dichtmanschette um das Lenkgetriebe.
1 Antriebsspindel
2 Manschette
3 Druckleitung
4 Rücklaufleitung
5 Steuerventil

■ Drücken Sie die Staubschutzmanschette aus dem Karosserieblech heraus.

■ Lösen Sie die Verschraubungen des Lenkgetriebes.

Absenken des Fahrschemels (Achsträger):

■ Demontieren Sie die Verschraubung der Stabilisatoren an der Zugstrebe rechts und links.

■ Unterbauen Sie den Fahrschemel und drehen Sie die Befestigungsschraube heraus.

■ Lassen Sie ihn gerade so weit ab, dass Sie die Lenkung herausnehmen können.

Sichtprüfung Messen

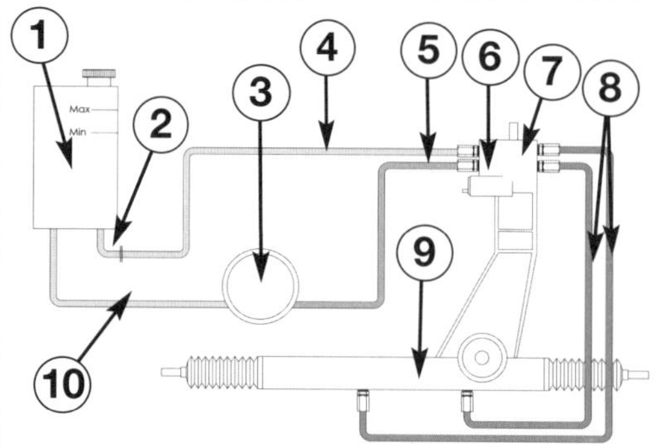

Bild 7

Bild 7
Aufbau des Servolenkungssystems mit mechanischer Pumpe.
1 Vorratsbehälter
2 Schnellverschluss
3 Servopumpe
4 Rücklaufleitung
5 Hochdruckleitung
6 Magnetventil
7 Servosteuerung (Ventilblock)
8 Steuerleitungen
9 Servolenkung
10 Zulaufleitung

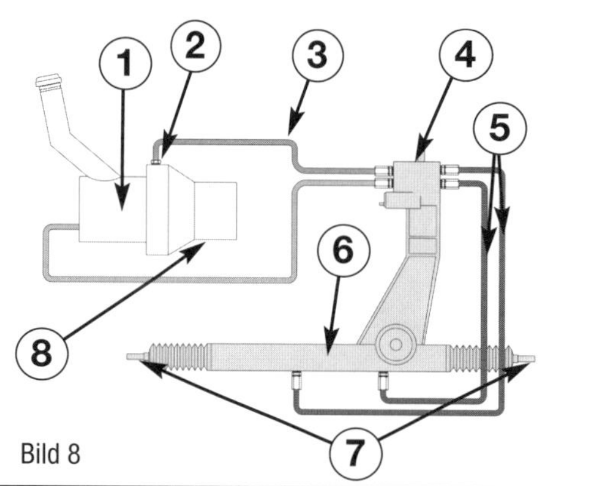

Bild 8

Bild 8
Aufbau des Servolenkungssystems mit elektrischer Pumpe.
1 Vorratsbehälter
2 Anschluss
3 Hochdruckleitung
4 Servosteuerung (Ventilblock)
5 Steuerleitungen
6 Servolenkung
7 Spurstangen
8 Pumpenmotor

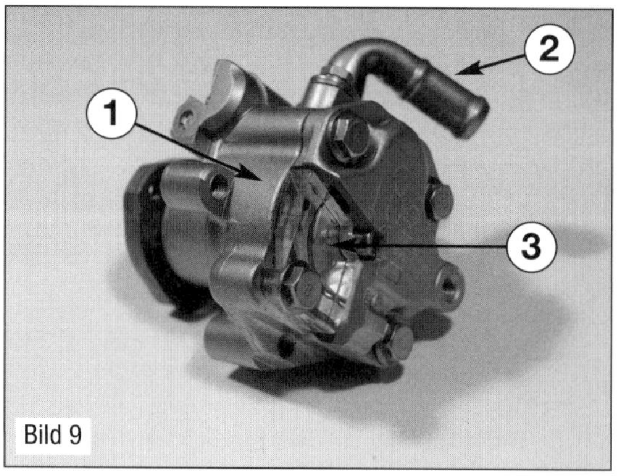

Bild 9

Bild 9
Mechanische Servopumpe (Flügelzellenpumpe).
1 Pumpengehäuse
2 Zulaufleitung
3 Flügelzellenrad

■ Führen Sie das Lenkgetriebe nach unten (hinten) heraus.

Einbau des Lenkgetriebes
Der Einbau erfolgt in umgekehrter Reihenfolge. Dabei ist Folgendes zu beachten:
■ Das Lenkgetriebe in den Aggregateträger einsetzen.
■ Das Kreuzgelenk auf das Lenkritzel stecken (Bild 5).
■ Lenkgetriebe am Aggregateträger festschrauben.
■ Schraube für das Kreuzgelenk (1 im Bild 5) anbauen und festziehen.
■ Dichtringe an der Druckleitung (Servopumpe) ersetzen.
■ Spurstangenköpfe wieder einbauen.
■ Geräuschdämpfung einbauen.
■ Servolenkungsanlage wie nachfolgend beschrieben entlüften und den Ölstand der Servolenkung prüfen.
■ Räder vorn anbauen.
■ Die Radschrauben mit dem Drehmomentschlüssel anziehen.
■ Das Fahrzeug vermessen (lassen) und den Lenkwinkelsensor eventuell neu anlernen.

Servolenkung entleeren, befüllen und entlüften
Das System muss entlüftet werden, wenn Teile der Hydraulik demontiert wurden.
■ Zuerst den Hydraulikölstand prüfen. Ggf. muss Hydrauliköl ATF DEXTRON III (Tutela Car GI/E) nachgefüllt werden.
■ Motor nicht laufen lassen. Heben Sie das Fahrzeug so weit an, dass beide Vorderräder frei sind. Bringen Sie die Vorderräder in Geradeausstellung.
■ Eine Auffangwanne für Hydrauliköl unterstellen.
■ Öffnen Sie den Schraubdeckel des Vorratsbehälters für Hydrauliköl.
■ Die Hydraulikleitungen unten vom Vorratsbehälter abziehen und Öl anschließend auslaufen lassen.
■ Die Restmenge des Hydrauliköls herausdrücken, indem die Lenkung zehnmal von Anschlag zu Anschlag gedreht wird.
■ Schließen Sie die Hydraulikleitungen wieder an und senken Sie das Fahrzeug ab. Das abgelassene Öl wird nicht wiederverwendet, sondern den Vorschriften entsprechend wie Altöl entsorgt.

☞ Befüllt wird ein leeres Hydrauliksystem nur bei kaltem Motor. Füllen Sie den Vorratsbehälter (Verschluss mit Messstab herausschrauben) mit ATF DEXTRON III (Tutela Car GI/E) bis zum Erreichen der MIN-Markierung am Messstab auf. Das gesamte System ist mit etwa 1,5 Liter befüllt.

■ Fahrzeug wieder so weit anheben, bis die Vorderräder frei sind. Stellen Sie die Räder geradeaus.
■ Drehen Sie bei abgestelltem Motor das Lenkrad zehnmal von Anschlag zu Anschlag durch. Prüfen Sie den Ölstand und füllen Sie ggf. nach.

■ Schrauben Sie den Deckel des Vorratsbehälters für Hydrauliköl auf. Senken Sie das Fahrzeug ab.
■ Starten Sie den Motor. Das Lenkrad zehnmal von Anschlag zu Anschlag drehen.
■ Den Motor abstellen. Wieder den Hydraulikölstand prüfen und ggf. nachfüllen.
■ Deckel des Vorratsbehälters handfest zuschrauben.
■ Drücken Sie die Schutzkappe auf den Ausgleichsbehälter auf.

Jetzt eventuell noch im System verbliebene Restluft entweicht im Fahrbetrieb nach 10 bis 20 Kilometern von selbst.

Ölstand der Servolenkung prüfen

Wenn das Hydraulik-Öl kalt ist, nicht den Motor laufen lassen. Sie können die Prüfung auch bei kaltem Öl vornehmen.
■ Die Räder in Geradeausstellung bringen.

Den Hydraulikölstand mit dem Ölmessstab des Verschlussdeckels (Schraubdeckel) prüfen:
■ Deckel abschrauben, Messstab mit einem sauberen Lappen abwischen und den Deckel wieder handfest einschrauben. Es gilt nur der Ölstand bei vorher voll eingeschraubtem Verschlussdeckel.
■ Deckel wieder abschrauben, Ölstand prüfen: Er muss 2 mm über oder unter der MIN-Markierung liegen. Ist das Hydrauliköl betriebswarm (ab 50 °C), soll sich der Ölstand zwischen den MIN- und MAX-Markierungen befinden.
■ Wenn das System kontrolliert oder das Lenkgetriebe aus- und eingebaut wurde, muss ggf. Öl nachgefüllt werden.

Ausbau der Servopumpe:
In Ihrem Van wurden je nach Motorisierung zwei unterschiedliche Systeme verbaut. Ist bei Ihrem Fahrzeug ein externer Vorratsbehälter verbaut, handelt es sich um eine Servopumpe, die mit dem Keilrippenriemen angetrieben wird. Ist der Vorratsbehälter vor dem Motor auf dem Aggregat verbaut, haben Sie es mit der elektrischen Servopumpe zu tun.

Mechanische Servopumpe ausbauen
■ Heben Sie das Fahrzeug an und klemmen Sie die Batterie ab.
■ Bauen Sie den Keilrippenriemen wie im Kapitel 4 beschrieben aus.

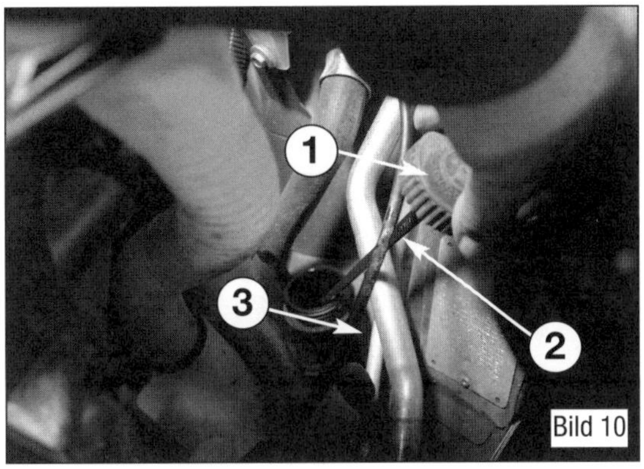

Bild 10
Peilstab am Verschlussdeckel.
1 Verschlussdeckel
2 Peilstab
3 Vorratsbehälter oder wie hier der Zulauf zur elektrischen Servopumpe vor dem rechten Radhaus

■ Demontieren Sie die beiden Anschlussleitungen zum Ladeluftkühler und verschließen Sie die Öffnungen mit passenden Stopfen.
■ Bauen Sie je nach Ausrüstung den Hitzeschutz über dem Turbolader aus.

Achten Sie darauf, dass austretendes Restöl nicht in den Generator läuft. Fangen Sie das austretende Restöl mit geeigneten Lappen auf.
■ Drücken Sie den Zulaufschlauch vom Ausgleichsbehälter zur Servopumpe mit einer geeigneten Schlauchklemmzange zu.
■ Demontieren Sie Halterungen der Druckleitung vom Halter der Servopumpe.
■ Lösen Sie die Druckleitung von der Servopumpe. Verschließen Sie die Öffnungen mit passenden Stopfen.

Verwenden Sie hier einen speziellen Leitungsschlüssel, um das Sechskant nicht zu beschädigen.

■ Drehen Sie die Halterungsschrauben (2 und 3 im Bild 11) heraus.
■ Nehmen Sie die Servopumpe ab.

Die Montage erfolgt jeweils sinngemäß in umgekehrter Reihenfolge.
■ Drücken Sie die Gewindehülse (2 im Bild 12) der unteren Befestigung der Servopumpe zurück.
■ Befüllen und entlüften Sie das Lenkungssystem wie bereits beschrieben.
■ Kontrollieren Sie die Laufrichtung des Keilrippenriemens.
■ Prüfen Sie das Lenksystem auf Dichtheit.

Elektrische Servopumpe ausbauen

Der Servobehälter muss nicht zwingend abgelassen werden. Die Flüssigkeit kann beim Ausbau im integrierten Vorratsbehälter verbleiben.

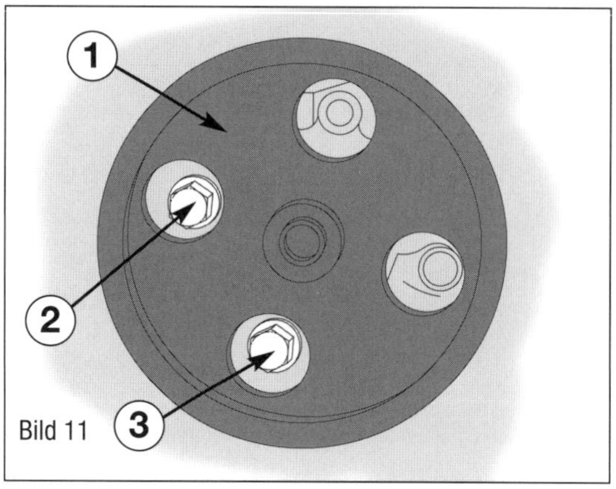

Bild 11
Verschraubung der mechanischen Servolenkung.
1 Riemenscheibe
2 Schraube oben kurz
3 Schraube unten lang

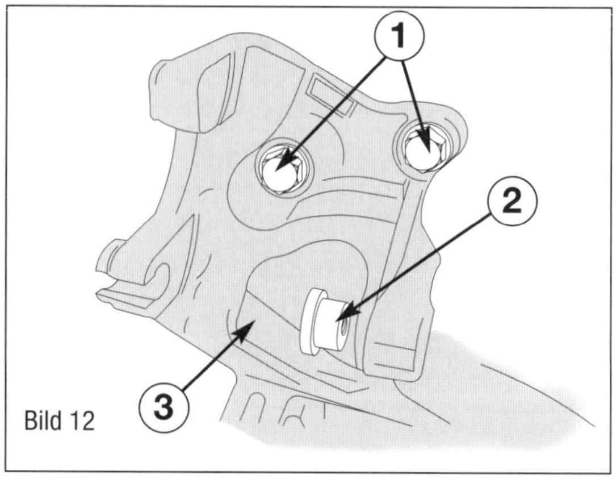

Bild 12
Halterung der mechanischen Servolenkung.
1 Schrauben
2 Gewindegleithülse
3 Halterung

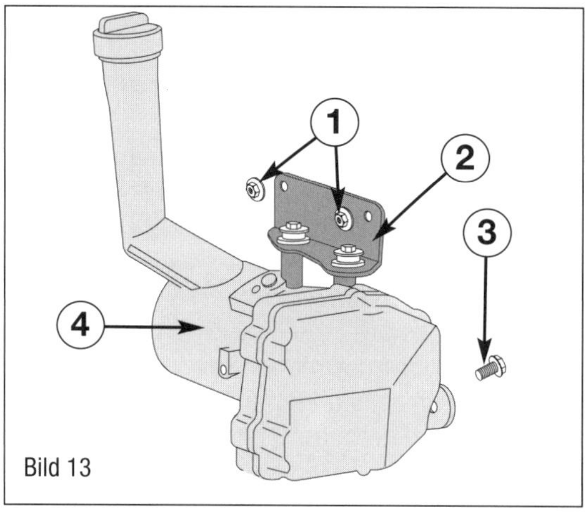

Bild 13
Elektrisch angetriebene Servopumpe.
1 Muttern oben
2 Halter
3 Schraube unten
4 Pumpeneinheit

- Lösen Sie die Radschrauben des rechten Vorderrades.
- Demontieren Sie das rechte Vorderrad.
- Bauen Sie den vorderen Stoßfänger ab.
- Lösen Sie den Einfüllstutzen des Flüssigkeitsbehälters für die Scheibenwaschanlage und bauen Sie ihn aus.
- Ziehen Sie die Waschpumpe des Scheibenwaschbehälters heraus und lassen die Flüssigkeit in einen Behälter auslaufen.
- Bauen Sie den Waschbehälter aus.
- Lösen Sie die Druckleitung und den Rücklauf von der Servopumpe. Verschließen Sie die Öffnungen mit passenden Stopfen.

Verwenden Sie hier einen speziellen Leitungsschlüssel, um den Sechskant nicht zu beschädigen.

- Entsichern Sie die beiden Steckkontakte an der Servopumpe und ziehen Sie die Anschlusskabel ab.
- Drehen Sie die Schraube (3 im Bild 13) heraus.
- Demontieren Sie die beiden Muttern (1).
- Nehmen Sie die Servopumpe heraus.
- Kontrollieren Sie den Zustand der Steckkontakte und Stecker.

Die Montage erfolgt jeweils sinngemäß in umgekehrter Reihenfolge.

- Befüllen und entlüften Sie das Lenkungssystem wie bereits beschrieben.
- Prüfen Sie das Lenksystem auf Dichtheit.

13 Bremsanlage

Die Bremsen am Berlingo/Partner

Der Van wird kraftvoll und sicher über ein Hydraulik-Zweikreis-Bremssystem mit rundum Scheibenbremsen verzögert. Die vorderen Scheibenbremsen sind innenbelüftet, die Bremsscheiben hinten sind derzeit durchweg für alle Motorisierungen massiv. Die Feststellbremse wirkt mechanisch über die hinteren Bremssättel auf die Scheibenbremse der Hinterräder. Die Bremsunterstützung erfolgt pneumatisch durch Vakuumbremskraftverstärker. In ihnen wird der hydraulische Druck, der dann an den Bremsen wirkt, mehr als verdoppelt. Auf diese Weise werden etwa 60% der wirkenden Bremskraft aufgebracht. Das Vakuum für den Unterdruck im Bremskraftverstärker wird dem Saugrohr entnommen oder mit einer Vakuumpumpe erzeugt. Je nach Motorisierung werden unterschiedliche Bremsenmodelle eingesetzt. Welche Bremsen in einem bestimmten Fahrzeug verbaut sind und oder welche Abmessungen erfasst werden können, wird in der nachstehenden Tabelle gegenübergestellt.

Bremsscheiben
Über die Produktionsjahre und die Ausstattungsvarianten wurden keine unterschiedlichen Varianten der Bremsanlage verbaut. Notieren Sie sich die Abmessungen der Bremsscheiben Ihres Fahrzeugs am besten im Serviceheft oder zusätzlich zu den technischen Daten in diesem Buch.

Bremsbeläge für Betriebs- und Handbremse
Wie schon bei den Bremsscheiben sollten Sie die Belagsstärke erfassen und im Serviceheft oder unter den technischen Daten in diesem Buch entsprechend vermerken. So entfällt bei Bedarf der erneute Kampf mit den genauen Abmessungen und eventuell nicht passenden Teilen.

Bremsscheiben vorne		
Durchmesser [mm]	283 mm	
Belüftung	Ja	
Höhe [mm]	34,2 mm	
Bremsscheibendicke [mm]	26 mm	
Mindestdicke [mm]	24 mm	
Lochanzahl	4	
Lochkreis	108 mm	
Zentrierungsdurchmesser [mm]	66 mm	
Hersteller des Bremssattels	TEVES	
Bautyp des Bremssattels	FN3 - 60/26	
Kolbendurchmesser	60 mm	
Bremsbelagsstärke	12 mm	
Mindestbremsbelagsstärke	2 mm	

Bremsscheiben hinten:	
Durchmesser [mm]	268 mm
Belüftung	Nein
Höhe [mm]	73,2 mm
Bremsscheibendicke [mm]	12 mm
Mindestdicke [mm]	10 mm
Lochanzahl	4
Lochkreis	108 mm
Zentrierungsdurchmesser [mm] (Schutzkappe)	56 mm
Hersteller des Bremssattels	TRW
Bautyp des Bremssattels	C1 38HR - PE
Kolbendurchmesser	38 mm
Bremsbelagsstärke	11 mm
Mindestbremsbelagsstärke	3 mm

Hauptbremszylinder und Bremskraftverstärker
Der Hauptbremszylinder wurde in unterschiedlichen Varianten verbaut. Achten Sie auf die Abmessungen und den Kolbendurchmesser.

Bauteil	*Einheit*	*Durchmesser*
Hauptbremszylinder ohne ESP	Ø in mm	23,8 mm
Bremskraftverstärker	Ø in Zoll	TRW 10 Zoll (TU5 Motoren 10,5 Zoll

Antiblockiersystem (ABS)
Der Van verfügt serienmäßig über ein Antiblockiersystem. Die Bremsanlage des ABS ist diagonal aufgeteilt. Die Bremskraftverstärkung erfolgt pneumatisch durch den Vakuumbremskraftverstärker. Fahrzeuge mit dem ABS haben keinen mechanischen Bremskraftregler. Eine speziell abgestimmte Software im Steuergerät übernimmt die Bremskraftverteilung für die Hinterachse. Störungen am ABS haben Einfluss auf die Bremsanlage und die Verstärkung. Es muss mit einem veränderten Bremsverhalten gerechnet werden. Nach Aufleuchten der Kontrollleuchte für ABS und Kontrollleuchte für Bremsanlage können die Hinterräder beim Bremsen frühzeitig blockieren! Hydraulikeinheit und Steuergerät bilden eine Einheit. Eine Trennung ist nur im ausgebauten Zustand möglich. Neue Steuergeräte aus dem Ersatzteilbereich sind nicht codiert. Sie sind nach dem Einbau zu codieren. Die Kontrollleuchte für ABS und die Kontrollleuchte für ESP und ASR blinken, solange das Steuergerät für ABS nicht codiert ist.

Informationen zum Bremssystem
■ Die im Hydrauliksystem zirkulierende Flüssigkeit ist auch bei PSA eine Bremsflüssigkeit nach dem Standard »FMVSS 116 DOT 4«, wovon auch die Weiterentwicklung »DOT 4 plus« erhältlich ist.

■ Bremsflüssigkeit auf keinen Fall mit mineralölhaltigen Flüssigkeiten (Öl, Benzin, Reinigungsmittel) in Verbindung bringen. Mineralöle beschädigen die Dichtungen und Gummitüllen der Bremsanlage!

■ Bremsflüssigkeit ist giftig. Sie darf wegen ihrer ätzenden Wirkung auch nicht mit Lack in Berührung kommen. Eventuell ausgetretene Bremsflüssigkeit mit viel Wasser abspülen!
■ Bremsflüssigkeit ist hygroskopisch, das heißt, sie nimmt aus der umgebenden Luft Feuchtigkeit auf und ist darum stets in luftdicht verschlossenen Behältern aufzubewahren.

Störungen am ABS haben keinen Einfluss auf Bremsanlage und Bremskraftverstärkung. Die herkömmliche Bremsanlage bleibt auch ohne ABS funktionsfähig. Es muss jedoch mit einem veränderten Bremsverhalten gerechnet werden. Nach Aufleuchten der ABS-Kontrollleuchte können die Hinterräder beim Bremsen frühzeitig blockieren.

Bremsflüssigkeitsstand prüfen (abhängig vom Belagverschleiß)

Der Stand der Bremsflüssigkeit ist an den Markierungen des Bremsflüssigkeitsbehälters abzulesen.
■ Der Bremsflüssigkeitsstand (Menge) ist stets in Abhängigkeit vom Bremsbelagverschleiß zu beurteilen. Im Fahrbetrieb sinkt durch Abnutzung und automatische Nachstellung der Bremsbeläge der Flüssigkeitsstand geringfügig ab.
■ Bei einem Flüssigkeitsstand an der »MIN«-Markierung und etwas darüber ist kein Nachfüllen erforderlich, wenn die Bremsbelagverschleißgrenze nahezu erreicht ist.
■ Sind die Bremsbeläge neu bzw. weit von der Belagverschleißgrenze entfernt, muss der Flüssigkeitsstand zwischen der »MIN«- und der »MAX«-Markierung liegen.
■ Die »MAX«-Markierung darf jedoch nicht überschritten werden, damit die Flüssigkeit nicht aus dem Bremsflüssigkeitsbehälter austritt.
■ Ist der Flüssigkeitsstand unter die »MIN«-Markierung abgesunken, muss bevor Bremsflüssigkeit ergänzt wird, das ganze Bremssystem überprüft werden. Ggf. sind Reparaturen einzuleiten.

Bremsanlage auf Undichtigkeiten und Beschädigungen prüfen

Sichtprüfung
Folgende Bauteile müssen auf Undichtigkeiten und Beschädigungen überprüft werden:
■ Hauptbremszylinder,
■ Bremskraftverstärker,
■ Hydraulikeinheit,
■ Bremssättel.

Weiterhin ist zu prüfen:
■ Vorhandensein der Staubkappen an den Entlüftungsventilen für Bremsflüssigkeit;

■ Dass die Bremsschläuche nicht verdreht sind und dass sie beim maximalen Lenkeinschlag keine Fahrzeugbauteile berühren.
■ Dass Bremsschläuche nicht porös und brüchig sind.
■ Dass Bremsschläuche und Bremsleitungen keine Scheuerstellen aufweisen.
■ Dass Bremsanschlüsse und Befestigungen richtig sitzen, nicht undicht und frei von Korrosion sind.
Festgestellte Mängel sind unbedingt durch entsprechende Reparaturmaßnahmen zu beseitigen.

Dichtigkeitsprüfung unter Druck
Diese Prüfung erfordert ein Prüfgerät für Bremssysteme mit Adapter. Prüfvoraussetzung ist, dass Funktion und Dichtheit der Bremsanlage gewährleistet sind.
■ Entlüftungsventil an einem der vorderen Bremssättel herausschrauben. Das Prüfgerät für Bremssysteme anschließen und entlüften.
■ Bremspedal belasten, bis das Druckmanometer 50 bar Überdruck anzeigt. Während der Prüfdauer von 45 Sekunden darf der Druckabfall nicht mehr als 4 bar betragen. Bei größerem Druckabfall Hauptbremszylinder ersetzen.

Bremsanlage mit Gerät entlüften

Normale Entlüftung
Den Arbeitsablauf zum Entlüften der Bremsanlage genau einhalten.
■ Bremsenfüll- und Entlüftungsgerät anschließen, d. h. Adapter statt Verschlussdeckel auf Bremsflüssigkeitsbehälter aufschrauben, Druck einstellen und Befüllschlauch des Gerätes an den Adapter anschließen.
■ Abdeckkappen von den Entlüftungsventilen abziehen, Schlauch der Entlüfterflasche aufstecken und dann Entlüftungsventile mit einem passenden Schlüssel in folgender Reihenfolge öffnen und jeweiligen Radbremszylinder/Bremssättel entlüften:
1. Bremssattel hinten links
2. Bremssattel vorn links
3. Bremssattel vorn rechts
4. Bremssattel hinten rechts
■ Entlüftungsventil bei aufgestecktem Schlauch der Entlüfterflasche so lange geöffnet lassen, bis blasenfreie Bremsflüssigkeit ausströmt.

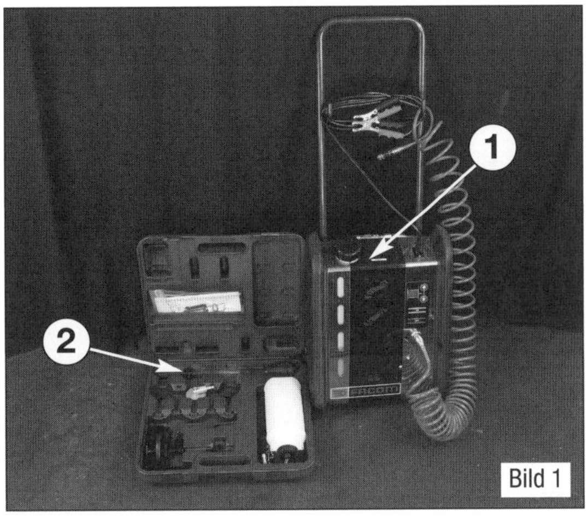

Bild 1
Automatisches Entlüftungsgerät.
1 Entlüftungsgerät mit Batterieanschlüssen und Vorratstank
2 Adapterset für unterschiedliche Vorratsbehälter am Fahrzeug

■ Geeigneten Entlüfterschlauch verwenden. Er muss straff auf dem Entlüftungsventil sitzen, damit keine Luft in die Bremsanlage gelangen kann!

Vorentlüftung
Wenn bei Fahrzeugen mit EDS, EDS/ASR oder EDS/ASR/ESP eine Kammer des Bremsflüssigkeitsbehälters komplett leergelaufen ist (z. B. bei Undichtigkeiten der Bremsanlage), muss zuerst eine Vorentlüftung erfolgen.
■ Bremssattel vorn links und vorn rechts gleichzeitig zusammen entlüften.
■ Bremssattel hinten links und hinten rechts gleichzeitig zusammen entlüften.
■ Entlüftungsventile bei aufgesteckten Schläuchen der Entlüfterflasche so lange geöffnet lassen, bis blasenfreie Bremsflüssigkeit ausströmt.
■ Anschließend muss über die Funktion »Grundeinstellung« mit dem Diagnosetester PSA-COM die Hydraulikeinheit nochmals entlüftet werden. Grundeinstellung einleiten (zum Entlüften der Bremsanlage):
■ PSA-COM anschließen und Funktion anwählen. Zum Entlüften der Hydraulikeinheit ist ein Vordruck von 2 bar nötig.
■ Danach die Bremsanlage normal entlüften (siehe oben).

Bremsanlage ohne Gerät entlüften

Steht kein Bremsenfüll- und Entlüftungsgerät zur Verfügung, muss die Bremsanlage mit einfachen Mitteln entlüftet werden. Nötig

Bild 2
Entlüftungsventil am Bremssattel vorne.
1 Entlüftungsventil
2 Bremssattel

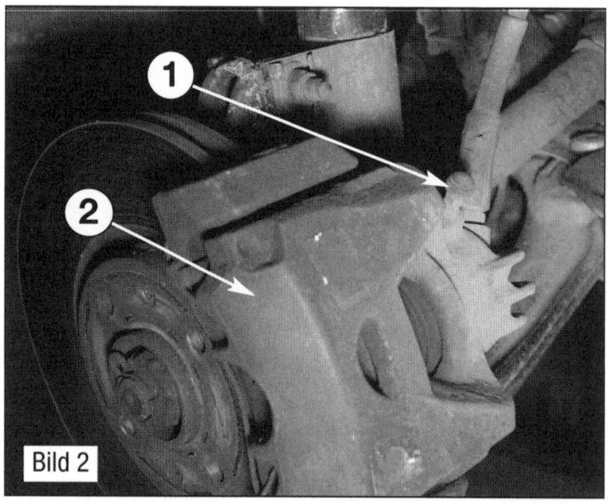

Bild 3
Entlüftungsventil am Bremssattel hinten.
1 Entlüftungsventil
2 Bremssattel

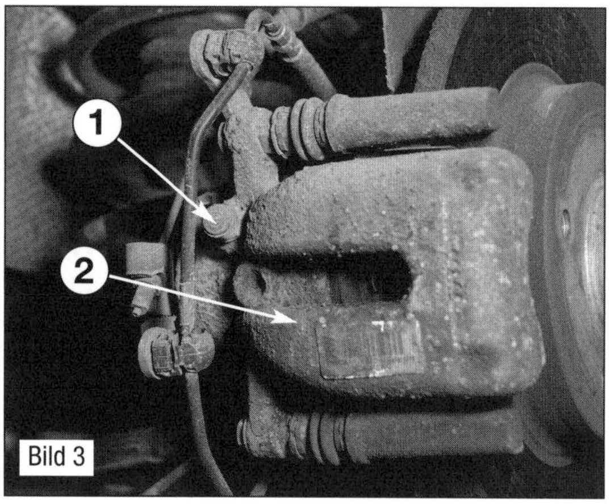

dafür sind neue Bremsflüssigkeit und ein geeigneter, möglichst durchsichtiger Kunststoffschlauch, wie ihn Baumärkte im Sortiment haben. Er muss straff auf der Entlüfterschraube Radbremszylinder/Bremssattel sitzen, damit keine Luft in die Bremsanlage gelangen kann.

■ Wenn erforderlich, die Entlüftungsventile einige Stunden vor der Arbeit mit Rostlöser einsprühen. Das mindert das Risiko, dass die Ventile beim Lösen abgerissen werden.

■ Entlüftungsreihenfolge wie bei »Entlüftung normal«.

■ Staubkappe vom Entlüftungsventil abziehen, Ventilnippel säubern, den Kunststoffschlauch auf den Nippel schieben und das freie Schlauchende in einen teilweise mit Bremsflüssigkeit gefüllten Auffangbehälter stecken.

■ Entlüftungsschraube mit einem Ringschlüssel maximal eine Umdrehung lösen. Ein Helfer tritt das Bremspedal langsam bis zum Boden, damit die Bremsflüssigkeit und die darin eingeschlossene Luft herausgepumpt werden.

☞ Auf Schlauch und Auffangbehälter achten: Die Luftbläschen müssen zu sehen sein.

■ Das Bremspedal am Boden halten.

■ Nun die Entlüftungsschraube schließen, erst dann das Bremspedal zurücknehmen.

■ Diesen Vorgang so lange wiederholen, bis keine Luftbläschen mehr aufsteigen, es ist dann keine Luft mehr im System. Dabei aber ständig den Stand der Bremsflüssigkeit im Ausgleichsbehälter beobachten. Bei Bedarf nachfüllen, aber nur so viel, dass der vorherige Stand im Bremsflüssigkeitsbehälter nicht überschritten wird. Dadurch wird verhindert, dass bei einem späteren Wechsel der Bremsbeläge zu viel Bremsflüssigkeit im System ist und der Behälter beim Zurückdrücken der Bremskolben überläuft.

■ Nach dem letzten Durchgang muss der Helfer das Bremspedal wieder am Boden halten, bis das Entlüftungsventil endgültig geschlossen ist (Schraube nicht anknallen).

■ Die Arbeit an den anderen Entlüftungsventilen wiederholen.

■ Lässt sich die Bremse nach vorgenannter Methode nicht vollständig entlüften, alle Entlüftungsventile schließen, den Motor starten und mehrfach die Bremse betätigen. Dann nochmals einen Entlüftungsdurchgang vornehmen.

■ Zum Schluss noch einmal alle Bremsleitungen, Entlüftungsventile (angezogen?), den Stand im Bremsflüssigkeitsbehälter und die Funktion der Bremsen bei einer (vorsichtigen) Probefahrt prüfen. Dabei einmal so stark bremsen, dass die ABS-Regelung greift.

Bremsflüssigkeit wechseln

■ Verschlussdeckel vom Bremsflüssigkeits-Vorratsbehälter abschrauben. Das Sieb darf nicht aus dem Behälter entfernt werden!

■ Mit dem Saugschlauch vom Bremsenfüll- und Entlüftungsgerät so viel Bremsflüssigkeit wie möglich absaugen. Abgesaugte Bremsflüssigkeit darf nicht wiederverwendet werden.

■ Adapter (aus dem Bremsenentlüftungswerkzeug) auf den Bremsflüssigkeits-Vorratsbehälter schrauben, den richtigen Druck am Bremsenfüll- und Entlüftungsgerät einstellen (Bedienungsanleitung des Gerätes beachten) und den Befüllschlauch des

Geräts an den Adapter anschließen.

- Abdeckkappe des Entlüftungsventils am Bremssattel vorn links abziehen und Entlüfterschlauch der Auffangflasche auf das Ventil stecken, Entlüftungsventil öffnen und die entsprechende Bremsflüssigkeitsmenge (siehe folgende Tabelle) ausfließen lassen. Entlüftungsventil mit 10 Nm schließen. Abdeckkappe am Entlüftungsventil des Bremssattels vorn links wieder aufstecken.
- Diesen Arbeitsablauf an der rechten Fahrzeugseite vorn wiederholen.
- Schrauben Sie ggf. beide Räder an der Hinterachse ab, um nun dort an die Entlüftungsventile zu gelangen. Abdeckkappe am Entlüftungsventil des Bremssattels hinten links abziehen und Entlüfterschlauch der Auffangflasche auf das Entlüftungsventil hinten links stecken, Entlüftungsventil öffnen und die entsprechende Bremsflüssigkeitsmenge (siehe folgende Tabelle) ausfließen lassen. Entlüftungsventil mit 10 Nm schließen. Abdeckkappe am Entlüftungsventil des Bremssattels hinten links wieder aufstecken.
- Diesen Arbeitsablauf an der rechten Fahrzeugseite hinten wiederholen.

Ausfließende Bremsflüssigkeitsmengen	
Reihenfolge Entlüftungsventile	*Bremsflüssigkeitsmengen*
Bremssattel vorn links	0,20 Liter
Bremssattel vorn rechts	0,20 Liter
Bremssattel hinten links	0,30 Liter
Bremssattel hinten rechts	0,30 Liter
Kupplungsnehmerzylinder	0,15 Liter

Bremslichtschalter aus- und einbauen

Der Bremslichtschalter ist unter der Armaturenbrettverkleidung mittig über dem Bremspedal verbaut. Er ist ohne die Demontage weiterer Bauteile erreichbar. Der Schalter über dem Kupplungspedal ist der Kupplungsschalter. Verbaut wurden zwei unterschiedliche Bautypen. Die erste mit manueller, die zweite mit automatischer Einstellung.

Bild 4
Bremslichtschalter.
1 Steckkontakt
2 Steckerraste
3 Bremslichtschalter
4 Halter am Pedalträger
5 Bremspedal

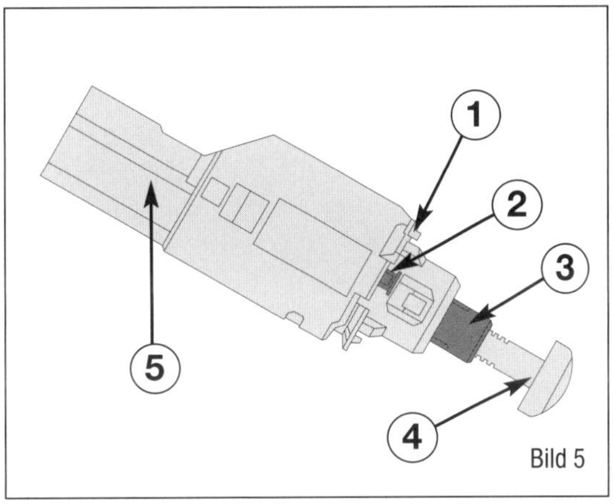

Bild 5
Manueller Bremslichtschalter.
1 Haltenasen des Bremslichtschalters
2 Verriegelung (meist rot)
3 Ausgleichshülse
4 Tastkopf
5 Steckkontakt

De- und Montage des manuellen Bremslichtschalters

- Die Steckerraste entsichern und Stecker (1 im Bild 4) vom Bremslichtschalter (3) abziehen.
- Bremslichtschalter (3) eine Viertel-Umdrehung gegen den Uhrzeigersinn drehen und herausziehen.

Der Einbau erfolgt sinngemäß in umgekehrter Reihenfolge.

- Achten Sie darauf, dass die rote Verriegelung (1 im Bild 5) in der Verlängerung der Zentriernut des Schaltergehäuses steht und keine Verschleißspuren oder Schäden aufweist.
- Setzen Sie den Bremslichtschalter ein und drücken Sie ihn fest auf das unbetätigte Bremspedal. Das Bremspedal muss in der höchsten Stellung sein und darf beim Einbau nicht betätigt werden.
- Den Bremslichtschalter gedrückt halten und eine Viertel-Umdrehung im Uhrzeigersinn auf Anschlag drehen.
- Weitere Einstellarbeiten sind nicht notwendig.

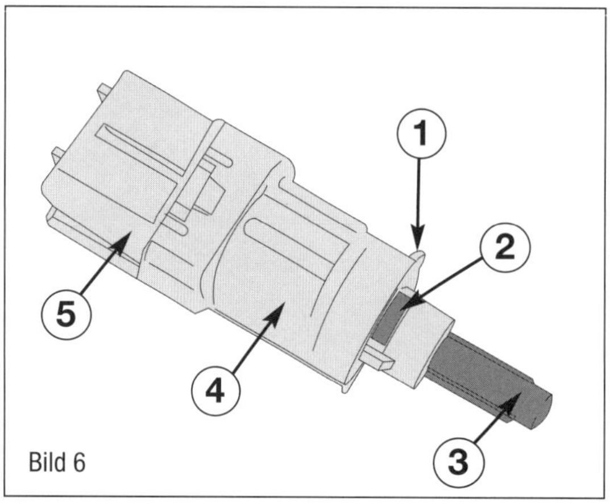

Bild 6

Bild 6
Automatischer Bremslichtschalter.
1 Haltenasen des Bremslichtschalters
2 Verriegelung (meist rot)
3 Tastkopf
4 Schaltergehäuse
5 Steckkontakt

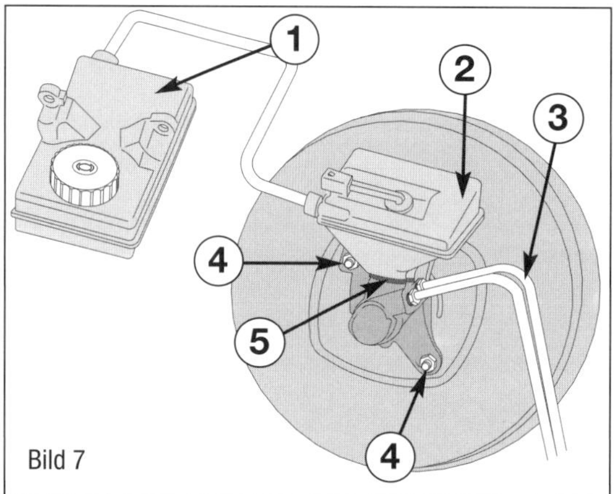

Bild 7

Bild 7
Hauptbremszylinder und Vorratsbehälter.
1 Vorratsbehälter extern
2 Vorratsbehälter auf dem Hauptbremszylinder
3 Bremsleitungen
4 Verschraubungen Hauptbremszylinder
5 Hauptbremszylinder

■ Stecken Sie den Steckkontakt auf und kontrollieren Sie die Einstellung des Bremslichtschalters.

Prüfung der Einstellung des manuellen Bremslichtschalters

Bremspedal unbetätigt:

■ Das Bremspedal muss sich unbestätigt in Ruhestellung befinden.

■ Der Bremslichtschalter darf nicht der Anschlag des Bremslichtschalters sein.

■ Achten Sie darauf, dass die Ausgleichshülse (3 im Bild 5) bündig zum Schaltergehäuse steht.

■ Das Bremslicht ist aus. Die Schalterstellung wird im Stellgliedtest mit dem Tester als »unbetätigt« angezeigt.

Bremspedal betätigt:

■ Das Bremspedal muss betätigt werden. Der Stößel des Bremslichtschalters liegt nicht mehr am Bremspedal an.

■ Achten Sie darauf, dass die Ausgleichshülse (3 im Bild 5) nicht mehr bündig (wie im Bild 5) zum Schaltergehäuse steht.

■ Das Bremslicht ist aus. Die Schalterstellung wird im Stellgliedtest mit dem Tester als »betätigt« angezeigt.

De- und Montage des automatischen Bremslichtschalters

■ Die Steckerraste entsichern und Stecker vom Bremslichtschalter abziehen.

■ Bremslichtschalter eine Viertel-Umdrehung gegen den Uhrzeigersinn drehen und herausziehen.

Der Einbau erfolgt sinngemäß in umgekehrter Reihenfolge.

■ Achten Sie darauf, dass die rote Verriegelung (2 im Bild 6) in der Verlängerung der Zentriernut des Schaltergehäuses steht und keine Verschleißspuren oder Schäden aufweist.

■ Setzen Sie den Bremslichtschalter ein und drücken Sie ihn fest auf das unbetätigte Bremspedal. Das Bremspedal muss in der höchsten Stellung sein und darf beim Einbau nicht betätigt werden.

■ Den Bremslichtschalter eine Viertel-Umdrehung im Uhrzeigersinn auf Anschlag drehen.

■ Weitere Einstellarbeiten sind nicht notwendig.

■ Stecken Sie den Steckkontakt auf und kontrollieren Sie die Einstellung des Bremslichtschalters.

Prüfung der Einstellung des manuellen Bremslichtschalters

Die Einstellung des Bremslichtschalters erfolgt selbstständig, sobald die Verriegelung beim Einbau betätigt wird. Die Funktion kann mit dem Multimeter oder mit dem Diagnosetester überprüft werden.

Hauptbremszylinder aus- und einbauen

■ Ausreichend nicht fasernde Lappen im Bereich des Hauptbremszylinders legen.

■ So viel Bremsflüssigkeit wie möglich mit dem Bremsenfüll- und Entlüftungsgerät oder einer Absaugvorrichtung aus dem Bremsflüssigkeitsbehälter (1) und absaugen.

■ Nachlaufschlauch für Kupplungsgeberzylinder vom Bremsflüssigkeitsbehälter abziehen und hochbinden.

■ Die Steckerraste entsichern und Stecker vom Bremsflüssigkeitssensor abziehen.

■ Zulaufleitung vom externen Vorratsbehälter zum Vorratsbehälter auf dem Hauptbremszylinder ausclipsen und abnehmen.
■ Bremsleitungen (3) am Hauptbremszylinder abschrauben.
■ Die Bremsleitungen mit Verschlussstopfen verschließen.
■ Muttern (4) vom Hauptbremszylinder (5) abschrauben.
■ Hauptbremszylinder vorsichtig aus dem Bremskraftverstärker herausnehmen.
■ Drehen Sie die Schraube (4 im Bild 8) heraus.
■ Ziehen Sie den Vorratsbehälter (1) vorsichtig und gerade nach oben aus den Dichtungen (2) heraus ab.

Der Einbau erfolgt sinngemäß in umgekehrter Reihenfolge.
ı Beim Zusammensetzen des Hauptbremszylinders mit dem Bremskraftverstärker auf richtigen Sitz der Druckstange im Hauptbremszylinder achten. Darauf achten, dass der Dichtring zwischen Hauptbremszylinder und Bremskraftverstärker ordnungsgemäß eingebaut ist.
■ Bremsanlage entlüften. Eventuell den Kupplungsgeberzylinder entlüften.

Funktion des Bremskraftverstärkers prüfen

■ Bremspedal bei stehendem Motor mehrere Male kräftig durchtreten (dadurch wird der im Gerät vorhandene Unterdruck abgebaut).
■ Bremspedal jetzt mit mittlerer Fußkraft in Bremsstellung halten und Motor starten. Bei einem einwandfrei funktionierenden Bremskraftverstärker gibt das Bremspedal dabei unter dem Fuß spürbar nach (Verstärkung wird wirksam). Senkt sich das Pedal nicht, liegt eine Störung vor.
ә Diese kann in der Unterdruckversorgung (Leitung, Pumpe, Anschluss) oder am Bremskraftverstärker selbst zu finden sein. In diesem Fall muss er ersetzt werden. Reparaturen an diesem Bauteil sind nicht vorgesehen.

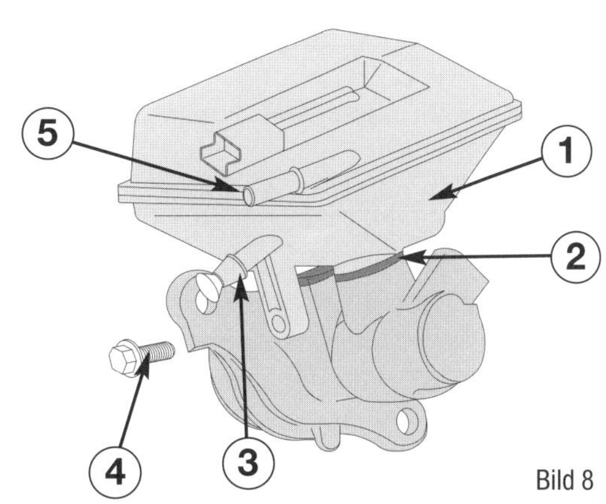

Bild 8

Bild 8
Hauptbremszylinder und Vorratsbehälter.
1 Vorratsbehälter
2 Dichtringe
3 Ablauf zum Kupplungsgeberzylinder
4 Schraube
5 Zulauf vom externen Vorratsbehälter

Bremskraftverstärker aus- und einbauen

■ Bei Fahrzeugen mit codiertem Radio die Codierung beachten, ggf. erfragen.
■ Batterie abklemmen.
■ Heben Sie das Fahrzeug an.
■ Bauen Sie das linke Vorderrad ab.
■ Demontieren Sie die Motorabdeckung soweit verbaut.
■ Demontieren Sie den Sicherungskasten auf der Batterie, die Batterieverkleidung sowie die Halterung der Batterie.
■ Demontieren Sie die Unterdruckleitung vom Bremskraftverstärker und nehmen Sie sie heraus.

Dieselmotoren:
■ Bauen Sie das Ansaugrohr zwischen Turbolader und Ansaugrohr und das Saugrohr zum Luftfilter aus.

Weiter für alle Fahrzeuge:
■ Demontieren Sie den externen Vorratsbehälter der Bremsflüssigkeit (1 im Bild 7).
■ Bauen Sie das obere Luftfiltergehäuse wie bereits beschrieben aus.
■ Demontieren Sie den Hauptbremszylinder wie bereits beschrieben.
■ Bauen Sie die Verkleidungen unter dem Armaturenbrett aus.
■ Demontieren Sie den Bremslichtschalter wie bereits beschrieben.
■ Soweit vorhanden lassen Sie den Fahrerknieairbag ausbauen.
■ Entriegeln Sie den Steckkontakt und ziehen Sie ihn vom Gaspedal ab.
■ Drehen Sie die drei Schrauben am Gaspedal heraus und bauen Sie es aus.

■ Lösen Sie die Verschraubung am Kreuzgelenk der Lenkung und ziehen Sie die Lenksäule von der Lenkung ab. Die Lenksäule lässt sich nach oben zusammenschieben.
■ Clipsen Sie das Kupplungspedal des Geberzylinders ab. Die Besonderheiten der Befestigung haben wir im Kapitel 10 auf Seite 137 genauer beschrieben.
■ Verdrehen Sie den Sicherungssplint am Bremspedal um eine Viertel-Umdrehung und ziehen Sie ihn heraus.
■ Lösen Sie das Bremspedal von der Schubstange des Bremskraftverstärkers.
■ Drehen Sie die vier Muttern des Bremskraftverstärkers vom Fußraum aus los.
■ Nehmen Sie den Bremskraftverstärker nach vorne heraus.

Der Einbau erfolgt sinngemäß in umgekehrter Reihenfolge.
■ Bremskraftverstärker einbauen.
■ Hauptbremszylinder einbauen.
■ Bremspedal mit Bremskraftverstärker verclipsen.
■ Bremsanlage entlüften. Eventuell den Kupplungsgeberzylinder entlüften.
■ Wenn erforderlich Radio codieren.

Bremspedal aus- und einbauen

■ Bauen Sie die Verkleidungen unter dem Armaturenbrett aus.
■ Demontieren Sie den Bremslichtschalter wie bereits beschrieben.
■ Lösen Sie das Bremspedal von der Schubstange des Bremskraftverstärkers.
■ Demontieren Sie den Lagerbolzen des Bremspedals und ziehen Sie ihn heraus.
■ Nehmen Sie das Bremspedal heraus.

Die Montage erfolgt sinngemäß in umgekehrter Reihenfolge.
■ Achten Sie darauf, dass der Clip für den Bremskraftverstärker und die Pedallagerung richtig einsitzen.
■ Schmieren Sie die Lagerstellen mit einem säurefreien Fett.

Bremsscheiben und Beläge

Bremsbelagdicke und Bremsscheiben prüfen

Bremsbeläge vorn
■ Zur besseren Beurteilung der Restbelagdicke einen Prüfspiegel benutzen und das Rad auf der Seite abnehmen, ggf. Radschraubenkappen abziehen.
■ Kennzeichnen Sie die Anbauposition des Rades mit einem Kürzel auf dem Reifen (beispielsweise VL = Vorne Links).
■ Radschrauben herausdrehen und Rad abnehmen.
■ Dicke des äußeren und inneren Belages messen. Bei der Belagdicke 2 mm (ohne Rückenplatte) haben die Bremsbeläge ihre Verschleißgrenze erreicht und sind zu ersetzen.
■ Rad in der gekennzeichneten Position wieder anschrauben. Radbefestigungsschrauben über Kreuz mit 100 Nm anziehen, ggf. Radschrauben und -kappen aufstecken.

Bremsbeläge hinten
Mit einer Taschenlampe durch einen Durchbruch in der Felge leuchten. Dicke des äußeren Belages durch Sichtprüfung ermitteln. Mit einer Taschenlampe inneren Belag anleuchten und Spiegel anhalten. Dicke des inneren Belages durch Sichtprüfung ermitteln. Auch diese Bremsbeläge haben bei einer Dicke von 3 mm ohne Rückenplatte ihre Verschleißgrenze erreicht und sind zu ersetzen.

Bremsscheiben prüfen
Wenn die Scheibenbremsbeläge ersetzt werden müssen, sind unbedingt auch die Bremsscheiben auf Verschleiß zu prüfen. Fehlerbilder sind: Risse, Riefen, Rost und Grat am Bremsscheibenrand.
■ Ggf. Bremsscheiben ersetzen (grundsätzlich achsweise).

Vorderradbremse

Bremsbeläge vorne wechseln

Weiter zu verwendende Bremsbeläge beim Ausbau kennzeichnen. Die Beläge an gleicher Stelle wieder einbauen, sonst kann ungleichmäßige Bremswirkung entstehen! Die Montagearbeit unterscheidet sich für die unterschiedlichen Bremssysteme nur unwesentlich.
■ Unterbauen Sie zumindest die Radseite, die Sie bearbeiten möchten. Wenn Sie nicht auf einer Hebebühne arbeiten, unterbauen Sie das Fahrzeug sicher mit einem Unter-

stellbock.
■ Räder abbauen.
■ Steckverbindung für Bremsbelagverschleißanzeige soweit vorhanden trennen.
■ Abdeckkappen (soweit verbaut) (1 im Bild 9) abnehmen und die Bremssattelbefestigung herausschrauben.
■ Hängen Sie die Sicherungsfeder (9) aus.
■ Mit dem Schraubendreher die Führungsbuchsen (2) im Bremssattel etwas zurückdrücken.
■ Bremssattel abnehmen, dabei Leitung für Bremsbelagverschleißanzeige durch die Öffnung im Bremssattel führen.
■ Bremssattel so mit Draht befestigen, dass das Gewicht des Bremssattels den Bremsschlauch nicht belastet bzw. beschädigt.
■ Bremsbeläge (5) seitlich aus dem Bremsträger (8) herausnehmen.
■ Bremssattelgehäuse reinigen.

Für das Reinigen des Bremssattelgehäuses ist ausschließlich Spiritus zu verwenden.

Einbauen:

Vor dem Zurückdrücken mit einer Entlüfterflasche Bremsflüssigkeit aus dem Bremsflüssigkeitsbehälter absaugen. Sonst kann, wenn zwischenzeitlich Bremsflüssigkeit nachgefüllt wurde, Bremsflüssigkeit auslaufen und zu Schäden führen. Bei gebrauchten wieder zu verwendenden Belägen die Markierungen der Beläge beachten.

■ Vor Einsetzen neuer Bremsbeläge müssen die Kolben mit einer Kolbenrücksetzvorrichtung (1 im Bild 10) in den Zylinder gedrückt werden.
■ Bremsbeläge (5 im Bild 9) einsetzen.
■ Prüfen Sie, ob die Schwimmlager der Bremssättel sich leichtgängig und spielfrei verschieben lassen.
■ Bremssattelgehäuse einsetzen.
■ Neue Führungsschrauben (2) mit vorgeschriebenem Anzugsdrehmoment festziehen.
■ Abdeckkappen (1) einsetzen.
■ Steckverbindung für Bremsbelagverschleißanzeige soweit vorhanden verbinden.
■ Räder anbauen.

Nach dem Ersetzen von Bremsbelägen, Bremspedal im Stand mehrmals kräftig durchtreten, damit die Bremsbeläge ihren dem Betriebszustand entsprechenden Sitz einnehmen.

Nach dem Bremsbelagwechsel den Bremsflüssigkeitsstand prüfen.

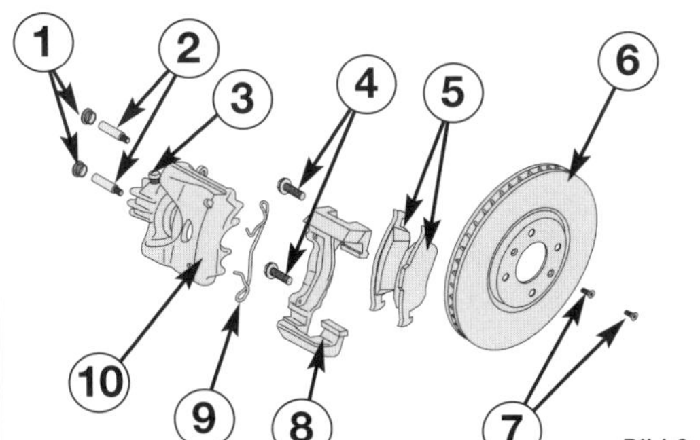

Bild 9

Bild 9
Bremsanlage vorne.
1 Abdeckkappe
2 Führungshülse
3 Entlüftungsnippel
4 Schrauben Sattelträger
5 Bremsbeläge
6 Bremsscheibe
7 Sicherungsschraube
8 Sattelträger
9 Sicherungsfeder
10 Bremssattel

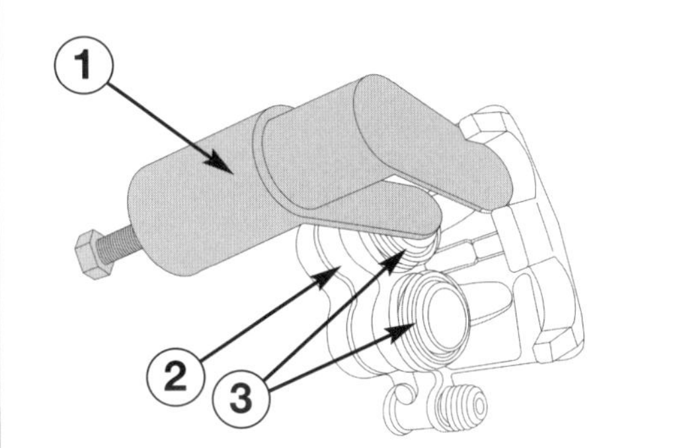

Bild 10

Bild 10
1 Kolbenrücksetzvorrichtung
2 Bremssattel
3 Bremskolben

Bremsscheiben vorne wechseln
Weiter zu verwendende Bremsscheiben und Bremsbeläge beim Ausbau kennzeichnen. Die Beläge und Scheiben an gleicher Stelle wieder einbauen, sonst kann ungleichmäßige Bremswirkung entstehen.
■ Räder abbauen.
■ Steckverbindung für Bremsbelagverschleißanzeige, soweit vorhanden, trennen.
■ Abdeckkappen (1 im Bild 9) abnehmen und die Führungshülsen für Bremssattelbefestigung (2) herausschrauben.
■ Hängen Sie die Sicherungsfeder (9) aus.
■ Mit dem Schraubendreher die Führungsbuchsen (2) im Bremssattel etwas zurückdrücken.
■ Bremssattel abnehmen, dabei Leitung für Bremsbelagverschleißanzeige, soweit vorhanden, durch die Öffnung im Bremssattel führen.
■ Bremssattel so mit Draht befestigen, dass das Gewicht des Bremssattels den Bremsschlauch nicht belastet bzw. beschädigt.
■ Bremsbeläge seitlich aus dem Bremsträger herausnehmen.

Bild 11
Bremsanlage hinten.
1 Schrauben
2 Führungshülsen
3 Führungsplatte
4 Schrauben
5 Bremssattel hinten
6 Bremsbeläge
7 Führungsplatte
8 Bremssattelträger
9 Staubschutzkappe
10 Mutter
11 Bremsscheibe
12 Ankerplatte

Bild 12
Bremskolbenrücksteller für Kombibremssattel.
1 Bremssattel
2 Handgriff Spindel
3 Sechskant Rücksteller
4 Anlageplatte Bremskolben

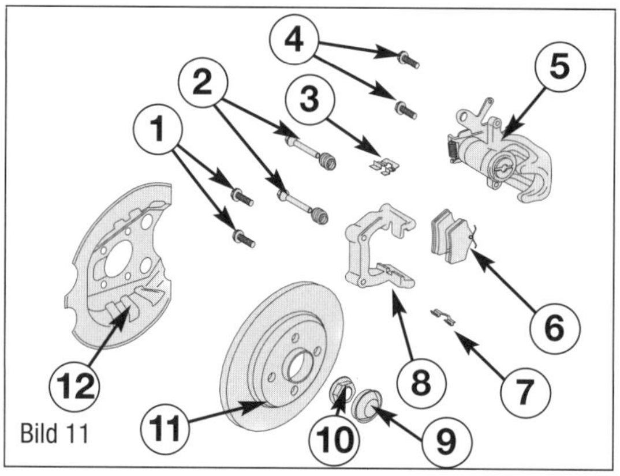

Bild 11

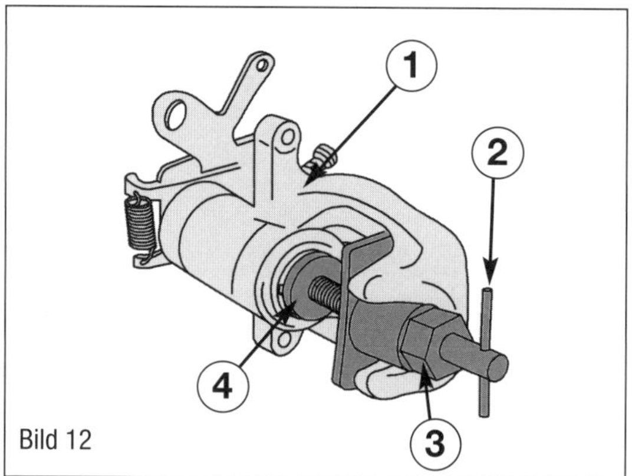

Bild 12

■ Drehen Sie die beiden Schrauben (4) heraus und nehmen Sie den Sattelträger (8) ab.
■ Drehen Sie die Sicherungsschraube (7) der Bremsscheibe vorsichtig heraus (sie rostet gerne fest) und nehmen Sie die Bremsscheibe ab.

☞ Gerade bei älteren Scheiben kann Rostbildung das Abnehmen der Scheibe erschweren. Hier wird die Bremsscheibe dann durch wechselnde Schläge mit einem Hammer entfernt und muss anschließend zwingend ersetzt werden.

Die Montage erfolgt sinngemäß in umgekehrter Reihenfolge.
■ Reinigen Sie den Sattelträger gründlich.
■ Reinigen Sie die Anlagefläche der Bremsscheibe auf der Radnabe gründlich.

👁 Die Anlagefläche muss metallisch blank sein. Ablagerungsreste können zu rubbelnden Bremsscheiben führen.

■ Bestreichen Sie die Anlagefläche auf der Radnabe dünn mit Kupferpaste, um die erneute Korrosionsbildung etwas zu verzögern.

Hinterradbremse

Die Hinterradbremse ist ähnlich aufgebaut wie schon die Bremse bei vielen Pkw und Van-Modellen von Mercedes und Volkswagen und vielen anderen Herstellern. Die Handbremse wirkt über eine Spindel und eine automatische Nachstellung auf die Bremskolben der hinteren Bremssättel.

Bremsbeläge hinten wechseln Scheibenbremse

⚠ Weiter zu verwendende Bremsbeläge beim Ausbau kennzeichnen. Die Beläge an gleicher Stelle wieder einbauen, sonst kann ungleichmäßige Bremswirkung entstehen!

■ Räder abbauen.
■ Steckverbindung für Bremsbelagverschleißanzeige (soweit vorhanden) trennen.
■ Schrauben für Bremssattelbefestigung (4 im Bild 11) herausschrauben.
■ Bremssattel (5) abnehmen, dabei die Leitung für die Bremsbelagverschleißanzeige (soweit vorhanden) durch die Öffnung im Bremssattel führen.
■ Den Bremssattel so mit Draht befestigen, dass das Gewicht des Bremssattels den Bremsschlauch nicht belastet bzw. beschädigt.

⚠ Achten Sie darauf, die Handbremsseile nicht zu knicken oder zu überlasten.

■ Bremsbeläge (6) seitlich aus dem Bremsträger (8) herausnehmen.
■ Bremsträger und Bremssattel reinigen.

☞ Für das Reinigen des Bremssattelgehäuses ist ausschließlich Spiritus zu verwenden.

■ Die Führungsplatten (3 und 7) erneuern.

Der Einbau erfolgt sinngemäß in umgekehrter Reihenfolge.

☞ Vor dem Einsetzen neuer Bremsbeläge müssen die Kolben mit der Kolbenrücksetzvorrichtung in den Zylinder gedrückt und gleichzeitig die Spindel zurückgedreht werden (siehe Bild 12). Vor dem Zurückdrücken mit einer Entlüfterflasche Bremsflüssigkeit aus dem Bremsflüssigkeitsbehälter absaugen. Wenn zwischenzeitlich Bremsflüssigkeit nachgefüllt wurde, kann Bremsflüssigkeit auslaufen und zu Schäden führen.

■ Kolben mit der Kolbenrücksetzvorrichtung »T10145« (Bild 12) zurückdrücken.
■ Bremsbeläge einsetzen. Darauf achten, dass die Bremsbeläge in den Belaghaltebleche (3 und 7 im Bild 11) sitzen.
■ Bremssattelgehäuse einsetzen.
■ Neue Befestigungsschrauben (4 im Bild 11) mit dem vorgeschriebenen Anzugsdrehmoment festziehen.
■ Steckverbindung für Bremsbelagverschleißanzeige (soweit vorhanden) verbinden.
■ Räder anbauen.

Bremsscheiben hinten wechseln
Die Bremsscheibe hinten ist gleichzeitig die Radnabe für das jeweilige Hinterrad. Wird die Bremsscheibe gewechselt, muss auch das Radlager ersetzt werden. In den meisten Zubehörsätzen sind die Radlager und der ABS-Sensorring bereits fertig verbaut.

Weiter zu verwendende Bremsscheiben und Bremsbeläge beim Ausbau kennzeichnen. Die Beläge und Scheiben an gleicher Stelle wieder einbauen, sonst kann ungleichmäßige Bremswirkung entstehen.

■ Räder abbauen.
■ Steckverbindung für Bremsbelagverschleißanzeige (soweit vorhanden) trennen.
■ Schrauben für Bremssattelbefestigung (4 im Bild 11) herausschrauben.
■ Bremssattel (5) abnehmen, dabei die Leitung für die Bremsbelagverschleißanzeige durch die Öffnung im Bremssattel führen.
■ Den Bremssattel so mit Draht befestigen, dass das Gewicht des Bremssattels den Bremsschlauch nicht belastet bzw. beschädigt.

Achten Sie darauf, die Handbremsseile nicht zu knicken oder zu überlasten.

■ Bremsbeläge (6) seitlich aus dem Bremsträger (8) herausnehmen.
■ Demontieren Sie die Führungsbleche (3 und 7).
■ Drehen Sie die Schrauben (1) heraus und nehmen Sie den Sattelträger (8) ab.
■ Hebeln Sie die Stabschutzkappe (9) ab.
■ Drehen Sie die Sicherungsmutter (10) des Radlagers vorsichtig ab und nehmen Sie die Bremsscheibe mit dem Radlager vom Achszapfen ab.

Der Einbau erfolgt sinngemäß in umgekehrter Reihenfolge.
■ Reinigen Sie den Satteltrager (8) gründlich.
■ Bremssattel wie im Bild 12 gezeigt zurückstellen und neue Bremsbeläge verwenden.

Bremsseile aus- und einbauen

■ Drücken Sie den Griff hinten im Ablagefach der Mittelkonsole und nehmen Sie das Ablagefach ab.
■ Clipsen Sie die Verkleidungen des Handbremshebels mit Hilfe eines Kunststoffhebels aus und nehmen Sie sie ab.
■ Demontieren Sie den Teppich des Becherhalters vorne.
■ Demontieren Sie den Teppich der Mittelkonsole.
■ Drehen Sie die beiden Muttern im Becherhalter und in der Ablage heraus.
■ Drehen Sie die Schrauben im Ablagefach hinten der Mittelkonsole heraus.
■ Ziehen Sie die Feststellbremse soweit wie möglich nach oben.
■ Nehmen Sie die Mittelkonsole schräg nach vorne/oben heraus.
■ Unterbauen Sie das Fahrzeug und demontieren Sie die Hinterräder ab.
■ Lösen Sie die Handbremse (Handbremshebel in Ruhestellung).
■ Drücken Sie den Entriegelungshülse (3 im Bild 14), halten Sie sie fest und verdrehen Sie den Hebel (2) um eine Viertel-Umdrehung nach links.
■ Lassen Sie den Entriegelungshülse (3) wieder los.
■ Ziehen Sie den Handbremshebel auf die erste Raste.
■ Verdrehen Sie den Hebel (2) um eine Viertel-Umdrehung zurück nach rechts.
■ Lösen Sie die Handbremse (Handbremshebel in Ruhestellung).
■ Hängen Sie die Handbremsseile aus der Seilwaage (4) aus.
■ Lösen Sie das entsprechende Handbremsseil aus den Halterungen am Unterboden und an der Hinterachse.
■ Lösen Sie das Handbremsseil aus der Durchführung am Unterboden.
■ Hängen Sie das Handbremsseil am Bremssattel aus.
■ Lösen Sie das Handbremsseil am Bremssattel.

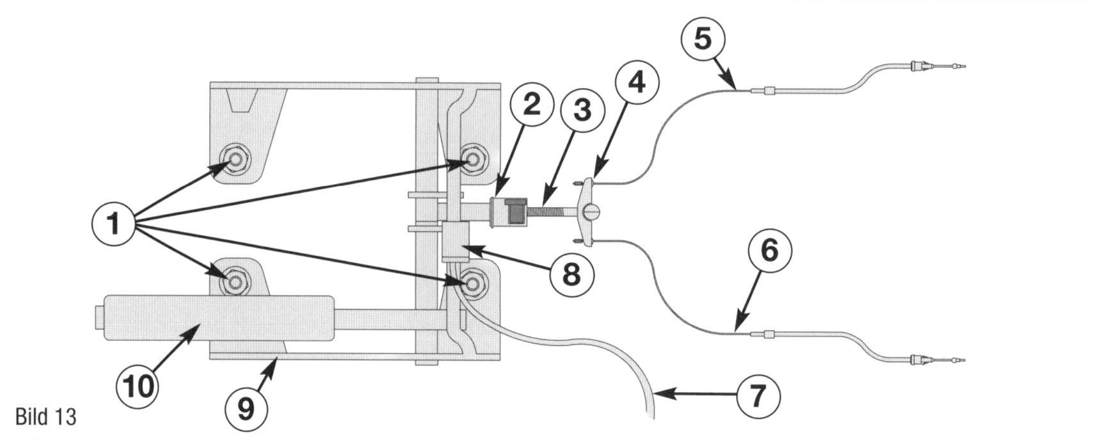

Bild 13

Bild 13
Handbremshebel und Betätigung.
1 Verschraubung Handbremse
2 Nachstellraste
3 Entriegelungshebel
4 Seilwaage
5 Handbremsseil rechts
6 Handbremsseil links
7 Anschlusskabel
8 Handbremsschalter
9 Handbremskonsole
10 Handbremshebel

■ Nehmen Sie das Handbremsseil heraus.

Der Einbau erfolgt sinngemäß in umgekehrter Reihenfolge.
■ Überprüfen Sie die Einstellung der Handbremse.
■ Prüfen Sie, ob der Umlenkhebel der Handbremse des Bremssattels sich leichtgängig bewegen lässt und durch die Rückzugsfeder auf Anschlag gezogen wird.
■ Prüfen Sie, ob nach erfolgter Einstellung beide Räder frei drehen.

Einstellen der Handbremse

Grundsätzlich muss die Handbremse nicht nachgestellt werden. Der Verschleißausgleich erfolgt durch die mechanische Betätigung in den Bremssätteln. Diese kann nur dann funktionieren, wenn die Hebel für die Bremssättel auch am Ruheanschlag zum Anliegen kommen. Eine Korrektur über die Seillänge ist nicht möglich. Es erfolgt lediglich eine Grundeinstellung der Handbremsseile.

Kontrollieren Sie, dass die Bremszüge beweglich sind und in den vorgesehenen Halterungen eingeclipst sind.

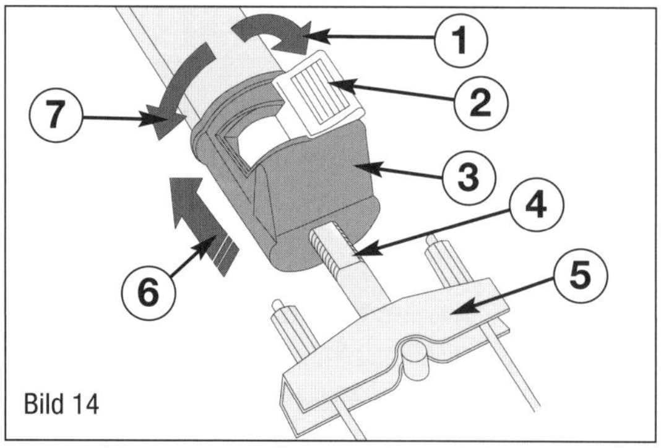

Bild 14

Bild 14
Zugeinstellung Handbremse.
1 Bewegungsrichtung »rechts«
2 Hebel
3 Entriegelungshülse
4 Spindel
5 Seilwaage
6 Bewegungsrichtung »lösen«
7 Bewegungsrichtung »links«

Prüfen Sie, dass die Hebel der Handbremsseile an den Bremssätteln in Ruhestellung anliegen, leichtgängig beweglich sind und durch die Federkraft auf die Nullstellung zurückgezogen werden.

■ Drücken Sie den Griff hinten im Ablagefach der Mittelkonsole und nehmen Sie das Ablagefach ab.
■ Clipsen Sie die Verkleidungen des Handbremshebels mit Hilfe eines Kunststoffhebels aus und nehmen Sie sie ab.
■ Demontieren Sie den Teppich des Becherhalters vorne.
■ Demontieren Sie den Teppich der Mittelkonsole.
■ Drehen Sie die beiden Muttern im Becherhalter und in der Ablage heraus.
■ Drehen Sie die Schrauben im Ablagefach hinten der Mittelkonsole heraus.

Einstellung der Handbremse
■ Ziehen Sie die Feststellbremse soweit wie möglich nach oben.
■ Nehmen Sie die Mittelkonsole schräg nach vorne/oben heraus.
■ Unterbauen Sie das Fahrzeug und demontieren Sie die Hinterräder ab.
■ Lösen Sie die Handbremse (Handbremshebel in Ruhestellung).
■ Drücken sie den Entriegelungshülse (3 im Bild 14), halten Sie sie fest und verdrehen Sie den Hebel (2) um eine Viertel-Umdrehung nach links.
■ Lassen Sie sie den Entriegelungshülse (3) wieder los.
■ Verdrehen Sie den Hebel (2) um eine Viertel-Umdrehung zurück nach rechts.
■ Betätigen Sie die Fußbremse mehrmals kräftig.

- Ziehen Sie etwa zehnmal am Handbremshebel.
- Drücken Sie den Entriegelungshülse (3 im Bild 14), halten Sie sie fest und verdrehen Sie den Hebel (2) um eine Viertel-Umdrehung nach links.
- Lassen Sie den Entriegelungshülse (3) wieder los.
- Verdrehen Sie den Hebel (2) um eine Viertel-Umdrehung zurück nach rechts.

Prüfung der Einstellung der Handbremse

- Lösen Sie die Handbremse (Handbremshebel in Ruhestellung). Überprüfen Sie, ob bei gelöster Feststellbremse sich die Räder mit der Hand frei drehen lassen.
- Prüfen Sie, ob die Kontrollleuchte der Handbremse ab der ersten Raste über den gesamten Weg des Feststellbremshebels eingeschaltet wird.
- Prüfen Sie die Handbremse auf Funktion.

Arbeiten am Handbremshebel

Vorbereitungsarbeiten

- Drücken Sie den Griff hinten im Ablagefach der Mittelkonsole und nehmen Sie das Ablagefach ab.
- Clipsen Sie die Verkleidungen des Handbremshebels mit Hilfe eines Kunststoffhebels aus und nehmen Sie sie ab.
- Demontieren Sie den Teppich des Becherhalters vorne.
- Demontieren Sie den Teppich der Mittelkonsole.
- Drehen Sie die beiden Muttern im Becherhalter und in der Ablage heraus.
- Drehen Sie die Schrauben im Ablagefach hinten der Mittelkonsole heraus.

Demontage des Handbremsschalters

- Führen Sie die Vorbereitungsarbeiten wie beschrieben durch.

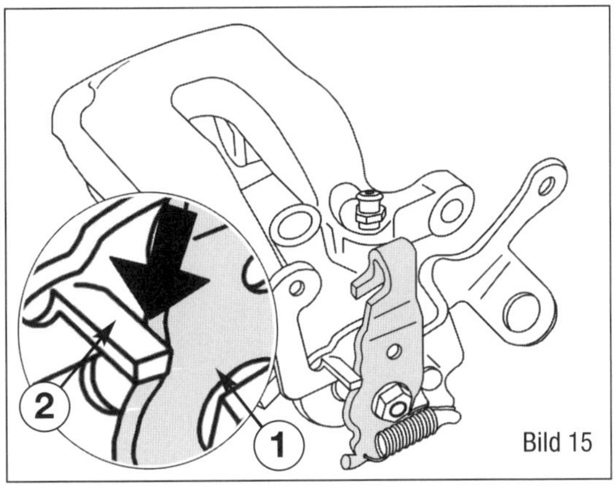

Bild 15

Bild 15
Bremshebel in Ruhestellung:
1 Bremshebel
2 Anschlag,
Pfeil Bremshebel liegt fest am Anschlag

- Ziehen Sie den Handbremshebel nach oben.
- Entriegeln Sie den Stecker des Handbremsschalters (8 im Bild 13) und ziehen Sie ihn ab.
- Cipsen Sie den Handbremsschalter am Halteblech los und nehmen Sie ihn ab.

Der Einbau erfolgt sinngemäß in umgekehrter Reihenfolge.

- Überprüfen Sie die Einstellung der Handbremse wie bereits beschrieben.

Demontage des Handbremshebels

- Führen Sie die Vorbereitungsarbeiten wie beschrieben durch.
- Hängen Sie wie beim Wechsel der Handbremsseile, die Handbremsseile (5 und 6 im Bild 13) aus der Seilwaage (4) aus.
- Entriegeln Sie den Stecker des Handbremsschalters (8) und ziehen Sie ihn ab.
- Drehen Sie die Schrauben (1) heraus und nehmen Sie den Handbremshebel mit der Handbremskonsole (9) nach oben ab.

Der Einbau erfolgt sinngemäß in umgekehrter Reihenfolge.

- Überprüfen Sie die Einstellung der Handbremse wie bereits beschrieben.

14 Elektrische Anlage

Schon im Stand, aber erst recht während der Fahrt benötigt der Van elektrischen Strom. Motorsteuerung, Lenkung und Kraftstoffeinspritzung müssen mit Elektroenergie versorgt werden. Alle weiteren unbedingt erforderlichen oder für die Sicherheit und Bequemlichkeit eingebauten automatischen Systeme sowie natürlich die gesamte Lichtanlage sind ohne elektrische Energie arbeitsunfähig. Viele Störungen und Funktionsprüfungen gerade in diesem Bereich gehören, ähnlich wie bei anderen Baugruppen, in die Fachwerkstatt. Denn zum genauen Erkennen und Beseitigen der Mängel muss häufig das auch in anderen Kapiteln schon mehrfach erwähnte Fahrzeugdiagnosegerät (PSA-COM) angeschlossen und der Fehlerspeicher abgefragt werden. Der Diagnoseanschluss im Fahrzeug (Steckkontakt für das Werkstattsystem) befindet sich, wie inzwischen international festgelegt, im Fußraum Fahrerseite über dem Bremspedal. Nun sind die meisten Innovationen im Kraftfahrzeug heute zwar von immer komplizierterer Elektronik geprägt, Reparaturen an der elektrischen Anlage sind aber durchaus nicht in jedem Fall von ihr verursacht. Oft sitzt nur ein Kabel lose, sind Sicherungen durchgebrannt, Kontakte korrodiert oder messtechnisch zu ermittelnde Bauteile sind defekt. Nicht wenige Störungen an der Elektrik lassen sich mit einfachen Mitteln beheben. Natürlich muss man sich etwas auskennen und die Grundbegriffe verstehen.

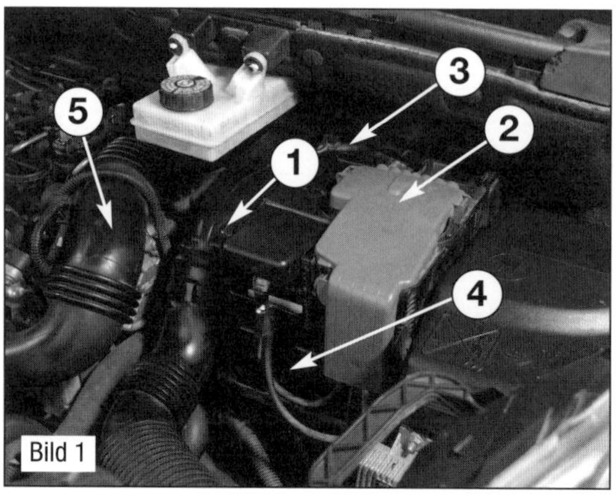

Bild 1
Blick in den Batteriekasten von oben.
1 Plusanschluss mit Schnellverschluss und Vorsicherungen
2 Batterieabdeckung
3 Masseanschluss mit Schnellverschluss
4 Batteriekasten
5 Batteriebefestigung

Arbeiten an der Spannungsversorgung

Zu allererst haben wir es in diesem Van noch immer mit elektrischen Bauteilen zu tun, die schon die gesamte Entwicklungsgeschichte des Automobils begleiten: Batterie, Anlasser (Starter) und Lichtmaschine (Drehstromgenerator). Sie sind zusammen für die Arbeitsaufnahme des Motors verantwortlich. Um seine Aufgabe zu erfüllen, ist jedes dieser drei Bauteile auf das andere angewiesen. Wir wenden uns hauptsächlich ihnen zu.

Batterie

Batterie an- und abklemmen

Auf das Prüfen (Sichtprüfung, Batterietester) und Laden sowie auf Warnhinweise und allgemeine Sicherheitsregeln bei Arbeiten an der Batterie (Kennzeichnungen auf der Batterie selbst) gehen wir in diesem Ratgeber nur begrenzt ein. Sie sind ausführlich in der Bedienungsanleitung des Fahrzeugs behandelt.
Um Beschädigungen der Batteriepolklemmen und der Batteriepole zu vermeiden, schreibt der Hersteller vor:

- Die Batteriepolklemmen dürfen nur gewaltfrei von Hand aufgesteckt werden.
- Die Batteriepole dürfen nicht gefettet werden.
- Die Batteriepolklemmen sind so zu montieren, dass der Batteriepol bündig mit der Klemme abschließt oder aus ihr herausragt.
- Nach dem Anziehen der Batteriepolklemmen dürfen die Batterieklemmen nicht nochmals nachgezogen werden.
- Zündung und alle elektrischen Verbraucher ausschalten, Zündschlüssel abziehen.
- Vor dem Abklemmen der Batterie 3 Minuten abwarten.
- Die Befestigungsklammer lösen und die Batteriepolklemme des Pluspols abklemmen

Arbeitsschritte nach Anklemmen der Batterie

Nach Anklemmen der Batterie und Einschalten der Zündung kann die Kontrollleuchte für ESP und ASR dauerhaft leuchten. Die Kontrollleuchte erlischt automatisch, wenn mit 15 bis 20 km/h eine Wegstrecke geradeaus gefahren wird. Dadurch wird der Geber für Lenkwinkel wieder aktiviert.

- Zündung mit dem Zündschlüssel einschalten und wieder ausschalten.
- Fehlerspeicher auslesen: »Geführte Fehlersuche« mit dem Fahrzeugdiagnosegerät.
- Uhrzeiteinstellung prüfen, ggf. nach Bedienungsanleitung neu einstellen.
- Zündung einschalten und mit Fensterheberschalter alle Fenster bis Endanschlag öffnen und wieder vollständig schließen.
- Die Taster für die Fensterheber nach oben ziehen und mindestens eine Sekunde lang in dieser Stellung halten.
- Anschließend bei geschlossenen Fenstern den Fensterheberschalter ziehen, bis das Relais hörbar schaltet.
- Die Komfortschaltung der Fensterheber prüfen: Das Fenster muss bei betätigter Komfortschaltung ohne Halten des Schalters schließen.
- Alle elektrischen Verbraucher auf Funktion prüfen.

Batterie aus- und einbauen

- Die Batterie wie beschrieben abklemmen.
- Lösen Sie den Sicherungskasten auf der Batterie.
- Demontieren Sie die Batterieblende.
- Die Befestigungsmutter lösen und die Batteriepolklemme des Minuspols abklemmen.
- Drehen Sie die Befestigungsschrauben (3 im Bild 4) heraus und nehmen Sie die Schraube und den Halter heraus.
- Ziehen Sie soweit vorhanden den Entlüftungsschlauch von der Batterie ab und legen Sie ihn zur Seite.
- Die Griffe der Batterie nach oben klappen und die Batterie herausnehmen.

Der Einbau erfolgt sinngemäß in umgekehrter Reihenfolge.

- Batterie nach dem Einbau auf festen Sitz prüfen.

Bild 2

Bild 2
Plusanschluss und Sicherungskasten auf der Batterie.
1 Vorsicherungen und Verteilerleiste
2 Plusanschluss mit Schnellverschluss

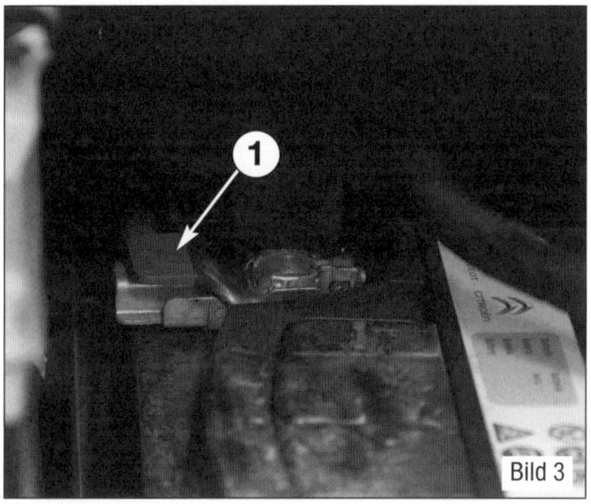

Bild 3

Bild 3
Masseanschluss an der Batterie.
1 Masseanschluss mit Schnellverschluss

Bild 4

Bild 4
Verschraubung der Batterie.
1 Halteplatte
2 Batteriekasten
3 Schraube

⚠ Bei einer lose montierten Batterie bestehen folgende Gefahren: Verkürzte Lebensdauer durch Rüttelschäden (Explosionsgefahr!), Schädigung der Gitterplatten, Beschädigung des Batteriegehäuses durch den Befestigungsbügel (möglicher Säureaustritt, hohe Folgekosten) und mangelhafte Crash-Sicherheit.

Sichtprüfung Messen

Anlasser (Starter) aus- und einbauen

Vorbereitungsarbeiten

■ Die Batterie wie beschrieben abklemmen.

■ Den abgeklemmten Plusanschluss der Batterie mit einer Schutzhülle (ersatzweise auch ein geeigneter Handschuh) versehen, um ein selbstständiges Berühren des Pluspols zu vermeiden.

De- und Montage am TU5-Ottomotor

Der Starter ist auf der Rückseite des Motorblocks in Richtung der Spritzwand verbaut. Es ist erforderlich sowohl von unten als auch von oben arbeiten zu können.

■ Batterie abklemmen.

■ Falls vorhanden, die Geräuschdämpfung über dem Motor ausbauen.

■ Die Geräuschdämpfung unter dem Motor ausbauen.

■ Ziehen Sie die Motorentlüftungsleitung zwischen Ventildeckel und Luftfiltergehäuse ab.

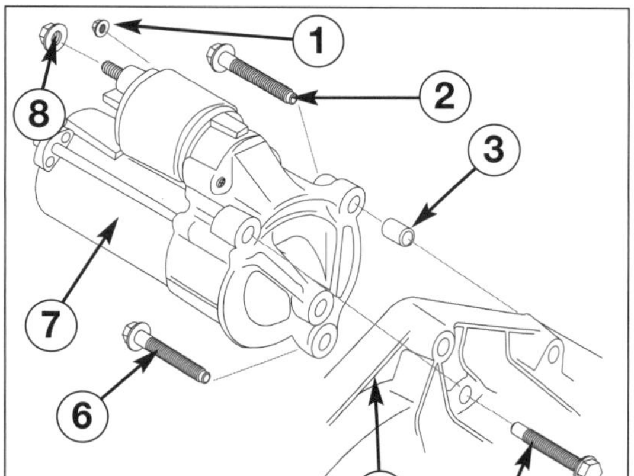

Bild 5

Bild 5
Startermotor am TU5.
1 Mutter M5
2 Schraube
3 Passhülse
4 Schraube
5 Getriebegehäuse
6 Schraube
7 Starter
8 Mutter M8

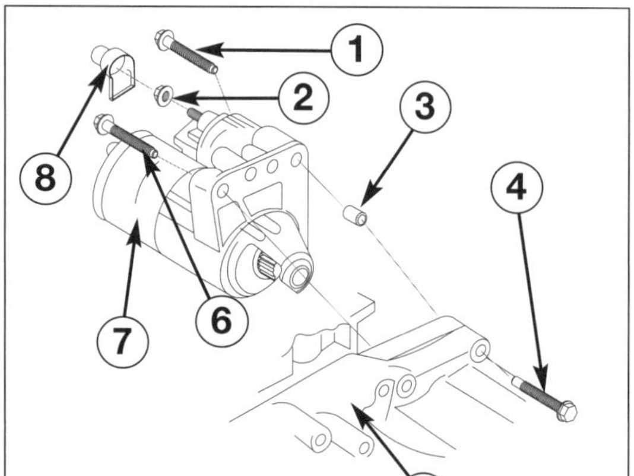

Bild 6

Bild 6
Startermotor am EP6.
1 Schraube
2 Mutter
3 Passhülse
4 Schraube
5 Getriebegehäuse
6 Schraube
7 Starter
8 Abdeckung

■ Bauen Sie das Luftfiltergehäuse aus.

■ Demontieren Sie den Ansauggeräuschdämpfer vor dem Luftfilter.

■ Demontieren Sie die Batterie wie bereits beschrieben.

■ Drehen Sie die obere Schraube (4 im Bild 5) des Starters von oben heraus.

■ Klemmen Sie von unten die Anschlüsse für Klemme 30 (Dauerplus) (8) und die Klemme 50 (1) Starteransteuerung ab.

■ Legen Sie die Anschlusskabel zur Seite.

■ Drehen Sie die verbliebenen beiden Schrauben (2 und 6) von unten heraus.

■ Nehmen Sie den Starter (7) über das Batteriefach von oben heraus.

Der Einbau erfolgt sinngemäß in umgekehrter Reihenfolge.

■ Befestigungsschrauben Anlasser an Getriebe mit 80 Nm festziehen.

■ Befestigungsmutter Plusleitung (Klemme 30) an Magnetschalter mit 15 Nm festziehen.

■ Kontrollieren Sie die Anschlüsse auf Korrosion.

De- und Montage am EP6-Ottomotor

Der Starter ist auf der Rückseite des Motorblocks in Richtung der Spritzwand verbaut. Es ist erforderlich sowohl von unten als auch von oben arbeiten zu können.

■ Batterie abklemmen.

■ Falls vorhanden, die Geräuschdämpfung über dem Motor ausbauen.

■ Die Geräuschdämpfung unter dem Motor ausbauen.

■ Demontieren Sie den Sicherungskasten auf der Batterie und drücken Sie ihn zur Seite.

■ Bauen Sie den Ansauggeräuschdämpfer und das Saugrohr zum Luftfilter ab.

■ Demontieren Sie die Batterieabdeckung.

■ Bauen Sie die Batterie wie schon beschrieben aus.

■ Demontieren Sie das Batteriefach.

■ Drehen Sie die obere Schraube (4 im Bild 6) des Starters von oben heraus.

■ Klemmen Sie von unten die Anschlüsse für Klemme 30 (Dauerplus) und die Klemme 50 Starteransteuerung ab.

■ Legen Sie die Anschlusskabel zur Seite.

■ Drehen Sie die verbliebenen beiden Schrauben (1 und 6) von unten heraus.

■ Nehmen Sie den Starter (7) über das Getriebe von oben heraus.

Der Einbau erfolgt sinngemäß in umgekehrter Reihenfolge.

- Befestigungsschrauben Anlasser an Getriebe mit 80 Nm festziehen.
- Befestigungsmutter Plusleitung (Klemme 30) an Magnetschalter mit 15 Nm festziehen.
- Kontrollieren Sie die Anschlüsse auf Korrosion.

De- und Montage am DV6-Dieselmotor

Der Starter ist auf der Rückseite des Motorblocks in Richtung der Spritzwand verbaut. Es ist erforderlich sowohl von unten als auch von oben arbeiten zu können.

- Batterie abklemmen.
- Falls vorhanden, die Geräuschdämpfung über dem Motor ausbauen.
- Die Geräuschdämpfung unter dem Motor ausbauen.
- Bauen Sie die Radhausschale links aus.
- Demontieren Sie den Sicherungskasten auf der Batterie und drücken Sie ihn zur Seite.
- Demontieren Sie die Batterieabdeckung.
- Bauen Sie die Batterie wie schon beschrieben aus.
- Demontieren Sie das Batteriefach. Eine Schraube befindet sich im Radhaus links.
- Drehen Sie die Schraube (5 im Bild 7) heraus.
- Demontieren Sie die Vakuumspeicherbehälter (soweit vorhanden) von unten.
- Klemmen Sie von unten die Anschlüsse für Klemme 30 (Dauerplus) (3) und die Klemme 50 (1) Starteransteuerung ab.
- Legen Sie die Anschlusskabel zur Seite.
- Drehen Sie die verbliebenen beiden Schrauben (2 und 7) von unten heraus.
- Nehmen Sie den Starter (8) über das Getriebe von oben heraus.

Der Einbau erfolgt sinngemäß in umgekehrter Reihenfolge.

- Befestigungsschrauben Anlasser an Getriebe mit 80 Nm festziehen.
- Befestigungsmutter Plusleitung (Klemme 30) an Magnetschalter mit 15 Nm festziehen.
- Kontrollieren Sie die Anschlüsse auf Korrosion.

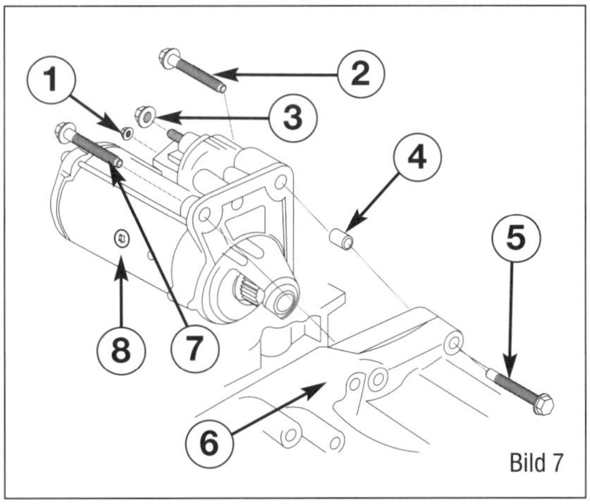

Bild 7
Startermotor am DV6.
1 Mutter
2 Schraube
3 Mutter
4 Passhülse
5 Schraube
6 Getriebegehäuse
7 Schraube
8 Starter

Generator aus- und einbauen

Generator mit Multifunktionsregler

Der Aufbau der Generatoren unterscheidet sich kaum. Wer allerdings genauer hinschaut, wird schnell feststellen, dass die Anschlüsse des Generators nicht mehr D+ und B+ heißen, sondern sich neben B+ eine Klemme L und eine Klemme DFM befinden. Um die technischen Details genauer darzustellen, listen wir Ihnen die typischen Merkmale eines Drehstromgenerators mit Multifunktionsregler auf:

- Monolitregler mit integriertem Steuergerät.
- Der Generator ist diagnosefähig.
- Unterstützen des Motormanagements.
- Der Erregerstrom wird direkt von Anschluss B+ bezogen. Es sind keine Erregerdioden verbaut.
- Die Ladespannung ist temperaturgesteuert.
- Schutz vor Überlastung und Kurzschluss.
- Auslastungsüberwachung und eine Batterieüberwachung sind möglich.

⚠ Beim Einbau bereits gelaufener Antriebsriemen beachten Sie die beim Ausbau gekennzeichnete Laufrichtung! Achten Sie vor dem Einbau des Antriebsriemens darauf, dass alle Aggregate (Generator, Klimakompressor) festmontiert sind. Beim Auflegen des Riemens auf korrekten Sitz des Antriebsriemens in den Riemenscheiben achten!

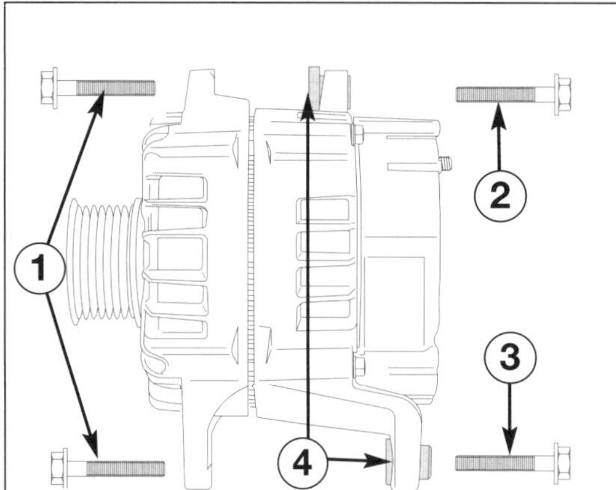

Bild 8

Bild 8
Generator TU5- und DV6-Motor (Einbauort vorne rechts).
1 Schrauben
2 Schraube
3 Schraube
4 Spann oder Schiebehülsen

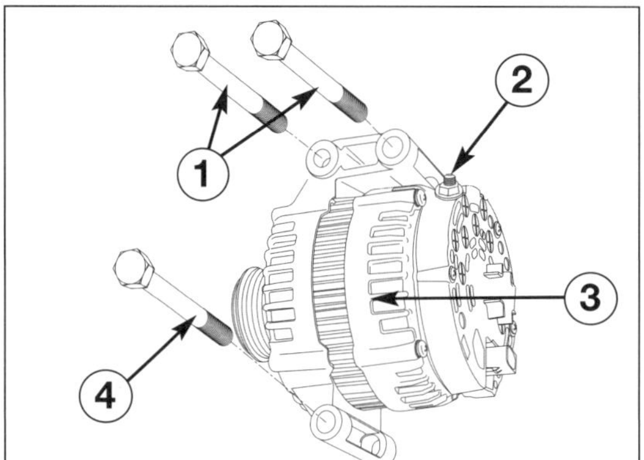

Bild 9

Bild 9
Generator EP6-Motor (Einbauort vorne rechts).
1 Schrauben
2 B+-Anschluss
3 Generator
4 Schraube

Generator aus- und einbauen beim TU5-Ottomotor (Bild 8)

■ Bauen Sie, soweit vorhanden, die Motorabdeckung oben ab.
■ Demontieren Sie die Schutzabdeckung unter dem Motor soweit vorhanden.
■ Klemmen Sie die Batterie ab.
■ Bauen Sie den Keilrippenriemen wie bereits beschrieben aus.

Fahrzeuge mit Klimaanlage:
■ Entriegeln Sie den Steckkontakt für den Klimakompressor und ziehen Sie ihn ab.
■ Drehen Sie die Befestigungsschrauben des Klimakompressors heraus und nehmen Sie den Klimakompressor ab, ohne den Kühlmittelkreislauf zu öffnen.
■ Fixieren Sie den Klimakompressor mit Kabelbindern, um ein Herausfallen zu verhindern.

Weiter für alle Fahrzeuge:
■ Bauen Sie die Umlenkrolle zwischen Generator und Spannrolle aus.
■ Klemmen Sie die elektrischen Anschlüsse am Generator ab und legen Sie sie aus dem Arbeitsbereich heraus.
■ Drehen Sie die Schraube (2 im Bild 8) des Generators heraus.
■ Drehen Sie die Schrauben (1 und 3) des Generators heraus.
■ Drehen Sie die Schraube (3) des Generators von unten heraus.
■ Nehmen Sie den Generator nach unten heraus.

Der Einbau erfolgt sinngemäß in umgekehrter Reihenfolge.
■ Kontrollieren Sie den Zustand des Antriebsriemens, der Umlenk- und Spannrollen.
■ Kontrollieren Sie den Zustand des Generators und der Riemenscheibe (Freilaufriemenscheibe).
■ Drücken Sie die Hülsen (4) soweit nach außen, dass sich der Generator leicht aufstecken lässt.
■ Schließen Sie den Generator wieder an.
■ Montieren Sie den Keilrippenriemen wie im Kapitel 4 beschrieben.
■ Motor starten und den Riemenlauf kontrollieren.
■ Motor abstellen.
■ Den Fehlerspeicher auslesen.

Generator aus- und einbauen beim EP6-Ottomotor (Bild 9)

■ Bauen Sie, soweit vorhanden, die Motorabdeckung oben ab.
■ Demontieren Sie die Schutzabdeckung unter dem Motor, soweit vorhanden.
■ Klemmen Sie die Batterie ab.
■ Bauen Sie den Keilrippenriemen wie bereits beschrieben aus.
■ Klemmen Sie die elektrischen Anschlüsse am Generator ab und legen Sie sie aus dem Arbeitsbereich heraus.
■ Drehen Sie die Schrauben (1 im Bild 9) heraus und nehmen Sie den Antriebsriemenspanner ab.
■ Drehen Sie die Schraube (4) des Generators heraus.
■ Nehmen Sie den Generator nach oben heraus.

Der Einbau erfolgt sinngemäß in umgekehrter Reihenfolge.
■ Kontrollieren Sie den Zustand des Antriebsriemens, der Umlenk- und Spannrollen.

■ Kontrollieren Sie den Zustand des Generators und der Riemenscheibe (Freilaufriemenscheibe).
■ Schließen Sie den Generator wieder an.
■ Montieren Sie den Keilrippenriemen wie im Kapitel 4 beschrieben.
■ Motor starten und den Riemenlauf kontrollieren.
■ Motor abstellen.
■ Den Fehlerspeicher auslesen.

Generator aus- und einbauen beim DV6-Ottomotor (Bild 8)
■ Bauen Sie, soweit vorhanden, die Motorabdeckung oben ab.
■ Klemmen Sie die Batterie ab.
■ Bauen Sie den Keilrippenriemen wie bereits beschrieben aus.
■ Lösen Sie die Schraube (3 im Bild 8) um vier Umdrehungen.
■ Drehen Sie die untere Schraube (1) zusammen mit der dort befestigten Umlenkrolle heraus und nehmen Sie sie ab.
■ Klemmen Sie die elektrischen Anschlüsse am Generator ab und legen Sie sie aus dem Arbeitsbereich heraus.
■ Lösen Sie die Schraube (2) um drei Umdrehungen.
■ Drehen Sie die obere Schraube (1) heraus.

Fahrzeuge mit Klimaanlage:
■ Drehen Sie die obere Schraube (1) zusammen mit der dort befestigten Umlenkrolle heraus und nehmen Sie sie ab.

Weiter für alle Fahrzeuge:
Die Schrauben 2 und 3 sind mit Spannhülsen ausgerüstet. Nach dem Lösen können Sie durch die Halterung hindurchgeschoben werden und müssen nicht zwingend demontiert werden.
■ Nehmen Sie den Generator zusammen mit den Schrauben (2) und (3) von oben nach links heraus.

Der Einbau erfolgt sinngemäß in umgekehrter Reihenfolge.
■ Kontrollieren Sie den Zustand des Antriebsriemens, der Umlenk- und Spannrollen.
■ Kontrollieren Sie den Zustand des Generators und der Riemenscheibe (Freilaufriemenscheibe).
■ Schließen Sie den Generator wieder an.

Bild 10
Generatorfreilauf im Schnitt.
1 Riemenscheibe
2 Sperrlager
3 Nabe zum Aufschrauben auf die Generatorwelle

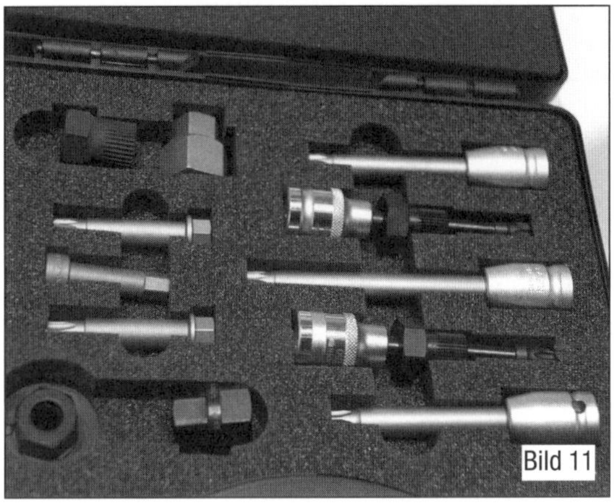

Bild 11
Demontageset für Generatorfreiläufe unterschiedlicher Hersteller: Unterschiedliche Einsätze für die Freilaufnabe und die Generatorwelle ermöglichen den Ausbau auch bei unterschiedlichen Generatorherstellern.

■ Montieren Sie den Keilrippenriemen wie im Kapitel 4 beschrieben.
■ Motor starten und den Riemenlauf kontrollieren.
■ Motor abstellen.
■ Den Fehlerspeicher auslesen.

Generatorfreilauf
Nach unserer Recherche kommt bei einigen Dieselmotoren eine besondere Riemenscheibe auf dem Generator zum Einsatz. Das bedeutet allerdings nicht, dass Sie diese Riemenscheibe nicht in anderen Motorvarianten finden werden. Betrachtet man sich die Riemenscheibe des Generators genauer, sieht man zuerst einen Kunststoffdeckel an der Seite, wo die Verschraubung sein müsste. Zieht man diesen ab, findet man keine Mutter, sondern einen Vielzahneinsatz. Steckt man einen Inbus- oder Vielzahnschlüssel in die Aufnahme in der Generatorwelle, stellt man fest, dass der Generator in Drehrichtung frei drehbar ist. Gegen die Drehrichtung hingegen wird der Riementrieb mit bewegt. Die Antriebs-

scheibe beinhaltet einen Freilauf. Um den technischen Grund für diesen Aufwand zu verstehen, muss man sich die Funktion eines Verbrennungsmotors vorstellen. Gerade im Leerlauf läuft kein Motor richtig rund. Die Zündung verursacht bei jedem Arbeitstakt eine kurze, aber kräftige Beschleunigung der Kurbelwelle und damit auch der durch sie angetriebenen Aggregate. Alle anderen Takte verzögern die Drehgeschwindigkeit des Motors. Hieraus ergeben sich Schwingungen, die durch Flattern des Antriebsriemens quittiert werden. Um diesem Effekt entgegenzuwirken, wird der Generator als das Gerät mit der größten Masse entkoppelt. Das vermindert die Schwingungen des Antriebsriemens sehr deutlich. Ein beschädigter Freilauf ist zumeist sichtbar und hörbar. Der Antriebsriemen flattert, und gelegentlich ist auch ein leichtes Schlagen hörbar.

Demontage des Generatorfreilaufs:

- Entspannen Sie den automatischen Antriebsriemenspanner.
- Ziehen Sie den Kunststoffdeckel von der Antriebsscheibe des Generators ab.
- Stecken Sie den Freilaufvielzahn in die Freilaufnabe (4) ein.
- Führen Sie einen guten und genau gearbeiteten Inbus- oder Vielzahnschlüssel in die Generatorwelle (2) ein.
- Lösen Sie die Verschraubung, indem Sie die Generatorwelle gegen die Drehrichtung des Generators drehen und halten den Freilauf mit dem Freilaufvielzahn (2) fest.
- Schrauben Sie den Freilauf von der Generatorwelle ab.
- Montieren Sie den neuen Freilauf auf die Generatorwelle.
- Prüfen Sie den automatischen Riemenspanner.

⚠ Sollten Sie Schäden an der Rolle oder an der Lagerung feststellen oder die Lagerung Geräusche von sich geben, tauschen Sie diese besser gleich mit aus.

Scheinwerfer vorne aus- und einbauen

- Zündung und alle elektrischen Verbraucher ausschalten und den Zündschlüssel abziehen.
- Motorhaube öffnen.
- Demontieren Sie den vorderen Stoßfänger.
- Drehen Sie die Schrauben (1 und 2 im Bild 13) heraus und nehmen Sie den oberen Querträger heraus.
- Drehen Sie die Schraube (1 im Bild 14) heraus.
- Drehen Sie die beiden Schrauben (2) heraus.
- Nehmen Sie den Scheinwerfer ab.
- Elektrische Steckverbindung auf der Rückseite des Scheinwerfers (1 in Bild 15) entriegeln und trennen.
- Nehmen Sie den Scheinwerfer heraus.

Der Einbau erfolgt sinngemäß in umgekehrter Reihenfolge.

- Elektrische Steckverbindung auf der Rückseite des Scheinwerfers aufstecken.
- Einbaulage des Scheinwerfers auf gleichmäßige Spaltmaße kontrollieren.
- Funktionen des Scheinwerfers prüfen.

☞ Wird ein Scheinwerfer ausgebaut bzw. an die Karosserie angepasst, ist er nach dem Einbau bzw. nach dem Anpassen immer einzustellen.

Leuchtmittel wechseln Scheinwerfer vorne

☞ Beim Einbau der Abdeckkappe auf den richtigen Sitz achten. Durch Wassereintritt in den Scheinwerfer wird dieser zerstört. Beim Einbau einer Glühlampe nicht den Glaskolben berühren. Die Finger hinterlassen Fettspuren auf dem Glaskolben, die beim Einschalten der Lampe verdampfen und den Glaskolben trüben.

- Zündung und alle elektrischen Verbraucher ausschalten und den Zündschlüssel abziehen.

Abschließend immer:

- Funktionen des Scheinwerfers prüfen.
- Scheinwerfereinstellung prüfen und gegebenenfalls einstellen.

Lampe für Blinklicht wechseln

- Zündung und alle elektrischen Verbraucher ausschalten und den Zündschlüssel abziehen.
- Untere Abdeckkappe (3 in Bild 16) abziehen.
- Die Lampenfassung mit der Lampe für

Blinklicht gegen den Uhrzeigersinn drehen, und soweit dies die Leitungslängen zulassen, aus dem Scheinwerfer herausnehmen.

■ Lampe für Blinklicht in die Fassung drücken und gegen den Uhrzeigersinn drehen.

■ Lampe für Blinklicht aus der Fassung herausziehen.

Der Einbau erfolgt sinngemäß in umgekehrter Reihenfolge.

■ Lampe für Blinklicht vorn: 12 V, 21W (PY21W) (oranger Glaskolben)

Lampe für Standlicht wechseln

■ Obere Abdeckkappe (1) abziehen.

■ Lampenfassung (3) mit der Lampe für Standlicht aus dem Scheinwerfer herausziehen, soweit es die Leitungslängen zulassen.

■ Lampe für Standlicht aus der Lampenfassung herausziehen.

Der Einbau erfolgt sinngemäß in umgekehrter Reihenfolge.

■ Lampe für Standlicht: 12 V, 5W (W5W) (sockelfreier Glaskolben)

Lampe für Fern- und Abblendlichtscheinwerfer aus- und einbauen

■ Zündung und alle elektrischen Verbraucher ausschalten und den Zündschlüssel abziehen.

■ Mittlere Abdeckkappe (2) abziehen.

■ Ziehen Sie das Anschlusskabel ab.

■ Clipsen Sie die Haltefeder aus und klappen Sie sie zur Seite.

■ Lampe aus der Lampenfassung im Reflektor herausziehen.

Der Einbau erfolgt sinngemäß in umgekehrter Reihenfolge.

■ Die Lampe so in die Lampenfassung stecken, dass der Zapfen der Lampe an der Führung der Lampenfassung liegt.

■ Lampe für Abblendlicht: H4, 12 V, 55W

Stellmotor für Leuchtweitenregelung aus- und einbauen

Der Wechsel der Leuchtweitenregulierung ist bei diesen Scheinwerfermodellen nicht vorgesehen. Der Stellmotor ist im Gehäuse verbaut. Für die Demontage ist ein Zerlegen des

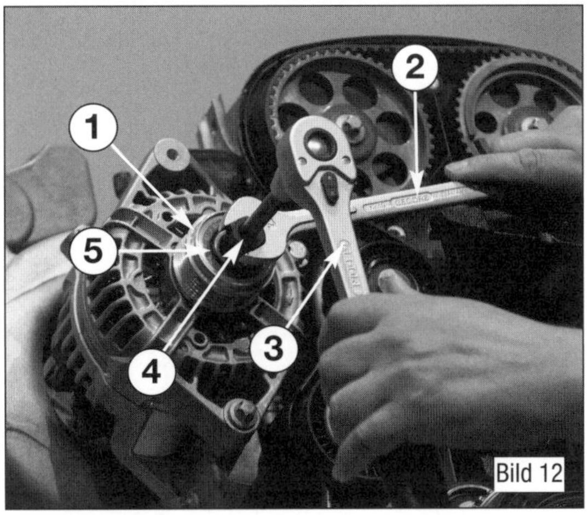

Bild 12
Ausbau des Generatorfreilaufs,
1 Riemenscheibe
2 Schlüssel
3 Ratsche mit passendem Aufsatz für die Generatorachse
4 Einsatz für die Freilaufnabe
5 Freilaufnabe

Bild 13
Verschraubungen am Querträger oben.
1 Verschraubung rechts
2 Verschraubung links
3 Querträger oben

Bild 14
Verschraubungen am Scheinwerfer.
1 Schraube oben
2 Schrauben unten

Bild 15
Steckverbindung am Scheinwerfer.
1 Steckkontakt auf der Rückseite

Sichtprüfung Messen

Bild 16
Staubkappen am Scheinwerfer hinten.
1, 2, 3 Abdeckung für die Glühlampe für Blinklicht

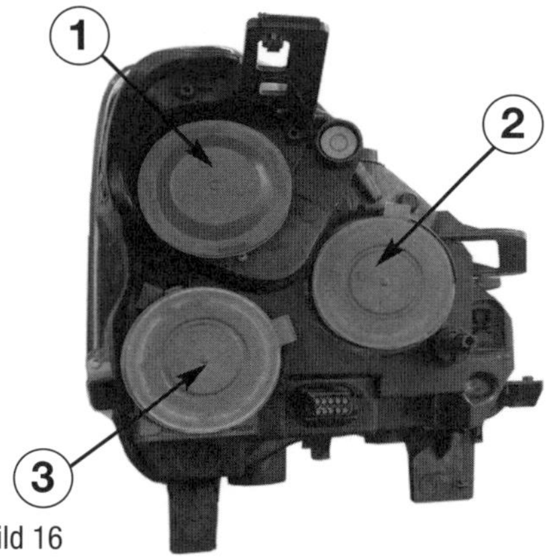

Bild 16

Scheinwerfers notwendig. Hiervon möchten wir allerdings abraten. Arbeiten am Scheinwerfer, die das wasserdicht verklebte Gehäuse betreffen, sind werkseitig nicht vorgesehen. Die zum Entfernen der Scheinwerferscheibe erforderliche Temperatur kann ein Verziehen des Scheinwerfers zu Folge haben.

LED-Tagfahrlicht anstatt Nebelscheinwerfer

Ersatzweise können Sie im Zubehörmarkt LED-Tagfahrlichtscheinwerfer nachrüsten. Vertrieben von Hella oder Magneti Marelli sind die Scheinwerfersätze passend für die originalen Aufnahmen im Stoßfänger ausgelegt. Die Sätze liegen mit Einbaumaterial und detaillierter Beschreibung um etwa 50 Euro. Wenn noch kein Nebelscheinwerfer verbaut war, ist oft ein Adapterrahmensatz für den Stoßfänger erforderlich. Fragen Sie beim Kauf der Scheinwerfer explizit nach.

Lampe Nebelscheinwerfer

Nebelscheinwerfer aus- und einbauen

- Zündung und alle elektrischen Verbraucher ausschalten und den Zündschlüssel abziehen.
- Öffnen Sie die Motorhaube und bauen Sie den Unterfahrschutz Mitte, rechts und links aus.
- Demontieren Sie Radhausschale vorne so weit, dass Sie am Nebelscheinwerfer von hinten arbeiten können.
- Elektrische Steckverbindung in der Fassung entriegeln.
- Ziehen Sie den elektrischen Anschlussstecker des entsprechenden Nebelscheinwerfers von Nebelscheinwerfer ab.

Ältere Bauvarianten:

- Drehen Sie die Befestigungsschrauben heraus und clipsen Sie den Scheinwerfer aus dem Stoßfänger aus.
- Nehmen Sie den Nebelscheinwerfer vom Radhaus aus nach vorne ab.
- Drehen Sie die Befestigungsschraube aus der Scheinwerferblende heraus und nehmen Sie das Nebelscheinwerfergehäuse aus dem Rahmen heraus.

Neuere Bauvarianten:

- Drehen Sie die Befestigungsschrauben heraus und ziehen Sie den Scheinwerfer aus dem Stoßfänger nach hinten heraus.

Der Einbau erfolgt sinngemäß in umgekehrter Reihenfolge.

- Funktionen der Nebelscheinwerfer prüfen.
- Nebelscheinwerfereinstellung prüfen und wenn erforderlich einstellen.

Lampe für Nebelscheinwerfer aus- und einbauen

- Zündung und alle elektrischen Verbraucher ausschalten und den Zündschlüssel abziehen.

Ältere Bauvarianten:

- Ziehen Sie die drei Befestigungsklammern des Schmutzfängers unter dem Stoßfänger heraus.
- Drücken Sie den Schmutzfänger so weit nach oben, dass Sie hineingreifen können.
- Drehen Sie die Befestigungsschraube aus der Scheinwerferblende heraus und nehmen Sie das Nebelscheinwerfergehäuse aus dem Rahmen heraus.

Neuere Varianten:

- Demontieren Sie Radhausschale vorne so weit, dass Sie am Nebelscheinwerfer von hinten arbeiten können.

Weiter für alle Varianten:

- Elektrische Steckverbindung in der Fassung entriegeln.
- Ziehen Sie den elektrischen Anschlussstecker des entsprechenden Nebelscheinwerfers von Nebelscheinwerfer ab.
- Lösen Sie die Abdeckung durch Drehen gegen den Uhrzeigersinn um eine Viertel-Umdrehung.

■ Ziehen Sie den Steckkontakt zur Glühlampe ab.
■ Entsichern Sie die Halteklammern und nehmen Sie die Glühlampe heraus.

Der Einbau erfolgt sinngemäß in umgekehrter Reihenfolge.
■ Lampe für Nebelscheinwerfer: 12 V, 55W (H1).
■ Funktionen der Nebelscheinwerfer prüfen.
■ Nebelscheinwerfereinstellung prüfen und wenn erforderlich einstellen.

Scheinwerfer einstellen

Der Reifendruck muss in Ordnung sein. Die Scheinwerferscheiben dürfen weder beschädigt noch verschmutzt sein. Reflektoren und Glühlampen sind intakt. Die Fahrzeugbelastung muss hergestellt sein. Das Fahrzeug muss einige Meter gerollt bzw. vorn und hinten mehrmals durchgefedert werden, damit sich die Federn setzen. Das Fahrzeug und Scheinwerfer-Einstellgerät müssen auf einer ebenen Fläche stehen, eingestellt und ausgerichtet sein.

Belastung
Die Scheinwerfereinstellung wird bei unbelastetem Fahrzeug (Leergewicht) durchgeführt. Das Leergewicht ist das Gewicht des betriebsfertigen Fahrzeugs mit mindestens dem des Kraftstoffbehälters (vollgetankt), einschließlich des Gewichts aller im Betrieb mitgeführten Ausrüstungsteile (z. B. Reserverad, Werkzeug, Wagenheber, Feuerlöscher usw.).

Einstellung Scheinwerfer vorne
Im Gehäuse oberhalb des Scheinwerfers sind Neigungsmaßangaben in »%« eingeprägt (Bild 17). Nach diesen Angaben müssen die Scheinwerfer eingestellt werden. Die Prozentangabe ist auf 10 m Projektionsabstand bezogen. Bei einem Neigungsmaß von z. B. 1,0% sind das umgerechnet 10 cm.

Fahrzeuge mit manueller Leuchtweitenregelung:
■ Stellen Sie die Leuchtweitenregelung gemäß Ihrer Fahrzeugbedienungsanleitung auf »null« ein.
Weiter für alle Fahrzeuge:

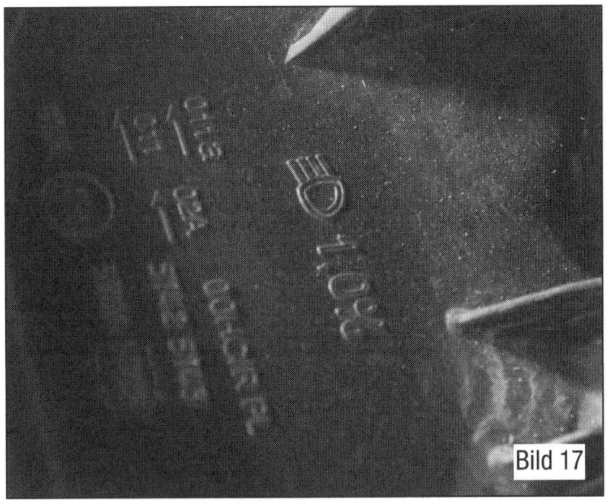

Bild 17
Angabe zur Abblendung auf dem Scheinwerfer.

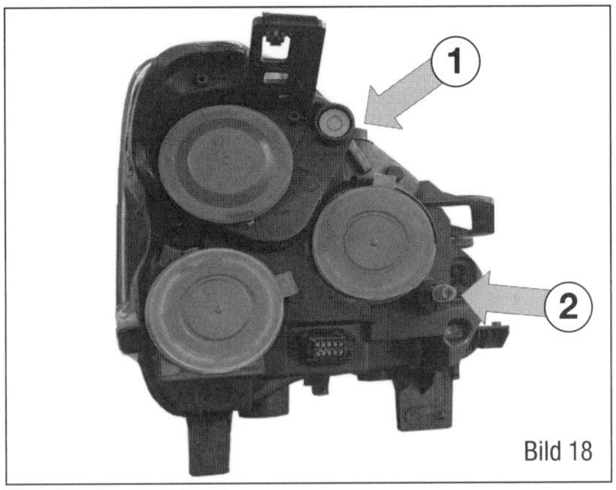

Bild 18
Einstellschrauben am Scheinwerfer.
1 Höheneinstellung
2 Seiteneinstellung

Bild 19
Einstellschrauben am Nebelscheinwerfer.
1 Höheneinstellung

■ Drehen Sie zuerst zur Höhenverstellung der Hell-Dunkel-Grenze die Einstellschraube (1 im Bild 18).
■ Danach müssen Sie die Seitenverstellung prüfen und gegebenenfalls mit der Einstellschraube (2) korrigieren.

Einstellung Nebelscheinwerfer
Das Neigungsmaß für Nebelscheinwerfer beträgt »2,0%«.
■ Drehen Sie zum Verstellen der Leuchtweite die Einstellschraube von unten (1 im

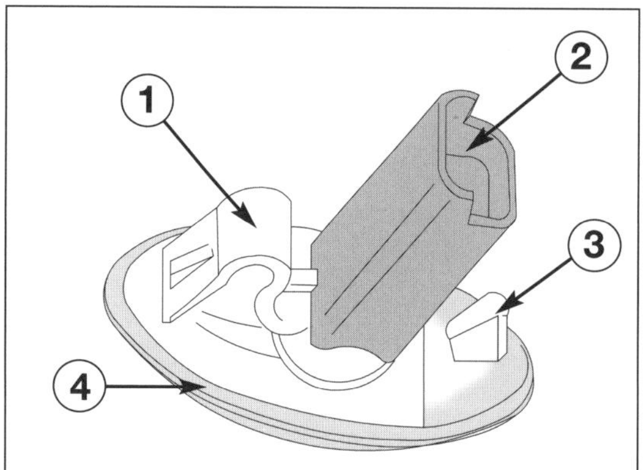

Bild 20
Seitenblinkleuchte.
1 Andruckfeder
2 Anschlusssteckkontakt
3 Rastnase
4 Blinkergehäuse

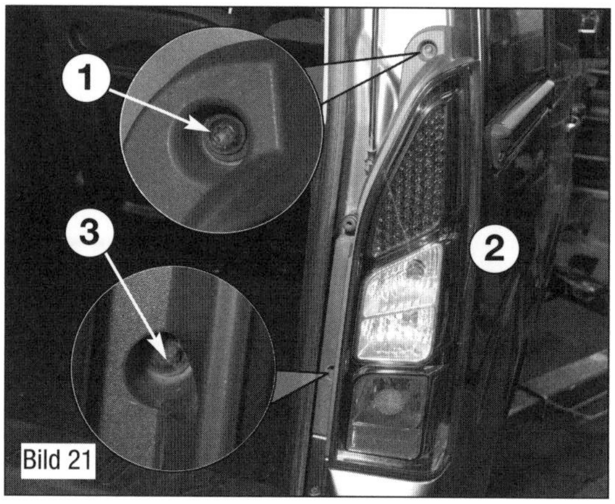

Bild 21
Schlussleuchte Verschraubung.
1 Schraube oben
2 Rückleuchte
3 Schraube unten

Bild 19).

■ Eine Seitenverstellung ist nicht vorgesehen.

Andere Zusatzscheinwerfer
Nachträglich eingebaute Zusatzscheinwerfer anderer Systeme müssen nach den dafür gültigen Richtlinien geprüft bzw. eingestellt werden.

Zusatzblinkleuchten

Seitenblinkleuchte im Kotflügel
Im Kotflügel ist die Seitenblinkleuchte verbaut.

■ Zündung und alle elektrischen Verbraucher ausschalten und den Zündschlüssel abziehen.
■ Das Blinkergehäuse in Richtung Tür nach hinten verschieben. Dadurch wird die Feder (1 im Bild 20) gespannt und die Rastnase (3) kann am vorderen Ende des Blinkergehäuses aus dem Kotflügel entnommen werden.
■ Elektrische Steckverbindung entriegeln und trennen.
■ Nehmen Sie das Blinkergehäuse (4) heraus.
Der Einbau erfolgt sinngemäß in umgekehrter Reihenfolge.
■ Funktionen der Seitenblinkleuchte prüfen.

Lampe für Seitenblinkleuchte im Kotflügel aus- und einbauen
Die Lampe in der Seitenblinkleuchte ist nicht ersetzbar. Die Blinkleuchte und das Leuchtmittel sind ein Teil. Ist die Seitenblinkleuchte ohne Funktion oder beschädigt, muss sie komplett ersetzt werden.

Rückleuchten

Schlussleuchte aus- und einbauen – Kasten- oder Kombifahrzeug
Die Montagearbeiten für die Rückleuchte unterscheiden sich hinsichtlich der Ausführung der Hecktür(en) nicht wesentlich. Wir werden Ihnen hier eine allgemeingültige Beschreibung zur Verfügung stellen.

■ Zündung und alle elektrischen Verbraucher ausschalten und den Zündschlüssel abziehen.
■ Heckflügeltüren oder die Heckklappe bis zum Anschlag öffnen.
■ Drehen Sie die beiden Befestigungsschrauben der jeweiligen Heckleuchte heraus.
■ Befestigungsschrauben (1 und 3 im Bild 21) herausschrauben.
■ Die Rückleuchte bei Fahrzeugen mit Flügeltüren im oberen Bereich ausclipsen. Bei Fahrzeugen mit Heckklappe ist die Rückleuchte im unteren Bereich verclipst. Hebeln Sie den Clip mit einem Kunststoffhebel vorsichtig los.
■ Schlussleuchte abnehmen.
■ Elektrische Steckverbindung entriegeln und trennen.

Der Einbau erfolgt sinngemäß in umgekehrter Reihenfolge.
Die elektrische Steckverbindung im Seitenteil muss beim Aufstecken »hörbar« einrasten.

■ Reinigen Sie die Anlagefläche der Dichtung zur Karosserie gründlich.
■ Schlussleuchte in den Karosserieausschnitt einführen.
■ Die beiden Befestigungsschrauben der Lampe anschrauben.

Lampen für Schlussleuchte aus- und einbauen

Beim Einbau einer Glühlampe nicht den Glaskolben berühren. Die Finger hinterlassen Fettspuren auf dem Glaskolben, die beim Einschalten der Lampe verdampfen und den Glaskolben trüben.

- Zündung und alle elektrischen Verbraucher ausschalten und den Zündschlüssel abziehen.
- Prüfen Sie, welche Lampe keine Funktion aufweist.
- Bauen Sie die entsprechende Rückleuchte aus.
- Lösen Sie die vier Haltefedern und nehmen Sie den Lampenträger vom Lampengehäuse ab.
- Die betreffende Lampe im Lampenträger ca. 45° nach links drehen und herausnehmen.

Der Einbau erfolgt sinngemäß in umgekehrter Reihenfolge.

Funktion	Bezeichnung
Rück-Bremsleuchte	P21/5W
Nebelschlussleuchte	P21W
Rückfahrleuchte	P21W
Blinklicht	PY21W

- Lampenträger in die Schlussleuchte einsetzen und verclipsen.
- Funktion der Schlussleuchten prüfen.
- Schlussleuchte einbauen.

Hochgesetzte Bremsleuchte

Die hochgesetzte Bremsleuchte ist oben in der Hecktür eingebaut. Ersatzweise kann aus dem Zubehörbereich auch eine Bremsleuchte mit Kamera eingebaut werden. Diese eignet sich sowohl als Dashcam als auch über einen Bildschirm als Rückfahrkamera.

De- und Montage der hochgesetzten Bremsleuchte:

- Zündung und alle elektrischen Verbraucher ausschalten und den Zündschlüssel abziehen.
- Die beiden Befestigungsmuttern (1 im Bild 25) herausschrauben.
- Entfernen Sie die Verschlussklappe in

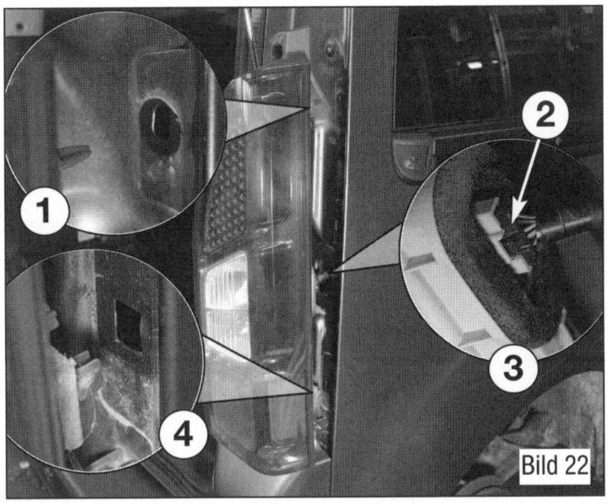

Bild 22
Schlussleuchte verclipst und Steckerkontakt.
1 Führungsstift oben
2 Raste Steckkontakt
3 Steckkontakt
4 Raste unten

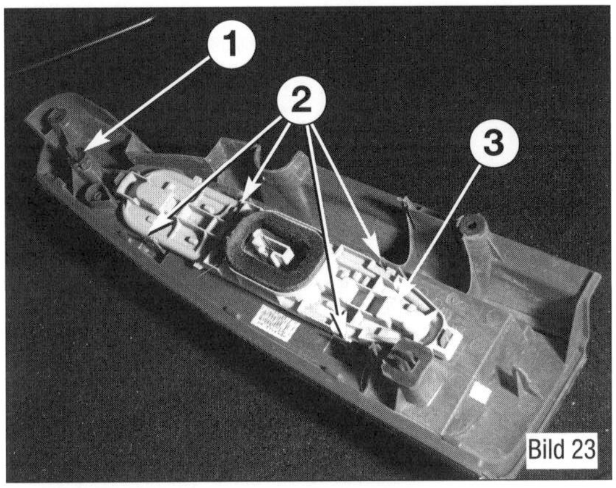

Bild 23
Lampenträger im Lampengehäuse.
1 Lampengehäuse
2 Rasten Lampenträger
3 Lampenträger

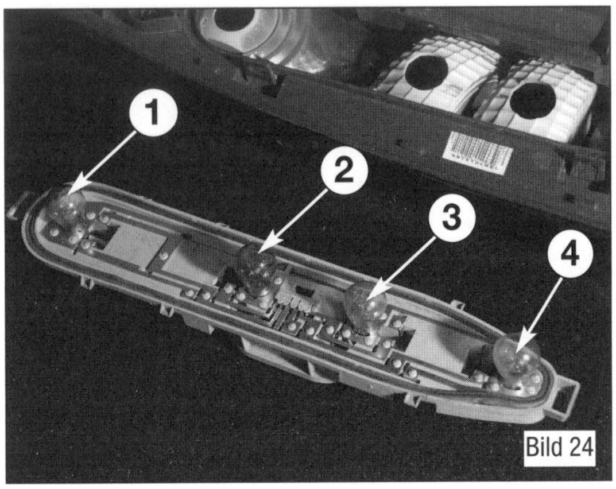

Bild 24
Lampen im Lampenträger.
1 Brems- und Fahrlicht
2 Blinkleuchte
3 Rückfahrleuchte
4 Nebelschlussleuchte

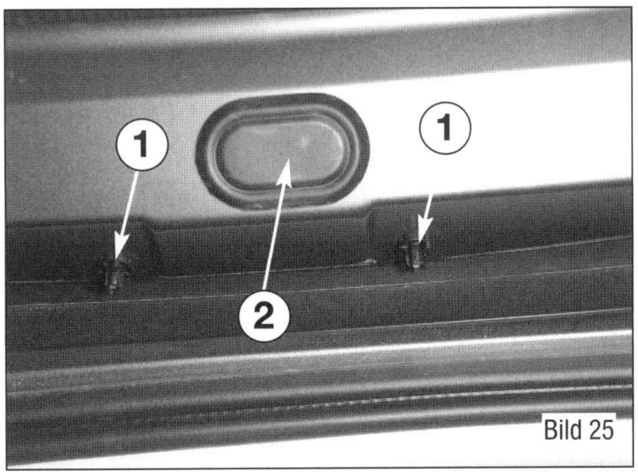

Bild 25
Hochgesetzte Bremsleuchte von innen mit Verschlusskappe.
1 Kunststoffschraube
2 Verschlusskappe

Sichtprüfung Messen

Bild 26
Lampen in der hochgesetzten Bremsleuchte.
1 Lampe
2 Lampenträger
3 Lampengehäuse

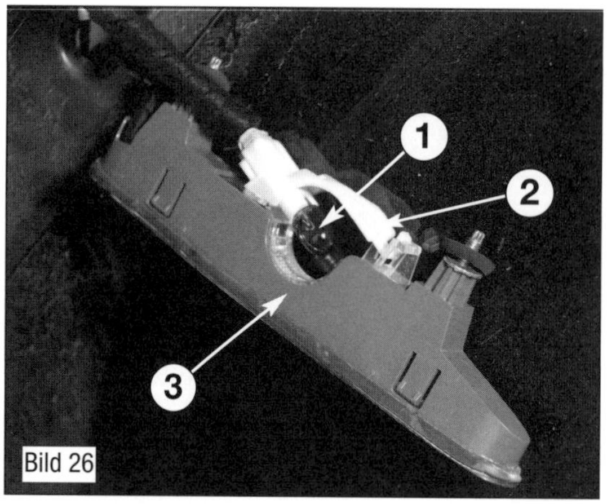

Bild 27
Lampen in der Kennzeichenleuchte.
1 Lampe
2 Lampenglas (seitlich geclipst)
3 Lampenträger

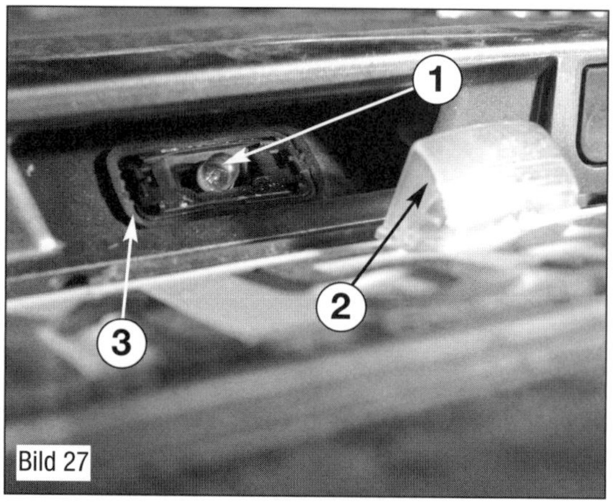

der Hecktür unterhalb der hochgesetzten Bremsleuchte.

- Halteraste unten an der hochgesetzten Bremsleuchte mit einem Kunststoffkeil über die Verschlusskappe betätigen.
- Hochgesetzte Bremsleuchte (2) an den Gewindestücken vorsichtig herausdrücken und herausnehmen.
- Die elektrische Steckverbindung entriegeln und von der Lampe trennen.
- Soweit vorhanden, den Scheibenwaschschlauch von der Düse in der Leuchteneinheit abziehen.

Der Einbau erfolgt sinngemäß in umgekehrter Reihenfolge.

- Funktionen der hochgesetzten Bremsleuchte prüfen.

Wechsel der Leuchtmittel

- Bauen Sie die hochgesetzte Bremsleuchte aus.
- Clipsen Sie den Lampenträger aus und nehmen Sie ihn heraus.
- Die Glühlampen (W5W) aus dem Sockel herausziehen.

Kennzeichenleuchte aus- und einbauen

⚠ Wie für die hochgesetzte Bremsleuchte ist auch für die Kennzeichenleuchte eine Ersatzleuchte im Zubehörmarkt erhältlich, die eine Kamera beinhaltet. Auch diese kann als rückwärtige Dashcam oder als Rückfahrkamera eingesetzt werden.

Leuchteneinheit aus- und einbauen
Die Kennzeichenleuchte besteht bei Varianten mit einer Heckklappe aus der Griffleiste und dem jeweiligen Abdeckglas. Bei den Varianten mit Flügeltüren sind die Kennzeichenleuchten in die Hecktür eingeclipst.

- Zündung und alle elektrischen Verbraucher ausschalten und den Zündschlüssel abziehen.

Fahrzeuge mit Heckklappe:

- Demontieren Sie die Heckverkleidung an der Heckklappe hinten.
- Die elektrische Steckverbindung entriegeln und von der Lampe trennen.
- Clipsen Sie die Kennzeichenleuchten aus der Heckklappe aus und nehmen Sie sie nach außen ab.

Fahrzeuge mit Hecktüren:

- Demontieren Sie die Heckverkleidung an der Heckklappe hinten.
- Die elektrische Steckverbindung entriegeln und von der Lampe trennen.
- Clipsen Sie die Kennzeichenleuchten aus der Hecktür aus und nehmen Sie sie nach außen ab.

Der Einbau erfolgt sinngemäß in umgekehrter Reihenfolge.

- Funktion der Kennzeichenleuchte prüfen

Lampe für Kennzeichenleuchte aus- und einbauen

- Zündung und alle elektrischen Verbraucher ausschalten und den Zündschlüssel abziehen.

Fahrzeuge mit Heckklappe:

- Hebeln Sie die klare Kunststoffabdeckung mit einem kleinen Schraubendreher oder einem entsprechenden Werkzeug auf.

dreher oder einem entsprechenden Werkzeug auf.

■ Ziehen Sie die Glühlampe heraus.

Fahrzeuge mit Hecktüren:

■ Bauen Sie die Innenverkleidung wie beschrieben aus.

■ Die elektrische Steckverbindung entriegeln und von der Lampe trennen.

■ Drehen Sie die Lampenfassung um eine Vierteldrehung gegen den Uhrzeigersinn.

■ Ziehen Sie die Glühlampe heraus.

Der Einbau erfolgt sinngemäß in umgekehrter Reihenfolge.

■ Funktion der Kennzeichenleuchte prüfen.

■ Lampe für Kennzeichenleuchte: 12 V, W5W.

Innenleuchte

Leuchteneinheit aus- und einbauen

Die Arbeitsschritte für die Innenraumleuchten im Fahrgastraum sind kaum unterschiedlich. Wir stellen Ihnen hier eine allgemeingültige Beschreitung der Arbeitsschritte vor.

Ausbau der Leuchteneinheit:

■ Zündung und alle elektrischen Verbraucher ausschalten und den Zündschlüssel abziehen.

■ Heben Sie das Glas der Innenraumleuchte seitlich (2 im Bild 28) leicht an und schieben Sie im oberen mittleren Bereich einen kleinen Schraubendreher oder ein anderes geeignetes Demontagewerkzeug ein, um die Haltenase des Glases aus dem Rahmen auszurasten.

■ Nehmen Sie das Glas heraus und ziehen Sie den Steckkontakt ab.

■ Die Leuchteneinheit abnehmen.

Ausbau des Rahmens:

■ Bauen Sie die Leuchteneinheit wie beschrieben aus.

■ Ziehen Sie die Halteklammern vorsichtig zurück und nehmen Sie den Rahmen der Leuchteneinheit aus der Aussparung im Rahmen beziehungsweise im Fahrzeughimmel heraus.

■ Nehmen Sie den Leuchtenrahmen ab.

Der Einbau erfolgt sinngemäß in umgekehrter Reihenfolge.

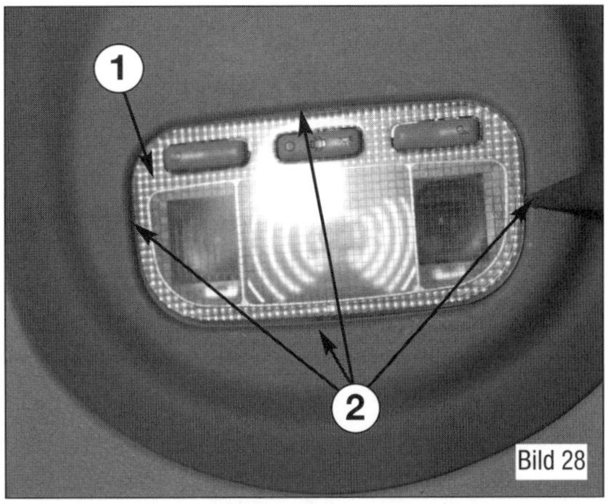

Bild 28
Innenraumleuchte Glas ausclipsen.
1 Glasabdeckung
2 Positionen zum ausclipsen

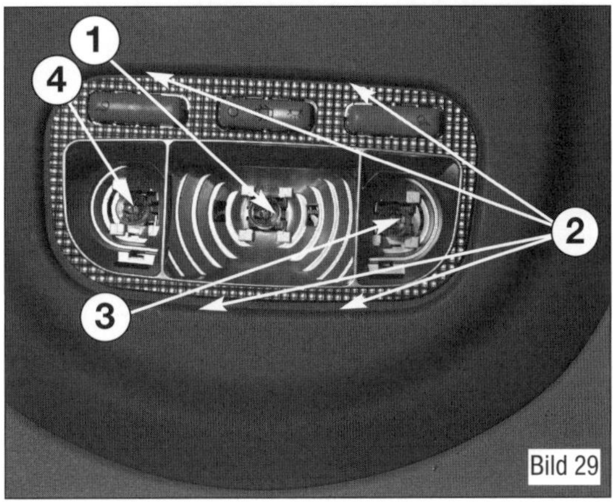

Bild 29
Innenraumleuchte, Gehäuse ausclipsen.
1 Innenleuchte
2 Positionen zum Ausclipsen
3 Leseleuchte rechts
4 Leseleuchte links

■ Funktion der Innenraumleuchte prüfen.

Lampe für die Innenraumbeleuchtung aus- und einbauen

■ Zündung und alle elektrischen Verbraucher ausschalten und den Zündschlüssel abziehen.

■ Heben Sie das Glas der Innenraumleuchte auf der rechten Seite leicht an und schieben Sie im oberen mittleren Bereich einen kleinen Schraubendreher oder ein anderes geeignetes Demontagewerkzeug ein, um die Haltenase des Glases aus dem Rahmen auszurasten.

■ Die defekte Glühlampe (1, 3 oder 4 im Bild 29) herausnehmen.

Der Einbau erfolgt sinngemäß in umgekehrter Reihenfolge.

■ Funktion der Innenraumleuchte prüfen.

■ Lampe für die Innenraumleuchte: 12 V, W5W.

Sichtprüfung

Messen

Scheibenwischer

Wischerblattwechsel

■ Scheibenwischer in die Endablage laufen lassen.

■ Zündung und alle elektrischen Verbraucher ausschalten und den Zündschlüssel abziehen.

■ Den Scheibenwischerarm von der Scheibe wegklappen.

Verbiegen von Scheibenwischerarm und Blatt vermeiden. Ein ungewolltes Zurückklappen des Scheibenwischerarms verhindern, damit die Glasscheibe nicht zerstört wird.

■ Drücken Sie die Rastnase (2 im Bild 30) ein und ziehen Sie den Clip am Wischer (3) aus der Halterung am Wischerarm (2) heraus.

■ Das Scheibenwischerblatt abnehmen.

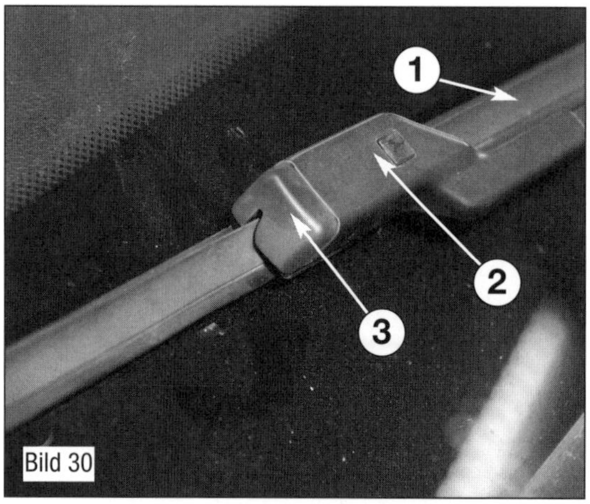

Bild 30

Bild 30
Wischerblatt vorne.
1 Wischerarm
2 Rastnase (Taste)
3 Clip am Wischerblatt

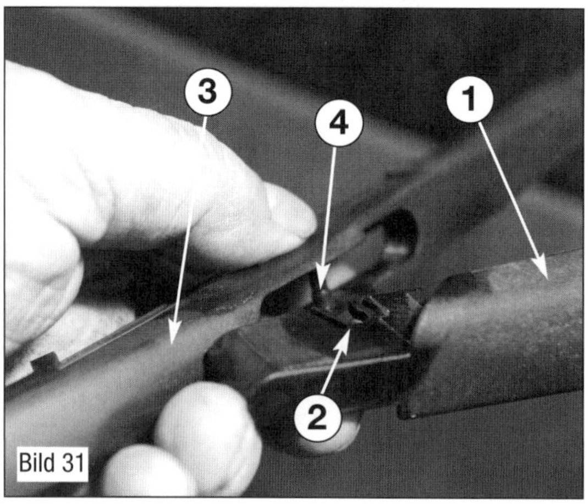

Bild 31

Bild 31
Wischerblattwechsel hinten.
1 Wischerarm
2 Rastnase (Taste)
3 Clip am Wischerblatt
4 Welle (Lagerung Wischerblatt)

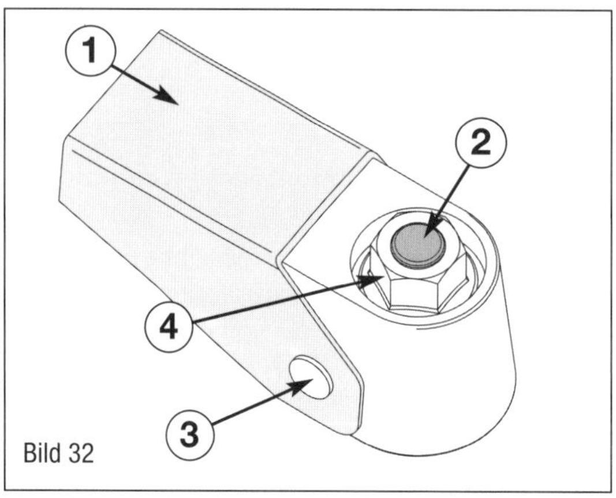

Bild 32

Bild 32
Befestigung Wischerarm.
1 Wischerarm oben
2 Wischerwelle
3 Lagerbolzen
4 Mutter

Der Einbau erfolgt sinngemäß in umgekehrter Reihenfolge.

Das längere Scheibenwischerblatt wird auf der Fahrerseite angebaut.

■ Den Clip am Wischer in die Halterung am Wischerarm drücken, bis er vollständig in der Führung sitzt.

■ Den Scheibenwischerarm an die Scheibe zurückklappen.

■ Scheibenwischerblätter-Endablage prüfen und ggf. neu ausrichten.

Scheibenwischerarm ausbauen

Bevor die Scheibenwischerarme ausgebaut werden, sicherstellen, dass sich der Scheibenwischermotor in Endstellung befindet. Nur so lässt sich beim Einbau die Endablage der Scheibenwischerarme korrekt einstellen.

Frontwischerarme de- und montieren:

■ Scheibenwischer in die Endlage laufen lassen.

■ Zündung und alle elektrischen Verbraucher ausschalten und den Zündschlüssel abziehen.

■ Falls vorhanden, Abdeckkappe mit einem Schraubendreher abhebeln.

■ Sechskantmutter lösen, ohne sie ganz abzuschrauben.

■ Scheibenwischerarm hochklappen und durch kippelnde seitliche Bewegungen vom Konus lösen.

■ Befestigungsmutter ganz abschrauben und den Scheibenwischerarm herunternehmen.

Der Einbau erfolgt sinngemäß in umgekehrter Reihenfolge.

■ Die Scheibenwischerarme der Fahrer- und Beifahrerseite in der ungefähren Endablage auf ihre Wellen aufstecken.

■ Befestigungsmuttern locker auf die Scheibenwischerarmwellen aufschrauben.
■ Scheibenwischerblätter-Endablage einstellen.
■ Befestigungsmuttern festziehen.
■ Funktion der Wischer prüfen.

Endlage der Scheibenwischer

Endlage der Frontwischer
Die Endlage der Wischer ist bei den meisten Scheibenherstellern mit Lagemarkierungen auf der Glasfläche dargestellt.
■ Der Abstand (1 im Bild 33) zwischen Scheibenwischergummi und Scheibenrahmenabdeckung muss etwa 1–2 cm betragen.
■ Gegebenenfalls Endablage durch Versetzen des Scheibenwischerarms einstellen.
■ Befestigungsmuttern der Scheibenwischerarme mit 15 Nm festziehen.
■ Funktion der Wischer prüfen. Darauf achten, dass die Wischer nicht in den Bereich der Scheibenrahmen geraten.

Endlage der Heckwischer
Die Endlage der Heckwischer unterscheidet sich grundsätzlich.

Fahrzeuge mit Heckflügeltüren (Bild 34):
■ In Ruhelage muss das Wischerblatt (2) parallel zur senkrechten Scheibenkante (4) positioniert sein.
■ Achten Sie darauf, dass der Wischer nicht über die linke Glaskante (1) läuft, um Lackschäden zu vermeiden. Ist das der Fall, muss der Wischermotor ersetzt und der Wischerarm (3) neu ausgerichtet werden.

Fahrzeuge mit Heckklappe (Bild 35):
■ In Ruhelage muss das Wischerblatt (1) parallel zur waagerechten Scheibenkante (4) und auf dem beheizten Bereich für das Wischerblatt (3) positioniert sein.
■ Achten Sie darauf, dass der Wischer nicht über die untere Glaskante (4) läuft, um Lackschäden zu vermeiden. Ist das der Fall, muss der Wischermotor ersetzt und/oder der Wischerarm neu ausgerichtet werden.

Waschdüsen

Waschdüsen vorne de- und montieren
■ Demontieren Sie die Geräuschdämmung an der Motorhaube.
■ Schlauch (1 im Bild 36) von unten von der Spritzdüse abziehen.
■ Haltenasen (2) zusammendrücken und die Waschdüse abnehmen.

Montage
■ Waschdüse von unten in die Aussparung eindrücken.
■ Darauf achten, dass die Waschdüse sicher einrastet.
■ Spritzbild und Einstellung der Spritzdü-

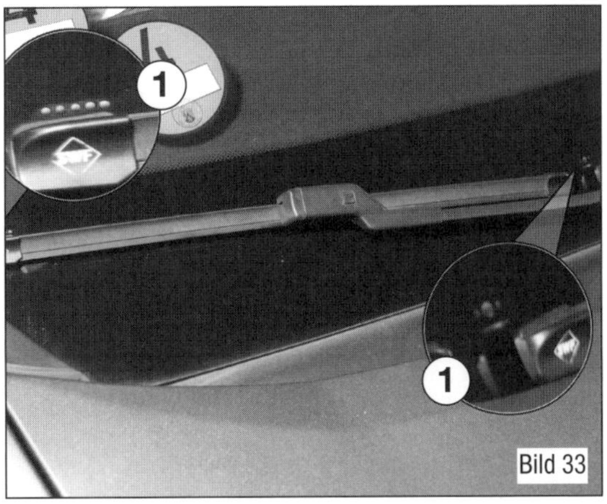

Bild 33
Endlage der Scheibenwischer vorne:
1 Markierungen auf der Frontscheibe.

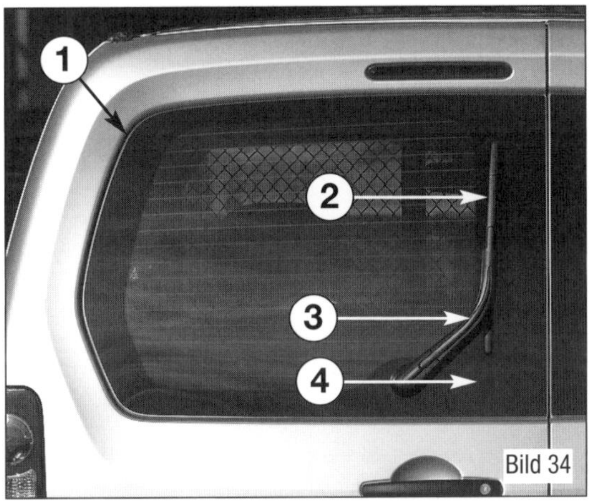

Bild 34
Endlage der Scheibenwischer hinten Flügeltür.
1 linke Scheibenkante
2 Wischerblatt
3 Wischerarm
4 Scheibenkante rechts

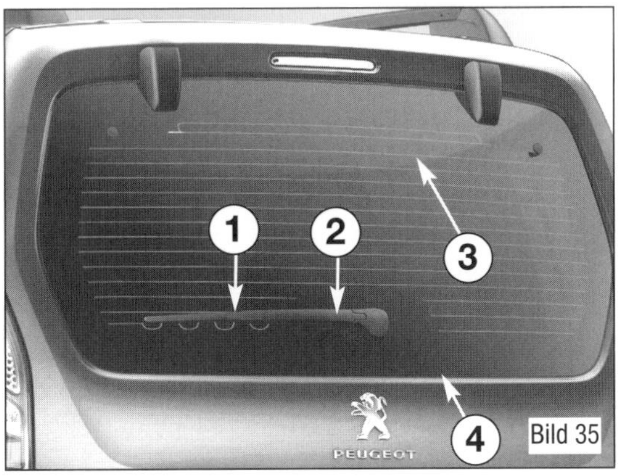

Bild 35
Endlage der Scheibenwischer hinten Heckklappe.
1 Wischerblatt
2 Wischerarm
3 Heizbereich der Heckscheibe
4 Scheibenkante unten

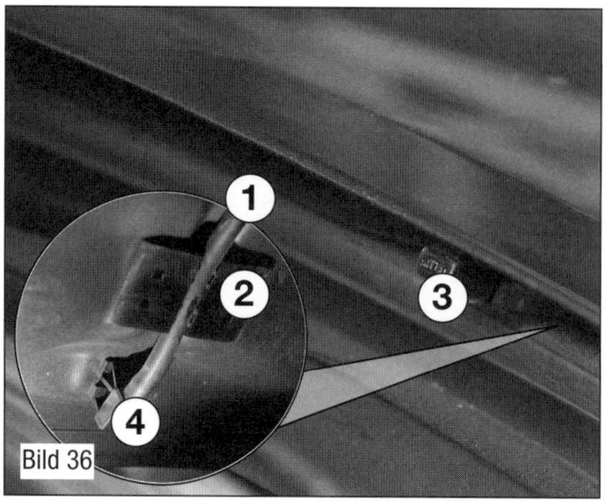

Bild 36
Waschdüse vorne.
1 Waschschlauch
2 Halter Waschschlauch
3 Waschdüse von oben
4 Waschdüse von unten

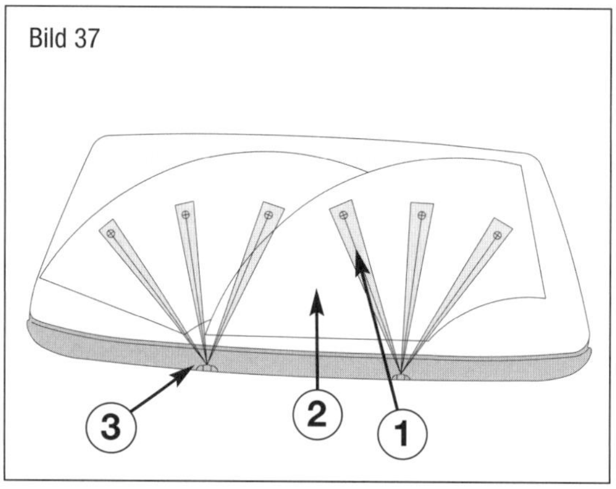

Bild 37
Waschdüseneinstellung.
1 Sprühstrahl
2 Wischfläche
3 Waschdüsen

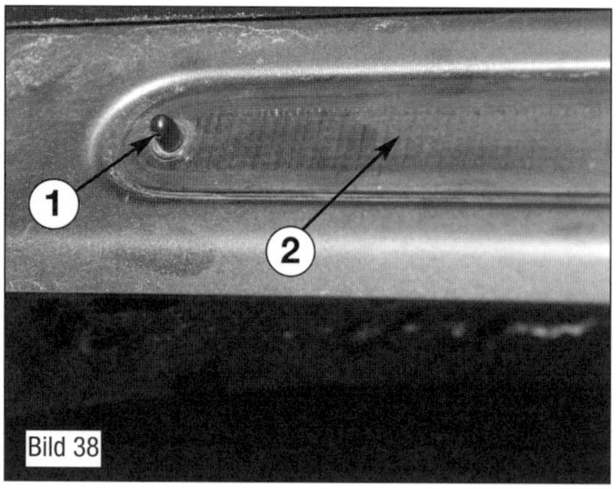

Bild 38
Waschdüse hinten.
1 Waschdüse
2 hochgesetzte (dritte) Bremsleuchte

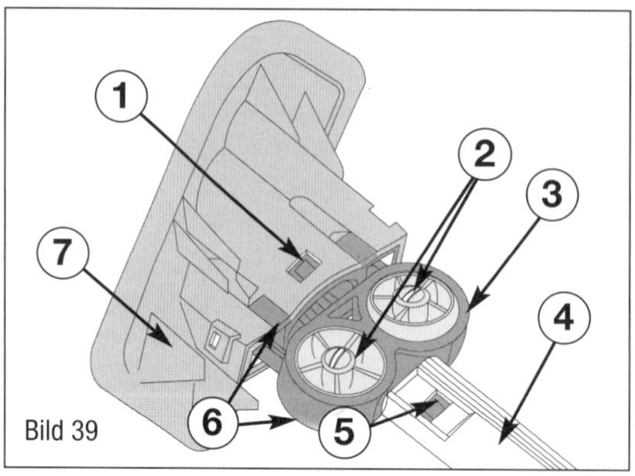

Bild 39
Scheinwerferreinigungsanlage.
1 Rastnase oben
2 Sprühdüsen
3 Düsenkörper
4 Zylinder
5 Rastnase Düse
6 Rastnasen unten
7 Abdeckung

sen prüfen und wenn erforderlich einstellen.

Waschdüsen einstellen
Im Falle eines ungleichmäßigen Spritzfelds durch Verunreinigungen in der Spritzdüse bauen Sie die Spritzdüse aus und spülen diese mit Wasser durch. Das anschließende Durchblasen der Spritzdüse mit Druckluft ist in beide Richtungen zulässig. Keine Gegenstände zum Reinigen der Spritzdüsen verwenden!

Die Waschdüsen vorne und hinten sind voreingestellt. Eine Veränderung der Einstellung ist nicht vorgesehen. Es können aber kleine Höhenunterschiede ausgeglichen (1 im Bild 37) werden.

- Stellen Sie die Spitzdüsen so ein, dass der Wasserstrahl in etwa im oberen Drittel des Wischbereiches (1 im Bild 37) auf die Scheibe auftrifft.

Scheinwerferreinigungsanlage
Die Waschdüsen der Scheinwerferreinigungsanlage werden mit dem Druck der Scheinwerferwaschanlage ausgefahren. Für die Montagearbeiten können Sie vorsichtig von Hand herausgezogen werden. Halten Sie der Zylinder (4 im Bild 39) für den Zeitraum der Montagearbeiten fest. Achten Sie darauf das alle Bauteile bei der Montage sicher verrastet sind.

De- und Montage:
- Ziehen Sie die Abdeckung (7 im Bild 39) der Scheinwerferreinigungsanlage vorsichtig nach vorne und fahren Sie hierbei den Zylinder aus.
- Sichern Sie den Zylinder gegen Wiedereinfahren mit einer geeigneten Sicherungsklammer auf dem Hubzylinder.
- Clipsen Sie die Abdeckung (7) von dem Spritzdüsenkörper (3) ab.
- Clipsen Sie die Sprühdüse (2) vom Hubzylinder aus (4) und nehmen Sie die Waschdüse ab.

Einstellen:
- Ziehen Sie die Abdeckung der Scheinwerferreinigungsanlage vorsichtig nach vorne und fahren Sie hierbei den Zylinder aus.
- Verstellen Sie die Waschdüsen so, dass sie im unteren Drittel, mittig auf den Scheinwerfer treffen.

15 Stromlaufpläne

Verwendung von Stromlaufplänen

Liegt ein elektrischer Fehler vor, wird das Geschrei nach Stromlaufplänen sehr oft laut. Es ist aber nicht so, dass der Stromlaufplan die Lösung für die elektrischen Fehler offenbart. Vielmehr stellt er die physikalische Verdrahtung der Systeme dar. Das klassische Kabel durchmessen wird in der Praxis aber nur wenig Anwendung finden. Das Wissen über Funktionszusammenhänge im virtuellen Bordnetzsystem und die Spannungsversorgung sind die Schwerpunkte, die im modernen Bordnetzsystem wie schon in vielen Teilen bei Ihrem Van umgesetzt wurden.

Sicherungen und Sicherungshalter

Damit Sie die Elektrik Ihres Autos einfach, zuverlässig und sicher nutzen können, gibt es Schaltstellen, Leitungsstränge und Sicherheitsvorkehrungen. Prüfen Sie vor jeder Fehlersuche immer die verbauten Sicherungen (Bild 1). Überprüfen Sie auch, ob die Sicherungsbelegung bei Ihrem Fahrzeug identisch ist (siehe Fahrerhandbuch). Herstellerbedingt werden zwar bestimmte Belegungen ausgewählt, diese aber müssen nicht unbedingt Ihrer Variante entsprechen. Schließlich werden oft genug Ausstattungsvarianten ergänzt und erweitert. In den meisten Fällen erkennen Sie schon an der verbauten Sicherungsstärke, um welche Anschlussvariante es sich handelt. Vergessen Sie nicht, dass viele »Kleinsicherungen« durchaus im Sicherungskasten »A« zusätzlich abgesichert sein können! Solche Sicherungen werden auch »Vorsicherung« genannt. Die freien Sicherungsplätze und ihre Schaltfunktionen können sehr hilfreich bei der Erweiterung der Ausrüstung Ihres Vans sein.

Relais und Sicherungsbelegungen
Die genaue Sicherungsbelegung ist von der Fahrzeugausstattung abhängig. Ein Schema ist als Aufkleber oder lose bei den Sicherungshaltern zu finden. Wir verweisen auf die aktuellen Belegungslisten in der Fahrzeugbedienungsanleitung. Sicherungen sind nach Steckplätzen nummeriert. Angegeben sind abgesicherter Verbraucher und der Stromstärke-Wert (in A), durch Farbe markiert.
Die Bordelektrik unterliegt wie die Schaltpläne auch im Laufe der Produktion einer stetigen Wandlung. Die Darstellung aller Varianten ist schon aus Aktualitätsgründen

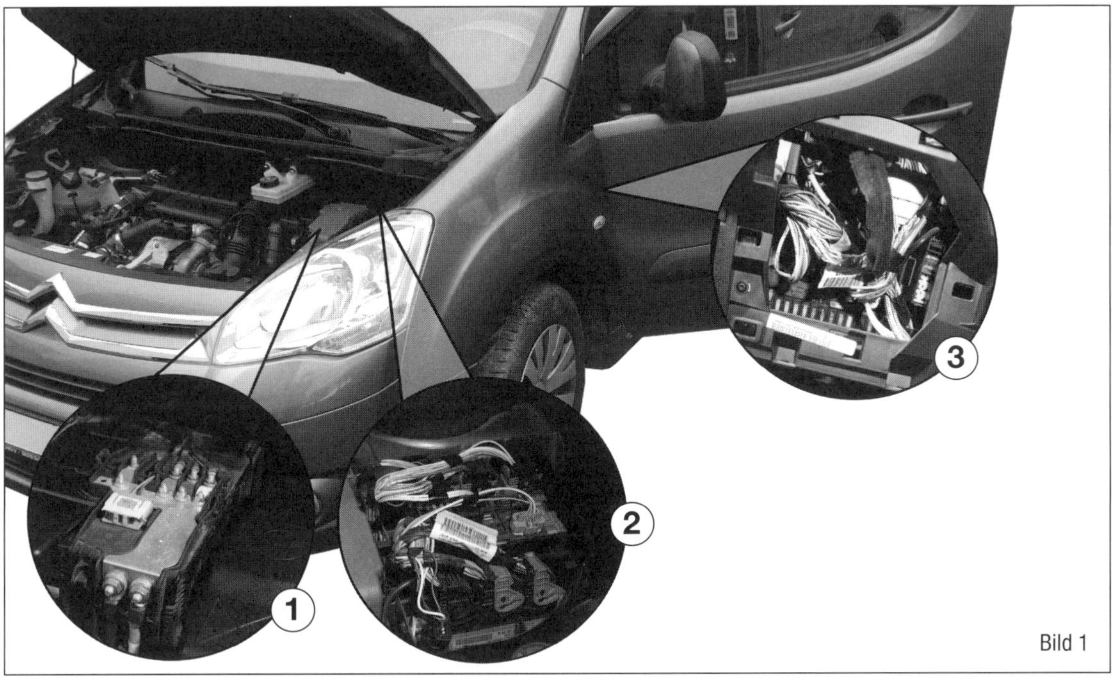

Bild 1

Bild 1
Sicherungsträger in der Übersicht.
1 Sicherungsträger auf dem Batteriepluspol (Vorsicherungen)
2 Relais- und Sicherungsträger im Motorraum
3 Relais- und Sicherungsträger in der Armaturentafel (Bordnetzsteuergerät) (D)

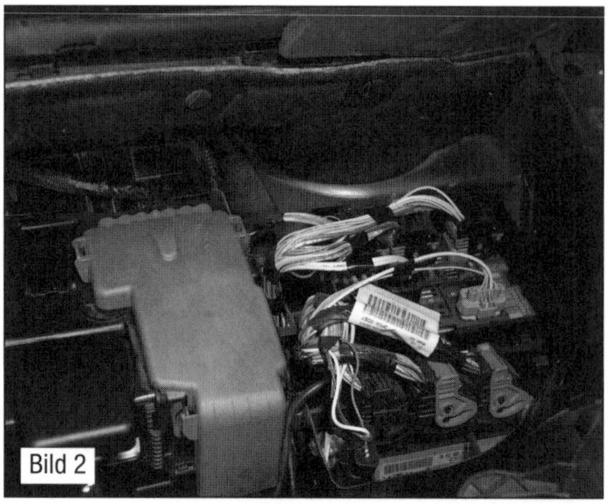

Bild 2
Platz für Steuergeräte, Sicherungen und Relais im Motorraum finden sich in einem Kasten neben der Batterie.

Bild 3
Die Vorsicherungen finden sich auf einem Träger auf der Batterie. Hier befindet sich auch die Verteilerleiste und der Anschluss zum Starter.

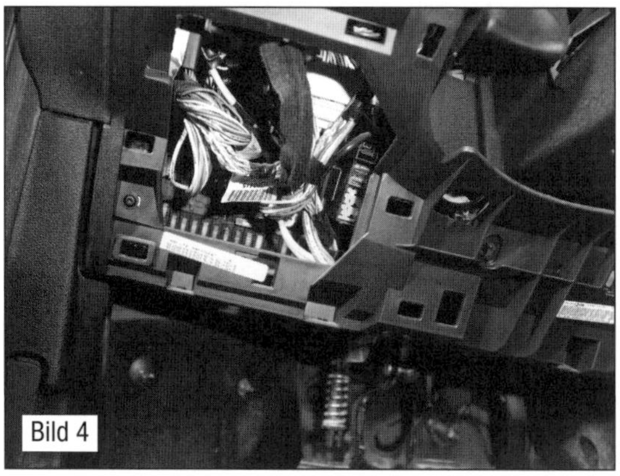

Bild 4
Links im Armaturenbrett finden Sie die Gerätesicherungen, das Bordnetzsteuergerät und der Diagnoseanschluss.

nicht möglich. PSA weist schon zu Redaktionsschluss dieses Buches mehrere Varianten aus, sodass eine übergreifende Darstellung nicht sinnvoll ist. Die Zuordnung ist nur über das herstellereigene Werkstattinformationssystem aktuell und sinnvoll möglich. Wer bei der Arbeit an einer Baugruppe die jeweiligen aktuellen Informationen zugrunde legen möchte, hat folgende Möglichkeiten:

- Die Informationen aus dem Fahrzeugbordbuch entnehmen.
- Den entsprechenden Plan beim freundlichen Peugeot/Citroën-Partner ausdrucken lassen.

Der Relais- und Sicherungsträger im Motorraum neben der Batterie
Diese E-Box befindet sich neben dem Luftfilter auf der linken Fahrzeugseite im Motorraum. Sie ist mit einem Deckel abgedeckt, der mit zwei Clips gesichert ist. Diese reißen gerne ermüdungsbedingt ab. Der Kasten ist bedingt staubdicht und sollte im Rahmen der Wartungsarbeiten vorsichtig mit Druckluft gereinigt werden.

Der Sicherungsträger auf dem Batteriepluspol
Der Sicherungsträger befindet sich auf dem Batterieplus-Anschluss. Hierfür muss der Deckel im Fahrzeugboden geöffnet und die Abdeckung auf dem Batteriepol ausgeclipst werden. Hier sind Vorsicherungen verbaut. Auch finden Sie hier Anschlüsse, die Ihnen die Erweiterung der elektrischen Anlage mit sicheren Anschlüssen erlauben. Dafür sind bereits Gewindebolzen vorgesehen.

Die E-Box in der Armaturentafel
Der Relais und Sicherungsträger (D) ist links unter einem verschraubten Deckel in der Armaturentafel verbaut. Er beinhaltet kleinere Stecksicherungen und einige Relaissteckplätze sowie das Bordnetzsteuergerät. Der Zugang ist nur für Sicherungen (D) recht einfach möglich. Die Stecksicherungen sind recht gut vom Innenraum und mit wenig Demontageaufwand zugänglich. Auf dem Steuergerät befindet sich auch der genormte Zugang für die Diagnose (E-OBDII Stecker).

Kabelfarben und Kabelquerschnitt

Kabelfarbe
Im Schaltplan werden die Informationen über die Kabelfarben angegeben. Die Farben werden als Kürzel dargestellt. Farbangaben in Kombination stellen Kabelkennzeichnungen mit einer Farblinie dar. Die Kabelbezeichnung N/B ist beispielsweise die Bezeichnung für ein schwarzes Kabel mit einer weißen Linie. Die Grundfarbe des Kabels wird immer zuerst genannt.

Kürzel	Farbe
BA	Weiß
NR	Schwarz
RG	Rot
MR (Marone)	Braun
VE (Verde)	Grün
BE	Blau
GR	Grau
JN	Gelb
OR	Orange
MC	Mehrfarbig

Kabelquerschnitt
Auch der Kabel-(Leitungs-)Querschnitt ist zumeist leider nicht im Schaltplan angegeben. Somit wird es schwieriger, die mögliche Belastung der einzelnen Kabel zu bestimmen. Hierzu ist dann eine Strommessung erforderlich. Für die Nachrüstung sollten Sie dann möglichst alle Funktionen unter Last in neuen Kabeln neben dem originalen Kabelbaum umsetzen.

Nennquerschnitt	Dauerstrom	Sicherung
0,5 mm^2	6 A	7,5 A
0,75 mm^2	8 A	10 A
1 mm^2	12 A	15 A
1,5 mm^2	16 A	20 A
2,5 mm^2	24 A	30 A
4 mm^2	40 A	40 A
6 mm^2	56 A	50 A
10 mm^2	80 A	70 A
16 mm^2	100 A	100 A
25 mm^2	120 A	125 A

Kabelinstandsetzungsarbeiten

Reparatur von Airbag- und Gurtstrafferleitungen
Das Airbag- und Gurtstraffersystem kann ausfallen. Fehlerhafte Reparaturen am Airbag- und Gurtstrafferleitungsstrang können zur Fehlfunktion des Insassenschutzes führen. Bei Reparaturen am Airbag- und Gurtstrafferleitungsstrang dürfen nur die dafür vorgesehenen Kontakte, Stecker und Leitungen verwendet werden. Leitungen des Airbag- und Gurtstrafferleitungsstrangs dürfen nur mit einem Leitungsstrang-Reparaturset repariert werden.

Bei Reparaturen an Leitungen des Airbag- und Gurtstraffersystems dürfen maximal zwei Reparaturstellen ausgeführt werden. Reparaturstellen erhöhen

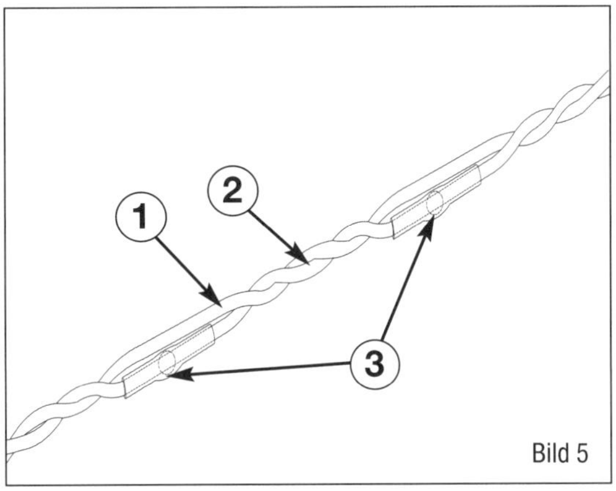

Bild 5
Reparaturstelle: Es dürfen maximal zwei Reparaturstellen ausgeführt werden
1 CAN High
2 CAN Low
3 Reparaturstelle

den elektrischen Widerstand in der Leitung und können Fehler in der Eigendiagnose des Systems auslösen. Bei Reparaturen am Airbag- oder Gurtstrafferleitungsstrang müssen die Quetschverbinder grundsätzlich geschrumpft werden, um Korrosion zu verhindern.

Wickeln Sie die Reparaturstelle nicht wieder in den fahrzeugeigenen Leitungsstrang ein und kennzeichnen Sie die Reparaturstelle gut sichtbar mit gelbem Isolierband.

Reparaturen im Bereich von Airbag oder Gurtstraffer sollten maximal 30 cm vom nächsten Kontaktgehäuse entfernt ausgeführt werden. Zusammen mit der Kennzeichnung durch das gelbe Isolierband ermöglicht diese Vorgehensweise einen schnellen Überblick über vorangegangene Reparaturen. Die Leitungen zu den Auslöseeinheiten (Airbags) haben in der Serie die Verdrillung mit der Schlaglänge von etwa 20 mm ± 5. Diese Schlaglänge ist für die Serienfertigung über Normteilnummern für die Leitungspaare sichergestellt und muss bei den Reparaturlängen der verdrillten Leitungen zwingend eingehalten werden. Bei Reparaturarbeiten müssen die Leitungen zu den Auslöseeinheiten (Airbags) die gleiche Länge aufweisen. Beim Verdrillen der Leitungen (1) und (2) muss die Schlaglänge von A = 20 mm ±5 zwingend eingehalten werden.

Reparaturmöglichkeiten CAN-Bus
Als CAN-Busleitung wird eine ungeschirmte Zweidrahtleitung (1) und (2) mit einem Querschnitt von 0,35 mm^2 oder 0,5 mm^2 verwendet. Die Reparatur von CAN-Busleitungen kann sowohl mit Reparaturleitung in

Sichtprüfung Messen

Bild 6
Reparatur CAN-Bus.
1 und 2 Leitungen verdrillt
3 Reparaturstelle
A Verdrillungslänge 20 mm
B maximale gerade 50 mm

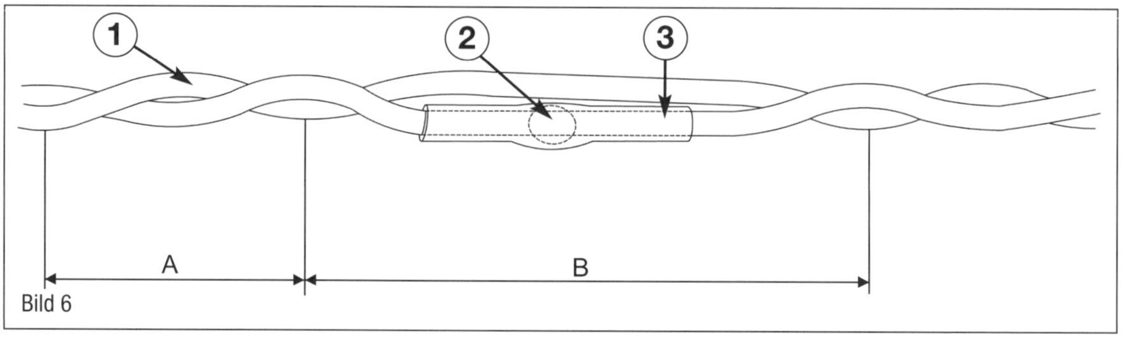

Bild 6

passendem Querschnitt ausgeführt werden. Bei Reparaturarbeiten (wie im Bild 6) müssen beide Busleitungen die gleiche Länge aufweisen. Beim Verdrillen der Leitungen (1) und (2) muss die Schlaglänge von A = 20 mm eingehalten werden. Es darf dabei kein Leitungsstück, zum Beispiel im Bereich von Quetschverbindern (2), größer als B = 50 mm ohne Verdrillung der Leitungen entstehen. Versehen Sie die Reparaturstelle mit gelbem Klebeband, um eine vorangegangene Reparatur zu kennzeichnen.

Fehlersuche am CAN-Bus

Fehler im Datenbussystem treten recht selten auf. Sie werden im Regelfall im Fehlerspeicher des Bordnetzsteuergerätes als Fehlereintrag abgelegt. Bei Totalausfall des Datenbussystems sollten Sie sich die Signalbilder auf einem Oszilloskop ansehen. Die Verbindungsstelle für das schnellere Antriebsbussystem und den langsameren Karosseriedatenbus ist das Bordnetzsteuergerät (Einheit mit dem Sicherungsträger in der Armaturentafel (D).

- Fehlerspeicher aller Steuergeräte auslesen.
- Oszilloskop Kanal 1 auf CAN-High, Kanal 2 auf CAN-Low anschließen. Der Masseanschluss erfolgt auf Karosseriemasse.

Bild 7
Anschluss an der OBD-Anschlussdose: Der Zugang ist von hieraus auf die einzelnen Steuergeräte möglich.

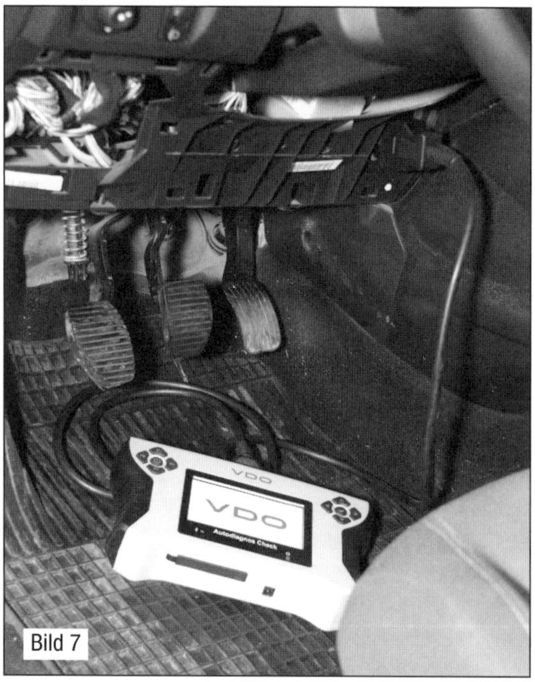

Bild 7

Messgeräte und Diagnosetester

Geeignete Messmittel in der Elektrik

Verwenden Sie nur geeignete Messmittel wie Multimeter und Mess- und Prüfsysteme. Prüflampen mit Glühlampe können Schäden in der Elektronik verursachen und können zudem keine Messwerte ausgeben.

Vorgaben zur Diagnose am Fahrzeug

Vor unseren Hinweisen zum Umgang mit den Stromlauf- oder Schaltplänen möchten wir, weil dazu ein enger Zusammenhang besteht, nochmals kurz auf das Fahrzeugdiagnose-, Mess- und Informationssystem eingehen. Wird das Diagnose- und Informationssystem während einer Prüf- oder Messfahrt im Aktionsbereich eines Airbags deponiert, besteht im Falle einer Airbag-Auslösung das Risiko von schweren bis tödlichen Verletzungen! Deshalb zu Prüf- oder Messfahrten stets einen Helfer mitnehmen, der auf einem Rücksitz das System bedient. Zum Anschließen des Diagnose- und Testsystems schreibt Peugeot/Citroën folgendes Vorgehen vor:

- Die Handbremse anziehen.
- Fahrzeug mit einem Erhaltungsladegerät versehen (Batterie laden).
- Bei Fahrzeugen mit Automatikgetriebe den Wählhebel in die Stellung »P« oder »N« bringen.
- Bei Fahrzeugen mit Schaltgetriebe den

Schalthebel in die Leerlaufstellung bringen.

- Den Fahrzeugdiagnosetester bei ausgeschalteter Zündung mit der Diagnoseleitung am Diagnoseanschluss des Fahrzeugs anschließen.
- Die Zündung einschalten.
- Alle elektrischen Verbraucher ausschalten.

Schaltpläne

Zum Gebrauch der Stromlaufpläne

Die Bordelektrik wird in Aufbau und Vernetzung durch Stromlaufpläne (auch Schaltpläne genannt) dargestellt, die für Ihren Van in gedruckter Form schon in der Grundausführung mehrere hundert Seiten umfassen, also einen Ordner von ganz beträchtlichem Umfang füllen. Das Schaltplanangebot enthält neben den einzelnen Stromlaufplänen für die Basisausstattung, die Elektrik für jeden der einzelnen Motoren bis hin zu Sonderausstattungen (z. B. für Klimaanlage, Einparkhilfe, Rückfahrkamera) auch zeitliche Überarbeitungen. Es macht sachlich wenig Sinn und der begrenzte Umfang dieses Buches lässt das auch nicht zu, einzelne Stromlaufpläne aus der Fülle herauszugreifen und in diesem Ratgeber darzustellen.

Lastfreie Schalter

Ein deutlicher Unterschied zu den herkömmlichen Schaltungen im Fahrzeug sind an Fahrzeugen der heutigen Generation lastfreie Schaltungen. Der Strom, der zum Betrieb der Funktion fließt, wird nicht durch den Schalter selbst geleitet. War es früher denkbar ein Relais oder einfach nur einen Kabelabgang zu legen, um eine Nebenfunktion, wie zum Beispiel den Anschluss von Zusatzfernscheinwerfern zu realisieren, verursacht das Anschließen am Lichtschalter heute lediglich Fehlfunktionen und vielleicht sogar Schäden an Steuergeräten und Schaltern. Betrachten wir uns als Nächstes exemplarisch die Schaltung des Lichtschalters und die Unterscheidung von Steuerkreis und Lastkreis.

Virtuelle Umsetzung am Beispiel des Lichtschalters im Lenkstockhebel

Als virtuelle Umsetzung bezeichnet man eine Schaltung, die eine Funktion nicht oder nicht direkt schaltet, sondern über Datensätze weiterleitet. Die eigentliche Schaltfunktion wird dann von einer Schaltfunktionsbox wie bei unseren PSA-Van von der Sicherungsplatine im Fußraum übernommen. Der Lichtschalter ist lediglich der Anwahlschalter und übernimmt die Steuerfunktion, also die Steuerbefehle für das Bordnetzsteuergerät in Sachen »Licht«. Welche Funktionen der Schalter genau hat, lässt sich nicht mehr aus dem Schaltplan auslesen.

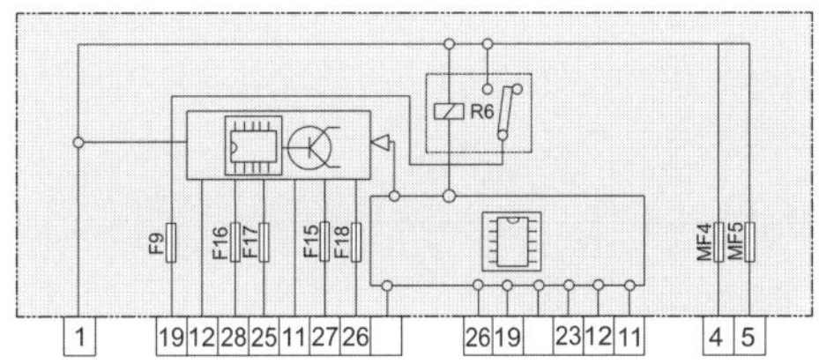

Bild 8

Bild 8
Sicherungsplatine im Motorraum zur Lichtsteuerung vorne.
1 KL30 von der Batterie
4 Spannungsversorgung Zündschloss
5 Spannungsversorgung KL30 BSI
11 Daten-Bus,
12 Daten-Bus
19 Masse KL31, 23 KL15 vom BSI
25 Abblendlicht rechts
26 Abblendlicht links
27 Fernlicht rechts
28 Fernlicht links
F9 Sicherung LWR
F15 Sicherung 56a rechts
F16 Sicherung 56a links
F17 Sicherung 56b rechts
F18 Sicherung 56b links

Systematische Betrachtung erforderlich:
Natürlich lässt sich so nur noch schwer ein Bauteil einzeln überprüfen. Es ist aber grundsätzlich sinnvoller ein System zunächst einmal als Einheit zu verstehen und im Zusammenhang zu prüfen. Der eigentliche Schalter am Lenkstock übernimmt den Funktionswunsch des Fahrers wie beispielsweise das Einschalten des Lichtes. Diese Information wird nun an die zentrale Schalteinheit »BSI« (das Bordnetzsteuergerät) übermittelt. Dieses wiederum leitet den Schaltbefehl wie schon erwähnt an die Sicherungsplatine weiter. Diese Funktionskette erscheint zuerst einmal sehr aufwändig. Allerdings lassen sich so Funktionen in der Lichtsteuerung erreichen, die ohne die Steuersysteme deutlich aufwändiger und anfälliger werden würden. In der Praxis erfolgt ein wichtiger Teil der Fehlersuche über den Diagnosetester. Nicht nur, dass hier gelegentlich auftauchende Fehler abgelegt werden können, es können auch Funktionen über einen Stellgliedtest überprüft werden. So kann in vielen Fällen zumindest in der Fehlersuche ein großer Teil der Demontagearbeit entfallen.

Fehlersuche nach Wahrscheinlichkeit

Auch wenn man es erwarten würde, ist in den meisten Fällen eben nicht ein Bauteil defekt und der Fehler lässt sich einfach per Schaltplan lokalisieren. Das Bordnetzsystem kann auch Ersatzfunktionen auslösen, die den Weiterbetrieb des Fahrzeugs noch ermöglichen.

Wichtige Reihenfolge für die Fehlersuche im Bordnetzsystem:

- Die Reihenfolge für die Prüfungen der Bauteile sollten Sie von der Zugänglichkeit zu den Bauteilen und dem Aufwand für die Prüfung abhängig machen.
- Betrachten Sie das Auftreten des Fehlers sehr genau. Sind andere Funktionen auch beeinträchtigt? Ein Scheinwerfer mit korrodiertem Masseanschluss wird etwas dunkleres Licht aufweisen. Oder die Leuchtweitenregulierung funktioniert einfach aufgrund der zu geringen Spannung nicht mehr richtig.
- Kontrollieren Sie die Sicherungen für den jeweiligen Verbraucher, an dem die Fehlfunktion vorliegt.
- Kontrollieren Sie den Zustand der angesteuerten Verbraucher. Sind die Lampen durchgebrannt? Sind die Anschlüsse in Ordnung?
- Prüfen Sie, ob Sie das Bauteil mit dem Diagnosetester über den Stellgliedtest ansteuern können.
- Lesen Sie den Fehlerspeicher für das System aus. Für die Lichtanlage wäre das die »Bedienplatine-Sicherungskasten« im Motorraum.

Den richtigen Schaltplan beschaffen

Oftmals sind es nur minimale Unterschiede in den Komponenten, die einen Schaltplan für ein Fahrzeug passend darstellen oder sogar für ein Fahrzeug unbrauchbar machen. Sollten Sie die Schaltpläne für Ihr Fahrzeug benötigen, lassen Sie sich die Pläne für Ihr Fahrzeug von Ihrem Vertragshändler ausdrucken. Für die Identifizierung sind neben Fahrgestellnummer und Motorcode auch die Organummer (Herstellerorganisationsnummer) sowie die Getriebekennung erforderlich.

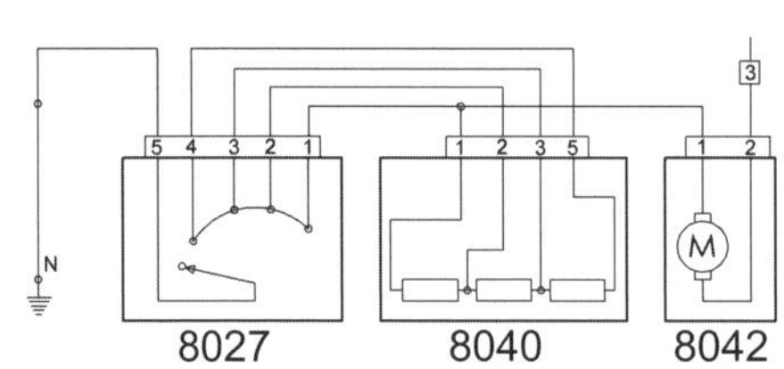

Bild 9

Bild 9
Lüfterregelung für hinten.
N Masseanschluss
3 Plusanschluss vom BSI
8027 Lüfterschalter
8040 Widerstandsdekade
8042 Lüftermotor

Fehlersuche am Heizungslüfter

Längst nicht alle Systeme in diesem Van sind über den Bordnetzrechner gesteuert, obwohl das bei den meisten Herstellern heute schon üblich ist. Ein Beispiel hierfür ist der Gebläsemotor der Heizungsanlage. Hier wird noch ganz ursprünglich die Motordrehzahl über eine Reihe von Heißwiderständen geregelt. Der Motor wird mit den Vorwiderständen in Reihen geschaltet. Je mehr Widerstände der Reihe zugeschaltet werden, umso geringer fällt die Versorgungsspannung für den Lüftermotor aus.

Fehlerquellen analysieren

Da die Ansteuerung nicht über ein Rechnersystem erfolgt, kann der Fehler nicht softwareseitig vorliegen. Allerdings besteht auch die Möglichkeit der Stellgliedprüfung und die Ablage im Fehlerspeicher nicht.
Als mögliche Fehlerquellen kommen folgende Komponenten in Frage:

- Vorsicherung auf dem Sicherungsträger im Motorraum.
- Die Sicherung für den Gebläsemotor.
- Das Entlastungsrelais im BSi.
- Der Gebläsemotor im Gebläsekasten. Der Ausbau ist am aufwändigsten.
- Der Vorwiderstand für den Gebläsemotor. Er ist neben dem Gebläsemotor verbaut.
- Der Gebläseschalter im Armaturenbrett.
- Der Masseanschluss in der Mitte der Armaturentafel.

Achten Sie auch auf korrodierte Anschlüsse an Steckverbindern und Masseanschlüssen.

Vorbereitung am Fahrzeug

Exemplarisch möchten wir Ihnen die Fehlersuche am Zusatzlüftergebläse im Dach vorstellen. Die Messungen unterscheiden sich kaum von denen für die Gebläse in der Armaturentafel. Lediglich die Ansteuerung erfolgt über ein Steuergerät. Die Motordrehzahlregelung arbeitet aber noch konventionell über Leistungswiderstände.

■ Legen Sie den Lüftermotor im Dachhimmel frei.
■ Bauen Sie den Lüftermotor im Dachhimmel aus.
■ Demontieren Sie das Steuermodul des Lüftermotors oder sorgen Sie dafür, dass die Anschlüsse mit den Messspitzen erreichbar sind.
■ Demontieren Sie die Abdeckung zum Sicherungsträger in der Armaturentafel.
■ Demontieren Sie die Abdeckung zum Sicherungsträger im Motorraum links (Relais und Sicherungsträger).
■ Schließen Sie ein Dauerladegerät (Erhaltungsladegerät) an die Batterie an.
■ Schließen Sie einen Diagnosetester an und lesen Sie den Fehlerspeicher aller Systeme aus. Gerade Hinweise zur Unter- oder Überspannung können wichtig sein.

Versorgungsspannung prüfen
■ Prüfen Sie, ob die Sicherungen für das Gebläse in Ordnung sind.
Hier sollten bei eingeschalteter Zündung 12 V anliegen (KL15).
■ Schalten Sie die Zündung ein.
Messen Sie das Plus-Kabel am Gebläsemotor (3 im Bild 10) gegen Masse (1). Es sollten auch bei aufgestecktem Stecker 12 V anliegen. Ist das nicht der Fall, kontrollieren Sie die Funktion des Relais im Sicherungsträger im Motorraum links.

Masseanschluss prüfen
■ Schalten Sie die Zündung ein.
■ Schalten Sie das Gebläse auf die höchste Stufe (Stufe 4).
Messen Sie das Plus-Kabel am Gebläsemotor (3 im Bild 9) gegen das zweite Motoranschlusskabel. Liegen hier bei aufgestecktem Stecker 12 V an und der Motor läuft nicht, ist der Motor defekt oder seine Schleifkohlen verschlissen.
■ Bauen Sie den Motor aus und überprüfen Sie Kohlen und Anschlüsse.
Kontrollieren Sie die Anschlusskabel zum Vorwiderstand genau. Es kommt vor, dass die Kontakte verbrannt sind und der Anschlussstecker verschmort ist. Hier sind aber auch Reparatursätze lieferbar.

Vorwiderstandsdekade unter Lastprüfen
Diese Messung wird dann angewendet, wenn das Gebläse gelegentlich aussetzt oder beim Laufen starke Drehzahlunterschiede auftreten. Der Fehler kann beim Motor aber auch beim Vorwiderstand liegen.

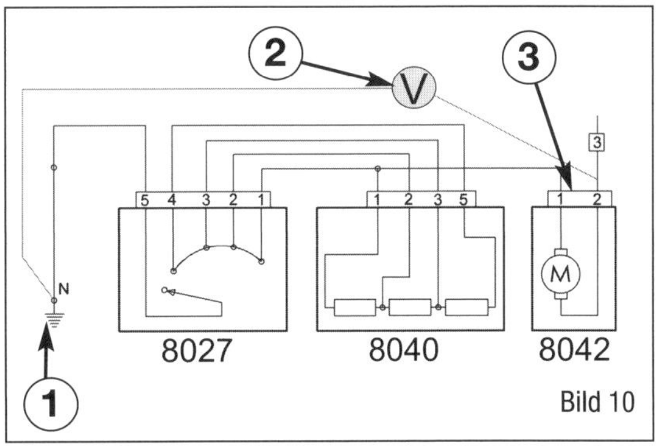

Bild 10

Bild 10
Spannungsmessung am Motor.
1 Masseanschluss an der Karosserie
2 Voltmeter (20V DC)
3 Plusanschluss am Motor
N Massepunkt Klimaanlage
8027 Gebläseschalter
8040 Vorwiderstände Gebläse
8042 Gebläsemotor
x

■ Schalten Sie die Zündung ein.
■ Schalten Sie das Gebläse auf die höchste Stufe (Stufe 4). Hier wird die Masse durchgeschaltet.

Spannungsversorgung plusseitig:
Messen Sie das blaue Kabel (3 im Bild 9) am Gebläsemotor gegen Masse (3). Es sollten auch bei aufgestecktem Stecker noch die zuvor gemessene Spannung von etwa 12 V anliegen. Ist das nicht der Fall, kontrollieren Sie die Funktion des Relais im Sicherungsträger im Motorraum links.

Spannungsversorgung masseseitig:
Der Widerstand ist mit einer thermischen Sicherung versehen. Oftmals geht nur diese Sicherung kaputt. Sie ist aber nicht einzeln erhältlich. Überbrücken Sie die Sicherung in gar keinem Fall. Bei einer defekten Thermosicherung sollten Sie den gesamten Vorwiderstand ersetzen.

Die folgenden Messwerte sollten Sie als Anhaltspunkt sehen. Sie sind sehr stark von der Temperatur der Vorwiderstände, dem Hersteller und den Fertigungstoleranzen abhängig. Sie sollten aber in jedem Fall klar erkennbare Abstufungen in den Messwerten erreichen.
Für die folgenden Messungen werden die Messpunkte nicht verändert.

Spannungsverlust Massezuleitung:
Messen Sie das schwarze Kabel (4 im Bild 11) am Gebläsemotor gegen Masse (3). Es sollten bei aufgestecktem Stecker eine gemessene Spannung von etwa 0 V anliegen. Ist das nicht der Fall, kon-

trollieren Sie den Masseanschluss zum Gebläseschalter und die Verbindung des schwarzen Kabels zwischen Gebläseschalter und Vorwiderständen.

Spannungsverlust Masseleitung auf Stufe 3:

■ Schalten Sie das Gebläse auf die zweithöchste Stufe (Stufe 3).

Messen Sie das schwarze Kabel am Gebläsemotor gegen Masse. Es sollte bei aufgestecktem Stecker eine kleine Spannung anliegen. Es können etwa 3 V anliegen. Das ist die Spannung, die nun über dem Widerstand abfällt und dem Motor nicht mehr zur Verfügung steht. Somit läuft er dann langsamer.

Spannungsverlust Masseleitung auf Stufe 2:

■ Schalten Sie das Gebläse auf die zweitniedrigste Stufe (Stufe 2).

Messen Sie das schwarze Kabel am Gebläsemotor gegen Masse (4 im Bild 11). Es sollte bei aufgestecktem Stecker eine kleine Spannung anliegen. Es können etwa 6 V anliegen. Das ist die Spannung, die nun über dem Widerstand abfällt und dem Motor nicht mehr zur Verfügung steht. Somit läuft er dann langsamer.

Spannungsverlust Masseleitung auf Stufe 1:

■ Schalten Sie das Gebläse auf die zweitniedrigste Stufe (Stufe 1).

Spannungsverlustmessung

Fehler durch Übergangswiderstände lassen sich nur unter Last feststellen. Die Übergangswiderstände fallen zumeist klein aus und werden durch die Erwärmung größer. Eine Messung des Widerstandes ist deshalb nicht sinnvoll.

Voraussetzungen für die Spannungsverlustmessung:

■ Alle Geräte und Bauteile, die im zu untersuchenden Stromkreis verwendet werden, müssen angeschlossen sein.

■ Die Zündung ist eingeschaltet.

■ Die Spannungsversorgung ist in Ordnung.

■ Die Messpunkte (Stecker an den Bauteilen) sind zugänglich.

■ Die Anschlussstecker sind nicht korrodiert und sitzen fest.

Messen Sie das schwarze Kabel am Gebläsemotor gegen Masse. Es sollte bei aufgestecktem Stecker eine kleine Spannung anliegen. Es können etwa 9 V anliegen. Das ist die Spannung, die nun über dem Widerstand abfällt und dem Motor nicht mehr zur Verfügung steht. Somit läuft er dann langsamer.

■ Wenn Sie die Messwerte auch nicht annähernd erreichen, prüfen Sie den Masseanschluss zum Gebläseschalter und die Verbindung des schwarzen Kabels zwischen Gebläseschalter und Vorwiderständen.

Schäden am Gebläseschalter

Der Gebläseschalter schaltet den Lüftermotor unter Last. Im Laufe der Zeit verschleißen die Kontakte oder der Andruck von Kontaktplatte zu Kontakt wird geringer. Abbrand und Schmutz bilden schnell einen Widerstand. Auch hier fällt dann eine Spannung ab. Oftmals werden die Kontaktstellen dann sehr warm. Sogar der Kunststoff des Schalters kann verschmoren.

■ Schalten Sie die Zündung ein.

Spannungsverlustmessung in Stufe 1 (Bild 12):

■ Stellen Sie den Schalter auf die Stufe 1.

Messen Sie nun zwischen dem Anschlusspin 5 des aufgesteckten Steckers zum Anschlusspin 4 des aufgesteckten Steckers.

■ Der Messwert sollte annähernd 0 V betragen.

Spannungsverlustmessung in Stufe 2 (Bild 13):

■ Stellen Sie den Schalter auf die Stufe 2.

Messen Sie nun zwischen dem Anschlusspin 5 des aufgesteckten Steckers zum Anschlusspin 3 des aufgesteckten Steckers.

■ Der Messwert sollte annähernd 0 V betragen.

Spannungsverlustmessung in Stufe 3 (Bild 14):

■ Stellen Sie den Schalter auf die Stufe 3.

Messen Sie nun zwischen dem Anschlussspin 5 des aufgesteckten Steckers zum Anschlussspin 2 des aufgesteckten Steckers.

■ Der Messwert sollte annähernd 0 V betragen.

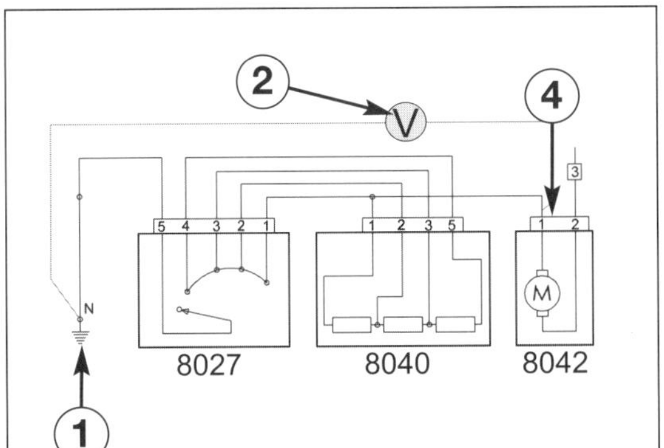

Bild 11
Spannungsverlustmessung in der Masseleitung.
1 Masseanschluss an der Karosserie
2 Voltmeter (20V DC)
4 Minusanschluss am Motor
N Massepunkt Klimaanlage
8027 Gebläseschalter
8040 Vorwiderstände Gebläse
8042 Gebläsemotor

Spannungsverlustmessung in Stufe 4 (Bild 15):

- Stellen Sie den Schalter auf die Stufe 4.
- Messen Sie nun zwischen dem Anschlussspin 1 des aufgesteckten Steckers (Kabelfarbe Schwarz/violett) zum Anschlussspin 3 des aufgesteckten Steckers.
- Der Messwert sollte annähernd 0 V betragen. Ein Messwert bis 0,3 V ist vertretbar.

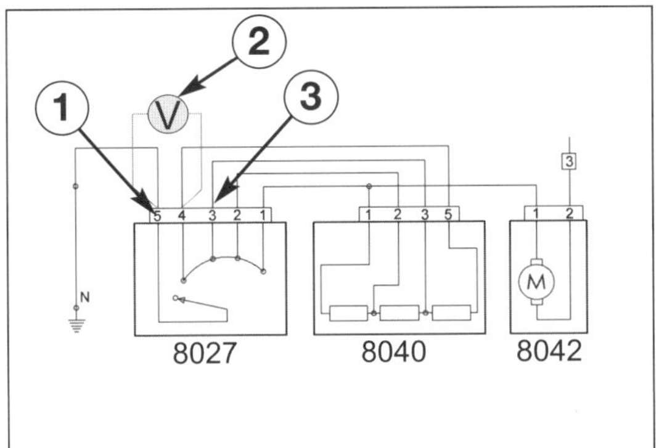

Bild 12
Spannungsverlustmessung am Schalter in Stufe 1.
1 Pin 1 Masseanschluss
2 Voltmeter (20V DC)
3 Pin 2 Ausgang Stufe 1

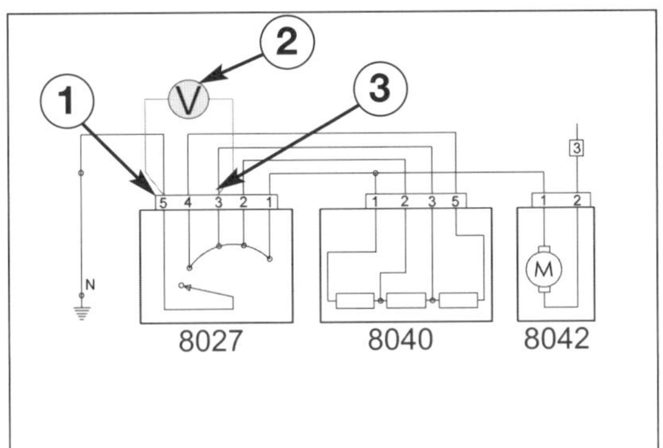

Bild 13
Spannungsverlustmessung am Schalter in Stufe 2.
1 Pin 1 Masseanschluss
2 Voltmeter (20V DC)
3 Pin 2 Ausgang Stufe 2

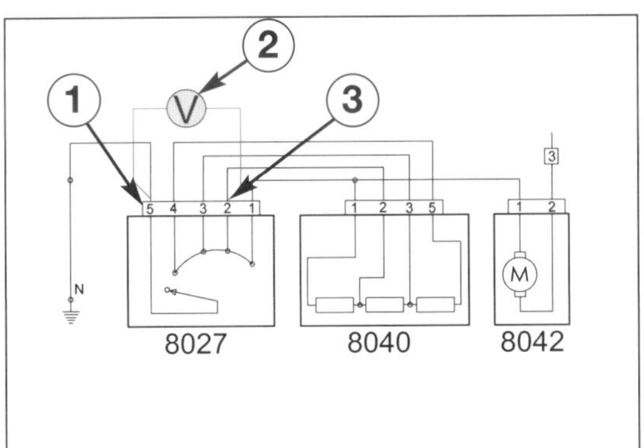

Bild 14
Spannungsverlustmessung am Schalter in Stufe 3.
1 Pin 1 Masseanschluss
2 Voltmeter (20V DC)
3 Pin 2 Ausgang Stufe 3

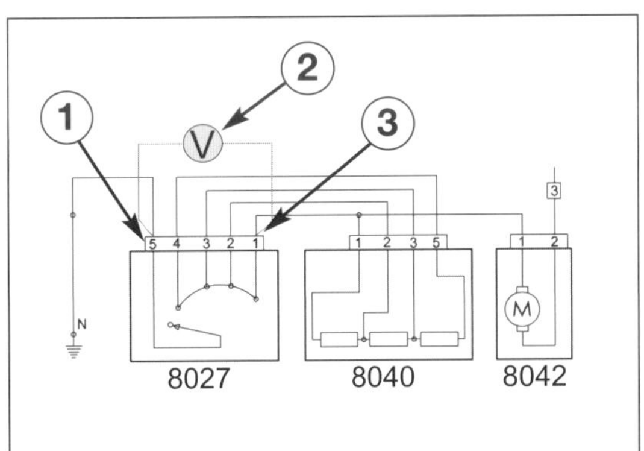

Bild 15
Spannungsverlustmessung am Schalter in Stufe 4.
1 Pin 1 Masseanschluss
2 Voltmeter (20V DC)
3 Pin 2 Ausgang Stufe 4

Bild 16
Gebläsemotor Decke: Schalter und Anschlusskabel zum Vorwiderstand.

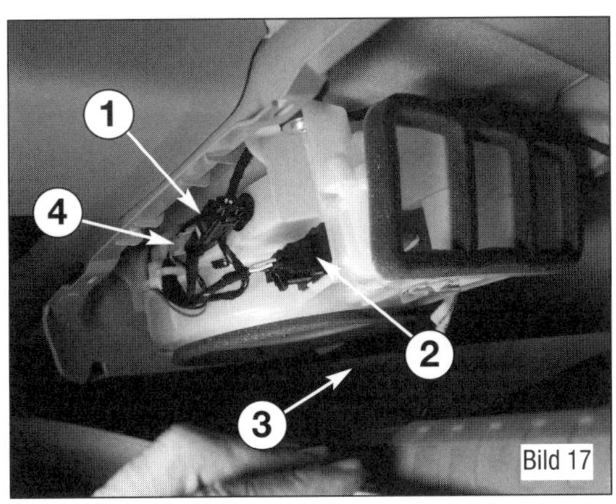

Bild 17
Gebläsemotor Decke.
1 Anschlussstecker Fahrzeug
2 Vorwiderstandsdekade
3 Gebläsemotor
4 Anschlussstecker Motor

Sichtprüfung Messen

Klemmenbezeichnungen nach Norm	
15	Geschaltetes Plus hinter Batterie (Ausgangskontakt vom Zündanlassschalter)
15a	Geschaltetes Plus vom Zündanlassschalter (hinter der Sicherung)
30	Ausgang direkt von Batterie-Plus
30a	Ausgang direkt von Batterie-Plus (hinter der Sicherung)
30al	Ausgeschaltetes Plus von Steuergerät für Bordnetz für Innenleuchte
31	Batterie-Minus oder Fahrzeugmasse
50	Ausgangskontakt vom Zündanlassschalter für Anlasser
54	Bremsleuchten
56	Ausgang von Lichtschalter für Abblendlicht und Fernlicht
56a	Fernlicht
56aL	Fernlicht links
56aR	Fernlicht rechts
56b	Abblendlicht
56bL	Abblendlicht links
56bR	Abblendlicht rechts
58	Stand- und Schlusslicht, Kennzeichenleuchte
58d	Beleuchtung von Schaltern und Schalttafeleinsatz (Beleuchtungsintensität einstellen)
58L	Standlicht, Schlusslicht und Parklicht links
58R	Standlicht, Schlusslicht und Parklicht rechts
49L	Blinker links
49R	Blinker rechts
49a	Blinkrelais Ausgang (nur konventionelle Blinkanlagen)
71	Eingang für Signalhorn
75	Ausgangskontakt vom Zündanlassschalter für Ausschalten von Verbrauchern zur Entlastung der Batterie beim Anlassen.
75a	Ausgeschaltetes Plus hinter dem Relais für Entlastung der Batterie beim Anlassen (hinter der Sicherung).
86s	Ausgeschaltetes Plus durch Zündanlassschalter beim vollständigen Herausziehen des Schlüssels aus dem Zündanlassschalter.
87	Ausgangskontakt vom Kraftstoffpumpenrelais oder vom Relais für Dieseldirekteinspritzanlage.
87a	Ausgangskontakt vom Kraftstoffpumpenrelais oder vom Relais für Dieseldirekteinspritzanlage hinter der Sicherung.
CAN - H. Antrieb CAN - L. Antrieb	Datenbus zwischen Steuergeräten von Antrieb (Motor, autom. Getriebe, ABS, Diagnose-Interface für Datenbus ...)
CAN - H. Komfort CAN - L. Komfort	Komfort Datenbus zwischen Steuergeräten von Komfortelektrik (Türsteuergeräte. Climatic, Steuergerät für Bordnetz. Diagnose-Interface für Datenbus ...)
CAN - H - KI CAN - L- KI	Datenbus zwischen Schalttafeleinsatz und Diagnose-Interface für Datenbus.
CAN - H. Infotainment CAN - L. Infotainment	Datenbus zwischen Diagnose-Interface für Datenbus und Radio, Verstärker ...
LIN - Bus	Datenbus zwischen Steuergerät für Bordnetz. Steuergerät für Wischermotor ...
K-Leitung	Reizleitung Diagnoseleitung Steuergeräte.

16 Technische Daten

Zur Übersicht haben wir Ihnen die wichtigsten Daten für Ihren Van in der folgenden Tabelle zusammengetragen. Grundsätzlich sollten Sie diese Daten aber gerade bei Bestellung von Neuteilen über den Zulieferer oder über Ihren Händler nachfragen und prüfen. Im Laufe der Zeit können sich durchaus veränderte Abmessungen oder Füllmengen ergeben. Jedes Serienfahrzeug verändert sich eben auch in der laufenden Produktion in vielen Details.

Motordaten **Bezeichnung**	**TU5-Ottomotor**	**EP6-Ottomotor**	**DV6-Dieselmotor**
Kraftstoff (Einspritzsystem)	Bosch Multipoint SRE	Bosch Multipoint SRE	CR EDC
Hubraum	1598 cm³	1598 cm³	1560 cm³
Einspritzsystem	ME7.4.5	MEV 17.4.2	SID 807 Bosch EDV 17C
Zylinderzahl	4	4	4
Ventile pro Zylinder (FAP)	4	4	2 (4)
Bohrung Ø mm (Basis)	78,50	77,00	75,00
Hub mm	82,00	85,00	88,30
Kolbendurchmesser (Grund)	78,45	76,95	74,944 +/- 0,075
Kolbenüberstand/ Kopfdichtung (1 Loch)	0,3 mm	0,3 mm	0,685 - 0,886 mm
Laufspiel (werksseitig ist der Zylinderblock der Ottomotoren nicht reparabel).	0,087 - 0,187 mm	0,087 - 0,187 mm	0,087 - 0,187 mm
Kolbenringstoßspiel 1. Ring (Werksangabe)	0,200 - 0,350 mm (keine Angabe)	0,200 - 0,350 mm (keine Angabe)	(0,15 - 0,25 mm)
Kolbenringstoßspiel 2. Ring (Werksangabe)	0,600 - 0,800 mm (keine Angabe)	(0,200 - 0,350 mm)	(0,30 - 0,50 mm)
Kolbenringstoßspiel Ölabstreifring (Werksangabe)	Mehrteiliger Ring (keine Angabe)	Mehrteiliger Ring (keine Angabe)	(0,35 - 0,55 mm)
Höhenspiel 1. Ring (Werksangabe Ringhöhe)	0,103 - 0,162 mm (keine Angabe)	0,103 - 0,162 mm (keine Angabe)	0,10 - 0,15 mm (2,83 mm)
Höhenspiel 2. Ring (Werksangabe Ringhöhe)	0,060 - 0,100 mm (keine Angabe)	0,060 - 0,100 mm (keine Angabe)	0,060 - 0,100 mm (1,95 mm)
Höhenspiel Ölabstreifring (Werksangabe Ringhöhe)	0,050 - 0,090 mm (keine Angabe)	0,050 - 0,090 mm (keine Angabe)	0,050 - 0,090 mm (2,50 mm)
Aufladesystem	Keines	Keines	Turbolader VTG
Nockenwellenantrieb	Zahnriemen	Steuerkette	Zahnriemen
Ventilspiel	Hydraulisch	Hydraulisch	Hydraulisch

Sichtprüfung Messen

Wartungsdaten Antrieb			
Bezeichnung	**TU5-Ottomotor**	**EP6-Ottomotor**	**DV6-Dieselmotor**
Ölfilter	Filtereinsatz	Filtereinsatz	Filtereinsatz
Ölmenge mit Filter	3,25 l	4,0 l	3,8 l
Ölmenge Filter	0,25 l	0,25 l	0,25 l
Kühlmittelmenge	6,0 l	6,0 - 6,25 l	6,0 - 6,25 l
Getriebeöl 6-Gang-Schaltgetriebe (5-Gang-Schaltgetriebe)	2,1- 2,2 l (1,9 ± 0,15l)	2,1- 2,2 l (1,9 ± 0,15l)	2,1- 2,2 l (1,9 ± 0,15l)
Verteilergetriebe vorne (Dangel) 80W90 API GL5	0,65 l	0,65 l	0,65 l
Verteilergetriebe hinten (Dangel) 80W90 API GL5	1,1 l	1,1 l	1,1 l
Bremsflüssigkeit	DOT4 (0,62l)	DOT4 (0,62l)	DOT4 (0,62l)
Servoflüssigkeit	ca. 1,8 l	ca. 1,8 l	ca. 1,8 l
Klimaanlage Klimamittel (g)	450 g	450 g	450 g
Klimaöl in cm³ (SP10) ISO46 TU5/EP6/DV6	135	87,5	135

17 Anzugs-drehmomente

In diesem Kapitel stellen wir Ihnen die Anzugsmomente für die wichtigsten Verschraubungen am Fahrzeug zur Verfügung. Diese sind zum einen alphabetisch und zum anderen nach den Motorbautypen sortiert. Natürlich konnten wir nur diese Motoren darstellen, deren Daten bis zum Redaktionsschluss bekannt waren.

Alle Daten sollten Sie im Zweifel bei der Teilebestellung hinterfragen und wenn erforderlich korrigieren. Selbiges gilt auch für neue Motortypen. Übernehmen Sie niemals einfach Abmessungen oder Drehmomente eines anderen Motors, ohne diese zu überprüfen. Hier können leicht Schäden entstehen, die vermeidbar wären und oft recht teuer sind.

Motor

Motorvarianten	**TU5-Ottomotor**	**EP6-Ottomotor**	**DV6-Dieselmotor**
Abgaskrümmer Stufe 1	10 Nm	25 Nm	25 Nm
AGR-Elektroventil am Wärmetauscher	-	-	10 Nm
AGR-Elektroventil Rohrleitung	-	-	12 Nm
AGR am Krümmer	-	-	10 Nm
AGR-Kühler am Zylinderkopf M8	-	-	10 Nm
Anlasser am Getriebe M8	25 Nm	20 Nm	20 Nm
Ansaugkrümmer Stufe 1	10 Nm	15 Nm	13 Nm
Drucksensor Rohr Ansaug (Abgas)	10 Nm	-	8 Nm
Einspritzdüse Haltebügel Stufe 1 (Bosch)		-	4 Nm
Einspritzdüse Haltebügel Stufe 2 (Bosch)	-	-	75°
Einspritzdüse Haltebügel Stufe 1 (Delphi)	-	-	5 Nm
Einspritzdüse Haltebügel Stufe 2 (Delphi)	-	-	65°
Einspritzleitung Überwurfmutter	-	-	25 Nm
Generatorspannrolle oben/unten	25 Nm / 60 Nm	20 Nm / 20 Nm	45 Nm / -
Glühkerzen	-	-	9 Nm
Hauptlagerdeckel Stufe 1 (innen)	20 Nm	30 Nm	10 Nm
Hauptlagerdeckel Stufe 2 (innen)	50°	150°	180°
Hauptlagerdeckel Stufe 1 (außen)	-	-	30 Nm
Hauptlagerdeckel Stufe 2 (außen)	-	-	140°
Hochdruckpumpe	-	-	22 Nm
Hitzeschutz Lenkung	10 Nm	10 Nm	10 Nm
Katalysator	25 Nm	25 Nm	
Klemmschraube Zahnriemenrolle Stufe 1	20 Nm	-	
Klemmschraube Zahnriemenrolle Stufe 2	-	-	
Klopfsensor	20 Nm	20 Nm	-
Kurbelwinkelsensor	10 Nm	5 Nm	8 Nm
Kupplungsdruckplatte	20 Nm	20 Nm	
Kraftstoffverteilerrohr	10 Nm	8 Nm	20 Nm
Kühlmitteltemperatursensor	15 Nm	-	-
Kühlmittelstutzen Stufe 1	10 Nm	-	3 Nm
Kühlmittelstutzen Stufe 2	-	-	8 Nm
Lambdasonde	50 Nm	50 Nm	-
Lagerdeckel Riemenscheibe	10 Nm	-	-
Lufttemperaturfühler	-	-	8 Nm

Sichtprüfung | Messen

Motorvarianten	TU5-Ottomotor	EP6-Ottomotor	DV6-Dieselmotor
Nockenwellenlagergehäuse Stufe 1	10 Nm	10 Nm	5 Nm
Nockenwellenlagergehäuse Stufe 2	-	-	10 Nm
Nockenwellenrad Zentralschraube Stufe 1	45 Nm	20 Nm	20 Nm
Nockenwellenrad Zentralschraube Stufe 2	-	180°	50°
Nockenwellengeber	10 Nm	8 Nm	6 Nm
Nockenwellensteller (M6)	-	8 Nm	-
Ölablassschraube	30 Nm	30 Nm	25 Nm
Ölfilter	25 Nm	25 Nm	25 Nm
Öldruckschalter	20 Nm	20 Nm	30 Nm
Ölpumpe Zentralschraube Stufe 1	-	5 Nm	-
Ölpumpe Zentralschraube Stufe 2	-	90°	-
Ölpumpe Stufe 1	10 Nm	10 Nm	5 Nm
Ölpumpe Stufe 2	-	25 Nm	10 Nm
Ölwannenschrauben unten	10 Nm	12 Nm	12 Nm
Ölwannenschrauben oben (Deck)	-	10 Nm	10 Nm
Ölstandsensor	-	25 Nm	25 Nm
Pleuellager Stufe 1	40 Nm	5 Nm	5 Nm
Pleuellager Stufe 2	-	15 Nm	10 Nm
Pleuellager Stufe 3	-	130°	130°
Riemenscheibe 8 mm Stufe 1	25 Nm	25 Nm	-
Riemenscheibe Zentralschraube Stufe 1	40 Nm	50 Nm	35 Nm
Riemenscheibe Zentralschraube Stufe 2	45°	180°	190°
Schwungrad Stufe 1 (Diagonal)	75 Nm	10 Nm	25 Nm
Schwungrad Stufe 2 (Voranzug)	-	30 Nm	(8 Nm) 30 Nm
Schwungrad Stufe 3	-	90°	90°
Schwungrad Deckel Wellendichtring	10 Nm	-	-
Steuerkettenspanner (Zahnriemenspanner)	20 Nm	(85 Nm)	23 Nm (10 Nm)
Steuerkette Führungsschiene	-	25 Nm	-
Temperaturfühler	15 Nm	-	-
Thermostatgehäuse Stufe 1	10 Nm	10 Nm	3 Nm
Thermostatgehäuse Stufe 2	-	-	7 Nm
Turbolader M8	-	-	25 Nm
Turbolader zum Abgasrohr	-	-	25 Nm
Turbolader Öldruckleitung M8 (M10)	-	-	25 Nm
Turbolader Ölrücklaufleitung Anschluss	-	-	25 Nm
Vakuumpumpe Stufe 1	-	10 Nm	3 Nm
Vakuumpumpe Stufe 2	-	-	5 Nm
Vakuumpumpe Stufe 3	-	-	20 Nm
Ventildeckel Stufe 1	10 Nm	2 Nm	2 Nm
Ventildeckel Stufe 2	-	10 Nm	12 Nm
Wasserpumpe 8 mm (6 mm)	20 Nm	(10 Nm)	10 Nm
Wärmetauscher Öl	-	-	10 Nm
Zündkerzen	30 Nm	23 Nm	-
Zylinderkopf Stufe 1*	20 Nm	30 Nm	20 Nm
Zylinderkopf Stufe 2*	260°	90°	40 Nm

Motorvarianten	TU5-Ottomotor	EP6-Ottomotor	DV6-Dieselmotor
Zylinderkopf Stufe 3*	-	90°	260°
Zylinderkopf Seitenschrauben	-	25 Nm	-
Zylinderkopf Oberteil	-	-	12 Nm

Antrieb

Kardan- und Antriebswellen

Verschraubung	Anzugsdrehmoment
Achswellen Zwischenlager rechts vorne	20 Nm
Antriebswelle radseitig Stufe 1	312 Nm
Kardan hinten Dangel Stufe 1	15 Nm
Kardan hinten Dangel Stufe 2	90°
Kardan Sicherheitsbügel M10 (wenn vorhanden)	45 Nm
Kardan vorne Dangel Stufe 1	15 Nm
Kardan vorne Dangel Stufe 2	90°
Kardan Zwischenlager Dangel M12	75 Nm
Kardan Zwischenlager Verschraubungen	75 Nm

Federung und Dämpfung

Verschraubung	Anzugsdrehmoment
Schraube Stoßdämpfer oben hinten	120 Nm
Schraube Stoßdämpfer unten hinten	190 Nm
Lagerplatte Stoßdämpfer hinten	45 Nm
Schraube Stoßdämpfer Achsschenkel	80 Nm
Stabilisator Lager	100 Nm
Stabilisator Schubstrebe	40 Nm
Stoßdämpfer Domlager	70 Nm
Stoßdämpfer Domlager über der Feder	80 Nm

Lenkung

Verschraubung	Anzugsdrehmoment
Koppelstange Stabilisatorstrebe	40 Nm
Lenkgetriebe am Achsträger vorne M14	100 Nm
Lenkgetriebe Kreuzgelenk	20 Nm
Spurstange am Lenkgetriebe	70 Nm
Spurstangenkopf	45 Nm
Spurstangenkopf Kontermutter	45 Nm

Achsaufhängung und Radführung

Verschraubung	Anzugsdrehmoment
Aggregateträger am Rahmen	100 Nm
Getriebe am Motor Schaltgetriebe	54 Nm
Getriebe hinten an Aggregateträger	40 Nm
Getriebehalter am Getriebe	60 Nm
Getriebehalter Lager am Rahmen (Muttern)	30 Nm
Getriebehalter Zentralmutter	65 Nm
Getriebehalter am Rahmen	20 Nm
Querlenker Achsgelenkbolzen unten/oben	40 Nm / -
Radlager hinten	300 Nm
Radschraube Stahlfelge	100 Nm
Schraube Querlenker am Aggregateträger	110 Nm
Schraube Radlager Gehäuse	300 Nm
Stoßdämpfer Domlager	70 Nm
Stoßdämpfer Domlager über der Feder	80 Nm
Verlängerung des Fahrschemels	50 Nm

Bremsanlage

Verschraubung	Anzugsdrehmoment
ABS Radsensoren	8 Nm
Bremssattel hinten Schraube M10 Sattelträger	30 Nm +35°
Bremssattel hinten Schraube M8	35 Nm
Bremssattel vorne Führungsbolzen	27 Nm
Bremsscheibe an Radnabe	10 Nm
Pedalhalterung Bremskraftverstärker M8	20 Nm
Unterdruckpumpe Diesel Stufe 1	3 Nm
Unterdruckpumpe Diesel Stufe 1	5 Nm
Unterdruckpumpe Diesel Stufe 1	20 Nm
Handbremshebel Halterung	15 Nm

Motor, Getriebe und Aggregateaufhängung

Verschraubung	Anzugsdrehmoment
Motorlager Motorstütze am Zylinderkopf	55 Nm
Motorlager Motorstütze an der Motorstütze	60 Nm
Motorlager Motorstütze am Rahmen	60 Nm
Getriebehalter am Getriebe	60 Nm
Getriebehalter Lager am Rahmen (Muttern)	30 Nm
Getriebehalter Zentralmutter	65 Nm
Getriebehalter am Rahmen	20 Nm
Motorlager Pendelstütze am Motor	60 Nm
Motorlager Pendelstütze unten am Aggregateträger	40 Nm
Masseband Getriebe	15 Nm

Karosserie

Verschraubung	Anzugsdrehmoment
Anhängekupplung am Rahmen	55 Nm (Hersteller beachten).
Anhängekupplung Kupplungsbock	55 Nm (Hersteller beachten).
Anhängekupplung Grundplatte (abnehmbare Kupplung)	70 Nm (Hersteller beachten).
Fensterheber Befestigungsschrauben	10 Nm
Türschloss in der Tür	10 Nm
Türfangband	10 Nm
Schiebetür Laufschienenschlitten	20 Nm
Schiebetür Führung oben	20 Nm
Schiebetür Führung unten	20 Nm
Schiebetür Zentrierführungen	20 Nm
Hecktüren Scharnier oben und unten an der Tür	25 Nm
Hecktüren Scharnier oben und unten am Rahmen	25 Nm
Hecktüren Türschloss und Schließer	20 Nm
Heckklappe Scharnier oben	15 Nm
Heckklappe Schloss am Rahmen	8 Nm
Heckklappenschloss in der Tür	10 Nm
Scharnier Glasscheibe	9 Nm
Kugelgelenke Glasscheiben	10 Nm
Schloss Glasscheiben	10 Nm
Wischerarme	12 Nm
Batteriekasten	20 Nm

Elektrische Anlage

Verschraubung	Anzugsdrehmoment
Masseanschluss an der Batterie M6	6 Nm
Masseband am Getriebe	20 Nm
Massepunkte an der Karosserie M6	8 Nm
Massepunkte an der Karosserie M8	15 Nm
Plusanschluss am Anlasser M8	15 Nm
Plusanschluss am Generator	15 Nm
Plusanschluss am Sicherungskasten M5	4 Nm
Plusanschluss am Sicherungskasten M6	6 Nm
Plusanschluss an der Batterie M6	6 Nm

Sonstige Verschraubungen

Schraubengröße	*M4*	*M5*	*M6*	*M8*	*M10*	*M12*	*M14*	*M16*
Anzugsdrehmoment	0,5 Nm	3 Nm	10 Nm	20 Nm	45 Nm	60 Nm	100 Nm	200 Nm

Messblatt für Kolben und Zylinder.

Messblatt Motor

Zylinder und Kolben

Messung	Zylinder 1	Zylinder 2	Zylinder 3	Zylinder 4
Kolben				
Grundmaß				
A1				
R1				
A2				
R2				
A3				
A4				

Auswertung	Zylinder 1	Zylinder 2	Zylinder 3	Zylinder 4
Ovalität				
Verschleiß				
Laufspiel				

Kolbenringe

Messung	Zylinder 1	Zylinder 2	Zylinder 3	Zylinder 4
Ring 1 Höhenspiel				
Ring 1 Stoßspiel				
Ring 2 Höhenspiel				
Ring 2 Stoßspiel				
Ring 3 Höhenspiel				
Ring 3 Stoßspiel				
Ring 4 Höhenspiel				
Ring 4 Stoßspiel				

Lagerspiel

Messung	Zylinder 1	Zylinder 2	Zylinder 3	Zylinder 4
Pleuellager oben				
Kolbenbolzen				
Pleuellagerspiel oben				

Messung	Bock 1	Bock 2	Bock 3	Bock 4	Bock 5
Kurbelwellenlager					

Bild 1

Bild 1
Spannungsmessung an den Batteriepolen zur Bestimmung des Ladezustandes mit dem Multimeter.

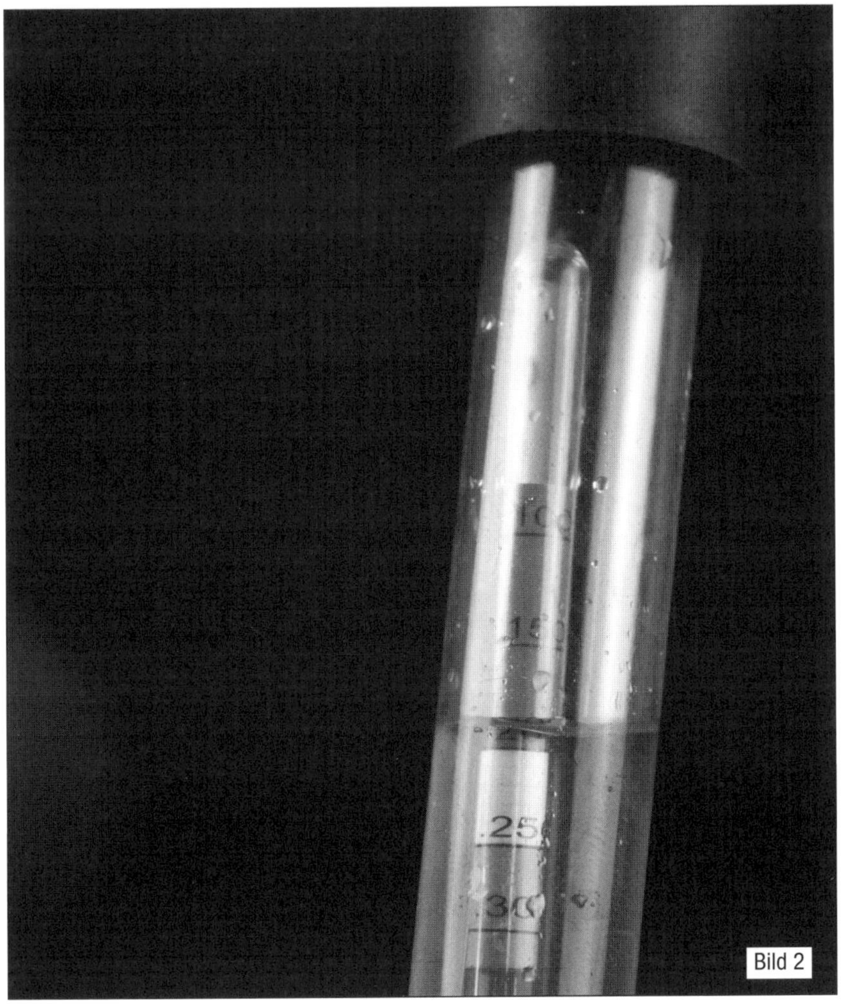

Bild 2

Bild 2
Prüfung der Säuredichte zur Bestimmung des Ladezustandes mit dem Säureheber.

WEITERE INTERESSANTE BÜCHER ZUM THEMA

Rogé Rémond beschreibt in dieser Modellgeschichte mehr als nur die Historie der Citroën DS; er spürt den Gründen nach, die das Auto zur bis heute kultisch verehrten »Göttin« machten. Ein Zauber, dem die Fotografien von Étienne Crébessègues zu seiner vollen Wirkung verhelfen.

160 Seiten, 250 Abb., Format 230 x 265 mm
€ 34,90 / **€** (A) 35,60 | ISBN 978-3-613-04265-0

Mit viel Hintergrundwissen und Bildschätzen aus den Citroën-Werksarchiven zeigt Immo Mikloweit in diesem Band die Geschichte der großen, legendären Citroën-Modelle auf, angefangen von der DS über den SM und CX bis hin zum C5 und C6.

208 Seiten, 250 Abb., Format 230 x 265 mm
€ 34,90 / **€** (A) 35,60 | ISBN 978-3-613-04318-3

Angereichert mit zeitgenössischen Aufnahmen sowie Werks- und Privatfotos, begleitet Alexander F. Storz den Grenada von 1972 bis 1985 in all seinen Facetten. Zudem beschäftigt sich der Band mit dem Vorgänger P7b sowie dem Ford Scorpio, dem letzten großen Ford.

224 Seiten, 300 Abb., Format 230 x 265 mm
€ 29,90 / **€** (A) 30,80 | ISBN 978-3-613-04369-5

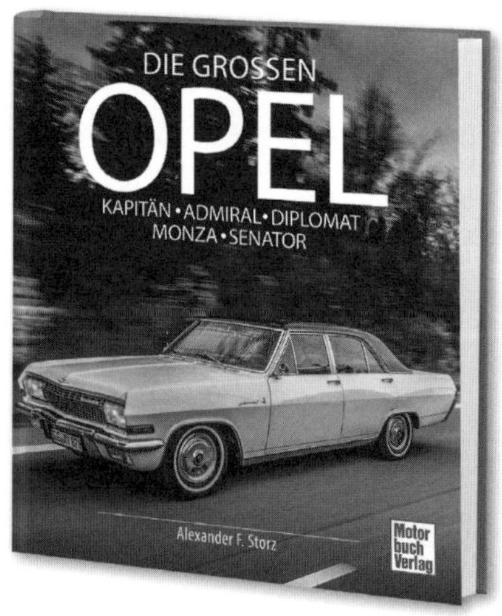

Frank Storz erzählt die Geschichte der Großen Opel, angefangen beim Opel 6 von 1934 über die Großen Drei - Kapitän, Admiral und Diplomat - bis hin zur Senator- und Monza-Reihe.

224 Seiten, 350 Abb., Format 230 x 265 mm
€ 29,90 / **€** (A) 30,80 | ISBN 978-3-613-04140-0

Leseproben zu allen Titeln auf unserer Internetseite

Stand Mai 2021
Änderungen in Preis und Lieferfähigkeit vorbehalten.

Überall, wo es Bücher gibt, oder unter
WWW.MOTORBUCH-VERSAND.DE
Service-Hotline: 0711 / 78 99 21 51

Motor buch Verlag

www.facebook.com/MotorbuchVerlag